"十二五"普通高等教育本科国家级规划教材

普通高等教育国家级精品教材

发酵工程原理与技术应用

余龙江　主编

化学工业出版社

高等教育教材出版中心

·北京·

本书共分 16 章，以发酵工程的工业应用为主线，以系统介绍发酵工业所必需的发酵工程理论和实践知识为特色，内容包括工业微生物菌种选育、工业发酵培养基设计、发酵工业无菌技术、种子扩大培养、发酵动力学、氧的供需、发酵生理及其过程控制、发酵罐的放大与设计、基因工程菌发酵、发酵产品的提取与精制、发酵工业的清洁生产、发酵工厂设计、发酵经济学、发酵产品生产原理与技术应用，以及发酵工程在现代生物化工中的应用等方面。本书各章既独立成章，又相互联系，内容安排强调系统基础上的相互衔接，紧扣现代发酵工程最具发展潜力的领域和方向。通过本教材的学习，可使学生全面掌握发酵产品的生产原理与技术应用，熟悉现代发酵工业的发展领域和重点方向，为学生今后从事与发酵工业相关的新产品、新工艺的研究和开发打下良好的理论与技术基础。

《发酵工程原理与技术应用》是一本为大学本科生编写的教材，适用于生物技术和生物工程专业以及生物化工、生物制药工程等相关专业的高年级本科生，也可作为相关专业的研究生、教师及科研人员的参考书。

图书在版编目（CIP）数据

发酵工程原理与技术应用/余龙江主编．—北京：化学工业出版社，2006.6 （2024.7重印）
"十二五"普通高等教育本科国家级规划教材
普通高等教育国家级精品教材
ISBN 978-7-5025-8037-7

Ⅰ. 发… Ⅱ. 余… Ⅲ. 发酵工程-高等学校-教材 Ⅳ. TQ92

中国版本图书馆 CIP 数据核字（2006）第 058680 号

责任编辑：赵玉清　　　　　　　　　　文字编辑：袁海燕
责任校对：王素芹　　　　　　　　　　装帧设计：郑小红

出版发行：化学工业出版社　高等教育教材出版中心（北京市东城区青年湖南街 13 号　邮政编码 100011）
印　　装：河北延风印务有限公司
787mm×1092mm　1/16　印张 18¼　字数 462 千字　2024 年 7 月北京第 1 版第 21 次印刷

购书咨询：010-64518888　　　　　　售后服务：010-64518899
网　　址：http://www.cip.com.cn
凡购买本书，如有缺损质量问题，本社销售中心负责调换。

定　　价：**39.80 元**　　　　　　　　　　　　　　　版权所有　违者必究

本书编写人员

主　　　编　余龙江

参加编写人员　（以姓氏笔画为序）

朱　敏　　李　为　　吴元喜　　何　峰

余龙江　　张长银　　鲁明波

序

现代社会发展呈现多极化、多元化的特点：一方面世界上不同国家和地区发展极不平衡，一些发展中国家和欠发达国家分别处于农业或工业社会阶段，而发达国家进入了知识经济时代，甚至提前进入生物经济时代；另一方面，随着信息化的高速发展，全球一体化的趋势日益突出，竞争日趋激烈。而且，随着人口数量的不断增长以及人类消费水平的逐步增加，导致资源、能源、粮食等的供应日趋紧张，同时工业经济发展导致环境污染和由此引起的人类健康危机不断加剧，肿瘤等重大疾病患者数量上升较快，一些新的疾病和传染病也不断出现。这些新情况和新问题迫切需要通过新的科技进步来解决。由于生物技术在解决以上诸多的危机具有明显优势，在某些方面甚至是不可替代的关键技术。而我国的各种困难和危机更加突出。因此，在我国发展高新生物技术及其产业十分重要，具有重要的社会经济意义。

生物技术被确立为我国高科技优先发展领域，相应地，出现了解决以上各种困难和危机的专门生物技术方向，如医药生物技术、资源生物技术、能源生物技术以及环境生物技术等。近年来，尤其是以石油等不可再生资源为原料的能源和石油化工行业面临石油日益短缺的影响，以及传统工业导致环境污染日益加剧。因此，对利用淀粉、纤维素等可再生资源生产新能源和替代传统石油化工产品，实现环境友好的要求日益增强，大大催生和促进了工业生物技术的发展。

发酵工程是生物技术的重要组成部分，是生物技术产业化的核心环节，它在工业生物技术的产生和发展中具有不可替代的作用。随着微生物学、基因组学、蛋白质组学、代谢组学向纵深发展，以及信息技术、过程控制技术和生物化工技术与装备的不断进步，发酵工程必将焕发出更强大的生机，在现代工业生物技术的发展中显示越来越大的威力，成为解决资源、粮食、能源、环境与健康等众多领域面临的重大问题的关键技术之一。

本书以工程的观点，按照生物技术产业化的目标要求，紧紧围绕发酵产品的产业化生产技术流程来安排各章节的内容，重点突出生产技术流程中的上、中、下游的现代科学技术进步及流程中各个环节的相互衔接，从上游的发酵工业菌种选育、发酵过程的实现到下游产品的分离纯化与精制，系统地介绍发酵工程原理和技术应用。该书在总结、吸收前人的宝贵经验的基础上，对微生物发酵产品的产业化实施的原理和技术的各个环节都作了创新性研究和深入浅出的阐述。

本书是余龙江教授及其所领导的微生物学学科和生物化工学科的一些老师，在多年来的本科生教学、研究生教学以及科研的基础上，虚心学习和请教本领域和相关学科领域的许多专家学者后的共同结晶，整合了当代学科前沿与科研生产经验，是一本非常不错的、很有特色的教材，对从事微生物技术、发酵工程及其相关领域的教学和科研生产等方面的广大师生和科技工作者会大有裨益。我衷心向读者推荐，这是一本值得认真学习的书。

沈萍

2006 年 6 月

前　　言

21世纪生物技术产业已成为具有巨大发展潜力的高新技术产业。同时，与生物技术产业化紧密相关的生物工程学科也成为一门新兴的前沿学科。发酵工程作为生物工程的核心内容之一，在生物技术产业化方面显示出越来越重要的作用，是生物工程与生物技术专业及相关专业人才培养的重要课程。

现代发酵工程在传统发酵工业的基础上，融入了分子生物学、系统生物学以及基因工程、细胞工程、代谢工程等新理论和新技术，结合现代生物过程控制及生物分离工程技术的巨大进步，使现代发酵工业的水平大大提高，而且应用领域也不断扩大，逐渐由医药、食品轻工等领域拓展到化工、冶金、能源以及环境等新领域，显示出强大的生命力。尤其是以石油等不可再生资源为原料的能源行业和石油化工行业面临的资源危机日益加重，必将促进相应的产业结构调整，以淀粉、纤维素等可再生资源为原料的"C—O经济"将逐步取代以石油等不可再生资源为原料的"C—H经济"，实现经济社会的可持续发展。现代发酵工程在以淀粉、纤维素等可再生资源为原料的"C—O经济"发展过程中处于中坚地位，是经济转型和产业结构调整的工业核心技术。因此，发酵工程在现代工业发展中前景广阔，学习和发展现代发酵工程理论和技术具有重要意义。

华中科技大学生命科学与技术学院早在1987年就在生物医学工程专业下开设了生物技术方向，进行了生物技术专业本科人才培养的探索与教学实践。在系统开设生物学课程的基础上，开设了基因工程、细胞工程、发酵工程、酶工程、生化工程等生物技术专业课程及实验，并对发酵工程课程进行了重点建设。本书在结合编者自身的长期科研实践与该领域国内外进展的基础上，逐年积累资料，不断更新内容，逐步形成了较为完善的课程体系。

全书共分为16章，以发酵工程的工业应用为主线，以系统介绍发酵工业所必需的发酵工程理论和实践知识为特色，内容包括工业微生物菌种选育、工业发酵培养基设计、发酵工业无菌技术、种子扩大培养、发酵动力学、氧的供需、发酵生理及其过程控制、发酵罐的放大与设计、基因工程菌发酵、发酵产品的提取与精制、发酵工业的清洁生产、发酵工厂设计、发酵经济学、发酵产品生产原理与技术应用，以及发酵工程在现代生物化工中的应用等方面。本书各章既独立成章，又相互联系，内容安排强调系统基础上的相互衔接，紧扣现代发酵工程最具发展潜力的领域和方向，具有很强的时代感。通过本教材的学习，可使学生全面掌握发酵产品的生产原理与技术应用，熟悉现代发酵工业的发展领域和重点方向，为学生今后从事与发酵工业相关的新产品、新工艺的研究和开发打下良好的理论与技术基础。

全书由余龙江教授整体构思，由华中科技大学生命科学与技术学院长期从事发酵工程的研究以及教学的老师编写。其中，第1章、第5章、第6章、第8章、第9章、第12章、第14章、第15章、第16章由余龙江教授编写，第2章由鲁明波副教授编写，第3章由何峰博士编写，第4章、第7章由李为副教授编写，第11章由吴元喜高级工程师编写，第13章由张长银高级工程师编写，第10章由朱敏副教授编写。全书由余龙江教授统稿。此外，感谢汪文俊博士、向福博士为本书的文字、图表处理所做的大量工作。

本书适用于生物工程和生物技术专业以及生物化工、生物制药工程等相关专业的高年级本科生，也可作为相关专业的研究生、教师和科研人员的参考书。

在本书的编写过程中参考了许多同仁发表的著作和科技论文，在此深表谢意。由于生物技术的发展日新月异，有许多新技术、新方法、新观点、新案例、新成果来不及消化吸收编入本教材，加上编者水平及时间有限，错误和不足之处，诚恳希望读者给予批评指正，以便在再版时更正。

编者

2006 年 5 月于喻园

目　录

1 绪 论

1.1 发酵工程的定义及其与其他相关学科的关系

1.1.1 什么是发酵工程

很早以前，人们就知道，酒暴露于空气中会慢慢变酸，熟大米加曲保温两天后会生成酒，并把这种现象称为发酵。虽然人们在酿酒制醋时早已揭开了发酵工程应用的序幕，在生产实践活动中广泛地自觉或不自觉地运用这项技术，但是人们真正了解发酵的本质却是近200多年的事。英语中发酵（fermentation）一词是从拉丁语"沸腾（ferver）"派生而来的，它描述酵母作用于果汁或麦芽浸出液时的现象。沸腾现象是由于浸出液中糖在缺氧条件下降解而产生 CO_2 所引起的。但生物化学家与工业微生物学家对发酵有不同的理解。生物化学家更关注能量代谢，从能量代谢的角度分析，认为发酵是酵母的无氧呼吸过程，即有机化合物的分解代谢，并产生能量；而工业微生物学家对发酵的定义则要广泛得多，指利用微生物代谢形成产物的过程，包括无氧过程和有氧过程，同时涉及分解代谢和合成代谢过程，而且有氧发酵在现代发酵工业中占有相当重要的地位。因此，发酵可以定义为，通过微生物的生长繁殖和代谢活动，产生和积累人们所需产品的生物反应过程。

发酵工程是指利用微生物的生长繁殖和代谢活动来大量生产人们所需产品过程的理论和工程技术体系，是生物工程与生物技术学科的重要组成部分。发酵工程也称作微生物工程，该技术体系主要包括菌种选育和保藏、菌种的扩大生产、微生物代谢产物的发酵生产和分离纯化制备，同时也包括微生物生理功能的工业化利用等。

发酵工程是从 20 世纪 40 年代随着抗生素发酵工业的建立而兴起的。70 年代以来，由于细胞融合、细胞固定化以及基因工程等技术的建立，发酵工程进入了一个崭新的阶段，广泛应用于医药、食品、农业、化工、能源、冶金、新材料和环境保护等领域。现代发酵工程的主体是指利用工业微生物菌种，特别是采用经 DNA 重组技术构建的微生物基因工程菌来生产商业产品。因此，现代发酵工程的实施需要两方面专家的通力合作，即从事微生物及分子生物学的专家负责菌种分离、鉴定、改造或创造出高效表达的微生物基因工程菌，应用于工业化生产；而生化工程技术专家则要保证新型工业微生物菌种能在最适的发酵条件下大量生长并合成代谢产物，以获得工业规模的最大生产效率。

1.1.2 发酵工程与其他相关学科的关系

发酵工程是现代生物技术的重要组成部分。21 世纪是生命科学和生物技术的世纪，而现代生物技术作为生命科学的核心备受重视，因为它可以在解决人类社会可持续发展过程中所面临的几大问题，在粮食、资源、能源、环境、健康等方面发挥关键性甚至是不可替代的作用。通常将现代生物技术划分为基因工程、细胞工程、发酵工程、酶工程、生化工程等五个方面，它们之间彼此密切联系，不可分割。例如，基因工程和细胞工程主要是从源头上改良生物遗传特性以获得具有优良生物加工和生物转化能力的生物新品种（或品系、株系），通常称为上游生物技术；发酵工程可使生物的优良遗传性状通过微生物大量繁殖得到高效表达，生产所需的产物，包括酶制剂等；酶工程是指酶的结构改造、高效表达以及利用酶的催化作用进行物质转化，生产人们所需产品的技术，主要包括：酶的发酵生产、酶的分离纯化、酶的结构改造及分子修饰、酶和细胞固定化、酶的应用等方面；生化工程则作为实验室所取得的生物技术成果进行产业化的技术支撑，主要内容涉及生物反应及分离纯化过程的放大技术及装备。发酵工程和生化工程通常合称为中下游生物技术，是现代生物技术实验成果产业化的关键技术，发酵工程更具有连接生物技术上下游的纽带作用，成为生物技术的关键技术，其学科地位显而易见。

1.2　发酵工程的发展史

为了更好地认识发酵工程的现状、把握其未来发展趋势，有必要了解发酵理论的演进及其发展历程。

1.2.1　发酵本质的认识过程

我国劳动人民早在数千年以前就懂得酿酒、制造酱油和食醋等。据考古发掘证实，我国在龙山文化（距今 4000~4200 年）已有酒器出现，而且古代还流传下来许多有关酿酒的记载。国外酿酒的历史也很悠久，相传公元前 4000~3000 年，埃及人已熟悉酒、醋的酿造方法，约在公元前 2000 年，希伯来人已会酿制葡萄酒。人类酿酒制醋的历史虽然悠久，但是当时人们并不知道发酵与微生物的关系，对发酵的本质还不清楚。直到 1680 年，荷兰人列文虎克（Leeuwenhoek）制成了显微镜，人们才能由肉眼通过显微镜看到微生物。自此以后，自然发生说与关于发酵的生命理论争论不休。直至 1897 年，德国人毕希纳（Buchner）提出酶的催化理论后，对发酵的本质才最终有了真正的认识。

1.2.1.1　自然发生说

古时认为，生命是自然发生的。公元前 384~322 年，古希腊伟大的哲学家亚里士多德（Aristotle）认为蠕虫、昆虫、鱼、蛙都是由湿污泥生成的，这就是"自然发生说"。到了中世纪，自然发生说仍为一般学者所公认。

1688 年，意大利物理学家弗朗西斯科·雷迪（Francesco Redi）首先反对自然发生说，并以简单的实验证明生蛆的原因。他用一张网布盖在装肉块的罐口，发现由于苍蝇在网布上撒卵，肉块因此生蛆。但当时他的主张尚不能为人们所接受。相反，1745 年英国牧师尼达姆（Needham）以实验支持了自然发生说，他将肉汁放于无塞瓶中煮沸，放置一段时间后，发现肉汤还是会腐败。他认为煮沸可以杀灭肉汁中的"卵"，"卵"既杀灭，但肉汁依然会腐败，表明生命是自然发生的。

约在 1747 年，史派兰珊尼（Spallanzani）反驳 Needham 的实验结果，他说："Needham 瓶内的肉汁所以会腐败，是因为进入瓶中的空气未经火（即灭菌）之故。"

1836 年，弗兰兹·舒尔茨（Franz Schulze）又用实验反驳了自然发生说，并证实了 Spallanzani 的说法。他将空气通过硫酸除去微生物，再通入已经煮沸并冷却的汤汁中，经过很长时间，瓶中内容物没有发生腐败现象。如果空气不通过硫酸而直接通入瓶中，则发生腐败现象。因此，他认为，空气中含有许多微生物，如果有营养的汤汁与空气接触，微生物就会在汤汁中繁殖。

约 1839 年，施旺（Schwann）以实验进一步证明了 Spallanzani 说法的正确性。他的实验装置是将进入瓶中的空气预先用火加热，其结果是空气中的微生物已经杀灭，因此瓶中汤汁不致腐败。实验完毕将瓶口开放，则微生物进入，不久汤汁就出现了腐败。这个实验不但证明物质腐败是由微生物所引起，而且为现代消毒工作奠定了基础。

1853 年，施罗德（Schroder）及杜施（Dusch）使用棉花为介质的空气滤器，也得到同一结果，这和现在使用的棉花过滤法原理一样。

上述实验虽然有力地反驳了自然发生说，但反对者仍坚持说，空气中含有某些物质，可使无生命的汤汁生成生物，并促进物质的变化。空气加热之后，这些物质被破坏，就不适于生命的自然发生。不管空气是经过加热或用硫酸或棉花过滤，都会使空气中所含的某些物质失去或被破坏，从而致使汤汁腐败并生成生物的能力丧失。

法国人巴斯德（Pasteur）经过反复实践，创造了巴氏瓶。巴氏瓶是将一般烧瓶的头引伸成毛细管"S"形状，且与大气相通，即不影响空气进入瓶内，但由于弯管和重力的双重作用，空气中的微生物不易进入瓶内。此瓶内盛肉汁或其他物质，煮沸并冷却后经过多时仍不致腐败；然而，反对者仍说汤汁既经加热，就不适于生物的发生。Pasteur 将瓶头除去，则两日后汤汁即变腐败了。这是对自然发生说有力的批驳，彻底证明了汤汁的腐败是微生物作用的结果，且汤汁中的微生物不是自然发生的，而是来源于空气中已有的微生物。

1857 年，Pasteur 以实验证明，要把培养基中所含的微生物杀灭，必须加热并要有一定的加热温度与加热时间。此外，培养基经过加热后仍然适用于微生物的繁殖。这不但为发酵的生命本质提供了有力的证据，而且为杀灭培养基中的微生物提供了理论和技术支持。同年，他又找到了能进行乳酸发酵的细菌，并对醋酸发酵和丁酸发酵进行了研究。发现在无氧条件下，细菌发酵可以生成丁酸。他进一步把微生物发酵分为好氧和厌氧两种，并确认各种发酵如酒精发酵、乳酸发酵、丁酸发酵等都是由各自不同的微生物作用所引起的。自此，建立了发酵的生命理论，证明发酵是由于微生物作用的结果。

1.2.1.2 关于发酵本质的酶学理论

发酵的生命理论建立以后，还有一个未能解决的问题，那就是微生物是如何起作用从而导致汤汁的腐败，即发酵的本质是什么？比如糖分子分解的真正原因是什么？早在 1858 年，Morits Traube（1826—1894）曾设想发酵是由于酵母细胞含有一种物质叫做酵素的缘故。1894 年，埃米尔·菲舍尔［Emil Fischer（1852—1919）］在合成碳水化合物时得到启发，即酵母对培养基中糖的分解利用，可用分解糖的酵素物质来解释，但都没有得到实验证明。

1897 年，德国人 Buchner（1860—1917）参照前人的方向继续研究。他发现将酵母的细胞壁磨碎，得到的酵母汁也可使糖液发酵。他把酵母汁中含有的有发酵能力的物质，叫做酒化酶（酵素 enzyme）。由此得出结论：酵母可以产生酶，而这些酶即使离开酵母体，仍可引起酒精发酵，这就是近代酶学的基础。至此，人们才真正认识到发酵的本质就是由微生物的生命活动所产生的酶的生物催化作用所致。

1.2.2 发酵工程技术的发展史

发酵工程技术的发展史，可以根据发酵技术的重大进步大致划分为六个阶段。

① 1900 年以前，在微生物的性质尚未被人们所认识时，人类已经利用自然接种方法进行发酵制品的生产。主要产品有酒、酒精、醋、啤酒、干酪、酸乳等。当时实际上还谈不上发酵工业，仅仅是家庭式或作坊式的手工生产。古埃及人虽然早已会酿造啤酒，但直到 17 世纪才能在容量为 1500 桶（一桶约相当于 136L）的木质大桶中进行第一次真正的大规模酿造。然而即使在早期的酿造中，也尝试对过程的控制。历史记载，在 1757 年已应用温度计，在 1801 年就有了原始的热交换器。这一阶段的多数产品属嫌气发酵，且非纯种培养，凭经验传授技术和产品质量不稳定是这个阶段的特点。这一阶段也可以称为自然发酵阶段。

② 1900～1940 年是第二阶段。在 Pasteur 卓越的工作后，微生物学发展史上的又一奠基人科赫（Koch）建立了微生物分离纯化和纯培养技术。科赫是德国人，他在 1905 年因肺结核菌研究工作获诺贝尔奖。科赫首先发明了固体培养基，应用固体培养基分离培养细菌，得到了细菌的纯培养，同时他又改进了细菌的染色法，为进一步研究细菌的形态与结构创造了条件。荷兰人汉森（Hansen）在研究啤酒发酵用酵母时，创造了单细胞纯培养法。当时所用的固体培养基由明胶制成。科赫的学生 Hesse 在研究细菌时，发现细菌可以液化明胶，以致在使用上出现困难。

Hesse 的妻子建议改用琼脂，这就是现在使用琼脂培养基的起源。以后，Petri 创造了一种培养皿（Petri dish）可供微生物平板分离用。Winograsky 和 Beijerink 的富集培养法可以分离特定的微生物，微生物的分离及纯培养技术日益完善。随着微生物纯培养技术的确立，人类开始了人为控制微生物的发酵进程，从而使发酵生产技术得到巨大改善，提高了产品的稳定性，这对发酵工业起了巨大的推动作用。由于采用纯种培养与无菌操作技术，包括灭菌和使用密闭式发酵罐，使发酵过程避免了杂菌污染，如使啤酒、葡萄酒、酱油等生产的腐败现象大大减少，发酵效率逐步提高，生产规模逐渐扩大，产品质量稳步提高。这一时期的主要产品是甘油、柠檬酸、乳酸、丁醇、丙酮等微生物的初级代谢产物。其中面包酵母和有机溶剂发酵取得重大进展。在第一次世界大战时，魏茨曼（Weizmann）开拓了丙酮丁醇发酵，并建立了真正的无杂菌发酵。丙酮丁醇和甘油等有机溶剂发酵技术的飞速发展，不仅建立起真正的发酵工业，并使之逐渐成为近代化学工业的一部分。因此，可以认为纯培养技术的建立是发酵技术发展的第一个转折时期。

③ 第三期发酵工业的主要进展与当时第二次世界大战的需要（1940 年后）密切相关，并以深层液体通气搅拌纯种培养大规模发酵生产青霉素为典型代表。青霉素 1929 年由弗莱明（Fleming）发现，它的问世使千百万生命免除了死亡的威胁，同时在发酵工业的发展史上开创了崭新的一页。青霉素的发酵属好气型发酵，产物为次级代谢产物，其分子结构较为复杂，在发酵液中的含量很低，生产过程中需要维持纯种培养，无菌要求高。早期的青霉素生产采用表面培养法，占地面积大、劳动强度高、产量很低。为了满足战时的需要、增加青霉素的产量，需改变原来的生产方法，尝试采用大容积发酵罐深层通气培养及大规模高效提取精制设备来代替原来的实验室发酵制备方法。于是英美等国的一批工程技术人员特别是化学工程师参加了青霉素工业生产性开发工作。经过他们的努力，终于研制出适用于纯种深层培养带有通气和搅拌装置的发酵罐，并成功地解决了大量培养基和生产设备的灭菌以及大量无菌空气的制备问题，且在提取精制中采用了离心萃取机、冷冻干燥器等新型高效化工设备，使生产规模、产品质量和收率均明显提高。初期生产青霉素的发酵罐容积为 5m³，比起表面培养时的 1L 玻璃瓶产量大为增加，劳动强度也大大降低。青霉素的工业化不仅大大促进了抗生素产业的发展，而且孕育了一门新型交叉学科——生化工程。由抗生素发酵工业发展起来的深层液体通气搅拌发酵技术是现代发酵工业最主要的生产方式，它使耗氧菌的发酵生产从此走上了大规模工业化的道路。与此同时，有力地促进了甾体转化、微生物酶制剂与氨基酸发酵工业的迅速发展。因此，通气搅拌大规模发酵技术的建立是发酵工业发展史上的第二个转折点。此外，需要提及的是，早期青霉素发酵单位极低，使发酵工业菌种改良提上研究日程，这对以后的发酵工业发展起到了举足轻重的作用。

④ 随着生物化学、微生物生理学以及遗传学的深入发展，对微生物代谢途径和氨基酸生物合成的研究不断加深，人类开始利用代谢调控的手段进行微生物菌种选育和发酵条件控制。如 1956 年，日本首先成功地利用自然界存在的生物素缺陷型菌株进行谷氨酸发酵生产。至今至少已有 22 种氨基酸可用发酵法生产，其中 18 种是直接发酵，4 种则是用酶法转化。显然，利用微生物发酵生产氨基酸是以代谢调控为基础的新的发酵技术。它根据氨基酸生物合成途径采用遗传育种方法进行微生物人工诱变，选育出某些营养缺陷株或抗代谢类似物菌株，在控制营养条件的情况下发酵生产，并大量积累人们所预期的氨基酸。由氨基酸发酵而开始的代谢控制发酵，使发酵工业进入了一个新的阶段。随后，核苷酸、抗生素以及有机酸等方面也利用代谢调控技术进行发酵生产。因此，可以说代谢控制发酵工程技术的建立，是发酵技术发展的第三个转折时期。

⑤ 在 20 世纪 60 年代初期，由于粮食紧张以及饲料的需求日益增多，为了解决人畜争

粮这一突出问题，许多跨国公司决定研究生产微生物细胞作为饲料蛋白质的来源，甚至研究采用石油产品作为发酵原料，这一举措推动了发酵放大技术的进一步发展。这一时期可视为发酵工业发展的第五阶段。传统的发酵原材料主要是粮食、农副产品等，而这一时期主要研究如何利用石油化工副产品石蜡、醋酸、甲醇等碳氢化合物作为发酵原料生产产品，特别是生产需求日益增长的单细胞蛋白饲料，开始了所谓的石油发酵时期。由于微生物蛋白饲料售价较低，所以，必须比其他发酵产品的生产规模更大才有发展前景，这就使得发酵罐的容量发展到前所未有的规模，如 ICI 公司用于生产单细胞蛋白的发酵罐容积高达 $3000m^3$。由于以碳氢化合物为原料在发酵时氧耗大，这也给发酵设备提出了更高的要求，于是发展了高压喷射式、强制循环式等多种形式的发酵罐，并逐步运用计算机及自动控制技术进行灭菌和发酵过程的 pH、溶解氧等发酵参数的控制，使发酵生产朝连续化、自动化方向前进了一大步。

⑥ 发酵工业的最新技术进步主要表现在可以采用以分子生物学为核心的现代生物技术手段，构建基因工程菌，实现原有微生物发酵工业的发酵水平大幅度提高或诞生新型的发酵工业，即采用基因工程菌生产原有微生物所不能生产的新的代谢物质。这一阶段主要是指 20 世纪 70 年代以后，由于 DNA 体外重组技术的建立，发酵工业又进入了一个崭新的阶段，即以基因工程为中心的时代。基因工程不仅能在不相关的生物间转移基因，而且还可以很精确地对一个生物的基因组进行交换，从而达到定向改变生物性状与功能，创造新"物种"目的，赋予微生物细胞具有生产较高等生物细胞所产生的化合物的能力，由此形成新型的发酵产业，如胰岛素和干扰素的发酵生产，使工业微生物所产生的化合物超出了原有微生物的范围，大大丰富了发酵工业的内容，使发酵工业发生革命性的变化。利用基因工程菌生产的第一个有用物质是 1977 年美国试成功的"激素释放抑制因子"，它是由十四个氨基酸残基组成的多肽激素，可以抑制脑垂体激素的分泌。原来由羊脑垂体中提取，用 50 万只羊脑只能提取 5mg 的产品，用基因工程菌生产时，只要用 10L 的基因工程菌培养液就可得到同样量的产品。胰岛素是治疗糖尿病的良药，原来由猪胰脏提取，生产 100g 胰岛素需用 720kg 的猪胰，而 1978 年美国采用基因工程菌生产，由 2000L 基因工程菌培养液即可提取等量的胰岛素。通过比较这些数字，可以明显地感受到现代发酵工业的巨大威力和诱人前景。其他新型发酵产品如乙肝疫苗、人的生长激素等，都可用基因工程菌发酵生产。

1.3 发酵工业的特点及其研究范畴

1.3.1 发酵工业的特点

发酵工业是利用微生物所具有的生物加工与生物转化能力，将廉价的发酵原料转变为各种高附加值产品的产业。其主要特点如下。

① 发酵过程一般都是在常温常压下进行的生物化学反应，反应条件比较温和。

② 可采用较廉价的原料（如淀粉、糖蜜、玉米浆或其他农副产品等）生产较高价值的产品。有时甚至可利用一些废物作为发酵原料，变废为宝，实现环保和发酵生产的双层效益。

③ 发酵过程是通过生物体的自适应调节来完成的，反应的专一性强，因而可以得到较为单一的代谢产物。

④ 由于生物体本身所具有的反应机制，能专一性地和高度选择性地对某些较为复杂的化合物进行特定部位的生物转化修饰，也可产生比较复杂的高分子化合物。

⑤ 发酵生产不受地理、气候、季节等自然条件的限制，可以根据订单安排通用发酵设备来生产多种多样的发酵产品。

基于以上特点，发酵工业日益受到人们的重视。与传统的发酵工艺相比，现代发酵工业除了上述发酵特点之外更有其优越性。如除了使用从自然界筛选的微生物外，还可以采用人工构建的"基因工程菌"或微生物发酵所生产的酶制剂进行生物产品的工业化生产，而且发酵设备也为自动化、连续化设备所代替，使发酵水平在原有基础上得到大幅度提高，发酵类型不断创新。

1.3.2 发酵工业的范围

发酵工业的应用范围很广，分类方法也多种多样，按其产品可以分为四大类。

（1）微生物菌体　工业生产的微生物菌体可分为两种，一种是供制面包用的酵母；另一种是作为人类或动物食物的微生物细胞［即单细胞蛋白（SCP）］。早在第一次世界大战时，面包酵母（*Saccharomyces cerevisiae*）就曾作为德国人的食物，但直到1960年以后，人们对于微生物菌体作为食用蛋白的来源才有较广泛的应用。其中，用微生物（尤其是酵母）同化石油中的烷烃，以及由天然气（甲烷）、甲醇、乙酸等来制造微生物菌体蛋白曾一度成为研究热点。

（2）酶制剂　工业上可分别由植物、动物或微生物来生产酶。微生物酶制剂可以用发酵技术来大量生产，而且提高微生物的生产能力也很方便，具有动、植物无法比拟的优点。目前通过发酵生产的微生物酶制剂已达百种以上，广泛用于医药、食品加工、活性饲料、纤维脱浆等许多行业。如生产葡萄糖用到的淀粉酶，又如用于澄清果汁、精炼植物纤维的果胶酶，以及在皮革加工、饲料添加剂等方面用途广泛的蛋白酶等，都是目前工业应用上十分重要的酶制剂。此外，还有越来越多的在医疗上作为诊断试剂或分析试剂用的特殊酶制剂都可由发酵生产获得。

（3）代谢产物　微生物利用外界环境中的营养物质，通过包括分解代谢（异化作用）和合成代谢（同化作用）在内的两种紧密相关的物质代谢过程，生产许多重要的代谢产物，包括初生代谢产物和次级代谢产物。通常，发酵的代谢产物类型与微生物生长过程密切相关。在对数生长期所产生的代谢产物，往往是细胞生长和繁殖所必需的物质，如各种氨基酸、核苷酸、蛋白质、核酸、脂类和碳水化合物等，这些代谢产物称为初级代谢产物。能产生这些物质的生长阶段（相当于对数期）称为营养期。多数初级代谢产物具有重要应用价值，可供商业开发。但自然界存在的野生型菌株所产生的初级代谢产物一般只够满足自身生长需要。因此，工业微生物学家将通过改良菌种性能和改善发酵条件来提高产率，以适应工业生产的需要。

各种次级代谢产物都是在微生物生长进入缓慢生长或停止生长时期即稳定期所产生的。这些次级代谢产物在微生物生长和繁殖中的功能多数尚不明确，但对人类却是十分有用的。

初级代谢途径是绝大多数微生物的常见途径，而各种不同的次级代谢产物，其合成与微生物种类密切相关。抗生素是大家所熟知的次级代谢产物，它们主要由放线菌、真菌以及芽孢细菌合成。此外，有些次级代谢产物是某一特定酶的抑制剂、生长促进剂或具有特殊药理作用的物质。因此，微生物次级代谢产物是药物筛选和开发的重要资源。

（4）生物转化　生物转化是指利用微生物细胞或酶对一些化合物的某一特定部位（基团）进行催化修饰，使其转变成结构相似但具有更大经济价值的化合物。生物转化的最终产物并不是由于营养物质经微生物细胞的代谢后产生的，而是由微生物细胞的酶或酶系对底物某一特定部位进行生物催化修饰形成的。生物转化反应通常包括脱氢、氧化、羟化、缩合、还原、脱羧、氨化、酰化、脱氨、磷酸化或异构作用等。微生物生物转化过程与化学催化过程相比具有明显的优越性，具体反映在其催化专一性强、效率高、条件温和等。发酵工业中有许多重要的转化如甾体转化等。此外，微生物转化反应也广泛用于生产新型抗生素等。在许多微生物转化的过程中，往往采用固定化细胞或酶，以提高转化效率，简化操作并可反复多次使用。此外，利用生物转化合成手性药物是近年来研究的热点。

若将发酵工业的范围按照发酵产品进行细分，大致可分为以下 12 类。

① 酿酒工业（啤酒、葡萄酒、白酒等）；

② 食品工业（酱油、食醋、腐乳、酸乳等）；

③ 有机溶剂工业（酒精、丙酮、丁醇等）；

④ 抗生素工业（青霉素、头孢霉素、链霉素、土霉素等）；

⑤ 有机酸工业（乳酸、柠檬酸、葡萄糖酸等）；

⑥ 酶制剂工业（淀粉酶、蛋白酶、脂肪酶、纤维素酶、木聚糖酶、植酸酶等）；

⑦ 氨基酸工业（丝氨酸、苯丙氨酸、天冬氨酸、赖氨酸，腺苷蛋氨酸等）；

⑧ 核苷酸工业（环磷腺苷、肌苷酸、肌苷等）；

⑨ 维生素工业（维生素 B_2、维生素 B_{12}、维生素 C 等）；

⑩ 生理活性物质工业（激素、赤霉素等）；

⑪ 微生物菌体蛋白工业（酵母、单细胞蛋白、菌体活性饲料等）；

⑫ 医药工业（微生物基因工程菌发酵的新型医药产品，如乙肝疫苗、干扰素等）。

此外，发酵工业还在现代生物能源工业（纤维素等天然原料发酵生产酒精、沼气等能源物质）、生物材料工业（聚羟基丁酯、聚乳酸等）、微生物冶金和微生物采油、工业三废生物处理与洁净生产、沼气、生物农药与生物肥料工业等领域有越来越重要的应用。

1.4 工业发酵的类型与工艺流程

1.4.1 工业发酵的类型

根据微生物的生理特征、营养要求、培养基性质以及发酵生产方式，可以将发酵分成若干类型。

按微生物对氧的不同需求可以分为需氧发酵、厌氧发酵以及兼性厌氧发酵三大类型。由乳酸细菌引起的乳酸发酵和梭状芽孢杆菌进行的丙酮丁醇发酵属于厌氧发酵，在整个发酵过程中无需供给空气。而利用棒状杆菌进行的谷氨酸发酵，利用黑曲霉进行的柠檬酸发酵，以及利用各类放线菌进行的各种不同抗生素的发酵都属于需氧发酵，在发酵过程中必须通入一定量的无菌空气。有的酵母菌属于兼性厌氧微生物，当有氧供给的情况下，可以积累酵母菌体，进行好氧呼吸，而在缺氧的情况下它又进行厌氧发酵，积累代谢产物——酒精。总的来说，现代工业发酵中多数属于需氧发酵类型。

按培养基的物理性状区分可以分为液体发酵和固体发酵两大类型。后者多见于传统发酵，如白酒的酿造和固体制曲过程，现在许多微生物菌体蛋白饲料的生产也大多采用固体发酵法，如将农作物秸秆经多种微生物混合固体发酵生产为营养价值高的菌体蛋白饲料。固体发酵又可分为浅盘固体发酵和深层固体发酵，前者是将固体培养基铺成薄层（厚度 2～3cm）装盘进行发酵，后者是将固体培养基堆成厚层（30cm），并在培育期间不断通入空气，故也称机械通风制曲。固体培育最大的特点是固体曲的酶活力高，但无论浅盘与深层固体通风培养都需要较大的劳动强度和工作面积。目前比较完善的深层固体通风制曲可以在曲房周围使用循环的冷却增湿的无菌空气来控制温度和湿度，并且能适应菌种在不同生理时期的需要加以灵活调节，曲层的翻动全部自动化。

现代工业发酵大多采用液体深层发酵，青霉素、谷氨酸、肌苷酸等大多数发酵产品都先后采用此法大量生产。液体深层发酵的特点是容易按照生产菌种的营养要求以及在不同生理时期对通气、搅拌、温度及 pH 等的要求，选择最适发酵条件。因此，目前几乎所有好氧性发酵都采用液体深层发酵法。但是，液体深层培养无菌操作要求高，在生产上防止杂菌污染是一个十分重要的问题。

按发酵工艺流程区分则可分为分批发酵、连续发酵和补料分批发酵等三大类型。其中连续发酵又可分为单级恒化器连续发酵、多级恒化器连续发酵及带有细胞再循环的单级恒化器连续发酵，它们的特点将在后面详细讲述。

下面介绍近年一些新发展的微生物培养方法。

① 载体培养　该法脱胎于曲法培养，同时又吸收了液体培养的优点，是近年新发展的一种培养方法。特征是以天然或人工合成的多孔材料代替麸皮之类的固态基质作为微生物生长的载体，营养成分可以严格控制。发酵结束后只需将菌体和培养液挤压出来进行抽提，载体又可以重新使用。据报道，利用载体培养法培养霉菌、酵母、放线菌可以提取多种产物，如色素、肌苷酸、酶等。载体的取材必须经得起蒸汽加热灭菌，且具有多孔结构以便有足够的表面积，又能允许空气流通。对于其几何形状无特殊要求，形体大小应在适当范围。载体种类，目前以脲烷泡沫塑料块用得较多。

② 两步法液体深层培养　此法在酶制剂生产和氨基酸生产方面应用较多。在酶制剂生产中，由于微生物生长与产酶的最适条件往往有很大的差异。采取两步法培养，可将菌体生长条件（营养期）与产酶条件区分开来，因而更容易控制各个生理时期的最适条件。

在某些氨基酸的二步法生产中，每一步的菌种和培养基均不相同。第一步是属有机酸发酵或氨基酸发酵，第二步是在微生物产生的某种酶的作用下，把第一步产物转化为所需的氨基酸。所以，这类氨基酸发酵生产方法又称为酶转化法。许多氨基酸均可以通过二步法制得，但二步法工艺较繁杂，目前谷氨酸、赖氨酸、丙氨酸等仍由直接发酵法来生产。

1.4.2　发酵生产工艺流程

除某些转化过程外，典型的发酵工艺过程大致可以划分为以下六个基本过程。

① 用作种子扩大培养及发酵生产的各种培养基的配制；

② 培养基、发酵罐及其附属设备的灭菌；

③ 扩大培养有活性的适量纯种，以一定比例将菌种接入发酵罐中；

④ 控制最适的发酵条件使微生物生长并形成大量的代谢产物；

⑤ 将产物提取并精制，以得到合格的产品；

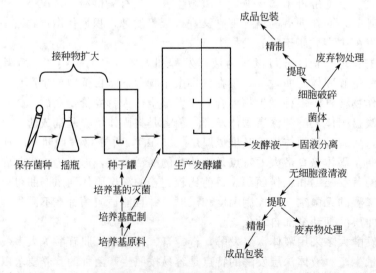

图 1-1　工业发酵过程的工艺流程

⑥ 回收或处理发酵过程中所产生的三废物质。

工业发酵过程的工艺流程及这六个部分之间的相互关系如图 1-1 所示。

1.5 发酵工程在国民经济中的应用

发酵工业的应用是非常广泛的，在不同的工业领域中都有重要应用。

1.5.1 医药工业

传统的药物主要有化学合成药物、动植物中提取的生化药物和天然药物、微生物发酵药物，化学合成药物的生产往往工艺复杂、条件苛刻、污染严重、药物毒副作用大；而动植物药物生产受资源限制，单价往往较昂贵，而且动物来源的药物因安全问题受到越来越多的限制。所以，采用生物工程技术，通过微生物发酵方法生产传统或新型药物就具有明显的优势。

抗生素是目前最大的一类治疗药物，它们主要是由微生物发酵生产，包括抗菌剂、抗癌药物等许多不同生理活性类型。

维生素是重要的医药产品，同时也是食品和饲料的重要添加剂。目前采用发酵工程生产的维生素有 V_C、V_{B_2}、$V_{B_{12}}$ 等。

多烯不饱和脂肪酸如二十碳五烯酸（EPA）、二十二碳六烯酸（DHA）、二十碳四烯酸（AA）等都是很有价值的医药保健产品，有"智能食品"之称。国外对其开发十分活跃，不仅源于海鱼，而且可通过某些微生物进行生产。研究人员发现海洋中有一种繁殖能力很强的网黏菌（*Labyrinthulaler* SR21），其干菌体生物量含脂质 70%，其中 DHA 30%～40%，可通过发酵途径进行生产，每升培养液可收获 DHA 4.5g，该菌 DHA 含量与海产金鲢鱼或鲣鱼眼窝脂肪中 DHA 含量相近。

利用生物转化合成手性药物是近年来取得的重大进展。随着手性药物需求量的增大，人们在这一领域的研究也越来越多。

1.5.2 食品工业

发酵工程对食品工业的贡献较大，从传统酿造到菌体蛋白，都是农副产品升值的主要手段。据报道，由发酵工程贡献的产品可占食品工业总销售额的 15% 以上。例如氨基酸可用作食品、饲料添加剂和药物。目前利用微生物发酵法可以生产近 20 种氨基酸。该法较蛋白质水解和化学合成法生产成本低，工艺简单，且全部具有光学活性。在欧美，乳制品及谷物的发酵是重要的食品发酵过程，与酸乳、酸性稀奶油和稀奶油干酪有关的特殊香味是由柠檬素发酵产生的。目前乳制品的发酵在我国正在兴起，酸牛奶几乎普及到各个城市和乡镇。近年来，由国外引进了干酵母技术，由于活性干酵母的保存期可达半年以上，使得国内大多数城镇都能生产新鲜面包。

由于化学合成色素不断被限制使用，微生物发酵生产的生物色素如 β-胡萝卜素、虾青素等受到重视。同时随着多糖、多肽应用的开拓，由微生物发酵生产的免疫制剂、抗菌剂以及增稠剂等都得到了优先发展。

1.5.3 能源工业

能源紧张是当今世界各国都面临的一大难题。石油危机之后，人们更加清楚地认识到地球上的石油、煤炭、天然气等化石燃料终将枯竭，而有些微生物则能开发再生性能源和新能源。

① 通过微生物或酶的作用，可以利用含淀粉、糖质和纤维素、木质素等的植物资源如粮食、甜菜、甘蔗、木薯、玉米芯、秸秆、木材等生产"绿色石油"——燃料乙醇。包括我

国在内的美国、巴西和欧洲的一些国家已开始大量使用"酒精汽油"（酒精和汽油的混合物）作为汽车的燃料。也可以用各种植物油料为原料生产另一类"绿色石油"——生物柴油。目前德国等发达国家正在推广使用生物柴油新能源。

② 各种有机废料如秸秆以及鸡粪、猪粪等通过微生物发酵作用生成沼气是废物利用的重要手段之一，许多国家利用沼气作为能源取得了显著的成绩。

③ 微生物采油。主要是用基因工程方法构建工程菌、连同细菌所需的营养物质一起注入到地层中，在地下繁殖，同石油作用，产生 CO_2、甲烷等气体，从而增加了井压。并且微生物能分泌高聚物、糖脂等表面活性剂及降解石油长链的水解酶，可降低表面张力，使原油从岩石沙土上松开，同时减少黏度，使油井产量明显提高。

④ 生物电池。微生物的生命活动产生的所谓"电极活动物质"作为电池燃料，然后通过类似于燃料电池的办法，把化学能转换成电能，成为微生物电池。作为微生物电池的电极活性物质，主要是氢、甲酸、氨等。例如，人们已经发现不少能够产氢的细菌，其中属于化能异养菌的有 30 多种，它们能够发酵糖类、醇类、酸类等有机物，吸收其中的化学能来满足自身生命活动的需要，同时把另一部分的能量以氢气的形式释放出来。有了氢做燃料，就可制造出氢氧型的微生物电池。

据西班牙皇家化学学会新近（2005 年）公布的一项研究报告宣称，牛胃液中所含的细菌群在分解植物纤维的过程中能够产生电力，电能约与一节 5 号电池相当。微生物发电这一令人期待的发电模式正逐渐显现出巨大的潜力。

1.5.4 化学工业

传统的化工生产需要耐热、耐压和耐腐蚀的材料，而随着微生物发酵技术的发展，不仅可制造化学方法难以生产或价值高的稀有产品，而且有可能改变化学工业的面貌，创建节能少污染的新工艺。例如，发酵工程为生产生物可降解塑料这一难题提供了途径，科学家经过选育和基因重组构建了"工程菌"，已获得积累聚酯塑料占菌体质量 70%～80% 的菌株。再如以石油为原料发酵生产的长链二羧酸，是工程塑料、耐寒农用薄膜和黏合剂的合成原料。显然，有越来越多的化工产品将由微生物发酵生产来实现。

1.5.5 冶金工业

虽然地球上矿物质蕴藏量丰富，但其属于不可再生资源，且大多数矿床品位太低，随着现代工业的发展，高品位富矿也不断减少。面对以万吨计的废矿渣、贫矿、尾矿、废矿，采用一般选浮矿法已不可能，唯有细菌冶金给人们带来了新的希望。细菌冶金是指利用微生物及其代谢产物作为浸矿剂，喷淋在堆放的矿石上，浸矿剂溶解矿石中的有效成分，最后从收集的浸取液中分离、浓缩和提纯有用的金属。采用细菌冶金可浸提包括金、银、铜、铀、锰、钼、锌、钴、镁、钡、钪等 10 余种贵重的稀有金属，特别是黄金、铜、铀等的开采。

1.5.6 农业

发酵工程应用于农业领域，能生产生物肥料（固氮菌、钾细菌、磷细菌等）、生物农药（苏云金杆菌或其变种所产生伴孢晶体——能杀死蛾类幼虫的毒蛋白等）、兽类抗生素（泰乐霉素、抗金黄色葡萄球菌素等）、食品和饲料添加剂、农用酶制剂、动植物生长调节剂（如赤霉素）等，特别在生产单细胞蛋白（SCP）饲料方面，已是国际科技界公认的解决蛋白质资源匮乏的重要途径，目前世界 SCP 的年产量约在 250～300 万吨。

现在，开发和应用微生物资源，创建微生物工业的新型农业——"白色农业"，已是当今社会和科技发展的必然。由于这项新型农业是在高效洁净的工厂内进行，人们都穿戴白色工作服从事生产劳动，所以形象地称之为"白色农业"。大力发展节土、节水、不污染环境、资源可循环利用的工业型白色农业，是目前我国农业发展中比较切实可行的新途径。据测算，通过微生物工程，如果利用每年世界石油总产量的 2% 作为原料，生产出的单细胞蛋白质可供 20 亿人吃一年；又如我国农作物秸秆，每年约有 5 亿吨，假如其中 20% 的秸秆即 1 亿吨通过微生物发酵变为饲料，则可获得相当于 400 亿千克的饲料粮，这是目前中国每年饲料用粮食的一半。一座占地不多的年产 10 万吨单细胞蛋白的发酵工厂，能生产相当于 180 万亩耕地生产的大豆蛋白或 3 亿亩草原饲养牛羊生产的动物蛋白质。

1.5.7　环境保护

环境污染已是当今社会的一大公害，但是，小小的微生物却对污染物有着惊人的降解能力，成为污染控制研究中最活跃的领域。例如，某些假单细胞、无色杆菌具有清除氰、腈剧毒化合物的功能；某些产碱杆菌、无色杆菌、短芽孢杆菌对联苯类致癌物质具有降解能力。某些微生物制剂能"吃掉"水上的浮油，在净化水域石油污染方面，显示出惊人的效果。有的国家利用甲烷氧化菌生产胞外多糖或单细胞蛋白，利用 CO 氧化菌发酵丁酸或生产单细胞蛋白，不仅消除或降低了有毒气体，还从菌体中开发了有价值的产品。

利用微生物发酵还可以处理工业三废、生活垃圾及农业废弃物等，不仅净化了环境，还可变废为宝。例如，造纸废水生产类激素，味精废液生产单细胞蛋白，甘薯废渣生产四环素，啤酒糟生产洗涤剂用的淀粉酶、蛋白酶，农作物秸秆生产蛋白饲料等，不胜枚举。

利用微生物发酵生产生物可降解塑料聚羟基丁酯（PHB）等，可以缓解并逐步消除"白色污染"对环境的危害。

综上所述，发酵工程在工业上的应用具有投资少、见效快和污染小的优点。在一些发达国家，发酵工程已成为国民经济的重要支柱。

1.6　发酵工程的应用前景

随着生物技术的发展，发酵工程的应用领域也在不断扩大，而且发酵工程技术的巨大进步也逐渐成为动植物细胞大规模培养产业化的技术基础。

发酵原料的更换也将使发酵工程发生重大变革。2000 年以后，由于木质纤维素原料的大量应用，发酵工程将大规模生产通用化学品及能源，这样，发酵工程变得对人类更为重要。目前还在逐步应用的化工原料前体发酵技术，已使发酵工程成为生产某些化学品的不可替代的手段，诸如色氨酸的前体发酵，长链脂肪烃（十三正烷烃、十四正烷烃）发酵等，将使人类大规模应用色氨酸和长链二元酸成为可能。

发酵工程未来的发展趋向主要有以下几大方面。

① 基因工程的发展为发酵工程带来新的活力。以基因工程为龙头，对传统发酵工业进行改造，提高发酵单位；或建立新型的发酵产业（主要针对医药生物技术产品而言）。如基因工程及细胞杂交技术在微生物育种上的应用，将使发酵用菌种达到前所未有的水平。

② 新型发酵设备的研制为发酵工程提供先进工具。新型发酵设备主要指发酵罐，也可称为生物反应器。例如，固定化反应器是利用细胞或酶的固定化技术来生产发酵产品，提高产率。日本东京大学利用 *Methylosium trichosporium* 细菌，以甲烷做基质，采用生物反应器细胞固定化技术连续生产甲醇，产量大大提高。英国科学家设计一种"光生物反应器"培养水藻，通过光合作用将太阳能转化为生物量燃料，其转化率比一般农作物和树木要高得多。可使光合作用达到最佳程度，并可以从释放的气体中回收氢能。

③ 大型化、连续化、自动化控制技术的应用为发酵工程的发展拓展了新空间。现代生物技术的成功与发展，最重要的是取决于高效率、低能耗的生物反应过程，而它的高效率又取决于它的自动化，大大提高生产效率和产品质量，降低了成本，可更广泛地开拓发酵原料的来源和用途。生物反应器大型化为世界各发达国家所重视。发酵工厂不再是作坊式的而是

发展为规模庞大的现代化企业，使用了最大容量达到 500t 的发酵罐，常用的发酵罐容量也达到 20～120t。

④ 强调代谢机理与调控研究，使微生物的发酵机能得到进一步开发。

⑤ 生态型发酵工业的兴起开拓了发酵的新领域。随着近代发酵工业的发展，越来越多过去靠化学合成的产品，现在已全部或部分借助发酵方法来完成。也就是说，发酵法正在逐渐代替化学工业的某些方面，如化妆品、添加剂、饲料的生产。有机化学合成方法与发酵生物合成方法关系更加密切，生物半合成或化学半合成方法应用到许多产品的工业生产中。微生物酶催化生物合成和化学合成相结合，使发酵产物通过化学修饰及化学结构改造进一步为生产更多精细化工产品开拓一个全新的领域。

⑥ 再生资源的利用给人们带来了希望。随着工业的发展，人口增长和国民生活的改善，废弃物也日益增多，同时也造成环境污染。因此，对各类废弃物的治理和转化，变害为益，实现无害化、资源化和产业化就具有重要意义。发酵技术的应用达到此目标是完全可能的。近来，国外对纤维废料作为发酵工业的大宗原料引起重视。随着对纤维素水解的研究，取之不尽的纤维素资源代粮发酵生产各种产品和能源物质具有重要的现实意义。目前，对纤维废料发酵生产酒精已取得重大进展。

2 发酵工业菌种

菌种在发酵工业中起着重要作用，它是决定发酵产品是否具有产业化价值和商业化价值的关键因素，是发酵工业的灵魂。早期工业生产使用的优良菌种都是从自然界分离得到的，然后经过多年的选育，发酵性能稳步提高。如青霉素生产菌种（*Penicillium notatum*），1929 年弗莱明刚发现时，其浅表层培养只有 1～2U/mL。经过四十多年的诱变育种，目前已达到 60000U/mL 以上，产量提高了几万倍。常规菌种选育包括自然选育、诱变育种、杂交育种、原生质体融合育种等技术。20 世纪 50 年代以后，随着生物化学的发展，人们对微生物的代谢途径有了较为全面的认识，同时发现了代谢过程中的各种调节机制，在此基础上，实现定向育种。20 世纪 70 年代以后，分子生物学的发展，使人们可以在 DNA 水平上对微生物进行有目的的改造，为微生物育种带来了一场技术革命，产生了一种全新的育种技术——基因工程育种。通过基因工程育种，可以实现对传统发酵产业的技术改造，大大提高发酵水平，而且还可以建立新型的发酵产业，即利用基因工程菌生产微生物原来所没有的代谢产物。本章将介绍工业菌种选育及其保藏的原理和方法。

2.1 发酵工业菌种概述

微生物在自然界中分布极为广泛，不断地开发和利用微生物资源是人类社会实现可持续发展的必由之路，也是解决现代社会经济高速发展所带来的人口、资源、能源、环境、健康等问题的重要途径。但到目前为止，人们所知道的微生物种类不到总数的 10%，而真正被利用的还不到 1%，进一步开发利用微生物资源的潜力很大。发酵工业广泛应用于医药化工、食品轻工、农业、环保等诸多领域。发酵工业应用的微生物种类很多，可分为两大类，即可培养微生物和未培养微生物。其中，发酵工业应用的可培养微生物通常分为四大类：细菌、放线菌、酵母菌、丝状真菌，其中的后二者为真核生物。下面对最常用的工业微生物及其应用领域进行举例说明。

2.1.1 细菌

细菌（bacteria）是一类单细胞的原核微生物，在自然界分布最广，数量最多，与人类生产和生活关系十分密切，也是工业微生物学研究和应用的主要对象之一。细菌以较典型的二分分裂方式繁殖。细胞生长时，环状 DNA 染色体复制，细胞内的蛋白质等组分同时增加一倍，然后在细胞中部产生一横段间隔，染色体分开，继而间隔分裂形成两个相同的子细胞。如间隔不完全分裂就形成链状细胞。

工业生产常用的细菌有枯草芽孢杆菌、醋酸杆菌、棒状杆菌、短杆菌等。用于生产各种酶制剂、有机酸、氨基酸、肌苷酸等。此外，细菌常用作基因工程载体的宿主细胞，用于构建基因工程菌来生产外源物质，如利用大肠杆菌生产核酸和蛋白质疫苗等。

2.1.2 放线菌

放线菌（actinomycetes）因菌落呈放射状而得名，是一类介于细菌和真菌之间的单细胞微生物，它的细胞构造和细胞壁的化学成分与细菌相同。但在菌丝的形成、外生孢子繁殖等方面则类似于丝状真菌。它是一个原核生物类群，在自然界中分布很广，尤其在含有机质丰富的微碱性土壤中分布较广，大多腐生，少数寄生。放线菌主要以无性孢子进行繁殖，也可借菌丝片段进行繁殖。它的最大经济价值在于能产生多种抗生素。从微生物中发现的抗生素有 60%以上是由放线菌产生的，如链霉素、红霉素、金霉素、庆大霉素等。常用的放线菌主要来自于链霉菌属、小单孢菌属和诺卡菌属等。

2.1.3 酵母菌

酵母菌（yeast）不是微生物分类学上的名词，通常指一类单细胞，且主要以出芽方式进行无性繁殖的真核微生物。酵母菌在自然界中普遍存在，主要分布于含糖较多的酸性环境中，如水果、蔬菜、花蜜和植物叶子上以及果园土壤中。酵母菌多为腐生，常以单个细胞存在，以出芽方式进行繁殖，母细胞体积长到一定程度时就开始出芽。芽长大的同时母细胞缩小。在母细胞与子细胞之间形成隔膜，最后形成同样大小的子细胞。如果子细胞不与母细胞脱离就形成链状细胞，称为假菌丝。在发酵生产旺期，常出现假菌丝。

工业生产中常用的酵母有啤酒酵母、假丝酵母、类酵母等，分别用于酿酒、制造面包、生产脂肪酶以及生产可食用、药用和饲料用酵母菌体蛋白等。

2.1.4 霉菌

霉菌（mould），指"发霉的真菌"，是一群在营养基质上形成绒毛状、网状或絮状菌丝真菌的通称，并非微生物分类学上的名词。

霉菌是人们早就熟知的一类微生物，与人类日常生活关系密切。它在自然界广为分布，大量存在于土壤、空气、水和生物体中。它喜欢偏酸性环境，大多数为好氧菌，多腐生，少数寄生。霉菌的繁殖能力很强，能以无性孢子和有性孢子进行繁殖，多以无性孢子繁殖。其生长方式是菌丝末端的伸长和顶端分支，彼此交错呈网状。菌丝的长度既受遗传性状的控制，又受环境的影响。菌丝或呈分散生长，或呈团状生长。

工业上常用的霉菌有藻状菌纲的根霉、毛霉、犁头霉，子囊菌纲的红曲霉，半知菌纲的曲霉、青霉等。它们可广泛用于生产酶制剂、抗生素、有机酸及甾体激素等。

2.1.5 未培养微生物

未培养微生物（uncultured microorganisms）是指迄今所采用的微生物纯培养分离及培养方法还未获得纯培养的微生物。未培养微生物在自然环境微生物群落中占有非常高的比例（约为 99%），无论是其物种类群，还是新陈代谢途径、生理生化反应、产物等都存在着不同程度的新颖性和丰富的多样性，因而其中势必蕴涵着巨大的生物资源。

自从科赫于 19 世纪发明固体培养基及纯培养技术以来，人们采用各种纯培养方法从自然环境中分离得到众多微生物的纯培养。但人们同时也发现，在显微镜下可以观察到的绝大部分自然环境微生物，很难或不能通过传统纯培养分离方法得到其纯培养。于是，人们对这类微生物进行了广泛深入的研究，并于 1982 年提出了"不可培养微生物"的概念。Stacke-brandt 等将那些利用分子生物学技术能够检测到，但还不能获得纯培养的微生物定义为"（至今）未培养微生物"。

未培养微生物广泛存在于各种自然环境中，特别是各种极端环境中。在极端环境下能够生长的微生物，称做极端微生物，又称嗜极菌（extremophiles）。极端环境指普通微生物不能生存的环境，如高温、低温、高压、高盐度、高辐射以及较强的酸碱环境。研究极端微生物有利于人们了解生命的本质，同时这些微生物在发酵工业中具有极为重要的应用价值。

目前，未培养微生物的研究方法主要包括两种：一是模拟自然培养法；二是宏基因组分析法。模拟自然培养法就是模拟微生物生长的自然环境对未培养微生物进行可培养研究，目前主要集中在原位培养、培养条件优化、单细胞微操作等方面，即利用传统纯培养法，结合分子生态学方法对自然环境微生物进行分析，了解未培养微生物多样性、系统发育和基本的生理特性，然后依据其系统发育关系相近的可纯培养微生物的生理代谢特征和其生存的自然环境条件，设计培养基和培养条件，最终获得纯培养。一旦获得微生物的纯培养，则采用可培养微生物相同或相似的途径进行开发利用。

宏基因组分析法是直接依据基因或基因组、蛋白质序列，以及其调节表达机制构建高效表达的工程菌等途径进行开发利用。即通过对未培养微生物的宏基因组分析（metagenomic analysis）来利用未培养微生物的基因资源，这一方法可以不经过对未培养微生物的纯培养过程，而直接在基因水平上开发利用未培养微生物。通过构建未培养微生物群落的集群基因组（collective genomes），并对其进行测序，得到各组成微生物的基因组序列，结合蛋白质组学的研究结果，采用比较基因组学（comparative genomics）的方法鉴定存于各物种的所有基因。这可以使人们详细了解未培养微生物、极端微生物的新的代谢途径、基因表达的调控机制，找到病原、抗性等基因，并发现新的基因等。这些信息不仅可以使人们认识基因和物种进化的过程，以及未培养物种的组成及其系统发育关系，而且还可以让人们了解其生态学功能、确定其生态位，为准确设计培养基和培养条件，以便最终获得其纯培养奠定了基础。这些工作都为未培养微生物的开发利用开辟了极为广阔前景。

尽管人们对未培养微生物的研究已取得一定进展，但对它们的形态、生理特性、代谢功能，以及它们对环境的影响等，难以进行实验研究。因此，目前成功应用未培养微生物的例子还不多。已有不少学者致力于新的分离培养技术的探索，突破传统的概念，建立新的方法，获得过去未曾发现的新的微生物种类，例如发现了利用有毒的电子传递物质的类群、微小的纳米级的细菌等。这些都为以后更好地利用未培养微生物奠定了基础。目前研究较多的是诸如油层、环境污水及火山口、温泉等极端环境中的未培养微生物。

2.2 发酵工业菌种的分离筛选

自然环境中的微生物是混杂生长的，要想得到生产某一目的产物的野生菌株，就需要采取一定的方法将它们分离出来。菌株分离（separation）就是将混杂着各种微生物的样品按照实际需要和菌株的特性采取迅速、准确、有效的方法对它们进行分离、筛选，进而得到所需微生物的过程。菌株分离和筛选是获得目的菌种的两个重要环节。菌株的分离要根据生产实际需要、目的代谢产物的性质、可能产生所需目的产物的微生物种类、微生物的分布、理化特性及生活环境等，设计选择性高的分离方法，才能快速地从环境或混杂了多种微生物样品中获得所需菌种。筛选方法也很重要，在设计筛选方案时有两点必须注意，即所采用方法的选择性和灵敏度。微生物细胞内含物及其周围的培养基成分非常复杂，目标产物含量往往又极低。因此，需要建立灵敏度高、快速、专一性强的检测方法。

发酵工业对菌种的要求如下：①能在廉价原料制成的培养基上生长，且生成的目的产物产量高、易于回收；②生长较快，发酵周期短；③培养条件易于控制；④抗噬菌体及杂菌污染的能力强；⑤菌种不易变异退化，以保证发酵生产和产品质量的稳定；⑥对放大设备的适应性强；⑦菌种不是病原菌，不产生任何有害的生物活性物质和毒素。

符合发酵工业要求的菌种可从如下途径获得：①从菌种保存机构直接购买所需的菌株。国内外著名的菌种保藏机构有中国微生物菌种保藏管理委员会（CCCCM）、美国典型菌种保藏中心（ATCC）、英国国家典型菌种保藏所（NCTC）、日本的大阪发酵研究所（IFO）等；②从自然界分离筛选；③从生产过程中发酵水平高的批号中重新进行分离筛选。

以从自然界分离筛选菌种为例，微生物菌种的分离筛选通常包含以下步骤：样品采集→样品的预处理→目的菌富集培养→菌种初筛→菌种复筛→菌种发酵性能鉴定→菌种保藏。

2.2.1 样品的采集

采集含目标微生物的样品时，有一些规律可循。总的原则是，样品的来源越广泛，获得新菌种的可能性越大。特别是在一些如高温、高压、高盐等极端环境中，可找到能适应苛刻环境压力的微生物类群，这种方法已经获得了成功。

采集含目标微生物样品的另一个原则是，要了解目标产物的性质和可能产目标产物的微生物种类及其生理特征，这样就能提高效率，事半功倍。

① 微生物在代谢上具有一定的规律，可根据系统进化的观点来选择目的菌，各类微生物虽然有许多差别，但是它们在生长、繁殖、代谢方面也存在一些共性，如初生代谢基本相同。若以生产初生代谢产物为目的，在细菌中能筛选到的目的菌，在真菌中往往也能分离到。相反，并不是所有微生物都能进行次生代谢，通常，丝状菌以及产芽孢的细菌都能进行次生代谢，肠道细菌则不能。所以，如果要获得产生某些次生代谢产物的菌种，在系统进化上必须是产芽孢菌及以后的进化种类才有筛选价值。

② 分离不同种类的微生物时，还要考虑微生物的生理特性。首先要考虑微生物的营养类型，每种微生物对碳、氮源等的营养需求不同，且其代谢类型与其生长的环境有很大的相关性。如森林土壤中含有大量的枯枝落叶和腐烂的木头等，富含木质纤维素，适合利用纤维素作为碳源的纤维素酶产生菌的生长。在肉类加工厂和饭店潲水沟的污水、污泥中，含有大量的腐肉、豆类和油脂等，因而在此处采样可分离到蛋白酶和脂肪酶的产生菌。在油田附近采样则容易筛选得到利用碳氢化合物为碳源的菌株。其次，在筛选一些具有特殊性质的微生物时，要根据微生物独特的生理特征到相应的地点采样。如筛选高温酶产生菌时，要到温度较高的南方，或温泉、火山爆发处及北方的堆肥中采集样品；分离耐压菌则通常要到油井或海洋深处采样。

自然界的微生物样品极其丰富，土壤、水、空气、枯枝落叶等中都含有大量的微生物，但总的来看，土壤样品中的含菌量最大。所以，一般从土壤中采集样品筛选菌种。从土壤中采样，要考虑土壤的以下特点：①土壤的有机质含量和通风状况。一般耕地、菜园和近郊土壤中有机质含量丰富，土质通气保水性能好，因而微生物生长旺盛、数量多，尤其适合分离细菌和放线菌。山坡上的森林土壤含有大量腐烂的植物枝叶，有机质丰富，而且阴暗潮湿，适合霉菌和酵母菌的生长。在沙土和无植被的山坡上、新开垦的生土及贫瘠的土地中，有机质含量少，细菌数量相应也较少。从土层深度看，5～25cm 土层的微生物数量最多。1～5cm 表层土壤由于阳光照射，水分蒸发快，以及紫外线的杀菌作用，因而微生物数量比 5～25cm 土层的少。25cm 以下的土层由于土质紧密，空气不足，养分和水分缺乏，微生物数量逐渐减少。②土壤酸碱度和植被状况。土壤酸碱度影响微生物种类的分布。偏碱的土壤（pH 7.0～7.5）中，细菌和放线菌含量较丰富。反之，在偏酸的土壤中，霉菌和酵母菌的含量较多。由于植被的根的分泌物不同，因而对微生物的分布影响也不同。如葡萄或其他果树在果实成熟时，其根部附近的土壤中酵母菌数量增多。③地理条件。南方土壤比北方土壤中的微生物含量多。原因是南方气候温暖潮湿，植被多，土壤中的有机质多，适合微生物生长。④季节条件。不同的季节微生物数量有明显的变化，冬季寒冷干燥，微生物生长缓慢，数量少。春季，随着气温上升，微生物生长旺盛，数量增多。但是在南方一些地区，春季雨水多，土壤含水量高，通气不良，反而不利于微生物的生长繁殖。随后经过夏季到秋季，气温较高，植被丰富，土壤中的微生物比其他时候都多。因此，秋季采土样最为理想。

2.2.2 样品的预处理

在分离之前，要对含微生物的样品进行预处理，可提高菌种分离的效率。通常使用的预处理方法有以下几种。

（1）物理方法 包括热处理、膜过滤法和离心法。热处理方法常用来减少样品中的细菌数。许多放线菌的繁殖体、孢子和菌丝片段比革兰阴性细菌细胞耐热，加热处理，虽然放线菌数目有所减少，但能增加放线菌同细菌的比例。膜过滤法和离心法常用来浓缩水中的微生物细胞。使用过滤法时，要根据目标菌的类型、大小来选择不同孔径的滤膜。

（2）化学方法　通过在培养基中添加某些化学成分来增加特定微生物的数量。如常添加几丁质的培养基来分离土壤和水中的放线菌；用添加 $CaCO_3$ 稳定培养基的 pH 来分离嗜碱性的放线菌等。

（3）诱饵法　将一些固体物质，如石蜡、花粉、蛇皮、毛发等，加到待分离的土壤或水中做成诱饵富集目的菌，待其菌落长出后再进行平板分离，可获得某些特殊的微生物种类。

2.2.3　富集培养

从自然界中采得的样品，是很多微生物的混合物，所需的目标微生物不一定是优势菌种。为了提高分离效率，可通过富集培养增加待分离的目标微生物的数量。主要方法是利用不同种类的微生物其生长繁殖对环境和营养的要求不同，如温度、pH、渗透压、溶解氧浓度、碳源和氮源类型及浓度等，使目的微生物在最适条件下迅速地生长繁殖，数量增加，成为人工环境下的优势种。一般用以下两类方法进行富集。

（1）控制培养基的营养成分　微生物的分布随环境条件的改变而变化。如果环境中含有较多的某种物质，则其中能分解利用该物质的微生物就会较多。因此，在分离该类菌株之前，可在增殖培养基中加入相应的底物作为唯一的碳源或氮源。那些能分解利用的菌株因能得到充分的营养而迅速增殖，而其他微生物由于不能分解利用这些物质，生长受到抑制。例如，如果要分离水解酶的产生菌，可在富集培养基中加入相应的底物作为唯一的碳源，加入含菌样品，给欲分离的目标微生物以最佳的培养条件，如温度、pH、营养和通气条件进行培养。能分解该物质的目标菌类能大量繁殖，其他微生物因得不到碳源，生长受到抑制。因此所需菌类的数量、比例得到增加。需要指出的是，能在同一种富集培养基上繁殖的微生物并非单一的菌种，而是营养类型相同的微生物群体，要得到纯的菌种还需要进一步分离。

（2）控制培养条件　筛选微生物时，除了可通过控制培养基的成分进行富集以外，还可以针对其特殊的生理特性，通过控制其他培养条件，达到有效的富集目的。常用的控制条件有：控制培养时的溶解氧浓度，可将好氧和厌氧微生物分开；在高温条件下培养，可将嗜热微生物与非嗜热微生物分开；控制不同的 pH，可分离嗜酸或嗜碱微生物；使用高糖或高盐进行培养，可获得耐高渗的微生物；在高压条件下培养，可以获得耐高压的微生物。此外，在培养基中加不同的抗生素可以获得具有相应抗性的微生物类群。

富集培养按其培养方式可分为分批培养方式、连续培养方式以及半连续培养方式。

① 在分批培养中，虽然所选条件对目的菌生长很适宜，但目的菌生长的结果有时会改变培养基的性质，从而改变了最初的选择压力，使其他微生物也能恢复生长。此时，应把富集培养物接种到新鲜的同一种培养基上重建选择压力，继续富集培养。选择移种的时间特别关键，应在所需菌种占优势的情况下移种。经过几次富集继代分批培养后，可取少量富集的含目的菌的培养物，将其接种到固体培养基上进行纯种分离。

目的菌在富集培养过程中能否占优势，取决于它与其他微生物的最大比生长速率（比生长速率是指单位菌体在单位时间内生长所增加的菌体量）的竞争，富集培养中生长占优势的目的菌，其比生长速率最大，最适应生长环境。但分批培养中要保持一定的选择压力使目的菌维持最大比生长速率比较困难，存在何时移种以继续保持选择压力，移种多少次可富集目的菌等问题。为了解决基于最大比生长速率筛选带来的诸多问题，如选择压力的控制、移种时间和次数，可采用连续富集培养。

② 连续培养是利用比生长速率进行富集。根据米氏方程

$$\mu = \frac{\mu_{\max} S}{K_S + S}$$

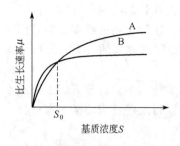

图 2-1　基质浓度对 A、B
两种菌的比生长速率的影响

比生长速率（μ）与限制性基质浓度（S）有关。因此，通过改变限制性基质浓度 S，可以控制各种不同菌体的比生长速率，从而可以富集分离得到所需的菌株。如图 2-1 所示，对于 A、B 两种菌，当 $S < S_0$（S_0 为 A、B 两种具有相同比生长速率时的限制性基质的浓度）时，B 菌株将维持比 A 菌株高的比生长速率，此时将富集 B 菌株；当 $S > S_0$ 时，A 菌株将维持比 B 菌株高的比生长速率，此时将富集 A 菌株。

③ 半连续培养即分批补料培养，它介于分批培养和连续培养之间，在没有条件实施连续培养时，半连续培养也是富集培养的较好方法。

2.2.4　菌种分离

经富集培养以后的样品，虽然目的微生物得到了增殖，数量上占了优势，但是其他微生物并没有死亡。富集以后得到的培养物仍然是多种微生物的混合物，需要进行菌种的分离。

下面介绍几种常用的分离方法：

（1）平板划线分离法　用接种环取微生物菌悬液，在平板上划线，使混杂的微生物在平板表面分散开来，最后以单个细胞生长繁殖，形成单菌落达到分离的目的，得到纯种。该方法的优点是简单、较快。划线方法很多，如下图 2-2 所示。

　　(a) 扇形划线法　　　(b) 连续划线法　　　(c) 方格划线法　　　(d) 平行划线法

图 2-2　平板划线分离法

（2）稀释分离法　通过不断稀释的手段使被分离的样品分散到最低浓度，而后吸取一定量注入平板，与熔化后冷却至 45～50℃ 的琼脂培养基摇匀混合，培养，挑取单菌落，见图 2-3。该方法的优点是分离的单菌落均匀，获得纯种的概率大，特别适宜于分离具有蔓延性的微生物。

（3）简单平板分离法　与稀释分离法相似，不断稀释，在最后一管中获得单菌落，所不同的是试管中采用琼脂培养基。

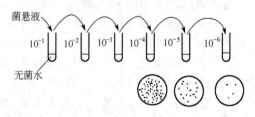

图 2-3　稀释分离法

（4）涂布分离法　取少量稀释的菌悬液置于平板上，立即用无菌玻璃涂棒涂布，使含菌的溶液分散分布于平板上，从而形成单菌落。

（5）毛细管分离法　多用于分离产孢子菌，如霉菌。一般步骤如下：将欲分离样品少许放入熔化并冷至 45～50℃ 的琼脂中，摇匀，保温（45℃）；用灭过菌的毛细管吸培养基放在无菌载玻片上，并放在显微镜载物台上观察，寻找单孢子，用无菌镊子折断含有单孢子毛细管，转入斜面培养。

（6）小滴分离法　滴管前端拉成毛细管后，将欲分离样品制成悬液，适当稀释，再用无菌毛细管吸取悬液，在无菌盖玻片上以纵横成行的方式滴数个小滴，镜检，发现单细胞或单孢子，用无菌毛细管吸取后进行斜面培养。

2.2.5　菌种初筛和复筛

目的菌种的获得需要在菌种分离的基础上，进一步通过筛选选择产物合成能力较高的菌株。某些菌可以在菌种分离的同时进行筛选，一般这类菌在平皿上培养时，其产物可以与指示剂、显色剂或底物等反应而直接定性地鉴定。但是，并非所有的菌种产物都能用平皿定性方法鉴定，因此就要使用常规的生产性能测定，即通过初筛和复筛方法来确定。

2.2.5.1　初筛

初筛是从分离得到的大量微生物中将具有目的产物合成能力的微生物筛选出来的过程。由于菌株多，工作量大，为了提高效率，通常使用一些快速、简便又较为准确的方法。初筛可以分为两种方式进行。

（1）平板筛选　对那些在分离阶段没有采用平皿定性法筛选的菌落，即随机挑选的菌株，由于数量很大，又不知是否具有合成目的产物的能力，这时只有首先采取较粗放的检测方法。如筛选生产某一种水解酶的菌株时，可在培养基中加入该酶的底物作为唯一的碳源或氮源，适温培养后，可根据形成的水解圈和菌落直径的大小判断产酶活力的大小。在筛选产氨基酸的菌种时，用不含有机氮的培养基，使分离得到的菌株在这种培养基上形成单菌落。用内径 6～8mm 的打孔器，将菌落连同培养基逐个取出，放在灭过菌的滤纸上，放置一段时间，菌落产生的氨基酸会渗透并扩散到滤纸上，喷上茚三酮显色剂，出现显色圈的即是氨基酸产生菌。然后进一步将这些菌株进行发酵培养，取发酵液进行电泳或纸色谱分析，即可鉴定出产氨基酸的菌株。

菌种初筛工作中常使用这种平皿快速筛选法，将复杂而费时的化学测定转变为平皿上肉眼可见的显色反应，能大幅度地提高筛选效率，大大减少工作量。

（2）摇瓶发酵筛选　由于摇瓶振荡培养更接近发酵罐培养条件，由此筛选出的菌株易于扩大培养。因此经过平板筛选的菌种可以进行摇瓶培养。一般的方法是，一个菌株接种一组摇瓶，在一定转速的摇床及适宜的温度下振荡培养，得到的发酵液过滤后按以下方法进行活力测定：先在玻璃板上制备含有鉴定菌（筛选抗生素菌株时）或底物（筛选酶制剂产生菌时）琼脂平板，琼脂板厚约 3mm，用内径 5mm 的打孔器打孔，取上述的发酵液 $10\mu L$ 逐个加入，放在鉴定菌或酶作用的最适温度下温育一定时间，孔的周围出现透明的溶菌圈或水解圈。可根据活性圈的大小选取性能优良的菌株。

2.2.5.2　复筛

复筛是在初筛的基础上进一步鉴定菌株生产能力的筛选，采用摇瓶培养，一般一个菌株重复 3～5 瓶，培养后的发酵液采用精确的分析方法测定。

在初筛阶段，通过简便、快速的平板活性测定，淘汰 $85\%～90\%$ 不符合要求的微生物。该方法的不足之处是产物的活性只能相对比较，难以得到确切的产量水平。因此，需要进一步进行复筛，选出较优良的菌株。这种直接从自然界样品中分离得到的具有一定生产性能的菌株，称为野生型菌株。

在以上复筛过程中，要结合各种培养条件如培养基、温度、pH、供氧量等进行筛选，也可对同一菌株的各种培养因素加以组合，构成不同的培养条件进行实验，以便初步掌握适合野生菌株的培养条件，为以后育种提供依据。

2.3　发酵工业菌种鉴定

菌种鉴定工作是筛选获得目的菌纯培养物后首先要进行的基础性工作。不论欲鉴定的菌种对象属哪一类，鉴定工作基本类似，主要包括：①测定一系列必要的鉴定指标；②查找权威性的鉴定手册，确定菌种类型。

不同的微生物往往有不同的重点鉴定指标。例如，在鉴定形态特征较丰富、形体较大的真菌等微生物时，常以其形态特征为主要指标。在鉴定放线菌和酵母菌时，往往形态特征与生理特征兼用。而在鉴定形态特征较少的细菌时，则须使用较多的生理、生化和遗传等指标。在鉴定病毒时，除使用电子显微镜和各种生化、免疫等技术外，还要使用一系列独特的鉴定方法。

通常把鉴定微生物的技术分成四个不同的水平：①细胞的形态和习性水平，例如用经典的研究方法，观察细胞的形态特征、运动性、酶反应、营养要求和生长条件等。②细胞组分水平，包括细胞组成成分例如细胞壁成分、细胞氨基酸库、脂类、醌类以及光合色素等的分析，所用的技术除常规实验室技术外，还使用红外光谱、气相色谱和质谱分析等新技术。③蛋白质水平，包括氨基酸序列分析、凝胶电泳和血清学反应等技术。④基因或核酸水平，包括核酸分子杂交（DNA 与 DNA 或 DNA 与 RNA）、（G＋C）含量的测定，遗传信息的转化和转导，16S rRNA 或 18S rRNA 寡核苷酸组分分析，以及 DNA 或 RNA 的核苷酸序列分析等。在微生物分类学发展的早期，主要的分类鉴定指标尚停留在细胞的形态和习性水平上，这类方法可称作经典的分类鉴定方法。从 20 世纪 60 年代起，后三个水平的分类鉴定的理论和技术开始发展，并为探索微生物的自然分类系统打下了坚实的基础。以下就对几种常用的鉴定菌种的方法做简单介绍。

2.3.1 经典的分类鉴定方法

所谓经典分类鉴定方法，是相对现代分类鉴定方法而言，通常指长期以来在鉴定中普遍采用的如形态、生理、生化、生态、生活史和血清学反应等指标。常用的鉴定指标有以下几种。

（1）形态学特征 包括菌落特征、细胞形态、细胞大小、细胞排列、特殊的细胞结构、染色反应等。

（2）生理生化特征 包括营养类型、对氮源的利用能力、对碳源的利用能力、对生长因子的需要、需氧性；对温度、pH 渗透压的适应性；对抗生素及抑菌剂的敏感性；代谢产物及其与宿主的关系等。

（3）血清学试验与噬菌体分型 细菌细胞和病毒等都含有蛋白质、脂蛋白、脂多糖等具有抗原性的物质，由于不同微生物抗原物质结构不同，赋予它们不同的抗原特征。一种细菌的抗原除了可与它自身的抗体起特异性反应外，若它与其他种类的细菌具有共同的抗原组分，它们的抗原和抗体之间就会发生交叉反应。因此，可以在生物体外进行不同微生物之间抗原与抗体反应试验——血清学试验来进行微生物的分类和鉴定。使用的方法除了凝集反应外，还有沉淀反应（如凝胶扩散、免疫电泳）、补体结合、直接或间接的免疫荧光抗体技术、酶联免疫以及免疫组织化学等方法。通常是对全细胞或者细胞壁、鞭毛、荚膜或黏液层的抗原性进行分析比较。此外，也可以用纯化的蛋白质（酶）进行分析，以比较不同细菌同源蛋白质之间的结构相似性。

（4）氨基酸顺序和蛋白质分析 蛋白质是基因的产物，蛋白质的氨基酸顺序直接反映 mRNA 顺序，与编码基因密切相关。因此，可以通过对某些同源蛋白质氨基酸序列的比较来分析不同生物系统发育的关系，序列相似性越高，其亲缘关系愈近。由此，可以根据蛋白质的氨基酸序列资料构建系统发育树并据此进行系统分类。

2.3.2 现代分类鉴定方法

近年来，随着分子生物学的发展和各项新技术的广泛应用，促使微生物分类鉴定工作有了飞跃的发展。对微生物鉴定工作来说，已从经典的表型特征的鉴定深入到现代的遗传学特性的鉴定、细胞化学组分的精确分析以及利用计算机进行数值分类研究等新的层次上。

2.3.2.1 微生物遗传型的鉴定

DNA 是除少数 RNA 病毒以外的一切微生物的遗传信息载体。每一种微生物均有其自己特有的、稳定的 DNA 成分和结构，不同微生物间 DNA 成分和结构的差异程度代表着它们亲缘关系的远近。因此，测定每种微生物的 DNA 若干重要数据，是微生物鉴定中极其重要的指标。

(1) DNA 的碱基组成　　DNA 分子含有四种碱基：腺嘌呤 (A)、鸟嘌呤 (G)、胞嘧啶 (C) 和胸腺嘧啶 (T)。DNA 的碱基组成和排列顺序决定着生物的遗传性状，所以 DNA 碱基组成是各种生物一个稳定的特征。它不受菌龄以及突变因素以外的外界条件的影响，即使个别基因突变，碱基组成也不会发生明显变化。分类学上，用 (G＋C) 占全部碱基的质量分数 (G＋C)％来表示各类生物的 DNA 碱基组成特征。测定 DNA 碱基组成的方法很多，常用的有热变性温度法、浮力密度法和高效液相色谱法。

(2) 核酸的分子杂交　　生物的遗传信息以碱基排列顺序线性地排列在 DNA 分子中，不同生物 DNA 碱基排列顺序的异同直接反映这些生物之间亲缘关系的远近，碱基排列顺序差异越小，它们之间的亲缘关系就越近。由于目前尚难以普遍地直接分析比较 DNA 的碱基排列顺序，所以分类学上目前主要采用较为间接的比较方法——核酸分子杂交 (hybridization)，来比较不同微生物 DNA 碱基排列顺序的相似性进行微生物的分类。核酸分子杂交在微生物分类鉴定中的应用包括 DNA-DNA 杂交、DNA-RNA 杂交等。

(3) 遗传重组特性分析　　大多数真核生物都能进行有性生殖，所以分类学上用能否进行有性生殖来定义物种。原核生物中，虽然没有有性生殖，但它们可以通过转化、转导和接合作用进行染色体基因的交换，这种交换通常具有种属特异性。研究表明，发生接合、转化和普遍性转导的细菌之间需要存在广泛的染色体同源性，否则此类重组 (同源重组) 就不能发生。因此，在细菌分类中，发生同源重组可以作为细菌密切相关的证据。例如，转化通常只在同属内的不同种之间发生，很少在属间出现。但值得注意的是，由于同源重组还涉及其他因素，当细菌之间不能发生重组时，不一定是由于 DNA 序列不同源，而有可能是由于其他因素所致。因此，不能以同源重组作为唯一的判断标准。除上述遗传重组外，质粒及转座子的基因转移在细菌分类中的意义也是值得注意的，特别是质粒，由于它在细菌中普遍存在，并且许多质粒携带编码某些表型特征的基因。例如，某些糖的分解、对动植物的致病性、对抗生素的抗性等在某些细菌中就是由质粒编码的，这些特性对于细菌适应生存环境有着重要意义。

(4) rRNA 序列分析　　20 世纪 60 年代开始，分子遗传学和分子生物学技术的迅速发展使细菌分类学进入了分子生物学时代，许多新技术和方法在细菌分类学中得到广泛应用。目前，rRNA 分子已成为一个分子指标，广泛地用于各种微生物的遗传特征和分子差异的研究中。从 70 年代初起，Woese 等曾测定了 200 多种原核生物的 16S rRNA 和真核生物的 18S rRNA 的寡核苷酸顺序谱，经过比较研究，不但搞清了原核生物和真核生物的许多系统进化问题，而且还导致了古细菌界的建立。

该方法是通过比较各类原核生物 16S rRNA 和真核生物的 18S rRNA 的基因序列，从序列差异计算它们之间的进化距离，可以绘出生物进化树。选用 16S rRNA 或 18S rRNA 的原因是：它们为原核和真核细胞所特有，其功能同源且较为古老，既含有保守序列又含可变序列，分子大小适合操作，它的序列变化与进化距离相适应。原核生物 16S rRNA 序列分析技术的基本原理就是，通过克隆微生物样本中的 16S rRNA 的基因片段后测序或酶切、探针杂交获得 16S rRNA 序列信号，再与 16S rRNA 数据库中的序列数据或其他数据进行比较，确定其在进化树中的位置，从而鉴定样本中可能存在的微生物种类。真核生物的 18S rRNA 序列分析技术与原核生物 16S rRNA 序列分析技术基本相同。

2.3.2.2 细胞化学成分特征分类法

除上述核酸成分外的其他化学成分的鉴定，是微生物化学分类法的重要内容。常用于细菌分类的细胞成分有以下几种。

① 细胞壁的化学组分及分枝菌酸分析；

② 全细胞水解液的糖型；

③ 脂肪酸组成及磷脂成分分析；

④ 醌类及多胺类的分析；

⑤ 可溶性蛋白的质谱分析。

细胞化学成分的分析方法有很多，比较常用的是红外光谱分析法。一般认为，每种物质的化学结构都有特定的红外吸收光谱，若两个样品的吸收光谱完全相同，可以初步认为它们是同一种物质。因此，人们就利用红外光谱技术测定微生物细胞的化学成分来进行微生物的分类。实验证明，这种技术适于"属"的分类，而不适于同一属内不同种或菌株之间的区分。该方法具有简单快速、样品用量少等优点。

2.3.2.3 数值分类法

数值分类法（numerical taxonomy）亦称统计分类法（taxonometrics），是在约 200 年前与林奈同时代的 M. Adanson（1727～1806，法国植物学家）发表的分类原理基础上发展起来的。现在这种方法借助计算机技术而得到进一步发展。在工作开始时，必须先准备好一批待研究菌株和有关典型菌种的菌株，它们被称作 OTU（运筹分类单位，operational taxonomic units）。由于数值分类中的相似系数 S_{sm} 或 S_J 是以观察到的菌株间的共同特征的相似性为基础的，因此要用 50 个以上甚至几百个特征进行比较，且所用特征越多，其结果也就越精确。在比较不同菌株时，都要采用相同的可比特征，包括形态、生理、生化、遗传、生态和免疫等特征。

2.3.3 将菌种直接送到权威鉴定机构鉴定

在国内外，许多菌种鉴定机构和菌种保藏机构都提供菌种鉴定服务。因此，可以将菌种送到这些机构直接鉴定。这样，就可以节省大量的时间，并且得到的结果较为准确。国内外权威的菌种保藏机构及其网址如下。

① 中国微生物菌种保藏管理委员会（China Committee of Culture Collection for Microorganisms，CCCCM），http://micronet. im. ac. cn/database/aboutccccmc. html。

② 中国科学院典型培养物保藏委员会（the Committee on Type Culture Collection of Chinese Academy of Sciences，CTCCCAS），http://www. ctcccas. ac. cn。

③ 中国典型培养物保藏中心（Chinese Center for Type Culture Collection，CCTCC），http://www. cctcc. org。

④ 中国工业微生物菌种保藏管理中心（China Center of Industrial Culture Collection，CICC），http://china-cicc. org。

⑤ 美国典型培养物保藏中心（American Type Culture Collection，ATCC），http://www. atcc. org。

⑥ 英国国家典型培养物保藏中心（The United Kingdom National Culture Collection，UKNCC），http://www. ukncc. co. uk。

⑦ 法国巴斯德研究所菌种保藏中心（Collection de I'Institut Pasteur，CIP）. http://cip. pasteur. fr。

⑧ 德国科赫研究所菌种保藏中心（Robert Koch Institute，RKI），http://www.

rki. de。

目前，《细菌学期刊 (Journal of Bacteriology)》是国际上公认的微生物分类学方面的权威期刊，所有新鉴定的微生物菌种必须在此期刊发表才能被认可。

2.4 发酵工业菌种改良

菌种改良技术的进步是发酵工业发展的技术支撑。来源于自然界的微生物菌种，在长期的进化过程中，形成了一整套精密的代谢控制机制，微生物细胞内具有反馈抑制、阻遏等代谢调控系统，不会过量生产超过其自身生长、代谢需要的酶或代谢产物。所以，从自然界分离得到的野生菌株，不论在产量上或质量上，均难适合工业化生产的要求。育种工作者的任务是设法在不损及微生物基本生命活动的前提下，采用物理、化学或生物学以及各种工程学方法，改变微生物的遗传结构，打破其原有的代谢控制机制，使之成为"浪费型"菌株。同时，按照人们的需要和设计安排，进行目的产物的过量生产，最终实现产业化的目的。

菌种选育改良的具体目标包括几部分。

① 提高目标产物的产量。生产效率和效益总是排在一切商业发酵过程目标的首位，提高目标产物的产量是菌种改良的重要标准。

② 提高目标产物的纯度，减少副产物。在提高目标产物产量的同时，减少色素等杂质含量以降低产物分离纯化过程的成本。

③ 改良菌种性状，改善发酵过程，包括改变和扩大菌种所利用的原料范围、提高菌种生长速率、保持菌株生产性状稳定、提高斜面孢子产量、改善对氧的摄取条件并降低需氧量及能耗、增强耐不良环境的能力（如耐高温、耐酸碱、耐自身所积累的过量代谢产物）、改善细胞透性以提高产物的分泌能力等。

④ 改变生物合成途径，以获得高产的新产品。

2.4.1 菌种代谢生理与分子生物学

和所有的生物一样，微生物在其生长过程中不断地从外界吸收营养物质，又不断地分泌代谢产物，这就是新陈代谢。代谢包括分解代谢和合成代谢，同时涉及物质代谢和能量代谢过程。通常，微生物具有极灵敏的自我控制能力和对环境的适应能力。这是由于微生物细胞内有一套可塑性极强和精确性极高的代谢调节系统，它控制着各种酶系进行有条不紊的生化反应，保证细胞的代谢具有相对稳定性。所以，在正常情况下，微生物细胞内的物质既不过量，又不会缺乏。但是，如果出现代谢调节系统失调，就会出现途径障碍，引起代谢紊乱，从而导致某些产物的过量积累。育种的目的就是采取各种手段获得代谢调节机制不完善的高产菌株，使之过量积累人们所需的目标产物。因此，在讨论育种的各种理论方法之前，先简要介绍菌种代谢生理及其调控的分子生物学机制。

2.4.1.1 初级代谢和次级代谢

通常把微生物产生的对自身生长和繁殖必需的物质称为初级代谢产物，而产生这些物质的代谢体系或过程称为初级代谢 (primary metabolism)。初级代谢体系具体可分为：①分解代谢体系，包括糖、脂、蛋白质等物质的降解，获取能量，并产生 5-磷酸核糖、丙酮酸等物质，这类物质是分解代谢途径的终产物，也是整个代谢体系的中间产物；②合成代谢体系，主要包括合成某些有机小分子物质，如氨基酸、核苷酸等，以及用这些小分子物质合成生物大分子物质，如蛋白质、核酸、多糖、脂类等。

次级代谢 (secondary metabolism) 产物也称为次生产物，最初的定义是指由生物体合成，但对其自身的生长、繁殖和发育并没有影响的一类物质，如抗生素、生物碱、色素、毒素等。近年来，人们逐渐认识到，这些次级代谢产物虽然不是生长所必需的，但可能对产生菌的生存有一定的作用。这些产物对人类的生活和生产实践具有重要应用价值。从菌体生化代谢角度来说，虽然次级代谢产物的化学结构是多种多样的，但其基本结构是由少数几种初级代谢产物构成的。次级代谢产物的合成途径并不是独立的，而与初级代谢产物合成途径有着密切的关系。由于它们的代谢途径是相互交错的，因此在代谢调控上也是相互影响的。当与次级代谢合成有关的初级代谢途径受到控制时，次级代谢的合成必然受到抑制。

2.4.1.2 代谢调控机制

代谢调节方式很多，由于微生物细胞体内的所有生化反应都是在酶的催化下进行的，因此对酶的调节控制是最主要、最有效的调控方式。酶的调节控制有两种方式：一种是酶合成的调节，另一种是酶分子的催化活力的调节。

（1）酶合成的调节　酶合成的调节是一种通过调节酶的合成量进而调节代谢速率的调节机制，这是一种在基因水平上（原核生物主要在转录水平上）的代谢调节。一般将能促进酶生物合成的调节称为诱导，而能阻碍酶生物合成的调节则称为阻遏。酶合成的调节是一类相对较慢的调节方式。

① 诱导　根据酶的合成是否受环境中所存在的诱导物的诱导（induction）作用，可把酶划分为组成型酶（constitutive enzyme）和诱导型酶（induced enzyme）两类。组成型酶是微生物细胞在生长繁殖过程中一直存在的酶类，其合成不受诱导物诱导作用的影响。而诱导型酶则是微生物细胞在诱导物存在的情况下诱导合成的一类酶。通常初生代谢产物合成与组成型酶的活性密切相关，次级代谢产物则与诱导型酶的表达密切相关。

② 阻遏　在微生物代谢过程中，当代谢途径中某末端产物过量时，通过阻遏（repression）作用来阻碍代谢途径中包括关键酶在内的一系列酶的生物合成，从而控制代谢以减少末端产物的合成。阻遏作用有利于生物体节省有限的养料和能量，阻遏的类型主要有末端代谢产物阻遏和分解代谢产物阻遏两种。末端产物阻遏（end-product repression）是指由某代谢途径末端产物过量累积而引起的阻遏。分解代谢物阻遏（catabolite repression）是指有两种碳源（或氮源）分解底物同时存在时，细胞利用快的那种分解底物会阻遏利用慢的底物的有关分解酶的合成和累积。例如，将 *E. coli* 培养在含乳糖和葡萄糖的培养基上，会发现该菌可优先利用葡萄糖，并在葡萄糖耗尽后才开始利用乳糖，其原因就是因为葡萄糖的分解代谢阻遏了分解乳糖酶系的合成和积累，这一现象又称为葡萄糖效应或分解阻遏效应。

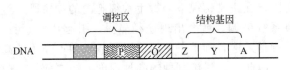

图 2-4　半乳糖操纵子模式图

目前认为，由 Monod 和 Jacob 提出的操纵子学说可以较好地解释酶合成的诱导和阻遏作用。操纵子是功能上相关的几个结构基因前后相连，再加上一个共同的调节基因和一组共同的控制位点即启动子（promoter，P）和操作子（operator，O），在基因转录时协同作用，对基因表达过程实行调控，这样一个完整的单元称为操纵子（operon）。例如，大肠杆菌中负责乳糖代谢的 β-半乳糖苷酶、半乳糖苷透性酶、半乳糖苷乙酰化酶等三种酶的基因 Z、Y、A 与控制位点 O、P 以及它们的调节基因一起组成半乳糖操纵子，如图 2-4 所示。

其中，调节基因表达合成阻遏蛋白。当细胞内诱导物不存在时，阻遏蛋白以四聚体的形式与操纵子结合。由于操纵子与启动子有一定程度的重叠，妨碍了 RNA 聚合酶进行转录的起始。当细胞内有诱导物存在时，诱导物与阻遏蛋白迅速结合，从而改变了阻遏蛋白的构象，使之从操纵子上解离下来。这样，RNA 聚合酶就能与启动子牢固结合，从而开始转录 *lac*ZYA 结构基因。

操纵子分两类，一类是诱导型操纵子，只有当存在诱导物时，其转录频率才最高，并随之转译出大量诱导酶，出现诱导现象，如乳糖、半乳糖等分解代谢的操纵子等。另一类是阻遏型操纵子，只有缺乏辅阻遏物时，其转录频率才最高。由阻遏型操纵子所编码的酶的合成，只有通过去阻遏作用才能启动，例如组氨酸、精氨酸和色氨酸合成代谢的操纵子等就属于这一类。

（2）酶活性的调节　酶活性的调节是以酶分子的结构为基础，在酶的分子水平上进行的一种代谢调节。它是通过改变现成的酶分子活性来调节新陈代谢的速率，包括酶活性的激活和抑制两个方面。酶活性的激活指在分解代谢途径中，后面的反应可被前面的中间产物所促进，称为前体激活。酶活性的抑制主要是反馈抑制（feedback inhibition），主要表现在某代谢途径的末端产物（即终产物）过量时，这种产物可反过来直接抑制该途径和分支途径中第一个酶的活性，促使整个反应过程减慢甚至停止，从而避免了末端产物的过多累积。反馈抑制具有作用直接、效果快速以及当末端产物浓度降低时又可解除等优点。

尽管反馈抑制的类型很多，但其主要的作用方式在于末端产物对合成途径中调节酶的抑制。受反馈抑制的调节酶一般都是变构酶（allosteric enzyme），酶活力调控的实质就是变构酶的变构调节。变构酶的蛋白分子一般是由两个以上亚基组成的多聚体，具有四级结构，这是能够产生变构作用的物质基础。变构酶分子具有两个和底物分子物质相结合的位点，一个是与底物结合的催化中心（活性中心），另一个可与调节器因子（又称效应子）相结合的调节中心（变构中心）。当效应物与调节中心结合后，可引起酶蛋白分子发生构象变化，从而引起酶的活性中心对底物的亲和力和催化能力的改变，促进或阻碍了酶和它的底物的结合，促进或抑制了酶活力，使整个代谢途径的快、慢受到调节，这种现象称为变构效应。

2.4.2　常规育种

广义上说，菌种改良可描述为采用各种技术手段（物理、化学、生物学、工程学方法以及它们的各种组合）处理微生物菌种，从中分离得到能显示所要求表型的变异菌种。常规育种包括诱变和筛选，是最常用的菌种改良手段。其理论基础是基因突变。关键是用物理、化学或生物的方法修改目的微生物的基因组（genome），产生突变型。微生物的自发突变频率在 $10^{-8} \sim 10^{-5}$ 之间，经诱变剂处理微生物细胞后，可大幅度提高突变频率，达到 $10^{-6} \sim 10^{-3}$，比自发突变提高了上百倍。

当前发酵工业中使用的高产变异菌株，大部分都是通过诱变而大大提高了生产性能的菌株。诱变育种具有方法简便和收效显著等特点，所以仍然是目前被广泛使用的主要育种方法之一。

2.4.2.1　菌种选育常用的诱变剂

凡能诱发微生物基因突变，使突变频率远远超过自发突变频率的物理因子或化学物质，称为诱变剂。菌种选育常用的诱变剂见表 2-1。

2.4.2.2　诱变育种中需考虑的若干因素

（1）选择合适的出发菌株　选择好的出发菌株对诱变效果有着极其重要的作用。有些微生物菌株比较稳定，其遗传物质耐诱变剂的作用强，这种菌株适宜用于生产，但是用于诱变育种的出发菌株则不适宜。用作诱变的出发菌株必须对它的产量、形态、生理等方面有相当的了解。挑选出发菌株的标准是产量高、对诱变剂的敏感性大、变异幅度广。

（2）复合诱变剂的使用　诱变剂的作用是扩大基因突变的频率，因此应选择高效诱变剂如 NTG、^{60}Co、γ 射线、紫外线（UV）等。对于野生型菌株，单一诱变剂有时能取得好的效果，但对于已经诱变过的老菌种，单一诱变剂重复使用后突变的效果不好，可用复合诱变剂来扩大诱变幅度，提高诱变效果。

表 2-1　菌种选育常用的诱变剂

诱　变　剂	诱发 DNA 突变的类型	对 DNA 作用的结果	相对效果
辐射源			
电离辐射			
X 射线、γ 射线	DNA 单链或双链断裂、缺失	结构改变	高
短波长光线			
紫外线	DNA 嘧啶二聚体和交联	颠换、缺失、移码和 GC→AT 转换	中
化学因子			
碱基类似物			
5-氯尿嘧啶	碱基错配	AT→GC,GC→AT 转换	低
5-溴尿嘧啶		AT→GC,GC→AT 转换	低
2-氨基嘌呤	DNA 复制错误		低
脱氨剂			
羟胺(NH_2OH)	胞嘧啶脱氨	GC→AT 转换	低
亚硝酸(HNO_2)	A、C 和 G 脱氨	双向转译、缺失、AT→GC GC→AT 转换	中
NTG(N-甲基-N'-硝基-N-亚硝基胍)	甲基化、高 pH	GC→AT 转换	高
EMS(甲基磺酸乙酯)	C 和 A 烷基化	GC→AT 转换	高
氮芥(二氯二乙硫醚)	C 和 A 烷基化	GC→AT 转换	高
嵌入剂			
溴乙锭、吖啶类染料	在两碱基对间嵌入	移码,丧失质粒,微小缺失	低
生物诱变剂			
噬菌体、质粒、DNA 转座子	碱基取代、DNA 重组	缺失、重复、插入	高

（3）诱变剂剂量的选择　对不同微生物使用诱变剂的剂量是不同的。致死率取决于诱变剂量，而致死率和诱变率之间有一定的关系。因此可以用致死剂量作为选择适宜剂量的依据。凡既能增加变异的幅度又能促使变异向正变范围移动的剂量就是合适的剂量。确定合适的剂量要经过多次摸索，一般诱变效应随剂量的增大而提高，但达到一定的剂量后，再增加剂量反而会使诱变率下降。另外，诱变剂量的选择还要考虑被处理微生物的生理状况：处理的是营养体细胞、休眠体芽孢、分生孢子还是除去细胞壁的原生质体，不同生理状态的细胞对诱变剂的敏感度不一样。

（4）变异菌株的筛选　诱变育种的目的是获得高产变异菌株，从经诱变的大量个体中挑选出优良菌种不是一件容易的事。因为不同的菌种表现的变异形式不同，一种菌种的变异规律不一定能应用到另一个菌种中。因此，挑选菌株一般要从菌落形态变异类型着手，发现那些与产量相关的特征，并根据这些特征，分门别类地挑选一定数量的典型菌株进行鉴定，以确定各种类型与产量的关系。这样可以大大提高筛选工作的效率。

2.4.2.3　新诱变因子及诱变技术进展

新的诱变因子不断被发现并得到应用，诱变技术也得到不断发展，如低能离子束诱变、激光辐射诱变和微波电磁辐射诱变、原生质体诱变等。

（1）低能离子束诱变　离子注入是 20 世纪 80 年代兴起的一种表面处理技术。这种相互作用过程大致分为能量沉积、动量传递、离子注入和电荷交换等四个原初反应过程，在 $10^{-19} \sim 10^{-13}$ s 中间时发生。荷能离子注入除具有 γ 射线能量沉积引起机体损伤的特征外，还具有动能交换产生的级联损伤，表现为遗传物质原子转移、重排或基因的缺失。还有慢化离子、移位原子和本底元素复合反应造成的化学损伤以及电荷交换引起的生物分子电子转移造成的损伤。离子注入通常采用 N^+、H^+ 和 Ar^+。离子注入生物学效应显示出一些不同于辐射生物学的特征，相当于物理和化学诱变两者相结合的复合诱变效应。作用于生物体，其损伤少，突变率高，突变谱广。但是离子注入机理非常复杂，真正阐明尚有待时日，而利用这一技术进行微生物育种却已受到越来越多的关注，并已取得相当良好的业绩。

（2）激光辐射诱变和微波电磁辐射诱变　激光是一种量子流光微粒。激光辐射通过产生光、热、压力、电磁效应综合作用，直接或间接影响生物体，引起 DNA 或 RNA 改变，导致酶激活或钝化，引起细胞分裂和细胞代谢活动改变。微波辐射属于低能电磁辐射的一种，其量子能量在 $10^{-28} \sim 10^{-25}$ J，对机体的作用机理是场力（非热效应）和转化能（热效应）的协同作用，从而引起生物体突变。

（3）原生质体诱变　多年来为提高诱变效率，育种工作者在诱变方法上做了不少改进，其中尤以原生质体诱变的效果比较突出。由于原生质体对理化因素的敏感性比营养细胞或孢子更强，诱变剂的诱变效率便得到了提高。有的真菌在实验室条件下，不易产生单个分生孢子，给诱变及诱变后突变型的分离带来困难，因而可制成原生质体诱变。又如一般的食用菌具有菌丝体多核、担孢子壁厚的特点，诱变效果不佳。用脱壁酶处理后，原生质体对诱变因子的敏感性增强了，从而增加了变异的机会，提高了诱变率。

2.4.2.4　筛选方法

筛选是诱变后决定菌种选育效率的关键步骤。细胞群体经过诱变处理后突变发生的频率虽比自发突变发生的频率高得多，但是在整个细胞群体中，其频率仍嫌太低，即发生变异的细胞绝对数很低。而且，DNA 链上突变的发生是随机的，所需要的突变株出现的频率就更低，寻找所需突变型犹如"大海捞针"。因此合理的筛选程序与方法在菌种选育上非常重要。诱变是随机的，但选择是定向的。诱变后需通过正确、灵敏、快速的筛选检测方法，从大量未变和负变的群体中把仍然是很少量的正向突变挑选出来。常用的随机筛选法是逐个检查，测定经诱变处理的存活菌的产量或其他性状，如抗生素产生菌选育中常用此方法。这种方法工作量很大，花费时间多，随机性大，费用也高，但可能是目前提高工业菌株生产率的较好办法。为了以最少的工作量，在最短的时间内取得最大的筛选效果，要求设计并采用效率高的科学筛选方案和手段。为加快筛选速度，通常采用下列几种方法。

（1）平皿快速检测法　利用菌体在特定固体培养基平板上的生理生化反应，将肉眼观察不到的产量性状转化成可见的"形态"变化，包括纸片培养显色法、变色圈法、透明圈法、生长圈法和抑制圈法等。

（2）形态变异的利用　微生物的形态特征及生理活性状态与微生物的代谢产物生产能力有一定关系。有时，菌体的形态变异与产量的变异存在着一定的相关性。可以利用这种对突变型的形态、色素和生长特性的了解和判断作为初筛的依据。

（3）高通量筛选　高通量筛选（high throughput screening）方法是将许多模型固定在各自不同的载体上，用机器人加样，培养后，用计算机记录结果，并进行分析，使人们从繁重的筛选劳动中解脱出来，实现了快速、准确、微量，一个星期就可筛选十几个、几十个模型，甚至成千上万个样品。合理利用资源配置的自动筛选仪器，可以用最少的资源筛选大量的经诱变的群体。微量化仪器和自动操作系统已经用于菌种筛选。其优点是培养基可自动灌注、清洁，可在短时间里进行大量筛选，从而提高了工作效率。随后，使用机器人、计算机数据处理分析，优选出所需的目的菌种。不过，自动筛选仪器的一次性设备投资费用很大，特别是机器人的使用，设备的保养费和软件的费用也非常昂贵。

2.4.3　细胞工程育种

生产上，长期使用诱变剂处理，会使菌种的生存能力逐渐下降，有必要采用细胞工程育种方法，提高菌种的生产能力。细胞工程方法包括杂交育种和原生质体融合育种，其特点是在细胞水平上对菌种进行操作，采用杂交、接合、转化和转导等遗传学方法，将不同菌种的遗传物质进行交换、重组，使不同菌种的优良性状集中在重组体中，从而提高产量。

2.4.3.1 杂交育种

杂交育种是指将两个基因型不同的菌株经吻合（或接合）使遗传物质重新组合，从中分离筛选出具有新性状的菌株。微生物杂交的本质是基因重组，但是不同类群微生物，基因重组的过程是不完全相同的。其中原核生物中的细菌和放线菌由于细胞结构相似，基因重组过程也很相似，杂交过程是两个亲本菌株细胞间接合，染色体部分转移，形成部分接合子（merozygote），最后经交换、重组直至重组体的产生。真菌是通过有性生殖（sexual reproduction）或准性生殖（parasexual reproduction）来完成，后者是一种不通过有性生殖的基因重组过程，即两亲本菌丝体细胞间接触、吻合、融合产生异核体（heterocaryon）、杂合二倍体（heterozygous diploid），经过染色体交换后形成重组体。

（1）杂交育种的遗传标记　微生物杂交育种所使用的配对菌株称为直接亲本。由于多数微生物尚未发现其有性世代，因此直接亲本菌株应带有适当的遗传标记。常用的遗传标记有以下几种。

① 营养缺陷型标记　是微生物经诱变处理后产生的一种生化突变体，由于基因突变，它失去了合成某种物质（氨基酸、维生素或核苷酸碱基）的能力，在基本培养基上不能生长，需要补加一定种类的有机物质后才能生长。利用营养缺陷型是一种有效的标记方法，人工诱变使杂交双亲本分别带上不同的营养缺陷型标记，双亲杂交后分离到基本培养基上培养，其中两亲本由于不能合成某种营养物质而不能再生长，只有经杂交后的后代因遗传物质互补而能够在基本培养基上生长。

② 抗性标记　有抗逆性（高温、高盐或高 pH）和抗药性等。其中抗药性标记最为常用。不同的微生物对某种药物的抗性不同，利用这种差异可以在添加了相应药物的选择性培养基上获得重组体。其筛选原理和方法与营养缺陷型标记类似。

③ 温度敏感性标记　利用突变体对温度敏感，不能在某一较高的温度下生长的特性进行重组体的筛选。

④ 其他性状标记　如孢子颜色、菌落形态结构、可溶性色素含量和代谢速度等，以及利用的碳、氮源种类，杀伤力等其他性状都可以作为重组体筛选的标记。

目前，利用杂交育种取得较好效果的有细菌、放线菌和霉菌等种类。

（2）细菌的杂交育种　细菌的杂交可以通过细菌接合、F 因子转导、R 因子转移、转化和转导等方法实现基因重组。在这些基因重组过程中，并不涉及整个染色体，所形成的都是部分合子。

接合是指两个性别不同的微生物之间接触，遗传物质转移、交换、重组，形成新个体。但细菌的接合方式不同于其他微生物，以大肠杆菌为例，当两个不同菌株接合时，遗传物质是单向转移，由供体菌到受体菌，不可逆向转移。F 因子是菌株杂交行为的决定因素，它是一种质粒，存在于细胞质中，一般为游离状态，有时又可以整合在染色体上，是一种稳定的遗传物质。具有 F 因子的细胞称为有性因子菌株（F+），不具备者称为无性因子菌株（F−）。通常具有性因子的菌株为供体菌，其细胞表面着生性伞毛，而不具性因子的菌株为受体菌。有时供体菌的 F 因子可以整合到细胞染色体 DNA 上，这样使 F+ 菌株成为高度致育细胞，称为 Hfr 菌株。大肠杆菌 F 因子的有无及其存在状态决定其杂交行为，不同菌株间相互关系和杂交情况总结在图 2-5 中。

细菌杂交一般使用直接混合法：将两个直接亲本菌株，如 Hfr 菌株、F− 菌株分别培养至对数期，取适量至新鲜肉汤培养基中，置于 37℃下振荡培养，使细胞浓度达 2×10^8 个/mL 左右。然后将 Hfr 菌株与 F− 菌株以 1∶10 或 1∶20 的比例混合，在 37℃下缓慢振荡，以利

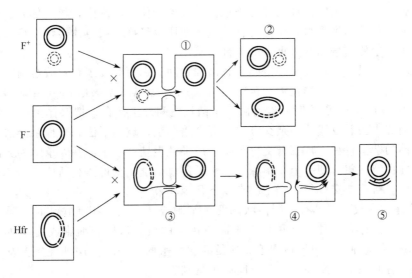

图 2-5　大肠杆菌的杂交

于菌株细胞间接触和接合，在良好的保温和通气条件下培养一定时间，让亲本菌株间的染色体进行连接、交换和重组。杂交后的混合液用缓冲液稀释，分离到基本培养基或其他选择性培养基上筛选重组体。

（3）放线菌杂交育种　　1955 年在天蓝色链霉菌中最早发现放线菌基因重组现象，以后许多科学工作者相继在土霉素、金霉素、新霉素和红霉素产生菌中进行过基因重组工作。

放线菌与细菌一样是原核生物，没有完整的细胞核结构，有一条环状染色体。它的遗传结构与细菌相似，所以，基因重组过程也类似于细菌。但放线菌的细胞形态和生长习性与霉菌很相似，具有复杂的形态分化，生长过程中产生菌丝体和分生孢子。所以，放线菌杂交在原理上基本类似于大肠杆菌，但在育种操作方法上与霉菌的基本相同。

放线菌杂交在原理上（如图 2-6）基本上类似于大肠杆菌，通过供体向受体转移部分染色体，经过遗传物质交换，最终达到基因重组。有一部分放线菌在杂交过程中会形成异核体，但这种异核体与霉菌异核体不同，在复制过程中染色体不发生交换。在基本培养基上表现为形成的菌落都是原养型，当它们产生的分生孢子进一步培养时，形成的菌落都发现两亲本类型。因此，在放线菌杂交重组过程中，异核体的作用不大。

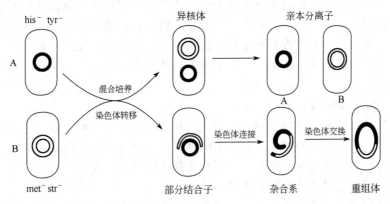

图 2-6　放线菌杂交原理示意图

另一部分放线菌杂交过程不形成异核体，真正类似于大肠杆菌杂交，两个不同基因型的菌株通过细胞间沟通，供体菌株的部分染色体转移到受体菌细胞中，形成部分合子，然后染色体发生交换，最后达到重组，获得各种重组体，所以经部分染色体转移途径形成的部分合子，才是亲本间遗传信息和基因重组的关键。

放线菌的杂交只发生在具有一定感受态菌株之间。据研究发现，在放线菌中也存在类似于大肠杆菌性因子的质粒。如在天蓝色链霉菌（*Streptomyces coelicolor*）中发现了 SCP$_1$ 因子，当菌丝内存在 SCP$_1$ 因子时才能使两亲本菌丝之间发生接合，把供体菌株的部分染色体转移到受体菌株中去。放线菌的杂交方法有混合培养法、玻璃纸法和平板杂交法等几种。

（4）霉菌的杂交育种　霉菌杂交育种是利用准性生殖过程中的基因重组和分离现象，将不同菌株的优良特性集合到一个新菌株中，然后通过筛选，获得具有新遗传结构和优良遗传特性的新菌株。霉菌杂交育种过程主要有以下几个环节。

① 异核体的形成　当具有不同性状的两个细胞或两条菌丝相互联结时，导致在一个细胞或一条菌丝中并存有两种或两种以上不同遗传型的核。这样的细胞或菌丝体叫做异核体（heterocaryon），这种现象叫异核现象。这是准性生殖的第一步。这种现象多发生在分生孢子发芽初期，有时在孢子发芽管与菌丝间亦可见到。

② 杂合双倍体的形成　随着异核体的形成，准性生殖便进入杂合双倍体的形成阶段，就是异核体菌丝在繁殖过程中，偶尔发生两种不同遗传型核的融合，形成杂合细胞核。由于组成异核体的两个亲本细胞核各具有一个染色体组，所以杂合核是双倍体。杂合双倍体形成之后，随异核体的繁殖而繁殖，这样就在异核菌落上形成杂合二倍体的斑点或扇面。将这些斑点或扇面的孢子挑出来进行单孢子分离，即可得到杂合双倍体菌株。在自然条件下，通常形成杂合双倍体的频率通常是很低的。

③ 杂细胞重组　杂合双倍体只具有相对的稳定性，在其繁殖过程中可以发生染色体交换和染色体单倍化，从而形成各种分离子。染色体交换和染色体单倍化是两个相互独立的过程，有人把它们总称为体细胞重组（somatic recombination）。这就是准性生殖的最后阶段。

④ 染色体交换　由准性生殖第二阶段形成的杂合双倍体并不进行减数分裂，却会发生染色体交换。由于这种交换发生在体细胞的有丝分裂过程中，因此它们被称为体细胞交换（somatic crossing over）。杂合双倍体发生体细胞交换后所形成的两个子细胞仍然是双倍体细胞。但是就基因型而言则不同于原来的细胞。

⑤ 染色体单倍化　杂合双倍体除了发生染色体交换外，还能发生染色体单倍化。这个过程不同于减数分裂。它通过每一次细胞分裂后，往往只有一对染色体变为一个，而其余染色体仍然都是成双的。这样经过多次细胞分裂，才使一个双倍体细胞转变为单倍体细胞。通过单倍化过程，形成了各种类型的分离子，包括非整倍体、双倍体和单倍体。

由此可见，有性生殖和准性生殖最根本的相同点是它们均能导致基因重组，从而丰富遗传基础，出现子代的多样性。所不同的是前者通过典型的减数分裂，而后者则是通过体细胞交换和单倍化。

2.4.3.2　原生质体融合

原生质体融合技术属于细胞工程，是现代生物技术的一个重要方面。它可将遗传性状不同的两个细胞融合为一个新细胞，通过原生质体融合进行基因重组的研究，最先在植物细胞中发展起来，随后应用于真菌，最后又扩展到原核微生物，并在原核生物方面形成了一个系统的实验体系，已成为微生物育种的重要工具。

微生物细胞存在着一道天然屏障——细胞壁，造成细胞与细胞之间缺乏联系和沟通的渠道，从而不能进行遗传物质的传递和交换。一旦用溶菌酶、纤维素酶、蜗牛酶等脱壁酶把细胞壁除去，便能使原生质体接触、融合。高效促融合剂如聚乙二醇的存在、渗透稳定剂的存在以及原生质体再生细胞壁的存在等，均是原生质体融合成败的关键。原生质体高频率重组可以在原本很少或者不能进行遗传交换的两种不同微生物之间发生。原生质体融合可以在种内、种间、属间发生。通过这一技术，可以把许多需要的性状汇集在同一个细胞里。

原生质体融合技术在工业发酵中的应用相当普遍，包括：①高产菌株的选育，如氨基酸、有机酸、抗生素、酶制剂、维生素、核苷酸、乙醇等工业菌株的选育。②把参与融合双方的优良性状结合在一起，如把高产与生长缓慢的菌株同低产但生长迅速的菌株进行融合，以得到既高产又迅速生长的融合子。也可以通过原生质体融合来扩大发酵原料的利用范围，如酿酒酵母不能利用淀粉与糊精生产酒精，糖化酵母能利用淀粉与糊精，将两者融合，就可以得到既能利用淀粉和糊精，又能生产酒精的融合子酵母。③利用原生质体融合可以合成新产物，如紫色链霉菌能产紫霉素 B_1，吸水链霉菌能产生保护霉素，两者融合后，构建出一株重组菌株，产生一种新的抗生素——杂种霉素。

2.4.4 基于代谢调节的育种技术

诱变育种虽然取得了巨大成就，使微生物的有效产物成百倍甚至上千倍地增加，但是诱变育种的盲目性大，工作量繁重。近年来，随着生物化学、遗传学及分子生物学的发展，各种生物合成代谢途径及代谢调节机制被阐明。人们不仅能够通过控制外因，也就是控制发酵条件解除反馈调节，使生物合成的途径朝着人们希望的方向进行，即实现代谢调控发酵；而且还可以进行内因改变，根据代谢途径进行定向选育，获得某种特定的突变体，以达到大量积累人们所需的有用物质的目的。这就是代谢工程育种。代谢工程育种可以大大减少育种工作中的盲目性，提高育种效率，通常将其称为第三代基因工程。代谢工程育种首先在初级代谢产物的育种中得到了广泛应用，成就显著。这是由于初级代谢的代谢途径和调节机制已比较清楚。但在次级代谢方面，由于代谢复杂，很多代谢途径和调节机制还没有从理论上阐明，因此这方面工作相对落后。

代谢工程育种是通过特定突变型的选育，达到改变代谢通路、降低支路代谢终产物的生产或切断支路代谢途径及提高细胞膜的透性，使代谢流向目的产物积累的方向进行。常用的微生物代谢调节及代谢工程育种措施有以下几种。

2.4.4.1 组成型突变株的选育

组成型突变株是指操纵子或调节基因突变引起酶合成诱导机制失灵，菌株不经诱导也能合成酶，或不受终产物阻遏的调节突变型，称为组成型突变株。这些菌株的获得，除了自发突变之外，主要由诱变剂处理后的群体细胞中筛选出来。筛选方法有以下几种。

(1) 限量诱导物恒化培养　将野生型菌种经诱变后移接到低浓度诱导物的恒化器中连续培养。由于该培养基中底物浓度低到对野生型菌株不发生诱导作用，所以诱导型的野生型菌株不能生长，而组成型突变株由于不经诱导就可以产生诱导酶而利用底物，因而生长较快，成为优势菌株。

(2) 循环培养　要获得解除诱导的组成型突变株，可将混合菌株移接到含有诱导物和不含诱导物的培养基上交替连续循环培养。培养物移接到含诱导物培养基中培养后，由于组成型突变株在两个培养基上都能产酶，此时该菌株立即开始生长，而诱导型野生菌株须经一段停留时间才开始生长，控制好在含诱导物培养基中培养时间，反复交替培养，组成型逐渐占优势，诱导型就被淘汰。

2.4.4.2 抗分解调节突变株的选育

抗分解调节突变就是指抗分解阻遏和抗分解抑制的突变。在实际生产中，最常见的是碳源分解调节、氮源分解调节。

(1) 解除碳源调节突变株的选育　许多微生物在抗生素生产过程中存在不同的生理阶

段，即快速生长阶段和抗生素合成阶段。已经证实，高浓度的葡萄糖对青霉素转酰酶、链霉素转脒基酶和放线菌色素合成酶等抗生素产生的关键酶均具有分解阻遏作用。由于葡萄糖分解产物的积累，阻遏了抗生素合成关键酶的表达，从而抑制了抗生素的合成。在实际生产中，采用流加葡萄糖或应用混合碳源可以控制分解中间产物的积累来减少其不利影响，但最根本的办法则是筛选抗碳源分解调节突变株，以解除上述调节机制，达到增产的目的。

（2）解除氮源分解调节突变株的选育　　氮源分解调节主要指分解含氮底物的酶受快速利用的氮源阻遏。细菌、酵母、霉菌等微生物对初级代谢产物的氮降解物有调节作用。次级代谢的氮降解物阻遏主要指铵盐和其他快速利用的氮源对抗生素等生物合成具有分解调节作用。解决这一问题的办法是选育解除氮源分解调节的突变株。

2.4.4.3　营养缺陷型在代谢调节育种中的应用

营养缺陷型在微生物遗传学上具有特殊的地位，不仅广泛应用于阐明微生物代谢途径的研究，而且在工业微生物代谢控制育种中，利用营养缺陷型协助解除代谢反馈调控机制，已经在氨基酸、核苷酸等初级代谢和抗生素次级代谢发酵中得到有价值的应用。

营养缺陷型属代谢障碍突变株，常由结构基因突变引起合成代谢中一个酶失活直接使某个生化反应发生遗传性障碍，使菌株丧失合成某种物质的能力，导致该菌株在培养基中不添加这种物质，就无法生长。但是缺陷型菌株常常会使发生障碍前一步的中间代谢产物得到累积，育种过程中可以利用营养缺陷型菌株这一特性来累积有用的中间代谢物。

渗漏缺陷型是一种特殊的营养缺陷型，是遗传性障碍不完全的突变型。其特点是酶活力下降而不完全丧失，并能在基本培养基上少量生长。获得渗漏缺陷型菌株的方法是把大量营养缺陷型菌株接种在基本培养基平板上，挑选生长特别慢而菌落小的即可。利用渗漏缺陷型既能少量地合成代谢产物，又不造成反馈抑制。

2.4.4.4　抗反馈调节突变株的选育

抗反馈调节突变株是一种解除合成代谢反馈调节机制的突变型菌株。其特点是所需产物不断积累，不会因其浓度超量而终止生产。有两种情况可以造成抗反馈调节突变，一种是由于结构基因突变而使变构酶不能和代谢终产物相结合，因此失去了反馈抑制，称为"抗反馈突变型"。另一种是由于调节基因突变引起调节蛋白不能和代谢终产物相结合而失去阻遏作用的，称为"抗阻遏突变型"。操纵基因突变也能造成抗阻遏作用，产生类似于组成型突变的现象。

一般来说，抗阻遏突变结果使胞内的酶有可能成倍地增长，而抗反馈突变的胞内酶量没有什么变化。从作用效果上讲，二者都造成终产物大量积累，而且往往两种突变同时发生，难以区别。因此通常统称为"抗反馈调节突变型"。

在实际应用中，抗反馈调节突变株的选育可以通过以下几个方面进行：从遗传上解除反馈调节，如各种抗性和耐性育种，回复突变子的应用等；截流或减少终产物堆积，如借助营养缺陷型或采用渗漏缺陷型；移去终产物，如借助膜透性的突变来实施。

2.4.4.5　细胞膜透性突变株的选育

影响细胞通透性的表面结构是细胞与环境进行物质交换的屏障。细胞借助这种通透性实现的代谢控制方式是整个代谢中重要的一环。如果细胞膜通透性很强，则细胞内代谢物质容易往外分泌，降低了胞内产物的浓度，直到环境中该物质的浓度达到抑制程度，胞内合成才会停止。这样就大大降低了因胞内产物浓度大量增加而引起反馈调节，不致因胞内的高浓度而影响终产物的积累。细胞膜透性突变株的选育途径有以下几种。

（1）营养缺陷型突变株的选育可改变细胞膜通透性　　选育某些缺陷型突变株，通过控制发酵培养基中的某些化学成分，达到控制磷脂、细胞膜的生物合成，使细胞处于异常的生理状态，以解除渗透障碍。

（2）温度敏感突变株的选育　温度敏感突变株是指正常微生物（通常可在 20～50℃ 正常生长）诱变后，只能在低温下正常生长在高温下却不能生长繁殖的突变株。突变位置多发生在细胞膜结构的基因上，一个碱基为另一个碱基所置换，这样控制细胞壁合成的酶在高温条件下失活，导致细胞膜某些结构的异常。

（3）溶菌酶敏感突变株的选育　筛选溶菌酶敏感突变株时，取溶菌酶分别制成每毫升培养基中浓度为 0.5mg、1mg、2mg、4mg、6mg 溶液，制成琼脂平板。把诱变剂处理后的菌体细胞涂布在平板上，培养后，观察菌落生长情况。假若在溶菌酶浓度 1mg/mL 或小于 1mg/mL 的平皿上不能形成菌落，则有可能筛选到细胞渗透性突变株。

2.4.5　基因工程育种

基因工程也称遗传工程、重组 DNA 技术，是现代生物技术的核心。以细胞外进行 DNA 拼接、重组技术为基础的基因工程，是以人们可控制的方式来分离和操作特定的基因。它能创造新的物种，能赋予微生物新的机能，使微生物生产出自身本来不能合成的新物质，或者增强它原有的合成能力。基因工程早已渗入传统发酵工业领域，大大提升了发酵工业的技术水平，为这一行业带来十分可观的经济效益。基因工程在菌种选育上取得的成果令人振奋，对发酵行业的影响不可估量。诸如氨基酸、核苷酸、维生素、抗生素、多糖、有机酸、酶制剂、乙醇、饮料、啤酒等，均已采用重组 DNA 技术构建了重组 DNA 工程菌，有的已获准进行专门生产，如细菌 α-淀粉酶、凝乳酶、L-苏氨酸、L-苯丙氨酸等。据悉，丹麦的诺维信（Novozyme）公司的工业酶已有 75％ 是由工程菌生产，传统发酵领域里的基因工程菌数量也正在急剧上升。

2.4.5.1　基因工程原理和步骤

基因工程是人为的方法将所需的某一供体生物的遗传物质 DNA 分子提取出来，在离体条件下进行"切割"，获得代表某一性状的目的基因，把该基因与一个适当的载体连接起来，然后导入某一受体细胞中，让外来的目的基因在受体细胞中进行正常的复制和表达，从而获得目的产物。

基因工程主要包括以下几个步骤：①目的基因的获得；②载体的选择与准备；③目的基因与载体连接成重组 DNA；④重组 DNA 导入受体细胞；⑤重组体的筛选。图 2-7 所示为基因工程操作的主要过程。

2.4.5.2　基因表达系统

基因表达系统分为两大类：一类是原核表达系统，常用的有大肠杆菌、枯草芽孢杆菌、链霉菌等；另一类是真核表达系统，有酵母、丝状真菌等。虽然从理论上讲，各种微生物都可以用于基因表达，但是由于载体、DNA 导入方法以及遗传背景等方面的限制，目前使用最广泛的宿主菌仍是大肠杆菌和酿酒酵母。

（1）原核表达系统　原核表达系统就是将外源基因导入原核生物，在原核细胞中以发酵的方式快速、高效地合成基因产物。到目前为止，这是人类了解最深入、实际应用最为广泛的表达系统。同所有的生物一样，外源基因的表达包括两个主要过程：即 DNA 转录成 mRNA 和 mRNA 翻译成蛋白质。要成功地在原核生物中表达外源基因，必须满足一定的条件，包括选择适当的表达载体、外源基因不能含有内含子、外源基因与表达载体连接后必须形成正确的阅读框等。

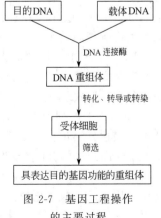

图 2-7　基因工程操作的主要过程

在原核细胞中表达外源基因时，由于实验设计的不同，有三种表达形式，即融合型蛋白、非融合型蛋白和分泌型蛋白。不与细菌的任何蛋白或多肽融合在一起的表达蛋白称为非融合蛋白。非融合蛋白的优点在于它具有非常近似于生物体内的天然蛋白质的结构，因此其生物学功能也更接近于天然蛋白质。非融合蛋白的最大缺点是容易被细菌蛋白酶破坏。为了在原核生物中表达非融合蛋白，可将带有起始密码 ATG 的基因插入到原核启动子和 S-D 序列的下游，经转录翻译得到非融合蛋白。融合蛋白是指蛋白质的 N 末端是原核 DNA 序列或其他序列编码，C 端才是插入的外源 DNA 序列。这样的蛋白质是由一条原核多肽和其他有功能的多肽和目的蛋白质结合在一起，因此称为融合蛋白。含原核多肽的融合蛋白是避免细菌蛋白酶破坏的最好措施，而含另外一些多肽的融合蛋白则为表达产物的分离纯化提供了极大的方便。外源蛋白的分泌表达是通过将外源基因连接到编码原核蛋白信号肽的下游来实现的。常用的信号肽有碱性磷酸酯酶（phoA）信号肽、膜外周蛋白信号肽（OmpA）、霍乱弧菌毒素 B 亚单位（CTXB）等。外源基因连接在信号肽之后，可在胞质内有效地转录和翻译，翻译后的蛋白质进入细胞内膜和细胞外膜之间的周质时，被信号肽酶识别而切除信号肽。

（2）真核表达系统　在原核生物中表达真核基因产物，往往会因为翻译后加工过程的缺陷，导致产物失去原有的生物活性。因此人们构建了真核表达系统用于生产真核蛋白。酵母菌是研究基因表达调控最有效的单细胞真核生物，其基因组小，仅为大肠杆菌的 4 倍，生长繁殖迅速，容易培养，不产生有害物质，基因工程操作方便。与原核生物相似，表达产物能够糖基化，因而被认为是表达外源蛋白质，特别是真核蛋白质的最适表达系统。现已在酵母中成功建立了几种有分泌功能的表达系统，能将表达产物分泌到胞外。特别是一些在原核表达系统中表达不良的真核基因，能在酵母中良好表达。各种酵母中以酿酒酵母（*Saccharomyces cerevisiae*）和巴斯德毕赤酵母（*Pichia pastoris*）表达系统的研究和应用最为广泛。

为了方便，使用的酵母载体多为穿梭载体，这些载体都同时带有细菌和酵母的复制原点和选择标记，它们能分别在细菌和酵母中进行复制和表型选择。这是因为在大肠杆菌中制备质粒要比从酵母中容易得多，因此酵母质粒的加工和制备大部分都是在大肠杆菌中进行的，只在最后阶段才转入酵母中。

在克隆载体中插入酵母的启动子和终止子等调控序列，以及促进表达的其他序列元件，如上游激活序列后，即可构成酵母的表达载体。要保证外源蛋白的高效表达，mRNA 的 5′非翻译区即从 mRNA 的 5′帽子到起始密码子是至关重要的。因为基因的 5′端往往含有从载体上来的序列。mRNA 的 5′非翻译区必须满足下列条件，翻译才能有效地进行。①在起始密码子 AUG 的 5′端不能再出现 AUG 序列，因为酵母核糖体起始翻译通常从所遇到的第一个 AUG 开始。②不存在连续的 G 序列，如果在 mRNA 的 5′非翻译区引入连续的 G 序列，则大大影响翻译效率。③不存在能通过分子内碱基配对与 mRNA 的 5′非翻译区的其他序列或 mRNA 分子上的序列形成稳定的茎结构的序列，稳定的茎结构抑制翻译的效率。

在酿酒酵母中，只有分泌蛋白才能糖基化，因此需要糖基化后才有功能的蛋白必须以分泌型蛋白的形式表达。要使蛋白质分泌，只需在外源 DNA 的上游加上前导肽（leader peptide）的 DNA 序列即可。前导肽的作用是引导表达产物穿过膜，分泌到壁膜间隙。在酿酒酵母中表达分泌蛋白，要求前导肽的 C 端是 Lys—Arg，因为酵母的内切蛋白酶可以识别 Lys—Arg 位点并切除前导肽，得到正确的蛋白质分子。

巴斯德毕赤酵母也具有翻译后修饰功能，如信号肽加工、蛋白质折叠、二硫键形成和糖基化作用等，其糖基化位点与其他哺乳动物细胞相同，为 Asn—X—Ser/Thr，生成的糖链较短，一般只有 8～14 个甘露糖残基，核心寡聚糖链上无末端 α-1,3 甘露糖，抗原性较低，特别适合生产医药用重组蛋白质。

2.4.6 蛋白质工程育种

酶或蛋白质在医药、工业和环境保护中起着重要的作用，为了获得具有新功能的酶或蛋白质，可以通过寻找新的物种，再从中分离筛选新蛋白，或者通过对天然功能蛋白进行改造的方法实现。实际工作中，由于常对蛋白质的性质有特殊要求，天然蛋白难以满足要求，因此近年来在体外对蛋白质进行改造已成为医药和工业领域中获得新功能蛋白质的重要方法。这些方法也称为蛋白质工程。目前，根据实验的指导思想，可以把蛋白质工程的方法分为理性设计（定点突变、定向改造）和非理性的体外定向进化（随机化突变、定向筛选）两大类。

2.4.6.1 定点突变技术

定点突变（site-directed mutagenesis，SDM）是基于蛋白质工程的理论，以蛋白质结构和功能的计算机预测为基础，设计新蛋白质的氨基酸序列，应用重组 DNA 技术设计并构建具有新性质的蛋白质或酶的过程。这种方法称为理性设计方法，适用于三维结构已被解析的蛋白质，被视为第二代基因工程。定点突变现亦普遍用于菌种改良，这种方法是经深思熟虑，通过变动蛋白质一级结构而改变蛋白质的性质，如蛋白酶在高 pH 和高温条件下获得新的稳定性或底物专一性。利用定点突变技术对天然酶蛋白的催化性质、底物特异性和热稳定性等进行改造已有很多成功的实例，但定点突变技术只能对天然酶蛋白中少数的氨基酸残基进行替换，酶蛋白的高级结构基本维持不变，因而对酶功能的改造较为有限。随着人们对蛋白质的结构与功能认识的深入，近年来出现了融合蛋白和融合酶技术。这种技术常常可以利用蛋白质的结构允许某个结构域的插入与融合，运用 DNA 重组技术使不同基因或基因片段融合，经合适的表达系统表达后即可获得由不同功能蛋白拼合在一起而形成的新型多功能蛋白。目前，融合蛋白技术已被广泛应用于多功能工程酶的构建与研究中，并已显现出较高的理论及应用价值。

2.4.6.2 定向进化技术

定向进化（directed evolution，DE）是近几年新兴的一种蛋白质改造策略，可以在尚不知道蛋白质的空间结构或者根据现有的蛋白质结构知识尚不能进行有效的定点突变时，借鉴实验室手段在体外模拟自然进化的过程（随机突变、重组和选择），使基因发生大量变异并定向选择出所需性质或功能的蛋白质。这类方法的共同特点是不需了解目标蛋白的结构信息，依赖基因随机突变技术，建立突变体文库，辅以适当的高通筛选方案，可简便快速地实现对目标蛋白的定向进化。DE 常采用的建立突变体文库的手段有以下几种。

（1）易错 PCR　它是通过改变 PCR 的反应条件，增加 DNA 聚合酶在扩增时碱基错配的概率。该法是一种相对简单、快速、廉价的随机突变方法。和正常的 PCR 相比，易错 PCR（error-prone PCR）一般改变以下条件来增加错配概率。

① 降低一种 dNTP 的量（降至 $5\% \sim 10\%$），以 dITP 来代替被减少的 dNTP 等，使碱基在一定程度上随机错配而引入多点突变。

② 使用错配概率较高的 DNA 聚合酶。已知的 DNA 聚合酶中，Taq DNA 聚合酶的错配概率最高。

③ 增加 Mg^{2+} 的浓度，以稳定非互补的碱基配对。

④ 加入 $0.5mmol/L$ 的 Mn^{2+}，以降低聚合酶对模板的特异性。

（2）DNA 随机重组　DNA 随机重组（DNA shuffling）又称 DNA 改组、DNA 洗牌，是一种反复突变、重组的过程，它是将一组紧密相关的核酸序列随机片段化，这些片段通过自配对 PCR 或重组装 PCR 延伸，最后组装成一个完整的全长核酸序列。在此过程中即引入

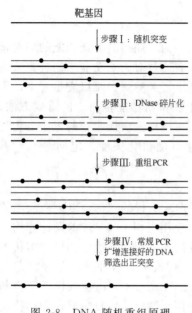

靶基因

步骤Ⅰ：随机突变

步骤Ⅱ：DNase 碎片化

步骤Ⅲ：重组 PCR

步骤Ⅳ：常规 PCR
扩增连接好的 DNA
筛选出正突变

图 2-8　DNA 随机重组原理

了突变并进行了重组，这样通过核酸序列的迅速进化，就可提高核酸序列或其编码的蛋白质功能。其原理如图 2-8 所示，主要包括以下步骤。

① 目的 DNA 片段的获得　目的基因既可以是单一基因或相关基因家族，也可以是多个基因、一个操纵子、质粒甚至整个基因组。

② 随机片段化　目的片段在 DNase Ⅰ 的作用下随机消化。随机片段的大小视整个目的 DNA 的长度而定，常常是 50～100bp，也可以更小。而且随机片段大小与重组频率、突变频率密切相关。片段越小，则突变、重组频率越高。通过控制 DNase Ⅰ 的用量、作用时间，可以控制随机片段的大小。

③ 重组装 PCR/无引物 PCR　不添加引物，进行 PCR 反应。由于没有额外添加引物，在变性、退火过程中，根据不严格的序列同源性，小片段间就会随机地进行配对、缓慢延伸，经过多轮循环，产生一系列不同大小分子组成的混合物，最终逐渐组装成全长的目的 DNA 片段。在这个过程中，由于配对的不精确性，就会引入突变及重组。并且其突变形式多样，可以包括点突变、缺失、插入、颠倒、整合等自然界广泛存在的多种类型，其中后几种类型突变在常规突变技术中是无法引入的。突变频率可以通过控制缓冲溶液的组成、DNA 随机片段的大小、DNA 聚合酶的选择（Taq、Pfu、Pwo 等）来控制，常常可以控制在0.05％～0.7％之间。另外，由于任何同源短序列间都可以配对，因此其重组是一种随机的、非位点特异性的，配对形式也是一种群体式而非两两配对。而且重组对同源性要求不高，通过合成不同的寡核苷酸片段，可以对同一基因的不同部分同时进行盒式插入替换。在常规 PCR 中，突变是人们需要尽量避免的，而在这里，突变则被人为地加以利用。常规 PCR 中总是引物、模板间的两两配对（pairwise），而这里则是众多小片段间的群体性配对（poolwise），并且还产生了类似于自然条件下的不同谱系间的重组，正是基于此，Smith G P 称其为有性 PCR。

④ 筛选或选择　添加引物，进行常规 PCR 得到全长 DNA 片段，将其插入合适的表达载体，转化宿主进行表达，通过选择压力的设置、模型的建立进行定向选择或筛选得到目的功能有所提高的突变体。此突变体又可作为下一轮重排的出发点，继续进行定向改造。通过多轮选择、筛选，可以将阳性突变迅速组合在一起，将有害突变去除，并且在每一轮重排的最后，如果用大量过剩的野生型或起始序列去回交，通过选择、筛选可以将中性突变也区分出来，这对于结构与功能的研究将提供十分有用的信息。

2.4.7　代谢工程育种

近期基于代谢工程的基因工程是非常重要的菌种改良手段。一般多基因的基因工程，与细胞的基因调控、代谢调控和生化工程密切有关。可以通过改变代谢流和代谢途径来提高发酵产品的产量、改善生产过程、构建新的代谢途径和产生新的代谢产物。

2.4.7.1　改变代谢途径

改变代谢途径是指改变分支代谢途径的流向，阻断其他代谢产物的合成，以达到提高目标产物产量的目的。改变代谢途径有各种方法，如加速限速反应、改变分支代谢途径流向、构建代谢旁路、改变能量代谢途径等。

一个例子是谷氨酸棒杆菌（*Corynebacterium glutamicum*），通过代谢途径分析，采用代谢工程改变代谢流，从而提高了 L-赖氨酸的产量。天冬氨酸族氨基酸生物合成途径涉及 L-赖氨酸、L-苏氨酸、L-异亮氨酸和 L-甲硫氨酸等 4 个氨基酸中 7 种生物合成酶，在各引入相应基因的受体菌中，质粒编码的基因使酶活力过量表达均超过无质粒菌株的 6 倍以上。但大多数基因的过量表达并未促进 L-赖氨酸的积累，其中编码二氨基庚二酸脱氢酶的基因（*ddh*）的引入甚至还降低了赖氨酸的积累。只有编码（顺氯氨铂）DDP 的 *dap*A 基因的引入使 DDP 过量表达，才明显有利于赖氨酸的积累。DDP 位于代谢途径中天冬氨酸半醛向赖氨酸合成或向苏氨酸合成的分支点上，它与由 *hom* 基因控制的高丝氨酸脱氢酶（homoserine dehydrogenase，HD）竞争其同一底物天冬氨酸-β-半醛。由于 *dap*A 基因得到增强，向赖氨酸的通量得以增加，而朝向苏氨酸的通量则被削弱。该研究通过除去一个瓶颈，简单地修改了一条代谢途径，增加了相关酶的活力，提高了产物的产量。

2.4.7.2　扩展代谢途径

扩展代谢途径是指在引入外源基因后，使原来的代谢途径向后延伸，产生新的末端产物。或使原来的代谢途径向前延伸，可以利用新的原料合成代谢产物。

2.4.7.3　转移或构建新的代谢途径

转移或构建新的代谢途径，是指将催化一系列生化反应的多个酶基因克隆到不能产生某种代谢产物的微生物中，使之获得产生新化合物的能力；或者克隆少数基因，使细胞中原来无关的两条代谢途径联结起来，形成新的代谢途径，产生新的代谢产物；或将催化某一代谢途径的基因组克隆到另一微生物中，使之发生代谢转移，产生目的产物。

2.4.8　组合生物合成育种

在进行新药研制的过程中，传统的方法是从大量的化学资源中筛选出有望成为新药的先导化合物，其成功的可能性很低，但是潜在的花费却很高。据估计，10000 个化合物仅有一个可能成为新的药物，从发现到上市总共需要 12 年的时间，要花费约 3.5 亿美元。为提高效率，人们开始引入组合化学的方法，即通过合成化合物库进行高效率的筛选。这种技术打破了传统合成化学的观念，不再以单个化合物为目标逐个地进行合成，而是一次性同步合成成千上万结构不同的分子即组合库，然后进行生物活性测定和化合物结构鉴定。一般来说，产物越多样，库中就越有可能存在新的和有用的化合物。组合方法大大地提高了筛选通量和效率。

虽然组合化学只是最近才加入到合成化学的领域中，但是相似的过程在自然界已经存在了几百万年。自然界通过不同的酶来催化大量的反应，从而合成非平行的结构复杂的生物分子。这些反应通常利用低分子量的合成子，相当于在药物发现中的先导化合物。这些反应的产物具有不同的重要功能，这样反过来又决定了细胞的特性。在进化的过程中，DNA 会自发突变而表达出变异的酶，它会催化合成新的前体物或按不同的方式催化合成现有的前体物，以致产生新的有机生物分子。如果这些新的生物分子对细胞的生存有利，那么产生这些生物分子的酶途径就会被保存下来。通过这种过程产生了许多不同的天然产物，其中有许多重要的医药和农用化合物。

但是，自然状态下创造新的有机分子所必需的进化时间太长，不能适宜于药物发现的研究。组合生物催化就是要加速这个自然模式，并且将其运用于发现并优化医药和农用化合物中。如图 2-9 所示，这种方法能够利用天然催化剂（酶或完整细胞）丰富的多样性，以及一些生长迅速的重组工程酶，对一些有希望的药物和农用化合物的先导物直接进行衍生化，然后可以从溶液中产生的衍生物库中，筛选所需的生理活性或者适合于临床的药物或农用化合物。

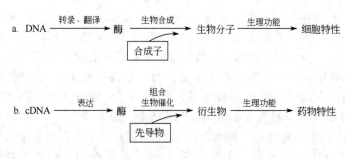

图 2-9　组合生物合成原理

用组合化学的眼光看，生物催化提供了一种广谱的合成可能。当用于修饰和优化现有的先导结构的时候，生物催化反应比化学合成反应具有许多明显的优点。

① 广泛的反应可能性。

② 高区域选择性和立体选择性，能进行位控修饰。

③ 单步反应，避免了保护和脱保护步骤。

④ 自动方便，在温和均匀的条件下，反复进行单步反应。

⑤ 反应条件温和，适宜于复杂、不稳定的分子。

⑥ 活性高，这样催化剂的浓度低。

⑦ 酶催化剂固定化后可以循环利用。

⑧ 酶能被环境完全降解。

酶能够高效、高产率、低副产物地催化反应。酶反应也是高选择性的，如果要改变一个先导分子的某些结构性质而保留其他结构的性质，高选择性就显得特别重要。酶反应的高度区域专一性使得具有多个相同官能团的先导分子也能够进行专一性的组合变化。而且高选择性避免了对分子中其他反应性官能团的保护和脱保护，降低了反应的复杂性，并提高了转化的总产率。组合生物催化的诸多优点使得许多反应利用简单、廉价的设备即可方便地进行自动化。

2.4.9　反向生物工程育种

经典的代谢工程主要是确定代谢途径中的限速步骤，通过关键酶的过量表达来解决限速瓶颈，常被称为推理性代谢工程（constructive metabolic engineering）。虽然其在众多领域中已取得了成功，但很多时候这种直接基因改造结果与人们的想象相差甚远。特别是对于复杂代谢网络而言，由于对其缺乏透彻了解，代谢改造缺乏理论依据。20 世纪 90 年代兴起的反向代谢工程（inverse metabolic engineering）则从另一角度进行代谢设计，从而避免了对复杂代谢网络的充分认识过程。

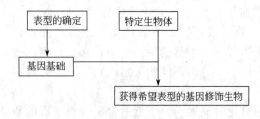

图 2-10　反向代谢工程典型策略

反向代谢工程针对限制生物活性的主要因素，在相关生物种类识别希望的表型，确定该表型的决定基因，通过重组 DNA 技术将该基因在需改造的生物中克隆表达。

反向代谢工程的典型策略如图 2-10 所示。首先，在异源生物或相关模型系统中确定、推理或计算所希望的表型；然后确定导致这一表型的遗传基因或特定的环境因子；最后，通过遗传改造或环境改造使这一表型在特定生物中表达。

反向代谢工程的关键在于确定希望表型的遗传基础。这对于依赖多基因的表型来说，是非常困难的。随着关于微生物遗传、环境刺激与表型反应的数据库的积累，以及标准微生物系统遗传、生理和生物化学特性方面的深入研究将使基因和表型之间相关性分析变得越来越容易。可以说，一旦将基因和代谢的表型建立起一一对应关系，按照人类意志构建和组装理想生物将指日可待，反向代谢工程在将来的应用将更加自如。蛋白质工程的兴起，使代谢工程仅仅利用天然存在的基因克隆这一局限将被打破。通过对正常蛋白质的结构和功能的认识，构建变体蛋白以实现新的功能。从而解除原有细胞代谢的很多限制因素（如酶活性低、与底物亲和力不够、受调节物抑制等）。这种逆向思维已经远远超出了反向代谢工程创立之初的设想，并将成为代谢工程研究的主流方向。

2.5 发酵工业菌种保藏

2.5.1 菌种变异及退化机理

所谓菌种退化，主要指生产菌种或选育过程中筛选出来的较优良菌株，由于进行接种传代或保藏之后，群体中某些生理特征和形态特征逐渐减退或完全丧失的现象。集中表现在目的代谢物合成能力降低，产量下降，有的则是发酵力和糖化力降低。以生长代谢来说，主要表现在孢子数量减少或变得更多、部分菌落变小或变得更大、生长能力更弱、生长速度变慢，或者恰好相反。

菌种退化不是突然变化的，而是从量变到质变的逐步演变的过程。开始时，在群体细胞中仅出现产量下降的个别突变细胞，不会使群体菌株性能明显改变。经过连续传代，负变细胞达到一定数量，在群体中占了优势，从整体菌株上反应产量下降及其相关的一些特性发生了变化，表现上便出现了退化，导致这一演变过程的原因有以下几个方面。

（1）基因突变　菌种退化的本质是基因突变引起的生产能力下降，其中包括细胞内控制产量的基因突变或质粒脱落造成的。

（2）连续传代　虽然基因突变是引起菌种退化的根本原因，但是连续传代却是加速退化发生的直接原因。微生物自发突变都是通过繁殖传代出现的。DNA 在复制过程中，自发突变率约为 $10^{-9} \sim 10^{-8}$，传代数越多，发生突变的概率就越高。从另一角度说，基因突变开始时仅发生在极个别细胞，如果不传代，个别低产细胞并不影响群体表型，只有通过传代繁殖，才能使其在数量上逐渐占了多数，最终使得从群体表型上出现了退化。

遗传是相对的，变异是绝对的。因此，要求一个菌种永远不衰退是不可能的，积极采取措施，使菌种优良特性延缓退化是可以做到的。采用减少传代、经常纯化、创造良好的培养条件、用单细胞移植传代以及科学保藏等措施，不但可以使菌种保持优良的生产能力，而且还能使已退化的菌种得到恢复提高。

2.5.2 菌种保藏技术

2.5.2.1 菌种保藏原理

菌种保藏的基本原理主要是根据微生物的生理、生化特点，人工地创造条件，使微生物的代谢处于不活泼、生长繁殖受抑制的休眠状态。保藏时首先要挑选优良纯种，最好是它们的休眠体（孢子、芽孢等），其次是要创造一个最有利于休眠的环境条件，如低温、干燥、缺氧和缺营养等，以达到降低其代谢活动，延长保存期的目的。一个较好的保存方法，首先应能较长期地保存原有菌种的优良特性，使菌种稳定，同时也要考虑到方法本身的经济简便。

2.5.2.2 菌种保藏的方法

（1）斜面低温保藏法　斜面低温保藏法的原理是低温。方法是将菌种接种在不同成分的斜面培养基上，待菌种生长完全后，便置于 4℃左右冰箱中保藏，每隔一定时间进行移植培养，再将新斜面继续保藏。适用范围是各类微生物。保藏特点是操作简单，不需特殊设备，但保存时间短，且因传代多，菌种较易发生变异。

（2）砂土管保藏法　砂土管保藏法的原理是低温、干燥、隔氧和无营养物。方法是取细砂过 40～60 目筛，用 10% 盐酸处理 2h，水洗至中性，烘干。取肥沃园土过筛，将细土与砂按 1∶2（质量比）混合，分装入安瓿管内约 2cm 高，加棉塞，间歇灭菌（三次）。灭菌后的砂土，放培养基上培养，经检查确认无菌后备用。将菌苔已长好的斜面，注入无菌水 3～5mL，用接种针轻轻将菌苔刮下，使其成菌悬液。用无菌滴管吸取菌液滴入砂土管中，滴入菌液量以管中砂土全部湿润为度，砂土和菌液在管中高度约 2cm，把装了菌液的砂土管放在装有干燥剂的真空干燥器中，接通真空泵抽干后，放在干燥器内，置 5～8℃ 冷库中保存。范围是适用于产孢子的微生物，如产芽孢的细菌、放线菌和霉菌。特点是简单易行，但工作量大，费人力。

（3）冷冻真空干燥法　冷冻真空干燥法的原理是低温、干燥、缺氧，如图 2-11 所示。

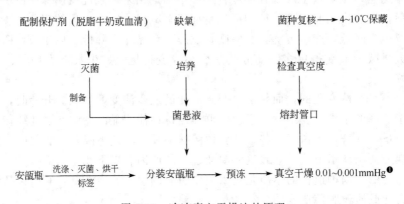

图 2-11　冷冻真空干燥法的原理

此方法适合各类微生物，但也有报道对不长孢子或长得很少孢子的真菌保藏效果不佳。特点是保存时间长（一年至数十年），且存活率高，变异率低，但手续较麻烦，需要一定的设备，操作较严格。

（4）液氮超低温保藏法　液氮超低温保藏法原理是在超低温（低于 -130℃）状态下，所有的代谢活动暂时停止而生命延续，并且不会发生变异。方法是将预保存的菌种加入保护剂（DMSO、甘油等）中制成菌悬液封于安瓿管内，经控制降温速度的冻结后，贮藏在 -150～-196℃ 的液氮冰箱（或液氮罐）内。此方法适合各类微生物，是目前最可靠的一种长期保存菌种的方法，保存时间最长，但需特殊设备，操作较复杂。

2.5.2.3　保藏菌种的质量控制

保藏菌种要进行质量控制，一般要注意以下几个方面。

① 保藏样品制备前，应反复核对，监测生理生化指标，与亲本特征比较。

② 保藏样品制备后，仍要按 3% 抽样检查，一旦有误，此批全部废掉。

③ 注重菌种保藏的连续性。

尽管采用了一些手段来克服菌种的退化、变异等，但仍有此类情况发生。所以保藏期到了，仍要活化检验，从中筛选高产菌种再保存，这是一项长期的工作。

---

❶ 1mmHg＝133.32Pa。

3 发酵工业培养基设计

微生物的生长、繁殖需要不断地从外界吸收营养物质，以获得能量并合成新的物质。研究微生物的生长和代谢产物的合成，首先要了解微生物的营养特性和培养条件，以便能有效地控制其生长及代谢产物的合成，提高微生物生长速率和代谢产物合成效率，达到利用该微生物进行工业化生产的目的。因此，研究微生物的营养特性，确定合理的发酵工业培养基是实现微生物发酵产业化的关键之一。

培养基是指用于维持微生物生长繁殖和产物形成的营养物质。尽管各种工业微生物发酵培养基不尽相同，但适宜于大规模工业微生物发酵的培养基应具有以下几点共性：①单位培养基能够产生最大量的目的产物；②能够使目的产物的合成速率最大；③能够使副产物合成的量最少；④所采用的培养基应该质量稳定、价格低廉、易于长期获得；⑤所采用的培养基尽量不影响工业好气发酵中的通气搅拌性能以及发酵产物的后处理等。

一个好的发酵培养基是一个发酵产品能否成功实现产业化和商业化的关键一环。有关发酵培养基的设计和优化，虽然目前已有一些理论依据和设计原则，但针对不同的发酵产品、不同菌种，其发酵培养基的要求有较大的不同。选择培养基时会受到各种相关因素的影响和制约，如菌种特性、发酵过程特征、原材料的来源及成本等。因此大规模发酵培养基的设计是一项反映整个发酵过程的各个方面要求，具有多技术集成特征的综合性研究工作。

对发酵培养基进行科学设计，其过程包括两个重要阶段，首先要对发酵培养的成分及原材料的特性有较为详细的了解；其次是在此基础上结合具体微生物和发酵产品的代谢特点对培养基的成分进行合理选择和配比优化。

3.1 发酵工业培养基的基本要求

工业培养基是提供微生物生长繁殖和生物合成各种代谢产物所需要的，按一定比例配制的多种营养物质的混合物。培养基组成对菌体生长繁殖、产物的生物合成、产品的分离精制乃至产品的质量和产量都有重要影响。

虽然不同微生物的生长状况不同，且发酵产物所需的营养条件也不同，但是，对于所有发酵生产用培养基的设计而言，仍然存在一些共同遵循的基本要求，如所有的微生物都需要碳源、氮源、无机盐、生长因子和水等营养成分。在小型试验中，所用培养基的组分可以使用纯净的化合物即采用合成培养基，但对工业生产而言，即使纯净的化合物在市场供应方面能满足生产的需要，也会由于经济效益原则而不宜在大规模生产中应用。因此对于大规模的发酵工业生产，除考虑上述微生物需要外，还必须十分重视培养基的原料价格和来源的难易。

具体来说，一般设计适宜于工业大规模发酵的培养基应遵循以下原则。

① 必须提供合成微生物细胞和发酵产物的基本成分。

② 有利于减少培养基原料的单耗，即提高单位营养物质的转化率。

③ 有利于提高产物的浓度，以提高单位容积发酵罐的生产能力。

④ 有利于提高产物的合成速度，缩短发酵周期。

⑤ 尽量减少副产物的形成，便于产物的分离纯化，并尽可能减少产生"三废"物质。

⑥ 原料价格低廉，质量稳定，取材容易。

⑦ 所用原料尽可能减少对发酵过程中通气搅拌的影响，利于提高氧的利用率，降低

能耗。

3.2 发酵工业培养基的成分及来源

微生物同其他生物一样，需要不断从外界吸收营养物质，经一系列生物化学反应，获得能量并形成新的细胞物质，同时排出废物。由于微生物种类繁多，所以，它们对营养物质的需求、吸收和利用也不一样。

从各类微生物细胞物质成分（表 3-1）的分析可知，微生物细胞含有 80％左右的水分和 20％左右的干物质。在其干物质中，碳素含量约占 50％，氮素约占 5％～13％，矿物质元素约占 3％～10％。所以，在配制培养基时必须有足够的碳源、氮源、水和无机盐。此外，有些合成能力差的微生物需要添加适当的生长辅助类物质，才能维持其正常的生长。

表 3-1　微生物细胞的化学成分

微生物及组成成分	细菌/%	酵母菌/%	霉菌/%	微生物及组成成分	细菌/%	酵母菌/%	霉菌/%
水分	75～85	70～80	85～90	核酸	10～20	6～8	1～5
蛋白质	50～80	32～75	14～20	脂类	5～20	2～15	4～40
碳水化合物	12～28	27～63	7～40	无机物	2～30	4～7	6～12

3.2.1　碳源

碳源是组成培养基的主要成分之一，其主要功能有两个：一是提供微生物菌体生长繁殖所需的能源以及合成菌体所需的碳骨架；二是提供菌体合成目的产物的原料。

常用的碳源有糖类、油脂、有机酸和低碳醇等。在特殊的情况下，如碳源贫乏时，蛋白质水解物或氨基酸等也可被微生物作为碳源使用。

3.2.1.1　糖类

糖类是发酵培养基中应用最广泛的碳源，主要有葡萄糖、糖蜜和淀粉等。

葡萄糖是最容易利用的碳源之一，几乎所有的微生物都能利用葡萄糖，所以，葡萄糖常作为培养基的一种主要成分，并且作为加速微生物生长的一种速效碳源。但是过多的葡萄糖会过分加速菌体的呼吸，以致培养基中的溶解氧不能满足需要，使一些中间代谢物（如丙酮酸、乳酸、乙酸等）不能完全氧化而积累在菌体或培养基中，导致 pH 下降，影响某些酶的活性，从而抑制微生物的生长和产物的合成。

糖蜜是制糖生产时的结晶母液，它是制糖工业的副产物。糖蜜中含有丰富的糖、氮类化合物、无机盐和维生素等，它是微生物发酵培养基价廉物美的碳源。一般糖蜜分甘蔗糖蜜和甜菜糖蜜，二者在糖的含量和无机盐的含量上有所不同（如表 3-2），即使同一种糖蜜由于产地和加工方法不同其成分也存在着差异（如表 3-3），因此，使用时要注意。糖蜜常用在酵母发酵、抗生素生产过程中作为碳源。在酒精生产工业中若用糖蜜代替甘薯粉，则可省去蒸煮、糖化等过程，简化了酒精生产工艺。

表 3-2　甘蔗糖蜜和甜菜糖蜜的糖成分

糖	甜菜(质量分数)/%	甘蔗(质量分数)/%
蔗糖	48.5	33.4
棉子糖	1.0	0
转化糖①	1.0	21.3

① 转化糖：以葡萄糖计的还原糖的含量。

42

表 3-3 甘蔗糖蜜的成分

项 目	蔗糖/%	转化糖/%	总糖/%	灰分/%	蛋白质/%
亚硫酸法(广东)	33.00	18.08	51.98	13.20	
碳酸法(广东)	27.00	20.00	47.00	12.00	0.90
碳酸法(四川)	35.80	19.00	54.80	11.10	0.54

淀粉等多糖也是常用的碳源，它们一般都要经过菌体产生的胞外酶水解成单糖后再被吸收利用，但通常也将其经过液化和糖化后再作为培养基的碳源使用。淀粉在发酵工业中被普遍使用，因为使用淀粉或其不完全水解液除了可克服葡萄糖效应对次生代谢产物合成的影响，价格也比较低廉。常用的淀粉为玉米淀粉、小麦淀粉和甘薯淀粉等。有些微生物还可直接利用玉米粉、甘薯粉和土豆粉作为碳源。

3.2.1.2 油和脂肪

油和脂肪也能被许多微生物作为碳源，这些微生物一般都具有比较活跃的脂肪酶。在脂肪酶的作用下，油或脂肪被水解为甘油和脂肪酸，在溶解氧的参与下，进一步氧化成 CO_2 和 H_2O，并释放出糖类碳源代谢多得多的能量。因此，当微生物利用脂肪作为碳源时，要供给比糖代谢更多的溶解氧，否则，会因为缺氧导致代谢不彻底，造成脂肪酸和有机酸中间体的大量积累，影响到微生物的正常生长繁殖。常用的有豆油、菜子油、葵花子油、猪油、鱼油、棉子油等。

3.2.1.3 有机酸

某些微生物对许多有机酸如乳酸、柠檬酸、乙酸等有很强的氧化能力。因此，有机酸或它们的盐也能作为微生物的碳源。有机酸的利用常会使发酵体系 pH 上升，尤其是有机酸盐氧化时，常伴随着碱性物质的产生，使 pH 进一步上升，以醋酸盐为碳源时，其反应式如下。

$$CH_3COONa + 2O_2 \longrightarrow 2CO_2 + H_2O + NaOH$$

从上式可见，不同的碳源在分解氧化时，对 pH 的影响各不相同。因此，不同的碳源，不仅对微生物的代谢有影响，而且对整个发酵过程中 pH 的调节和控制均有影响。

3.2.1.4 烃和醇类

近年来，随着石油工业的发展，微生物工业的碳源范围也在扩大。正烷烃已用于有机酸、氨基酸、维生素、抗生素和酶制剂的工业发酵中。另外，石油工业的发展促使乙醇产量增加，国外乙醇代粮发酵的工艺发展也十分迅速。据研究发现，自然界中能同化乙醇的微生物和能同化糖质的微生物一样普遍，种类也相当多。从表 3-4 可知，乙醇作碳源时其菌体收、得率比葡萄糖作碳源还高。因而乙醇已成功地应用在发酵工业的许多领域中，如乙醇已作为某些生产单细胞蛋白工厂的主要碳源。

表 3-4 乙醇与其他碳源的比较

比较项目	乙醇	葡萄糖	醋酸	正烷烃(C_{18})	甲醇	甲烷
含碳量/%	52.2	40	40	85	37.5	75
菌体/(g细胞/g碳源)	0.83	0.50	0.43	1.40	0.67	0.88

3.2.2 氮源

氮源主要用于构成菌体细胞物质和合成含氮代谢物。常用的氮源可分为两大类：有机氮源和无机氮源。

3.2.2.1 有机氮源

常用的有机氮源有黄豆饼粉、花生饼粉、棉子饼粉、玉米浆、玉米蛋白粉、蛋白胨、酵母粉、鱼粉、蚕蛹粉、废菌丝体和酒糟等。它们在微生物分泌的蛋白酶作用下，水解成氨基酸，被菌体吸收后再进一步分解代谢。

有机氮源除含有丰富的蛋白质、多肽和游离氨基酸外，往往还含有少量的糖类、脂肪、无机盐、维生素及某些生长因子，常用的有机氮源的营养成分见表3-5。由于有机氮源营养丰富，因而微生物在含有机氮源的培养基中常表现出生长旺盛、菌丝浓度增长迅速等特点。有些微生物对氨基酸有特殊的需要，例如，在合成培养基中加入缬氨酸可以提高红霉素的发酵单位，因为在此发酵过程中缬氨酸既可供菌体做氮源，又可作为前体物质供红霉素合成之用。在一般工业生产中，因其价格昂贵，都不直接加入氨基酸。所以，大多数发酵工业利用有机氮源来获得所需的氨基酸。在赖氨酸生产中，甲硫氨酸和苏氨酸的存在可提高赖氨酸的产量，但生产中常用黄豆水解液来代替。只有当生产某些特殊产品如疫苗等，才取用无蛋白质的化学纯的氨基酸做培养基原料。

表 3-5　发酵中常用的一些有机氮源的成分分析

成　分	黄豆饼粉	棉子饼粉	花生饼粉	玉米浆	鱼粉	米糠	酵母膏
蛋白质/%	51.0	41	45	24	72	13	50
碳水化合物/%	—	28	23	5.8	5.0	45	—
脂肪/%	1	1.5	5	1	1.5	13	0
纤维/%	3	13	12	1	2	14	3
灰分/%	5.7	6.5	5.5	8.8	18.1	16.0	10
干物/%	92	90	90.5	50	93.6	91	95
核黄素/(mg/kg)	3.06	4.4	5.3	5.73	10.1	2.64	—
硫胺素/(mg/kg)	2.4	14.3	7.3	0.88	1.1	22	—
泛酸/(mg/kg)	14.5	44	48.4	74.6	9	23.2	—
尼克酸/(mg/kg)	21	—	167	83.6	31.4	297	—
吡哆醇/(mg/kg)	—	—	—	19.4	14.7	—	—
生物素/(mg/kg)	—	—	—	0.88	—	—	—
胆碱/(mg/kg)	2750	2440	1670	629	3560	1250	—
精氨酸/%	3.2	3.3	4.6	0.4	4.9	0.5	3.3
胱氨酸/%	0.6	1.0	0.7	0.5	0.8	0.1	1.4
甘氨酸/%	2.4	2.4	3	1.1	3.5	0.9	—
组氨酸/%	1.1	0.9	1	0.3	2.0	0.2	1.6
异亮氨酸/%	2.5	1.5	2	0.9	4.5	0.4	5.5
亮氨酸/%	3.4	2.2	3.1	0.1	6.8	0.6	6.2
赖氨酸/%	2.9	1.6	1.3	0.1	6.8	0.5	6.5
甲硫氨酸/%	0.6	0.5	0.6	0.5	2.5	0.2	2.1
苯丙氨酸/%	2.2	1.9	2.3	0.3	3.1	0.4	3.7
苏氨酸/%	1.7	1.1	1.4	—	3.4	0.4	3.5
色氨酸/%	0.6	0.5	0.5	—	0.8	0.1	1.2
酪氨酸/%	1.4	1	—	0.1	2.3	—	4.6
缬氨酸/%	2.4	1.8	2.2	0.5	4.7	0.6	4.4

玉米浆是玉米淀粉生产中的副产物，是一种很容易被微生物利用的良好氮源。它含有丰富的氨基酸、还原糖、磷、微量元素和生长素。其中玉米浆中含有的磷酸肌醇对红霉素、链霉素、青霉素和土霉素等的生产有积极促进作用。此外，玉米浆还含有较多的有机酸，如乳酸等，所以玉米浆的pH在4.0左右。

尿素也是常用的有机氮源，但它成分单一，不具有上述有机氮源的特点，但在青霉素和谷氨酸等生产中也常被采用。尤其是在谷氨酸生产中，尿素可使α-酮戊二酸还原并氨基化，从而提高谷氨酸的生产。

有机氮源除了作为菌体生长繁殖的营养外，有的还是产物的前体。例如缬氨酸、半胱氨酸和α-氨基己二酸是合成青霉素和头孢菌素的主要前体，甘氨酸可作为L-丝氨酸的前体等。

3.2.2.2 无机氮源

常用的无机氮源有铵盐、硝酸盐和氨水等。微生物对它们的吸收利用一般较快，尤其是铵盐、氨水等比有机氮源的吸收要快得多，所以也称为速效氮源。但无机氮源的迅速利用常会引起 pH 的变化，如下述的反应所示。

$$(NH_4)_2SO_4 = 2NH_3 + H_2SO_4$$
$$NaNO_3 + 4H_2 = NH_3 + 2H_2O + NaOH$$

上述反应中所产生的 NH_3 被菌体作为氮源利用后，培养液中就留下了酸性物质。这种经微生物生理作用（代谢）后能形成酸性物质的无机氮源叫生理酸性物质，如硫酸铵等。而菌体代谢后能产生碱性物质的，则此种无机氮源称为生理碱性物质，如硝酸钠等。正确使用生理酸、碱性物质，对稳定和调节发酵过程的 pH 有积极作用。例如在制液体曲时，用 $NaNO_3$ 做氮源，菌丝长得粗壮，培养时间短，且糖化力较高。这是因为 $NaNO_3$ 的代谢而得到的 NaOH 可中和曲霉生长中所释放出的酸，使 pH 稳定在工艺要求的范围内。又如在黑曲霉发酵过程中用硫酸铵做氮源，培养液中留下的 H_2SO_4 使 pH 下降，这对提高糖化型淀粉酶的活力有利，且较低的 pH 还能抑制杂菌的生长，防止污染。

氨水在发酵中除可以调节 pH 外，它也是一种容易被利用的氮源，在许多抗生素的生产中得到普遍使用。如链霉素的生产，合成 1mol 链霉素需要消耗 7mol 的 NH_3，所以，在红霉素的生产工艺中以氨作为无机氮源可提高红霉素的产率和有效组分的比例。同时要注意氨水碱性较强，使用时要防止局部 pH 过高，应加强搅拌，并少量多次地加入。另外在氨水中还含有多种嗜碱性微生物，因此在使用前应用石棉等过滤介质进行除菌过滤，这样可防止因通入氨气而引起的细菌污染。

3.2.3 无机盐及微量元素

微生物在生长繁殖和生产过程中，需要某些无机盐和微量元素如磷、镁、硫、钾、钠、铁、氯、锰、锌、钴等，以作为微生物生理活性物质的组成或生理活性作用的调节物。这些物质一般在低浓度时对微生物生长和产物合成有促进作用，在高浓度时常表现出明显的抑制作用。而各种不同的微生物及同种微生物在不同的生长阶段对这些物质的最适浓度要求均不相同。因此，在生产中要通过试验预先了解菌种对无机盐和微量元素的最适宜的需求量，以稳定或提高产量。表 3-6 为无机盐成分浓度的参考范围。

表 3-6　无机盐成分一般所用的浓度范围

成　分	浓度/(g/L)	成　分	浓度/(g/L)
KH_2PO_4	1.0～4.0	$ZnSO_4 \cdot 8H_2O$	0.1～1.0
$MgSO_4 \cdot 7H_2O$	0.25～3.0	$MnSO_4 \cdot H_2O$	0.01～0.1
KCl	0.5～12.0	$CuSO_4 \cdot 5H_2O$	0.003～0.01
$CaCO_3$	5～17	$Na_2MoO_4 \cdot 2H_2O$	0.01～0.1
$FeSO_4 \cdot 4H_2O$	0.01～0.1		

在培养基中，镁、磷、钾、硫、钙和氯等常以盐的形式（如硫酸镁、磷酸二氢钾、磷酸氢二钾、碳酸钙、氯化钾等）加入，而钴、铜、铁、锰、锌、铂等的缺少对微生物生长固然不利，但因其需要量很小，除了合成培养基外，一般在复合培养基中不再单独加入。因为复合培养基中的许多动、植物原料如花生饼粉、黄豆饼粉、蛋白胨等都含有多种微量元素。但是，有些发酵工业中也有单独加入微量元素的，例如生产维生素 B_{12}，尽管也采用天然复合

材料作培养基，但因钴元素是维生素B_{12}的组成成分，其需求量随产物量的增加而增加，所以，在培养基中就需要加入氯化钴以补充钴元素的不足。

磷是核酸和蛋白质的必要成分，也是重要的"生命通货"——三磷酸腺苷（ATP）的组成成分。在代谢途径的调节方面，磷元素起着很重要的作用，磷元素有利于糖代谢的进行，因此它能促进微生物的生长。但磷若过量时，许多产物的合成常受抑制。例如在谷氨酸的合成中，磷浓度过高就会抑制6-磷酸葡萄糖脱氢酶的活性，使菌体生长旺盛，而谷氨酸的产量却很低，代谢向缬氨酸方向转化。但也有一些产物要求磷酸盐浓度高些。如黑曲霉NRRL 330菌种生产α-淀粉酶时，若加入0.2％磷酸二氢钾则活力可比低磷酸盐提高3倍。还有报道用地衣芽孢杆菌生产α-淀粉酶时，添加超过菌体生长所需的磷酸盐浓度，则能显著增加α-淀粉酶的产量。许多次级代谢过程对磷酸盐浓度的承受限度比生长繁殖过程低，所以，必须严格控制。

镁处于离子状态时，是许多重要酶（如己糖磷酸化酶、柠檬酸脱氢酶、羧化酶等）的激活剂，镁离子不但影响基质的氧化，还影响蛋白质的合成。镁离子能提高一些氨基糖苷类抗生素产生菌对自身所产生的抗生素的耐受能力，如卡那霉素、链霉素、新生霉素等的产生菌。镁常以硫酸镁的形式加入培养基中，但在碱性溶液中会形成氢氧化镁沉淀，因此配料时要注意。

硫存在于细胞的蛋白质中，是含硫氨基酸的组成成分和某些辅酶的活性基，如辅酶A、硫锌酸和谷胱甘肽等。在某些产物如青霉素、头孢菌素等分子中硫是其组成部分，所以，在这些产物的生产培养基中，需要加入硫酸盐等作为硫源。

铁是细胞色素、细胞色素氧化酶和过氧化氢酶的成分，因此，铁是菌体有氧氧化必不可少的元素。工业生产上一般用铁制发酵罐，在一般发酵培养基中不再加入含铁化合物。

氯离子在一般微生物中不具有营养作用，但对一些嗜盐菌来讲是必需的。此外，在一些产生含氯代谢物如金霉素和灰黄霉素等的发酵中，除了从天然原料和水中带入的氯离子外，还需加入约0.1％的氯化钾以补充氯离子。啤酒在糖化时，氯离子含量在20～60mg/L范围内能赋予啤酒柔和的口味，并对酶和酵母的活性有一定的促进作用，但氯离子含量过高会引起酵母早衰，使啤酒带有咸味。

钠、钾、钙离子虽不参与细胞的组成，但仍是微生物发酵培养基的必要成分。钠离子与维持细胞渗透压有关，故在培养基中常加入少量钠盐，但用量不能过高，否则会影响微生物生长。钾离子也与细胞渗透压和透性有关，并且还是许多酶的激活剂，它能促进糖代谢。在谷氨酸发酵中，菌体生长时需要钾离子约0.01％，生产谷氨酸时需要量约为0.02％～0.1％（以K_2SO_4计）。钙离子主要控制细胞透性，常用的碳酸钙本身不溶于水，几乎是中性，但它能与代谢过程中产生的酸起反应，形成中性化合物和二氧化碳，后者从培养基中逸出，因此碳酸钙对培养液的pH有一定的调节作用。在配制培养基时要注意两点，一是培养基中钙盐过多时，会形成磷酸钙沉淀，降低了培养基中可溶性磷的含量，因此，当培养基中磷和钙均要求较高浓度时，可将二者分别灭菌或逐步补加；二是先要将配好的培养基，用碱调节pH近中性，才能将$CaCO_3$加入培养基中，这样可防止$CaCO_3$在酸性培养基中被分解，而失去其在发酵过程中的缓冲能力，同时所采用的$CaCO_3$要对其中CaO等杂质含量做严格控制。

锌、钴、锰、铜等微量元素大部分作为酶的辅基和激活剂，一般来讲只有在合成培养基中才需加入这些元素。

3.2.4 水

水是所有培养基的主要组成成分，也是微生物机体的重要组成成分。因此，水在微生物代谢过程中占着极其重要的地位。它除直接参加一些代谢外，又是进行代谢反应的内部介质。此外，微生物特别是单细胞微生物由于没有特殊的摄食及排泄器官，它的营养物、代谢物、氧气等必须溶解于水后才能通过细胞表面进行正常生理代谢。此外，由于水的比热容较高，能有效地吸收代谢过程中所放出的热，使细胞内温度不致骤然上升。同时水又是一种热的良导体，有利于散热，可调节细胞温度。由此可见，水的功能是多方面的，它为微生物生长繁殖和合成目的产物提供了必需的生理环境。

对于发酵工厂来说，洁净、恒定的水源是至关重要的，因为在不同水源中存在的各种因素对微生物发酵代谢影响甚大。特别是水中的矿物质组成对酿酒工业和淀粉糖化影响更大。因此，在啤酒酿造业发展的早期，工厂的选址是由水源来决定的。当然，尽管目前已能通过物理或化学方法处理得到去离子或脱盐的工业用水，但在建造发酵工厂决定工厂的地理位置时，还应考虑附近水源的质量。

水源质量主要考虑的参数包括 pH、溶解氧、可溶性固体、污染程度以及矿物质组成和含量。在抗生素发酵工业中，有时水质好坏是决定一个优良的生产菌种在异地能否发挥其生产能力的重要因素。如在酿酒工业中，水质是获得优质酒的关键因素之一。

3.2.5 生长调节物质

发酵培养基中某些成分的加入有助于调节产物的形成，这些添加的物质一般被称为生长调节物质包括生长因子、前体、产物抑制剂和促进剂。

3.2.5.1 生长因子

从广义上讲，凡是微生物生长不可缺少的微量的有机物质，如氨基酸、嘌呤、嘧啶、维生素等均称生长因子。生长因子不是对于所有微生物都必需的，它只是对于某些自己不能合成这些成分的微生物才是必不可少的营养物。如目前所使用的赖氨酸产生菌几乎都是谷氨酸产生菌的各种突变株，均为生物素缺陷型，需要生物素作为生长因子，同时其也是某些氨基酸的营养缺陷型，如高丝氨酸等，这些物质也是生长因子。

有机氮源是这些生长因子的重要来源，多数有机氮源含有较多的 B 族维生素和微量元素及一些微生物生长不可缺少的生长因子。最有代表性的是玉米浆，玉米浆中含有丰富的氨基酸、还原糖、磷、微量元素和生长素，所以，玉米浆是多数发酵产品良好的有机氮源。

3.2.5.2 前体

前体是指加入到发酵培养基中，能直接被微生物在生物合成过程中结合到产物分子中去，其自身的结构并没有多大变化，但是产物的产量却因其加入而有较大提高的一类化合物。前体最早是在青霉素的生产过程中发现的。在青霉素生产中，人们发现加入玉米浆后，青霉素产量可从 20U/mL 增加到 100 U/mL，进一步研究后发现，发酵单位增长的主要原因是玉米浆中含有苯乙胺，它能被优先合成到青霉素分子中去，从而提高了青霉素 G 的产量。在实际生产中，前体的加入可提高产物的产量，还显著提高产物中目的成分的比重，如在青霉素生产中加入前体物质苯乙酸可增加青霉素 G 的产量，而用苯氧乙酸作为前体则可增加青霉素 V 的产量。

大多数前体如苯乙酸对微生物的生长有毒性，在生产中为了减少毒性和增加前体的利用率，通常采用少量多次的流加工艺。一些生产抗生素重要的前体见表 3-7。

3.2.5.3 产物合成促进剂

所谓产物合成促进剂，是指那些细胞生长非必需的，但加入后却能显著提高发酵产量的一些物质，常以添加剂的形式加入发酵培养基中，表 3-8 为一些添加剂对产酶的促进作用。

表 3-7 发酵过程中所用的一些前体物质

产 品	前 体	产 品	前 体
青霉素 G	苯乙酸及其衍生物	核黄素	丙酸盐
青霉素 V	苯氧乙酸	类胡萝卜素	β-紫罗酮
金霉素	氯化物	L-异亮氨酸	α-氨基丁酸
灰黄霉素	氯化物	L-色氨酸	邻氨基苯基甲酸
红霉素	正丙醇	L-丝氨酸	甘氨酸

表 3-8 各种添加剂对产酶的促进作用

添 加 剂	酶	微生物	酶活力增加倍数
Tween(0.1%)	纤维素酶	许多真菌	20
	蔗糖酶	许多真菌	16
	β-葡聚糖酶	许多真菌	10
	木聚糖酶	许多真菌	4
	淀粉酶	许多真菌	4
	酯酶	许多真菌	6
	右旋糖酐酶	绳状青酶 QM424	20
	普鲁兰酶	产气杆菌 QMB1591	1.5
大豆酒精提取物(2%)	蛋白酶	米曲霉	2.87
	脂肪酶	泡盛曲霉	2.50
植酸质(0.01%~0.3%)	蛋白酶	曲霉、橘青霉、枯草杆菌、假丝酵母	2~4
洗净剂 LS(0.1%)	蛋白酶	栖土曲霉	1.6
聚乙烯醇	糖化酶	筋状拟内孢霉	1.2
苯乙醇(0.05%)	纤维素酶	真菌	4.4
醋酸+维生素	纤维素酶	绿色毛霉	2

促进剂提高产量的机制还不完全清楚，其原因可能是多方面的。如在酶制剂生产中，有些促进剂本身是酶的诱导物；有些促进剂是表面活性剂，可改善细胞的透性，改善细胞与氧的接触从而促进酶的分泌与生产，也有人认为表面活性剂对酶的表面失活有保护作用；有些促进剂的作用是沉淀或螯合有害的重金属离子。

各种促进的效果除受菌种、种龄的影响外，还与所用的培养基组成有关，即使是同一种产物促进剂、用同一菌株，生产同一产物，在使用不同的培养基时效果也会不一样。

3.3 微生物的培养基类型

微生物的培养基类型种类较多，一般可根据其用途、物理性质以及培养基组成物质的化学成分等方面加以区分。工业发酵中，培养基往往是依据生产流程和作用分为斜面培养基、种子培养基以及发酵培养基等。

3.3.1 斜面培养基

斜面培养基是供微生物细胞生长繁殖或保藏菌种用的，包括细菌、酵母等的斜面培养基以及霉菌、放线菌生产孢子培养基等。这类培养基的主要作用是供给细胞生长繁殖所需的各类营养物质。其特点是富含有机氮源。有机氮源有利于菌体的生长繁殖，能获得更多的细胞。但对于放线菌或霉菌的产孢子培养基，则氮源和碳源均不宜太丰富，否则容易长菌丝而较少产孢子。此外，斜面培养基中宜加少量无机盐类，并供给必要的生长因子和微量元素。

3.3.2 种子培养基

种子扩大培养的目的是短时间内获得数量多、质量高的大量菌种，以满足发酵生产的需要。为了使微生物细胞快速分裂和生长，种子培养基必须有较完全和丰富的营养物质，特别需要充足的氮源和必需的生长因子。但是，由于种子培养时间较短，且不要求它积累产物，故一般种子培养基中各种营养物质的浓度也不需要太高。供孢子萌发生长用的种子培养基，可添加一些容易被吸收利用的碳源和氮源，如葡萄糖、硫酸铵、尿素、玉米浆、蛋白胨等。

此外，种子培养物将直接转入发酵罐进行发酵，为了缩短发酵阶段的适应期（延滞期），种子培养基成分还应考虑与发酵培养基的主要成分相近，使之在种子培养过程中已经合成有关的诱导酶系，这样进入发酵阶段后就能够较快地适应发酵培养基。

3.3.3 发酵培养基

发酵培养基是发酵生产中最主要的培养基，它不仅要采用大量的原材料，而且也是决定发酵生产成功与否的重要因素。前面介绍的培养基设计基本原则实际上主要是针对发酵培养基而言的。由于发酵培养基的主要作用是为了最大限度地获得目的产物，因此必须根据菌体自身生长规律、产物合成的特点来设计培养基。如对于生产氨基酸等含氮的化合物时，它的发酵培养基除供给充足的碳源物质外，还应该添加足够的铵盐或尿素等氮素化合物。

3.4 发酵培养基的设计原理与优化方法

3.4.1 发酵培养基的设计原理

一般来讲，培养基的设计首先是确定培养基的组成成分，然后再决定各组分之间的最佳配比。培养基的组分配比、缓冲能力、黏度、灭菌是否彻底、灭菌后营养破坏的程度以及原料中杂质的含量等因素都对菌体生长和产物合成有影响。但目前还不能完全从生化反应的基本原理来推断和计算出适合某一菌种的培养基配方，只能用生物化学、细胞生物学、微生物学等学科的基本理论，参照文献报道的某一类菌种的经验配方，再结合所用菌种和产品的特性，采用摇瓶及小型发酵设备，按照一定的实验设计和实验方法选择出较为适合的培养基。近百年来发酵工业的不断进步和有关学科的发展，为人们提供了相当丰富的设计和优化经验。

一般在考虑某一菌种对培养基的要求时，除了考虑3.1中所述的基本要求外，从微生物生长、产物合成的角度还必须考虑以下几点。

（1）菌体的同化能力 一般只有小分子能够通过细胞膜进入细胞体内进行代谢。微生物能够利用复杂的大分子是由于微生物能够分泌各种各样的水解酶系，在体外将大分子水解为微生物能够直接利用的小分子物质。由于微生物来源和种类的不同，所能分泌的水解酶系不同。因此，有些微生物由于水解酶系的缺乏只能够利用简单的物质，而有些微生物则可以利用较为复杂的物质。因而在考虑培养基成分选择的时候，必须充分考虑菌种的同化能力，从而保证所选用的培养基成分是微生物能够利用的。因为许多碳源和氮源都是复杂的有机物大分子，所以在选取用淀粉、黄豆饼粉这类原料作为培养基时，必须考虑微生物是否具备分泌胞外淀粉酶和蛋白酶的能力。

葡萄糖是几乎所有的微生物都能利用的碳源，因此在培养基选择时一般被优先考虑。但工业上如果直接选用葡萄糖作为碳源，成本相对较高，一般采用淀粉水解糖。在工业生产上，将淀粉水解为葡萄糖的过程称为淀粉的"糖化"，所得的糖液称为淀粉水解糖液。

淀粉水解糖液中的主要糖类是葡萄糖。因水解条件的限制，糖液中尚有少量的麦芽糖及其他一些二糖、低聚糖等复合糖类，这些低聚糖的存在不仅降低了原料的利用率，而且会影响糖液的质量，降低糖液可利用的营养成分。因此，为了保证生产出高产、高质量的发酵产品，水解糖液必须达到一定的质量指标，见表3-9。影响淀粉水解糖液的质量因素除原料本身外，很大程度上和制备方法密切相关，目前淀粉水解糖的制备方法有酸法、酸酶法和双酶法，其中以双酶法制得的糖液质量最好，见表3-10。

表 3-9　谷氨酸发酵生产中水解糖液的质量指标

项　目	要　求	项　目	要　求
色泽	浅黄色、杏黄色,透明	葡萄糖值(DE 值)	90%以上
糊精反应	无	透光率	60%以上
还原糖含量	18%左右	pH	4.6~4.8

表 3-10　不同糖化工艺所得糖液质量的比较

项　目	酸法	酸酶法	双酶法	项　目	酸法	酸酶法	双酶法
葡萄糖值(DE 值)/%	91	95	98	色度/%	0.30	0.008	0.003
葡萄糖含量/(干重)/%	86	93	97	羟甲基糠醛	10.0	0.3	0.2
灰分/%	1.6	0.4	0.1	葡萄糖收得率/%	80~90	比酸法高5%	比酸法高10%
蛋白质/%	0.08	0.08	0.10				

　　许多有机氮源都是复杂的大分子蛋白质。有些微生物如大多数氨基酸产生菌,缺乏蛋白质分解酶,不能直接分解蛋白质,必须将有机氮源水解后才能被利用。常用的有黄豆饼粉、花生饼粉和玉米浆的水解液。

　　(2) 培养基对菌体代谢的阻遏与诱导的影响　在配制培养基考虑碳源和氮源时,应根据微生物的特性和培养的目的,注意速效碳(氮)源和迟效碳(氮)源的相互配合,发挥各自的优势,避其所短。

　　对于快速利用的碳源葡萄糖来讲,菌体利用葡萄糖时产生的分解代谢产物会阻遏或抑制某些产物合成所需的酶系的形成或酶的活性,即发生"葡萄糖效应",也称为"葡萄糖分解阻遏作用"。因此,在抗生素发酵时,作为种子培养时的培养基所含的快速利用的碳源和氮源,往往比作为合成目的产物发酵培养时培养基所含的多。一般也可考虑分批补料或连续补料的方式来控制微生物对底物的合适的利用速率,以解除"葡萄糖效应"来得到更多的目的产物。

　　在酶制剂生产过程中,应考虑碳源的分解代谢阻遏的影响。对许多诱导酶来说,易被利用的碳源如葡萄糖与果糖等不利于产酶,而一些难被利用的碳源如淀粉、糊精等对产酶是有利的,见表 3-11。因而淀粉糊精等多糖也是常用的碳源,特别是在酶制剂生产中几乎都选用淀粉类原料作为碳源。

表 3-11　碳源对生长和产酶的影响

碳源	生物量/(g/L)	α-淀粉酶活力/(U/mL)	果胶酶活力/(U/mL)	碳源	生物量/(g/L)	α-淀粉酶活力/(U/mL)	果胶酶活力/(U/mL)
葡萄糖	4.2	0	0.77	糊精	3.06	38.2	0.52
果糖	4.18	0	0	淀粉	3.09	40.2	1.92
蔗糖	4.02	0	0.66				

注:所用微生物为地衣芽孢杆菌和黑曲霉。

　　微生物利用氮源的能力因菌种、菌龄的不同而有差异。多数能分泌胞外蛋白酶的菌株,在有机氮源(蛋白质)上可以良好地生长。同一微生物处于生长的不同阶段时对氮源的利用能力不同,在生长早期容易利用易同化的铵盐和氨基氮,在生长中期则由于细胞的代谢酶系已经形成,利用蛋白质的能力增强。因此在培养基中有机和无机氮源应当混合使用。

　　有些产物会受氮源的诱导与阻遏,这在蛋白酶的生产中表现尤为明显。除个别微生物外(例如黑曲霉生产酸性蛋白酶需高浓度的铵盐),通常蛋白酶的产生受培养基中蛋白质或脂肪的诱导，而受铵盐、硝酸盐以及氨基酸的代谢阻遏。这时在培养基氮源选取时应考虑以蛋白质等有机氮源为主。

（3）碳氮比对菌体代谢调节的重要性　培养基中碳氮比对微生物生长繁殖和产物合成的影响极为显著。氮源过多，会使菌体生长过于旺盛，pH偏高，不利于代谢产物的积累；氮源不足，则菌体繁殖量少，从而影响产量。碳源过多则容易形成较低的pH；若碳源不足则容易引起菌体的衰老和自溶。

微生物在不同的生长阶段对碳氮比的最适要求也不一样。一般来讲，因为碳源既作为碳骨架参与菌体和产物的合成又作为生命过程中的能源，所以比例要求比氮源高。一般工业发酵培养基的碳氮比为100∶（0.2～2.0）。但在谷氨酸发酵中因为产物含氮量较多，所以氮源比例相对高些，一般在谷氨酸生产中取的碳氮比为100∶（15～21）。若碳氮比例为100∶（0.5～2.0），则出现只长菌体而几乎不合成谷氨酸的现象。应该指出，碳氮比也随碳源及氮源的种类以及通气搅拌等条件而异，因此很难确定一个统一的比值。

（4）pH对不同菌体代谢的影响　微生物的生长和代谢除了需要适宜的营养环境外，其他环境因子也应处于适宜的状态。其中pH就是极为重要的环境因子。

微生物在利用营养物质时，由于酸碱物质的积累或代谢时酸碱物质的形成都会造成培养体系pH的波动。发酵过程中调节pH的方式一般不主张直接用强酸或强碱来调节，因为培养基pH的异常波动常常是由于某些营养成分过多或过少而造成的，因此用酸碱虽然可以调节pH，但不能解决引起pH异常的根本原因，其效果常常不甚理想。

合理配制培养基是保证发酵过程中pH能满足工艺要求的决定因素之一。因而在选取培养基的营养成分时，除了考虑营养的需求外，也要考虑其代谢后对培养体系pH缓冲体系的贡献，从而保证整个发酵过程中pH能够处于较为适宜的状态。

当然，设计任何一种培养基都不可能全部满足上述各项要求，必须根据具体情况抓住主要环节，使其既满足微生物的生长要求，又能获得优质高产的产品，同时也符合增产节约、因地制宜的原则。发酵培养基的主要作用是为了获得目的产物，即必须根据产物合成的特点来设计培养基。这就要求营养要适当丰富和完全，菌体迅速生长且健壮，整个代谢过程中pH适当且稳定。糖、氮代谢能完全符合高水平发酵的要求，能充分发挥生产菌种合成代谢产物的能力，此外还要求成本和单耗低。

要确定一个适合工业规模生产的发酵培养基，首先必须做好调查研究工作，了解菌种的来源、生长规律、生理生化特性和一般的营养要求。其次，对生产菌种的培养条件，生物合成的代谢途径，代谢产物的化学性质、分子结构，一般提炼方法和产品质量要求等也需要有所了解，以便在选择培养基时做到心中有数。最好先以一种较好的化学合成培养基为基础，先做一些摇瓶试验，然后进一步做小型发酵罐培养，摸索菌种对各种主要营养物质，如碳源和氮源的利用情况和产生代谢产物的能力。注意培养过程中的pH变化，观察适合于菌种生长繁殖和适合于代谢产物形成的两种不同pH，不断调整配比来适应上述情况和要求。有了初步结果以后，先确定培养基配比，再确定各种重要的金属和非金属离子对发酵的影响，即对各种无机元素的营养要求，试验其最适范围和最佳用量。在合成培养基上得出一定结果后，再做复合培养基试验；最后通过试验确定各种发酵条件和培养基的关系。有些发酵产物如抗生素等，除了配制培养基以外，还要通过中间补料法，一方面对碳和氮的代谢予以适当的控制，另一方面间歇添加各种养料和前体类物质，促进发酵积累目的产物。

3.4.2　发酵培养基的优化方法

一般来说，选择培养基成分、设计培养基配方会依据培养基设计原理，但最终培养基配方的确定还是通过实验来获得。培养基设计与优化过程一般要经过以下几个步骤：①根据以前的经验以及在培养基成分确定时必须考虑的一些问题，初步确定可能的培养基组分；②通过单因子优化实验确定最为适宜的各个培养基组分及其最适浓度；③最后通过多因子实验，进一步优化培养基的各种成分及其最适浓度。

作为一种适宜的培养基，首先必须满足产物的高效合成，即所使用的培养基原材料的转化率要高。考察发酵过程的转化率通常涉及理论转化率和实际转化率。其中，理论转化率是指理想状态下根据微生物的代谢途径进行物料衡算，得出转化率大小。而实际转化率是指发酵实验所得转化率的大小。由于实际发酵过程中一般有副产物形成、原材料利用不完全等因素存在，实际转化率往往要小于理论转化率。因此，如何使实际转化率接近于理论转化率是发酵控制的一个重要目标。

（1）理论转化率的计算　对于确定的化学反应，其反应理论转化率可以通过反应方程式的物料衡算得出，生物反应其本质上也是化学反应，因此，理论转化率也是通过反应方程式的物料衡算得出的。由于生物反应的复杂性，要给出反应物和产物的代谢总反应方程式，必须对生物代谢过程的每一步反应进行深入的解析。因而，对于很多产品和反应底物要给出定量的代谢总反应方程式，至少在目前来讲是相当困难的，但是这方面的研究一直是发酵控制研究中的重点。一些主要的代谢产物，因为它们的代谢途径比较清楚，所以可以给出它们的代谢总反应方程式，然后对理论转化率进行计算。

一般，按代谢公式计算出的得率都是理论转化率。在实际过程中如确定碳源的数量时还要考虑到用于菌体生长的维持消耗的量。表 3-12 列出了菌体在一些碳源中的细胞得率。对于前体还要考虑到实际利用率，其他营养物质也有相类似的影响因素存在，因而实际的转化率要小于理论转化率。但是理论得率为培养基成分在确定浓度时提供了重要的参考。

表 3-12　菌体在不同碳源中的细胞得率

碳　源	细胞得率/(细胞/g基质)	碳　源	细胞得率/(细胞/g基质)
葡萄糖（糖蜜）	0.51	乙醇	0.68
甲烷	0.62	醋酸盐	0.34
甲醇	0.40	顺丁烯二酸	0.36

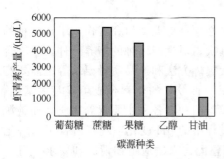

图 3-1　不同碳源对虾青素产量的影响

（2）实验设计　最终的培养基成分和浓度都是通过实验获得的。一般首先是通过单因子实验确定培养基组分，然后通过多因子实验确定培养基各组分及其适宜的浓度。为了精确确定主要影响因子的适宜浓度，也可以进行进一步的单因子实验。对于多因子实验，为了通过较少的实验次数获得所需的结果，常采用一些实验方法设计，如正交实验设计、响应面分析、遗传算法设计等，在相关文献中都有报道。现以酵母菌生产虾青素（ASTA）为例，介绍培养基的试验设计步骤。

① 利用单因子试验确定培养基组分　在无碳基础培养基中分别以 30g/L 的浓度加入葡萄糖、蔗糖、果糖、乙醇、甘油；在无氮培养基中分别以 5g/L 的浓度加入有机氮源蛋白胨、酵母粉、牛肉膏和 2g/L 的无机氮源 NH_4Cl、$(NH_4)_2SO_4$、KNO_3、NH_4NO_3、尿素，摇床培养 7d，测定 ASTA 产量以确定最佳碳氮源的种类。结果如图 3-1、图 3-2 所示。

由图 3-1 可以看出，在不同碳源中，蔗糖和葡萄糖较有利于虾青素的合成，其中蔗糖最为有利，7d 产量达到 5421.3μg/L。考虑到工业生产成本，可以选取蔗糖为最佳碳源。

从图 3-2 可以看出，在不同的氮源中，有机氮源中以酵母粉产虾青素量最高，无机氮源中氯化铵产虾青素量最高，故选取酵母粉和氯化铵为最佳氮源。

在确定碳源、氮源基础之上（另添加 $0.5g/L$ $MgSO_4 \cdot 7H_2O$），分别添加 $2g/L$ 的 KH_2PO_4、Na_2HPO_4 以及 $0.3g/L$ 的 $ZnSO_4$、$FeSO_4$、$CaCl_2 \cdot 2H_2O$ 进行无机盐种类的确定。结果如图 3-3 所示。

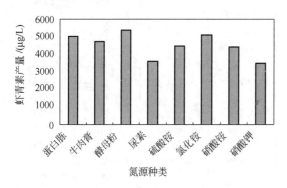

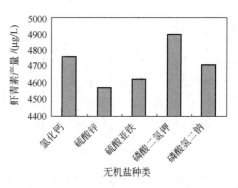

图 3-2　不同氮源对虾青素产量的影响　　　　图 3-3　不同无机盐对虾青素产量的影响

从图 3-3 可以看出，磷酸盐中以用 KH_2PO_4 的虾青素产量较高，其他金属盐中以加入 $CaCl_2$ 生成的虾青素最高，故选取二者作为基础培养基的无机盐种类。

经过以上单因子实验，得到初步优化的培养基组成为蔗糖 $30g/L$、酵母粉 $5g/L$、氯化铵 $2g/L$、KH_2PO_4 $2g/L$、$MgSO_4 \cdot 7H_2O$ $0.5g/L$、$CaCl_2 \cdot 2H_2O$ $0.3g/L$。

② 响应面分析方法对酵母发酵合成虾青素的培养基进行优化　响应面分析方法（response surface analysis，RSA）方法是数学与统计学相结合的产物。和其他统计方法一样，由于采用了合理的实验设计，能以最经济的方式，用很少的实验数量和时间对实验进行全面研究，科学地提供局部与整体的关系，从而取得明确的、有目的的结论。它与"正交设计法"不同，响应面分析方法以回归方法作为函数估算的工具，将多因子实验中因子与实验结果的相互关系用多项式近似，把因子与实验结果（响应值）的关系函数化，依次可对函数的面进行分析，研究因子与响应值之间、因子与因子之间的相互关系，并进行优化。Box 及其合作者于 20 世纪 50 年代完善了响应面方法学，以后广泛应用于化学、化工、农业、机械工业等领域。

首先采用部分因子设计（fractional factorial design，FFD）对培养基不同组分的影响效果进行评价。一般，将所有因子组合进行实验，称为完全因子实验，将其中部分因子进行实验的设计称为部分因子设计。

对于上述初步优化培养基的 6 个组分，每个组分设定为一个因子，若用全因子设计则为 6 因子 2 水平的 2^6 设计，需要 64 次实验，实现起来工作量很大。与全因子实验设计相比，部分因子设计在不丢掉主要信息的前提下，能大大减少实验次数，能估计因子的主效及部分交互作用。在本研究的实验体系中，选择了 2^{6-2} 部分重复因子设计。2^{6-2} 部分重复设计需要 16 次实验，为了进行方差分析，在因子中心点处增加 4 次重复，共需要 20 次实验。以初步优化培养基配方为基础，将配方中各组分的含量值定为中心点值，并进行适当的扩充而成为自变量的取值范围。其设计及结果见表 3-13。

由部分因子设计试验的回归结果可知，蔗糖（x_1）及酵母粉（x_2）的浓度对虾青素的产量影响极显著（$p < 0.01$）和显著（$p < 0.05$），其余因素的影响在 90% 的概率水平上差异并不显著，见表 3-14。

表 3-13　部分因子设计及其实验结果

处理批次	x_1	x_2	x_3	x_4	x_5	x_6	ASTA/$(\mu g/L)$
1	−1	−1	−1	−1	−1	−1	3925
2	1	−1	−1	−1	1	−1	6215
3	−1	1	−1	−1	−1	1	4138
4	1	1	−1	−1	−1	1	7044
5	−1	−1	1	−1	1	1	4706
6	1	−1	1	−1	−1	1	5574
7	−1	1	1	−1	−1	−1	4725
8	1	1	1	−1	1	−1	7450
9	−1	−1	−1	1	−1	1	4364
10	1	−1	−1	1	1	1	6814
11	−1	1	−1	1	1	1	4661
12	1	1	−1	1	−1	1	7429
13	−1	−1	1	1	−1	1	4380
14	1	−1	1	1	−1	−1	7068
15	−1	1	1	1	−1	1	4267
16	1	1	1	1	1	1	7958
17	0	0	0	0	0	0	5621
18	0	0	0	0	0	0	5764
19	0	0	0	0	0	0	5891
20	0	0	0	0	0	0	5562

注：$x_1 \sim x_6$ 分别表示蔗糖、酵母粉、NH_4Cl、KH_2PO_4、$MgSO_4 \cdot 7H_2O$、$CaCl_2 \cdot 2H_2O$ 的编码变量。

表 3-14　部分因子设计对虾青素产量回归分析的结果

因子	系数	t 检验	显著性	因子	系数	t 检验	显著性
Intercept	5649.70	60.36	0.000 * * *	x_4	197.75	1.89	0.081
x_1	1274.13	12.18	0.000 * * *	x_5	120.38	1.15	0.271
x_2	289.13	2.76	0.016 * *	x_6	−61.75	−0.59	0.565
x_3	96.13	0.92	0.375	\multicolumn{4}{}{$R^2 = 0.891, F = 26.991 > F_{6,13,0.01} = 4.62$}

注："*"表示显著性。* * * $p < 0.01$，* * $p < 0.05$。

由对虾青素产量进行回归分析所得的回归系数可得一次拟合回归方程（3-1）。

$$y = 5649.70 + 1274.13x_1 + 289.13x_2 + 96.13x_3 + 197.75x_4 + 120.34x_5 - 61.75x_6 \qquad (3-1)$$

该方程的方差分析（ANOVA）表明，$F = 26.991 > F_{6,13,0.01} = 4.62$，证明该模型在 $\alpha = 0.01$ 水平上足够地拟合了实验数据。该模型的确定系数为 $R^2 = 0.891$，这表明 89.1％的实验数据的可变性可用此模型解释。

a. 最陡爬坡实验：响应面拟合方程只在考察的紧接邻域里才充分近似真实情形，在其他区域，拟合方程与被近似的函数方程毫无相似之处，几乎无意义。所以，要先逼近最大产量区域后才能建立有效的响应面拟合方程。最陡爬坡法以实验值变化的梯度方向为爬坡方向，根据各因素效应值的大小确定变化步长，能快速、经济地逼近最大产量区域。由方程（3-1）及回归分析，做最陡爬坡实验。

对于虾青素的产生，氯化铵（x_3）、硫酸镁（x_4）、磷酸二氢钾（x_5）和氯化钙（x_6）在 90％的概率水平上差异不显著，均固定在中心点的水平上。蔗糖（x_1）及酵母粉（x_2）分别在 99％和 95％的概率水平上差异显著，且系数均为正，表明增加二者的浓度对虾青素的积累有积极的影响。

蔗糖和酵母粉改变的方向如表 3-15 所示，即蔗糖每次增加 0.4％，酵母粉每次增加 0.09％。从表中可以清楚地看出，处理结果 6，使虾青素的产量达到最大为 10413$\mu g/L$，随后虾青素产量开始下降。因此，接下来的优化试验应该在处理结果 6 附近进行。

表 3-15　最陡爬坡试验及其实验结果

处理结果	x_1	x_2	ASTA/(μg/L)	处理结果	x_1	x_2	ASTA/(μg/L)
1	3.0	0.5	5423	5	4.6	0.84	9487
2	3.4	0.59	6342	6	5.0	0.93	10413
3	3.8	0.68	7080	7	5.4	1.02	9854
4	4.2	0.76	8532	8	5.8	1.1	9017

b. 中心组合实验（central composite design，CCD）：逼近最大产量区域后，进行中心组合实验，以拟合数据得到一个描述响应变量（虾青素产量）与自变量（蔗糖、酵母粉浓度）关系的二阶经验模型 [式（3-2）]。

$$Y = b_0 + \sum b_i x_i + \sum b_{ij} x_i x_j + \sum b_{ii} x_i^2 \qquad (3-2)$$

对方程（3-2）所代表的面进行分析，可以推测出最适操作条件在实验中所覆盖的区域，或是指明在什么方向再进行实验可得到更好的结果。式（3-2）中，Y 为预测响应值即虾青素产量，b_0 为截距，b_i 为线性系数，b_{ij} 为交互作用系数，b_{ii} 为平方系数，x_i 为自变量的编码水平。x_i 与自变量真实值 X_i 的关系为：

$$x_i = (X_i - x_{i0}) / \Delta x_i \qquad (3-3)$$

式中　x_{i0}——自变量在实验中心点处的真实值；

　　　Δx_i——自变量变化步长。

从最陡爬坡实验可以看出，响应变量 Y 值接近最大响应值区域。虾青素产量的优化可以点（5.0，0.93）为中心，对起始蔗糖（x_1）和酵母粉（x_2）的浓度采用 2^2 中心组合实验进行。设计及实验结果列于表 3-16。

表 3-16　中心组合设计及实验结果

处理批次	x_1	x_2	Y/(μg/mL)	处理批次	x_1	x_2	Y/(μg/mL)
1	-1	-1	7360	8	0	0	9524
2	1	-1	8761	9	0	0	9837
3	-1	1	8169	10	1.414	0	7845
4	1	1	8746	11	-1.414	0	8409
5	0	0	9478	12	0	1.414	8439
6	0	0	9237	13	0	-1.414	7152
7	0	0	9906				

用多项式回归技术对此实验数据拟合得二次多项式方程（3-4）。

$$Y = 9625.95 - 0.44x_1 + 474.80x_2 - 206.00x_1x_2 - 675.12x_1^2 - 840.92x_2^2 \qquad (3-4)$$

此方程二次项系数均为负值，抛物线的开口向下，因而有极大值点。模型的完备性可由方差分析及确定系数两方面考察，方差分析表明：$F_{回归} = MS_R / MSe = 10.737 > F_{5,7,0.01} = 7.46$，$F_{欠失} = MS_{LF} / MSpe = 1.789 < F_{3,4,0.1} = 4.19$

所以，模型在 $\alpha = 0.01$ 水平上回归显著，在 $\alpha = 0.1$ 水平上不显著，因而模型是充分的。经计算该模型的确定系数 $R^2 = 0.949$，表明模型可解释 94.9% 虾青素产量的变化。因此，方程（3-4）给虾青素发酵提供了一个合适的模型。图 3-4 绘出了计算的三维响应面，证实了拟合面有真实的最大值。

对方程（3-4）进行求导，可以得到模型的极值点，蔗糖浓度为 43.9g/L（取 44g/L），酵母粉浓度为 9.6g/L，此时模型预测的最大响应为 9669.69μg/L。为了证实预测结果，在上述两因子的点处进行重复摇瓶实验，得到虾青素的产量为（9847±208）μg/L，可见该模

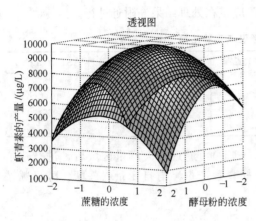

图 3-4 中心组合实验三维响应面

型能较好地预测实际发酵情况。

综上所述，培养基不仅影响产物的产率，而且还可能影响产物的组成和产量，因此要对培养基进行优化。但最优培养基的确定往往需要花费大量的时间和精力，为了克服这些问题，通常需要采用合理的实验设计以减少实验次数来解决。

而在实际的生产中，培养基的优化通常和培养条件的优化紧密结合在一起，所以，微生物发酵培养基的优化需要同时注重两个方面的内容：一是对培养基进行优化，二是对发酵的环境，如温度、pH、通气量、搅拌速度等发酵条件进行优化和控制。

4 发酵工业的无菌技术

目前，绝大多数工业发酵都采用纯种培养，要求发酵全过程只能有生产菌，不允许有"杂菌"污染。如果在培养过程中污染杂菌，它便会在较短的时间内大量繁殖，与生产菌争夺营养成分或分泌代谢产物抑制生产菌的生长和代谢，从而干扰生产菌正常发酵，甚至造成倒罐，严重影响生产。因此，为了保证纯种发酵，在生产菌种接种之前要对发酵培养基、空气系统、流加料、发酵罐及管道系统等进行灭菌，还要对环境进行消毒，防止杂菌和噬菌体的大量繁殖。在生产实践中，为了防止杂菌污染，经常要采用消毒与灭菌技术，统称为发酵工业的无菌技术。在实际生产过程中，要实现每批次发酵都完全达到无杂菌污染几乎是不可能的，一般采用"污染概率"作为评价标准。发酵工业中允许的染菌概率是 10^{-3}，即灭菌 1000 批次的发酵中只允许有 1 次染菌。但是，现代大规模的发酵生产往往需要更高的无菌要求，应该尽可能始终保持完全无杂菌状态。

4.1 发酵工业的无菌处理

在介绍无菌技术之前，有几个容易混淆的概念需要说明。

灭菌（sterilization）：用物理或化学方法杀死物料或设备中所有生命物质的过程。

消毒（disinfection）：用物理或化学方法杀死空气、地表以及容器和器具表面的微生物。

除菌（degerming）：用过滤方法除去空气或液体中的微生物及其孢子。

防腐（antisepsis）：用物理或化学方法杀死或抑制微生物的生长和繁殖。

其中，消毒与灭菌的区别在于，消毒仅仅是杀灭生物体或非生物体表面的微生物，而灭菌是杀灭所有的生命体，因此灭菌特别适合培养基等物料的无菌处理。消毒一般只能杀死营养细胞，而不能杀死细菌芽孢和真菌孢子等，特别适合于发酵车间的环境和发酵设备、器具的无菌处理。

4.2 发酵工业污染的防治策略

4.2.1 污染的危害

如果发酵过程中污染了杂菌，会严重影响发酵的结果，可能会出现以下一种或几种危害。

① 由于杂菌污染，使发酵培养基因杂菌的消耗而损失，造成生产能力的下降。

② 杂菌合成一些新的代谢产物，或杂菌污染后改变了发酵液的某些理化性质，使发酵产物的提取和分离变得困难，造成产物收率降低或产品质量下降。

③ 杂菌代谢会改变原反应体系的 pH，使发酵发生异常变化。

④ 杂菌分解产物，使生产失败。

⑤ 细菌发生噬菌体污染，微生物细胞被裂解，导致整个发酵失败等。

可见，染菌对发酵产率、提取收率、产品质量等都有很大影响，是否纯种培养直接关系到发酵生产过程的成败。据报道，国外抗生素发酵染菌率为 $2\%\sim5\%$；国内抗生素发酵，如青霉素发酵染菌率为 2%，链霉素、红霉素和四环素发酵染菌率约为 5%，谷氨酸发酵噬菌体感染率为 $1\%\sim2\%$。染菌轻者影响产率、产物提取收率和产品质量，严重者造成"倒罐"，浪费大量原料，造成严重经济损失，而且扰乱生产秩序，破坏生产计划。但是，由于发酵生产的产品不同、污染杂菌的种类和性质不同、染菌发生的时间不同以及染菌的途径和程度不同，染菌所造成的危害及后果也就不同，下面进行具体分析。

(1) 染菌对不同菌种发酵的影响　由于不同菌种发酵过程所用的培养基、发酵条件、发酵周期以及产物性质等不同，染菌的类型和造成的危害程度也各不相同。

例如，在细菌发酵过程中，由于发酵周期较短，主要是防止噬菌体污染，如谷氨酸发酵采用的菌种为棒状杆菌，该生产菌繁殖快，发酵周期短，且培养基营养不太丰富，因此，一般较少受到杂菌污染，主要是噬菌体污染的威胁，噬菌体蔓延迅速，难以防治，而且容易造成连续污染；但在营养缺陷型细菌发酵中，如肌苷发酵主要采用枯草杆菌和产氨短杆菌，这些生产菌通常是营养缺陷型菌株，生长能力差，所需的培养基营养非常丰富，因此，易受到各种生长较快的杂菌污染，如芽孢杆菌，且染菌后培养基中营养成分迅速消耗，严重影响生产菌生长和代谢产物生成。

在霉菌发酵过程中，由于发酵周期较长，产物类型各不相同，因此，染菌情况比较复杂。如青霉素发酵，产物很容易被染菌的杂菌所产生的青霉素酶水解，因此，染菌后会导致青霉素迅速破坏，使发酵一无所获。又如柠檬酸等有机酸发酵，由于产酸后的发酵液 pH 很低，一般杂菌不易生长，在发酵的中、后期不易发生染菌。因此，有机酸发酵主要是防止发酵前期染菌。但对于能在较低 pH 发酵液中生长的杂菌来讲，其对柠檬酸发酵的危害很大，如青霉菌。

在酵母菌发酵过程中，易遭到生长较快的细菌的污染以及野生酵母菌的污染，故需特别防止此两类菌的污染。

疫苗的发酵通常采用基因工程菌，由于医用疫苗要求很高，一旦受杂菌污染，无论污染的是活菌、死菌或是毒素，都应全部废弃。

(2) 不同发酵时期染菌对发酵的影响　不同发酵时期染菌对发酵的影响程度不同，现就种子扩大时期染菌、发酵前期染菌、发酵中期染菌以及发酵后期染菌对发酵造成的影响分述如下。

① 种子扩大时期染菌　种子扩大培养时期主要是进行微生物菌体的生长繁殖，此时培养基的营养非常丰富，容易污染杂菌，而且种子染菌对发酵危害极大，必然导致发酵失败。因此，应严格控制种子污染。由于种子扩大培养液的体积相对较小，一旦发现种子受污染，均应灭菌后弃去，此时处理造成的损失最小。

② 发酵前期染菌　发酵前期的微生物主要处于生长繁殖、积累菌体量的阶段，对于次生代谢发酵来讲，发酵产物生成很少。这个时期比较容易染菌，染菌后杂菌迅速繁殖，与生产菌争夺营养成分，严重抑制生产菌的生产繁殖，最终导致发酵产物积累大大减少，甚至造成发酵失败。因此，要特别重视发酵前期染菌问题。当发现发酵前期染菌时，通常，应迅速重新灭菌，再接种，进行从头发酵。有时还要根据前期染菌时营养成分的消耗情况补充必要的营养成分，再重新灭菌、接种发酵。

③ 发酵中期染菌　发酵中期染菌将对发酵生产带来极大危害，不仅影响生产菌的继续生长，而且会严重干扰生产菌的产物合成代谢，减少产物的生成。有些杂菌繁殖后产生大量酸性物质，使 pH 值迅速下降，严重时将导致生产菌发生自溶，发酵液可溶性蛋白等的增加会导致通气发酵过程中产生大量泡沫，传氧效率下降，代谢产物的积累受阻甚至停止。还有一些杂菌污染后会使已生成的代谢产物被重新利用或水解破坏，最终导致代谢产物的积累迅速减少。而且发酵中期染菌，由于营养成分大量消耗，发酵产物正在大量积累，一般挽救处理困难，危害性很大，故在实际发酵生产过程中尽可能做到早发现、快处理。处理方法应根据各种发酵的特点和具体情况来决定。如抗生素发酵，考虑到代谢产物的抑菌作用，可将另一罐发酵正常、单位高的发酵液的一部分体积输入到染菌罐中，以抑制杂菌生长繁殖。又如

柠檬酸发酵中期染菌，可根据所染杂菌的性质分别处理，如污染细菌，可通过加大通气量，促进发酵加速产酸，降低 pH 值，以抑制细菌生长，必要时甚至可人为加入盐酸调节 pH3.0 以下来抑制杂菌生长；如污染酵母菌，可加入对生产菌无影响的酵母菌的生长抑制剂硫酸铜（0.025～0.035g/L），并提高通气量来加速产酸；如污染黄曲霉等霉菌，可加入另一罐将近发酵成熟的醪液，使 pH 值迅速下降，促使杂菌黄曲霉的自溶，以减少发酵中期霉菌污染的影响。

④ 发酵后期染菌　发酵后期产物积累较多，糖等营养物质接近耗尽。此时染菌对发酵的影响相对要小一些，一般可继续进行发酵，即使污染迅速加重，也可以采取提前放罐来减少染菌造成的损失。

（3）杂菌污染对发酵产物提取和产品质量的影响　杂菌污染不仅严重影响生产菌的生长繁殖和代谢产物的合成，而且对发酵后处理也有极大的影响，尤其是增加了发酵产物的提取难度，同时还将影响发酵产品的质量。如丝状菌发酵被产酸的杂菌污染后，由于杂菌大量繁殖导致 pH 不断下降，促使生产菌菌丝的大量自溶，发酵液黏度增加，导致发酵后处理时发酵液过滤困难，将严重影响产物提取收率和产品质量。在这种情况下，过滤之前通常需要进行预处理，如先将发酵液加热后再加助滤剂，或者先加絮凝剂使蛋白质凝聚后沉淀，以便有利于发酵液过滤操作。发酵液中增加黏性的胶体物质应尽可能事先去除，否则，将对后续产物精制如采用离子交换色谱分离等工艺十分不利，因为这些未去除的胶体物质粘附在树脂表面或被树脂吸附，使树脂吸附能力大大降低，有的甚至不易被水洗掉，而在产物分离时一起被洗脱，混杂在产物中，从而影响产物的纯度和品质；又如污染的杂菌在发酵液分泌较多蛋白质杂质时，对发酵后处理过程中采用溶媒萃取的提取工艺非常不利，使水相和溶媒之间极易发生乳化，很难使水相和溶剂相分离，从而严重影响产物的提取收率。

4.2.2　杂菌污染的防治

4.2.2.1　染菌的检查与类型的判断

在发酵过程中，如何及早发现杂菌并及时处理是避免染菌造成严重损失的重要手段。因此生产上要求能用准确、迅速的方法来检查出污染杂菌的类型及其可能的染菌途径。目前常用的方法主要有以下几种。

（1）显微镜检查法　通常用简单染色法或革兰染色法，将菌体染色后在显微镜下观察。对于霉菌、酵母发酵，先用低倍镜观察生产菌的特征，然后再用高倍镜观察有无杂菌存在。根据生产菌与杂菌的不同特征来判断是否染菌，必要时还可进行芽孢染色和鞭毛染色。此法简单、直接，是最常用的检查杂菌的方法之一。但是杂菌污染要等到繁殖一定的数量才能镜检，所以显微镜检查法需要一定的时间，这对于发酵周期较短的生产菌判断其早期污染很不利，往往需要和其他方法结合。

（2）平板划线培养检查法　先将待检样品在无菌平板上划线，根据可能的污染类型分别置于 37℃、27℃下培养划线平板，以适应嗜中温和低温菌的生长，一般在 8h 后即可观察到是否有杂菌污染。

对于噬菌体检查，可采用双层平板培养法，上层和下层同为肉汤琼脂培养基，上层减少琼脂用量，先将灭菌的下层培养基熔化后倒入平板，凝固后再将上层培养基熔解并保持 40℃，加入生产菌作为指示菌和待检样品混合后迅速倒在下层平板上。置培养箱保温培养，经 12～20h 培养，观察有无噬菌斑。

（3）肉汤培养检查法　将待检样品接入无菌的肉汤培养基中，分别置于 37℃ 和 27℃ 下进行培养，随时观察微生物生长情况，并取样镜检，判断是否污染杂菌。

（4）发酵过程的异常现象观察法　发酵过程出现的异常现象如溶解氧、pH、尾气中的CO_2含量、发酵液黏度等的异常变化，都可能产生污染的重要信息，可以根据这些异常现象来分析发酵是否染菌。

① 溶解氧水平异常变化显示染菌　好氧性微生物在发酵过程中均需要不断供氧，特定的发酵具有一定的溶解氧水平，而且在不同的发酵阶段其溶解氧的水平不同。如果发酵过程中的溶解氧水平发生异常变化，一般就是发酵染菌的表现。如图 4-1 所示，实线为谷氨酸正常发酵溶解氧水平曲线。在正常发酵中，发酵初期菌体处于适应期，耗氧量较少，溶解氧基本不变；当菌体进入对数生长期，耗氧量增加，溶解氧浓度很快下降，并且维持在一定水平（5%饱和度以上），这阶段由于操作条件（pH、温度、加料等）的变化，溶解氧有所波动，但变化不大；到了发酵后期，菌体衰老，耗氧量减少，溶解氧浓度又上升。图中虚线 1 表示的是感染噬菌体后溶解氧水平曲线，虚线 2 表示异常发酵时菌体浓度

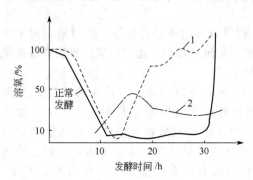

图 4-1　谷氨酸正常发酵和异常
发酵的溶解氧水平曲线

的变化。感染噬菌体后，生产菌的呼吸作用受到抑制，溶解氧浓度很快上升。其变化比菌体浓度的变化更灵敏，能更快地预见染菌的发生。由于感染的杂菌的好氧性不同，产生的溶解氧异常的现象也各不相同。当污染好氧性杂菌时，溶解氧在较短时间内下降，并且接近零值，且在长时间内不能回升；当污染的是非好氧性杂菌时，生产菌由于杂菌污染使生长受到抑制，使耗氧量减少，溶解氧升高。

② 发酵过程中，通过传感器或取样分析，发现 pH 的变化与正常发酵有较大差别，通常提示可能有杂菌污染，如对于污染产酸菌或者利用碳源效率高生长较快的杂菌，都会出现 pH 迅速下降的现象。

③ 尾气中 CO_2 异常变化显示染菌　一般情况下，好氧性发酵尾气中的 CO_2 含量与糖代谢有关，可以根据 CO_2 含量来控制发酵工艺（如流加糖、通气量等）。对于某种特定的发酵，在工艺一定时，排气中的 CO_2 含量变化是有规律的。在染菌后，培养基中糖的消耗发生变化（加快或减慢），引起 CO_2 含量的异常变化。如污染杂菌、糖耗加快、CO_2 含量增加；感染噬菌体，糖耗减慢、CO_2 含量减少。因此，可根据 CO_2 异常变化来判断染菌，实际生产中可采用尾气分析仪实时检测来判断污染情况。

除此之外，还可根据其他的一些表现异常现象，如发酵液黏度异常、发酵过程中泡沫的异常增多、发酵液的颜色异常变化等来判断染菌。

4.2.2.2　污染的原因分析

发酵染菌之后，必须找出染菌的原因，以总结发酵染菌的经验教训和防治措施，以减少染菌带来的巨大损失。

造成发酵染菌的原因很多，比较复杂，但种子带菌、空气带菌、设备渗漏、灭菌不彻底、操作失误和技术管理不善等是造成各个发酵厂污染杂菌的普遍原因。表 4-1 是某研究所对抗生素的发酵染菌的原因分析，表 4-2 为某制药厂链霉素发酵染菌的原因分析。

发生染菌后，应根据无菌试验结果，并参考以下方法进行分析，找出污染原因，从而杜绝污染。

（1）从污染杂菌的种类进行分析　若污染的是耐热芽孢杆菌，可能是培养基或设备灭菌不彻底造成的。若污染的是球菌、无芽孢杆菌等不耐热杂菌，可能是种子带菌、空气

除菌不彻底、设备渗漏或操作问题引起的。若污染的是浅绿色菌落的杂菌，可能是冷却盘管渗漏引起的。若污染的是霉菌，一般是无菌室灭菌不彻底或无菌操作问题引起的。若污染的是酵母菌，则主要是由于糖液灭菌不彻底，特别是糖液放置时间较长而引起的。

表 4-1　某研究所对抗生素发酵染菌的原因分析

染菌原因	染菌率/%	染菌原因	染菌率/%
种子带菌	9.64	接种管穿孔	0.39
接种时罐压跌零	0.19	阀门渗漏	1.45
培养基灭菌不透	0.79	搅拌轴密封渗漏	2.09
总空气系统有菌	19.9	发酵罐盖漏	1.54
泡沫冒顶	0.48	其他设备渗漏	10.13
夹套穿孔	12	操作问题	10.15
盘管穿孔	5.89	原因不明	24.91

表 4-2　某制药厂链霉素发酵染菌原因分析

染菌原因	染菌率/%	染菌原因	染菌率/%
取样、补样带入杂菌(取样、补样等操作带入)	8.20	蒸汽压力不够	0.60
设备穿孔	7.60	管理问题	7.09
空气系统有菌	26.00	操作违反规程	1.60
停电罐压跌零	1.60	种子带菌	0.60
接种	1.00	原因不明	35.00

（2）从污染时间进行分析　若发酵前期染菌，可能是由于种子带菌、培养基或设备灭菌不彻底、接种操作不当或无菌空气带菌等原因引起的。若发酵后期染菌，可能是由于中间补料污染、设备渗漏或操作问题等原因引起的。

（3）从染菌的程度进行分析　如果各个发酵罐或多数发酵罐染菌，而且所污染的是同一种杂菌，一般是空气系统存在问题，如空气系统结构不合理、空气过滤器介质失效等。如果个别罐连续染菌，一般是某个设备存在问题。

4.2.2.3　杂菌污染的途径及其预防

（1）种子带菌及其防治　种子带菌是导致发酵前期染菌的重要原因之一，种子带菌的途径及防治措施主要有以下几方面。

① 培养基及器具彻底灭菌　菌种培养基及器具灭菌均在灭菌锅中进行，造成灭菌不彻底的原因主要是灭菌时锅内冷空气排放不完全，造成压力高但灭菌温度达不到要求。因此，在利用灭菌锅进行灭菌时，先要在预热升温的过程中完全排除锅内的冷空气，避免假压，使灭菌温度达到预定值，保证灭菌彻底。

② 避免菌种在移接过程中受污染　菌种的移接工作是在无菌室中按无菌操作进行。当菌种移接操作不当，或无菌室管理不严杂菌较多，就可能在移种过程中造成污染。因此，首先要严格无菌室管理制度，严格控制无菌室的洁净程度，根据生产工艺的要求，建立合理的无菌室，并交替使用各种灭菌手段对无菌室进行经常性的洁净处理。除常用的紫外线杀菌外，如发现无菌室中已污染有较多的细菌，可采用石炭酸或土霉素等进行灭菌。如发现无菌室中有较多的霉菌，则可采用制霉菌素等杀菌剂灭菌。如果污染了噬菌体，通常用甲醛、双氧水或高锰酸钾等灭菌剂进行处理。另外，将种子的转移、接种等操作放在超净工作台上进

行，严格按照无菌操作要求接种。

③ 避免菌种在培养过程或保藏过程中受杂菌污染 菌种在培养过程或保藏过程中，由于外界空气进入，有时会带入杂菌污染菌种。为了防止这类情况发生，保藏菌种的斜面试管的棉花塞应有一定的紧密度，不宜太松，而且在菌种培养和保藏过程中，不宜经常性移动培养或保藏的器皿。为了在发酵过程中避免这类污染，每一级种子培养物均应经过严格的无菌检查，确认未受污染才能使用。

（2）过滤空气带菌及其防治 过滤空气带菌也是发酵染菌的主要原因之一。要杜绝过滤空气带菌，必须从空气的除菌净化流程和设备的设计、过滤介质的选用和装填，以及过滤介质的灭菌和管理等方面完善空气净化系统。生产上经常采取以下一些措施。

① 正确选择采气口，提高采气口的位置或安装前置粗过滤器，提高空压机进口空气的洁净度等。

② 根据发酵工厂所在地区的气候条件，设计合理的空气预处理流程，尽可能减少过滤空气的含油量和湿度，适当提高进入过滤器的空气温度，降低空气的相对湿度，保持过滤介质的干燥状态。此外，防止空气冷却器渗漏，勿使冷却水进入空气处理系统等。

③ 设计和安装合理的空气过滤器，防止过滤器失效，选用除菌效率高的过滤介质。

（3）设备的渗漏或"死角"造成的染菌及其防治 设备的渗漏染菌主要是指发酵设备、管道、阀门等在长期使用过程中，由于化学腐蚀、电化学腐蚀、磨蚀、加工制作不良等原因形成微小漏孔后发生渗漏而染菌。为了避免设备、管道、阀门渗漏，应选用优质的材料，并定期进行检查。如冷却用的夹套内壁或蛇管的微小渗漏不易被发现，可以压入弱碱性水，在罐内可疑地方用浸湿酚酞指示剂的白布擦，如有渗漏时白布会显红色。

设备的"死角"是指由于操作、设备结构或人为因素造成的屏障等原因，使蒸汽不能到达预定的灭菌部位或该部位的冷空气不易在加热过程中排净，从而不能达到彻底灭菌要求的部位。实际生产过程中，"死角"可以是发酵设备或连接管道的某一部位，特别是发酵罐和设备的盲端。常见的设备、管道"死角"有以下几类。

① 发酵罐的"死角" 发酵罐内的部件及其支撑件，如拉手扶梯、搅拌轴支撑架、联轴器、冷却盘管、挡板与罐壁之间空隙、空气分布管及其支撑件、温度计套焊接处、灯孔等周围容易积集污垢，形成"死角"。一般加强清洗并定期铲除污垢，可以消除这些"死角"，还可以在发酵罐设计制造时在一些死角部位如发酵罐上连接的管道盲端等处专门设计一路小径蒸汽管道通达此处进行专门的灭菌处理。发酵罐封头上的人孔、排气管接口、照明灯口、视镜口、进料管口、压力表接口等处也是造成"死角"的潜在因素，一般通过安装边阀（图4-2），使灭菌彻底。除此之外，发酵罐经常使用后清理不彻底，罐底部常有培养基中的固形物堆积，形成硬块，这些硬块包藏有脏物，且有一定的绝热性，使藏在里面的脏物、杂菌不能在灭菌时被杀死而染菌（见图4-3）。通过加强罐体清洗都可减少罐底积垢，减少染菌。

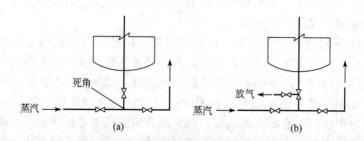

图 4-2 灭菌时蒸汽不易到达的"死角"及消除方法

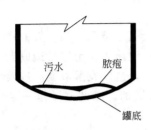

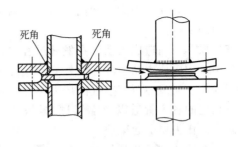

图 4-3 发酵罐罐底脓疱状积垢造成"死角"　　　　图 4-4 法兰连接不当造成的"死角"

② 管道安装不当或配置不合理形成的"死角" 发酵工厂的管道配置原则是使罐体和有关管道都可用蒸汽进行灭菌,即保证蒸汽能够达到所有需要灭菌的部位。在实际生产过程中,为了减少管材,经常将一些管路汇集到一条总的管道上。如将若干个发酵罐的排气管汇集在一条总的排气管上,在使用中会产生相互串通、相互干扰,一只罐染菌往往会造成其他发酵罐的连锁染菌,不利于染菌的防治。采用单独的排气、排水和排污管可有效防止染菌的发生。对于接种、取样、补料和加消泡剂等的管道一般要求配置单独的灭菌系统,能在发酵罐灭菌后或发酵过程中进行单独灭菌。发酵车间的管道大多数以法兰连接,但常会发生诸如垫圈大小不配套、法兰不平整、法兰与管道的焊接不好、受热不均匀使法兰翘曲以及密封面不平等现象,从而形成"死角"而染菌(见图 4-4)。因此,法兰的加工、焊接和安装要符合灭菌要求,使衔接处管道畅通、光滑、密封性好,垫片内径与法兰内径匹配,安装时须对准中心,同时尽可能减少连接法兰,以避免或减少管道出现"死角"而染菌。

(4) 培养基灭菌不彻底导致染菌及其防治 培养基灭菌不彻底的原因及防治措施主要有以下几个方面。

① 原料性状的影响 一般稀薄的培养基比较容易灭菌彻底,而淀粉质原料、麸皮及黄豆饼一类的固形物含量较多的原料,在升温过快或混合不均匀时容易结块,使团块中心部位"夹生",包埋有活菌,蒸汽不易进入将其杀灭,但在发酵过程中这些团块会散开,导致染菌。因此,对于含这些物质的培养基灭菌时通常采用实罐灭菌为好,在升温前先搅拌混合均匀,并加入一定量的淀粉酶进行液化。如有大颗粒,可先过筛除去,再进行灭菌。

② 灭菌时温度与压力不对应造成染菌 灭菌时由于操作不合理,未将罐内的冷空气完全排除,造成压力表显示"假压",使罐内温度与压力表指示的不符,培养基的温度及罐顶空间局部温度达不到灭菌要求,导致灭菌不彻底而染菌。因此,在实罐灭菌升温时,应打开所有液面下的进气阀和液面上的排气阀及有关连接管的边阀、压力表的接管边阀等,使蒸汽通过,从而彻底灭菌。

③ 灭菌过程中产生的泡沫造成染菌 培养基在灭菌过程中产生泡沫,严重时泡沫可上升顶甚至逃逸,杂菌很容易藏在泡沫中。由于泡沫薄膜的存在及泡沫内的空气传热较差,使泡沫内的温度低于灭菌温度,一旦灭菌操作完毕并进行冷却时,这些泡沫就会破裂,杂菌就会释放到培养基中,从而造成染菌。因此要采用添加消泡剂的方法防止泡沫升顶。

④ 连续灭菌维持时间不够或压力波动大而造成染菌 在连续灭菌过程中,培养基灭菌的温度及其停留时间必须符合灭菌的要求,如果连续灭菌时蒸汽压力波动大,培养基未达到灭菌温度,会导致灭菌不彻底而染菌。因此,培养基连续灭菌时应避免蒸汽压力的波动过大,确保灭菌温度满足灭菌要求。

⑤ 灭菌后期的罐压骤变造成染菌 在灭菌操作完成后,当用冷却水冷却发酵罐时,由于操作不当如冷却过快造成罐内负压而使外界带菌空气从密封不严处渗入,造成染菌。一般

正确操作应该是在发酵罐冷却前先通入无菌空气维持罐内一定的正压，再进行冷却，就可以避免染菌的发生。

（5）操作不当造成染菌　在发酵过程中，操作不当也会引起染菌，如在放大移种时或发酵过程中，罐内压力跌至零，使外界空气容易进入而染菌；泡沫顶盖也容易造成染菌；因管道阀门操作不当致使压缩空气的压力突然下降，罐内压力高，造成发酵液倒流进入与发酵罐液面下相连的各个管道以及空气过滤器，污染可能性大大增加。因此，操作一定要严格规范，防止操作失误引起染菌。

（6）噬菌体染菌及其防治　在细菌或放线菌发酵过程中，由于噬菌体的感染力非常强，传播蔓延迅速，发酵体系容易受噬菌体的污染。噬菌体易在空气中传播，因此，环境污染是噬菌体染菌的主要根源。目前最有效的防治噬菌体染菌的方法是以净化环境为中心的综合防治法，主要有净化生产环境、消灭污染源、提高空气的净化度、保证纯种培养、轮换使用不同类型的菌种、使用抗噬菌体的菌种、改进设备装置消灭"死角"、遵从操作规范等措施。

4.3　发酵工业的无菌技术

从目前国内外的报道来看，在现有的科学技术条件下要做到完全不染菌是不可能的。因此，只有不断提高生产技术水平，尽可能防止发酵过程染菌。而且一旦发生染菌，要能尽快找出污染的原因，并采取相应的有效措施，把染菌造成的损失降低到最小。

保持发酵过程无杂菌污染，最重要的是要建立发酵工业中的无菌技术。常用的无菌技术和方法主要有以下几种，可根据灭菌的对象和要求选用不同方法。

（1）干热灭菌法　最简单的干热灭菌是利用电热或红外线在加热设备内将待灭菌物品加热到一定温度杀死微生物。由于微生物对干热的耐受力比对湿热强得多，干热灭菌所需要的温度高、时间也长，常用的干热灭菌条件为在 160～170℃下保温 1～2h。干热灭菌多用于一些要求保持干燥的实验器具和材料等的灭菌。

实验室通常使用恒温电热干燥箱作为干热灭菌器。该法常用于空的玻璃器皿、金属用具和其他耐高温物品等的灭菌。其优点是灭菌器皿保持干燥，但带有胶皮、塑料的物品、以及培养基不能用干热灭菌。

（2）湿热灭菌法　利用饱和蒸汽进行灭菌的方法称为湿热灭菌法。由于蒸汽具有很强的穿透能力，而且在冷凝时会放出大量热能，使微生物细胞中的蛋白质、酶和核酸分子内部的化学键，特别是氢键受到破坏，引起不可逆的变性，造成微生物死亡。从灭菌的效果来看，干热灭菌不如湿热灭菌有效，干热灭菌温度每升高 10℃时，灭菌速率常数仅增加 2～3 倍；而湿热灭菌对耐热芽孢的灭菌速率常数增加的倍数可达到 8～10 倍，对营养细胞则速率常数增加得更高。通常湿热灭菌条件为 121℃，维持 30min。

高压蒸汽灭菌是实验室、发酵工业生产中最常用的一种灭菌方法。一般培养基、玻璃器皿、无菌水、缓冲液、金属用具等都可以采用此法灭菌。

（3）射线灭菌法　射线灭菌法是利用紫外线、高能电磁波或放射性物质产生的高能粒子进行灭菌的方法，其中以紫外线最常用。其杀菌作用主要是因为导致 DNA 胸腺嘧啶间形成胸腺嘧啶二聚体和胞嘧啶水合物，抑制 DNA 正常复制。此外，空气在紫外线辐射下产生的 O_3 有一定杀菌作用。但细菌芽孢和霉菌孢子对紫外线的抵抗力强，且紫外线的穿透力差，物料灭菌不彻底，只能用于物体表面、超净台以及培养室等环境灭菌。

（4）化学药剂灭菌法　某些化学试剂能与微生物发生反应而具有杀菌作用。常用的化学药剂有甲醛、漂白粉（或次氯酸钠）、高锰酸钾、环氧乙烷、季铵盐（如新洁尔灭）等。由于化学药剂也会与培养基中的一些成分作用，且加入培养基后易残留在培养基内，所以，化学药剂不能用于培养基的灭菌，一般应用于发酵工厂环境的消毒。

（5）过滤除菌法　过滤除菌法是利用过滤方法阻留微生物以达到除菌的目的。此法仅适用于不耐高温的液体培养基组分和空气的过滤除菌。工业上常用过滤法大量制备无菌空气，供好氧微生物的液体深层发酵使用。

（6）火焰灭菌法　利用火焰直接杀死微生物的灭菌方法称为火焰灭菌法。该法方法简单，灭菌彻底，但适用范围有限，仅适用于金属小用具，如接种针、接种环、接种铲、小刀、镊子等以及玻璃三角瓶口等器具的灭菌。

4.4　发酵培养基及设备管道灭菌

在发酵工业中，对于大量培养基和发酵设备的灭菌，最有效、最常用的方法是湿热灭菌法。衡量湿热灭菌的指标很多，最常用的是"热死时间"，即在规定的温度下杀死一定比例的微生物所需要的时间。在培养基灭菌过程中，微生物被杀死的同时，培养基成分也会因受热而部分破坏。所以灭菌的要求是既要达到灭菌的目的，又要使培养基组成成分的破坏减少至最低。因此恰当掌握加热温度和受热时间是灭菌工作的关键。为此，就必须了解在灭菌过程中温度、时间对微生物死亡和营养成分破坏的关系。

4.4.1　湿热灭菌原理

4.4.1.1　微生物的热阻

每种微生物都有一定的生长温度范围。当微生物处于生长温度的下限时，代谢作用几乎停止而处于休眠状态。当温度超过生长温度的上限时，微生物细胞中的蛋白质等大分子物质会发生不可逆变性，使微生物在很短时间内死亡，加热灭菌就是根据微生物的这一特性进行的。一般微生物的营养细胞在60℃加热10min全部死亡。但细菌芽孢能耐受较高的温度，在100℃需要数分钟甚至数小时才能被杀灭。某些嗜热菌的芽孢在120℃下需30min甚至更长时间才能杀灭。所以，一般衡量灭菌彻底与否，是以能否杀灭芽孢细菌为标准。

杀死微生物的极限温度称为致死温度。在致死温度下，杀死全部微生物所需要的时间称为致死时间。在致死温度以上，温度愈高，致死时间愈短。由于不同种类微生物以及微生物细胞和微生物孢子对热的抵抗力不同，它们的致死温度和致死时间也有很大的差别。微生物对热的抵抗力称为热阻，即指微生物在某一特定条件下（主要是温度）的致死时间。相对热阻是指某一微生物在某一条件下的致死时间与另一微生物在相同条件下的致死时间之比。表4-3是几种微生物对湿热的相对热阻。

表 4-3　某些微生物对湿热的相对热阻

微生物名称	大肠杆菌	细菌芽孢	霉菌孢子	病毒
相对热阻	1	3×10^6	2~10	1~5

4.4.1.2　湿热灭菌的对数残留定律

在一定温度下，微生物受热致死遵循分子反应速率理论，微生物受热死亡的速率$-dN/dt$与任何瞬间残留的活菌数N成正比，这就是对数残留定律，其数学表达式为

$$-\frac{dN}{dt} = kN \tag{4-1}$$

式中　N——残留活菌数，个；

　　　t——受热时间，min；

　　　k——比死亡速率常数，min^{-1}，k也称灭菌速率常数，此常数大小与微生物的种类及灭菌温度有关；

dN/dt——活菌数瞬时变化速率，即死亡速率。

若开始灭菌（$t=0$）时，培养基中活的微生物数为 N_0，将式（4-1）积分后可得到

$$\ln \frac{N_t}{N_0} = -kt \tag{4-2}$$

$$t = \frac{2.303 \lg \frac{N_0}{N_t}}{k} \tag{4-3}$$

式中 N_0——开始灭菌时原有的活菌数，个；

　　　　N_t——经过 t 时间灭菌后的残留菌数，个。

式（4-3）是计算灭菌的基本公式，从式中可知灭菌时间取决于污染程度（N_0）、灭菌程度（残留菌数 N_t）和 k 值。将存活率 N_t/N_0 对时间 t 在半对数坐标上作图，可以得到一条直线，其斜率的绝对值即比死亡速率 k。图 4-5 为大肠杆菌在不同温度下的残留曲线。比死亡速率常数 k 是判断微生物受热死亡难易程度的基本依据。不同微生物在相同温度下的 k 值是不同的，k 值愈小，则此微生物愈耐热。即使对于同一微生物，也受微生物的生理状态、生长条件及灭菌方法等多种因素的影响，其营养细胞和芽孢的比死亡速率也有极大的差异。就微生物的热阻来说，细菌芽孢是比较耐热的，孢子的热阻要比生长期营养细胞大得多。例如，在 121℃时，枯草杆菌 FS5230 的 k 为 $0.047 \sim 0.063 \mathrm{s}^{-1}$，嗜热芽孢杆菌 FS1518 的 k 为 $0.013 \mathrm{s}^{-1}$，热芽孢杆菌 FS617 的 k 为 $0.048 \mathrm{s}^{-1}$。因此，在具体计算时可以细菌芽孢的 k 值为标准。

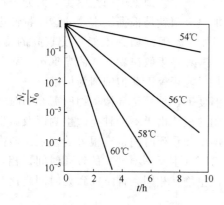

图 4-5　大肠杆菌在不同温
度下的残留曲线

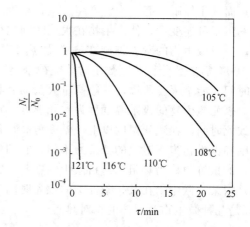

图 4-6　嗜热脂肪芽孢杆菌芽孢在
不同温度下的死亡曲线

从式（4-3）还可看出，如果要求完全彻底灭菌，即残留菌数 $N_t=0$ 时，需要的灭菌时间为无穷大，式（4-3）即无意义，事实上是不可能的。因此，工程上在进行灭菌设计时，一般采用 $N_t=0.001$，即在 1000 次灭菌中允许有一次染菌机会。

4.4.1.3　非对数残留定律

在实际过程中某些微生物受热死亡的速率是不符合对数残留规律的。将其 N_t/N_0 对灭菌时间 t 在半对数坐标中标绘得到的残留曲线不是直线（见图 4-6）。呈现这种热死亡非对数动力学行为的主要是一些微生物芽孢。有关这一类热死亡动力学的行为，虽然可用多种模型来描述，但其中以 Prokop 和 Humphey 所提出的"菌体循序死亡模型"最有代表性。

"菌体循序死亡模型"假设耐热性微生物芽孢的死亡不是突然的，而是渐变的，即耐热性芽孢（R 型）先转变为对热敏感的中间态芽孢（S 型），然后转变成死亡的芽孢（D 型），

这一过程可用下式表示

$$N_R \xrightarrow{k_R} N_S \xrightarrow{k_S} N_D \tag{4-4}$$

于是有

$$\frac{\mathrm{d}N_R}{\mathrm{d}t} = -k_R N_R \tag{4-5}$$

$$\frac{\mathrm{d}N_S}{\mathrm{d}t} = k_R N_R - k_S N_S \tag{4-6}$$

式中　N_R——耐热性活芽孢数（R 型）；

　　　N_S——敏感性活芽孢数（S 型）；

　　　N_D——死亡的芽孢数（D 型）；

　　　k_R——耐热性芽孢的比死亡速率，s^{-1}；

　　　k_S——敏感性芽孢的比死亡速率，s^{-1}。

　　联立上述微分方程组，可求得其解为

$$\frac{N_t}{N_0} = \frac{k_R}{k_R - k_S}\left[\exp(k_S t) - \frac{k_S}{k_R}\exp(-k_R t)\right] \tag{4-7}$$

式中　N_t——任一时刻具有活力的芽孢数，即 $N_t = N_S + N_R$；

　　　N_0——初始的活芽孢数。

　　如果培养基中含有大量的不耐热（敏感性）微生物和相当数量的耐热性微生物，则灭菌时微生物的残留曲线变为图 4-7 所示的情况。所以，在温度相同时，对数与非对数定律的灭菌时间 t 不同。

　　4.4.1.4　灭菌温度和时间的选择

　　微生物的受热死亡属于单分子反应，其灭菌速率常数 k 与温度之间的关系可用阿累尼乌斯方程表示

$$k = A\exp\left(-\frac{\Delta E}{RT}\right) \tag{4-8}$$

式中　A——阿累尼乌斯常数，s^{-1}；

　　　R——气体常数，$8.314\mathrm{J/(mol \cdot K)}$；

　　　T——热力学温度，K；

　　　ΔE——微生物死亡活化能，$\mathrm{J/mol}$。

　　培养基灭菌过程中，除微生物被杀死外，还伴随着培

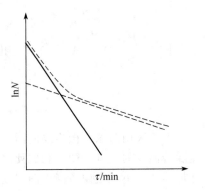

图 4-7　培养基中含有大量的热敏感微生物和相当数量的耐热性微生物在一定温度下的残留曲线
——敏感性　---耐热性

养基成分被破坏。在高压加热的情况下氨基酸及维生素极易遭到破坏，如 121℃仅 20min，就有 59％的赖氨酸和精氨酸及其他碱性氨基酸被破坏，也有相当数量蛋氨酸和色氨酸被破坏。因此，在生产中必须选择既能达到灭菌目的，又能使培养基成分破坏减至最少的工艺条件。

　　大部分培养基的破坏也可认为是一级分解反应，其反应动力学方程为

$$\frac{\mathrm{d}C}{\mathrm{d}t} = -k'C \tag{4-9}$$

式中　C——对热不稳定物质的浓度，$\mathrm{mol/L}$；

　　　k'——分解速率常数，s^{-1}，随反应物质种类和温度而不同；

　　　t——分解反应时间，s。

　　在一级分解反应中，若其他条件不变，则培养基成分分解速率常数和温度的关系也可用

阿累尼乌斯方程表示

$$k' = A'\exp\left(-\frac{\Delta E'}{RT}\right) \tag{4-10}$$

式中　A'——分解反应的阿累尼乌斯常数，s^{-1}；

　　　R——气体常数，8.314J/(mol·K)；

　　　T——热力学温度，K；

　　$\Delta E'$——分解反应所需的活化能，J/mol。

当培养基受热温度从 T_1 上升至 T_2 时，微生物的比死亡速率常数 k 和培养基成分分解破坏的速率常数 k' 的变化情况为

① 对微生物的死亡情况而言，有

$$k_1 = A\exp\left(-\frac{\Delta E}{RT_1}\right) \tag{4-11}$$

$$k_2 = A\exp\left(-\frac{\Delta E}{RT_2}\right) \tag{4-12}$$

将上述两式相除并取对数后可得

$$\ln\frac{k_2}{k_1} = \frac{\Delta E}{R}\left(\frac{1}{T_2} - \frac{1}{T_1}\right) \tag{4-13}$$

② 培养基成分的破坏，同样也可得到类似的关系

$$\ln\frac{k_2'}{k_1'} = \frac{\Delta E'}{R}\left(\frac{1}{T_2} - \frac{1}{T_1}\right) \tag{4-14}$$

将式（4-13）和式（4-14）相除，得

$$\frac{\ln\left(\frac{k_2}{k_1}\right)}{\ln\left(\frac{k_2'}{k_1'}\right)} = \frac{\Delta E}{\Delta E'} \tag{4-15}$$

由于灭菌时杀死微生物的活化能 ΔE 大于培养基成分破坏的活化能 $\Delta E'$（见表 4-4），因此随着温度的上升，微生物比死亡速率常数增加倍数要大于培养基成分破坏分解速率常数的增加倍数。也就是说，当灭菌温度升高时，微生物死亡速率大于培养基成分破坏的速率。根据这一理论，培养基灭菌一般选择高温快速灭菌法，换言之，为达到相同的灭菌效果，提高灭菌温度可以明显缩短灭菌时间，并可减少培养基因受热时间长而遭到破坏的损失。

表 4-4　某些营养物质分解反应和一些微生物致死的活化能

维生素或芽孢杆菌	活化能/(J/mol)	维生素或芽孢杆菌	活化能/(J/mol)
葡萄糖	100500	维生素 B_2	98800
叶酸	70342	嗜热脂肪芽孢杆菌	283460
泛酸	87927	厌气性腐败菌	303140
维生素 B_{12}	96300	枯草芽孢杆菌	318210
维生素 B_1	108860	肉毒梭状芽孢杆菌	346260

表 4-5 列出的是达到完全灭菌的温度、时间对营养成分（以维生素 B_1 为准）破坏量的比较，可以清楚地说明这个问题。

4.4.1.5　影响培养基灭菌的其他因素

在影响培养基灭菌的因素中，除了所污染杂菌的种类、数量、灭菌温度和时间外，还有以下影响因素。

（1）培养基成分　油脂、糖类及一定浓度的蛋白质增加了微生物的耐热性，高浓度有机物会在细胞的周围形成一层薄膜，从而影响热的传入。所以灭菌温度应高些。例如，大肠杆

表 4-5　灭菌温度和完全灭菌时间对维生素 B₁ 破坏量的比较

灭菌温度/℃	完全灭菌时间/min	维生素 B₁ 破坏量/%	灭菌温度/℃	完全灭菌时间/min	维生素 B₁ 破坏量/%
100	400	99.3	130	0.5	8
110	36	67	145	0.08	2
115	15	50	150	0.01	<1
120	4	27			

菌在水中加热至 60～65℃便死亡，在 10％的糖液中，需 70℃处理 4～6min，而在 30％的糖液中则需 70℃处理 30min。

低浓度（1％～2％）的 NaCl 溶液对微生物有保护作用，但随着浓度的增加，保护作用减弱，浓度达 8％～10％以上，则减弱微生物的耐热性。

（2）培养基 pH　pH 对微生物的耐热性影响很大，pH 为 6.0～8.0 时微生物耐热能力最强，pH 小于 6.0 时，H^+ 易渗入微生物细胞内，改变细胞的生理反应促使其死亡。所以培养基 pH 愈低，灭菌所需时间愈短（见表 4-6）。

表 4-6　pH 对灭菌时间的影响

温度/℃	孢子数/(个/毫升)	灭菌时间/min				
		pH 6.1	pH 5.3	pH 6.5	pH 4.7	pH 4.5
120	10000	8	7	5	3	3
115	10000	25	25	12	30	13
110	10000	70	65	35	30	24
105	10000	340	720	180	150	150

（3）培养基的物理状态　培养基的物理状态对灭菌具有极大的影响，固体培养基的灭菌时间要比液体培养基的灭菌时间长，假如 100℃时液体培养基的灭菌时间为 1h，而固体培养基则需要 2～3h 才能达到同样的灭菌效果。其原因在于液体培养基灭菌时，热的传递除了传导作用外还有对流作用，而固体培养基则只有传导作用而没有对流作用，另外液体培养基中水的传热系数要比有机固体物质大得多。

（4）泡沫　泡沫中的空气形成隔热层，使传热困难，对灭菌极为不利。因此对易产生泡沫的培养基进行灭菌时，可加入少量消泡剂。

（5）培养基中的微生物数量　不同成分的培养基其含菌量是不同的。培养基中微生物数量越多，达到无菌要求所需的灭菌时间也越长。天然基质培养基，特别是营养丰富或变质的原料中含菌量远比化工原料的含菌量多，因此，灭菌时间要适当延长。含芽孢杆菌多的培养基，要适当提高灭菌温度并延长灭菌时间。

4.4.2　分批灭菌

分批灭菌就是将配制好的培养基放入发酵罐或其他装置中，通入蒸汽将培养基和所用设备一起进行灭菌的操作过程，也称实罐灭菌。分批灭菌不需要专门的灭菌设备，投资少，设备简单，灭菌效果可靠。分批灭菌对蒸汽的要求较低，一般在（3～4）×10⁵Pa（表压）就可满足要求，分批灭菌是中小型发酵罐常用的一种灭菌方法。

4.4.2.1　灭菌工艺过程

开始灭菌时，应排放夹套或蛇管中的冷水，开启排气管阀，夹套内通入蒸汽。当发酵罐的温度升至 70℃时，开始由空气过滤器、取样管和放料管通入蒸汽，当发酵罐内温度达到 120℃，压力达到 1×10⁵Pa（表压）时，灭菌进入保温阶段。在保温阶段，凡液面以下各管道都应通蒸汽，液面以上其余各管道则应排蒸汽，不留死角，维持压力、温度恒定直到保温结束。再依次关闭各排气、进气阀门，并通过空气过滤器迅速向罐内通入无菌空气，维持发酵罐降温过程中的正压，且在夹套或蛇管中通入冷却水，使培养基的温度降到所需温度。

4.4.2.2 灭菌时间的计算

分批灭菌过程包括升温、保温和冷却三个阶段。灭菌主要是在保温过程中实现的，在升温的后期和冷却的初期，培养基的温度很高，因而也有一定的灭菌效果。所以分批灭菌的计算应包括这三个阶段。

在升温和冷却两个阶段，由于温度在不断变化，比死亡速率常数 k 值也随温度不断变化，k 值与温度的关系为式（4-8）。故利用式（4-3）来计算升、降温阶段的灭菌效果十分复杂，需要根据热量衡算计算出 k 与温度的变化关系，代入式（4-1）中积分求残留 N 值。当以某耐热杆菌的芽孢为灭菌对象时，此时 $A = 1.34 \times 10^{36} \, \text{s}^{-1}$，$\Delta E = 6793 \times 4.18 \text{J/mol}$，因此式（4-8）可写为

$$\lg k = \frac{-14845}{T} + 36.12 \tag{4-16}$$

如欲求升温阶段（温度从 T_1 升至 T_2）平均的菌死亡速率常数 k_m，可以用下式求得

$$k_m = \frac{\int_{T_1}^{T_2} k \, \mathrm{d}T}{T_2 - T_1} \tag{4-17}$$

式（4-17）中的积分值可利用图解积分法求得。

若培养基加热时间（一般从 100℃ 至保温的升温时间）t_p 已知，k_m 已求得，则升温阶段结束时，培养基中残留菌数（N_p）可从下式求得

$$N_p = \frac{N_0}{e^{k_m t_p}} \tag{4-18}$$

再由下式求得保温阶段所需时间

$$t = \frac{2.303}{k} \lg \frac{N_p}{N_t} \tag{4-19}$$

考虑到灭菌的可靠性主要在保温阶段进行，故可以简单地利用式（4-3）来粗略估算灭菌所需的时间。

4.4.3 连续灭菌

4.4.3.1 培养基的连续灭菌

连续灭菌就是将配制好的培养基向发酵罐等培养装置输送的同时进行加热、保温和冷却等灭菌操作过程。连续灭菌时，培养基能在短时间内加热到保温温度，并能很快被冷却。因此可比在分批灭菌更高的温度下灭菌，而保温时间则很短，这样就有利于减少营养物质的破坏，提高发酵产率。

培养基采用连续灭菌时，发酵罐应在连续灭菌开始前先进行空罐灭菌，以容纳经过灭菌的培养基。加热器、维持罐和冷却器也应先进行灭菌，然后才能进行培养基连续灭菌。

4.4.3.2 连续灭菌的流程

连续灭菌可采用高温短时灭菌，营养成分破坏少，有利于提高发酵产率；发酵罐利用率高；蒸汽负荷均衡；采用板式换热器时，可节约大量能量；适宜采用自动控制，劳动强度小。组成培养基的耐热性物料和不耐热性物料可在不同温度下分开灭菌，以减少物料受热破坏的程度，也可将糖和氮源分开灭菌，以免醛基与氨基受热发生反应生成有害物质。

喷淋冷却连续灭菌流程是常用的连续灭菌流程（见图 4-8）。培养基由配料罐放出，通过蒸汽预加热后，用连消泵送入气液混合器或连消塔底端，料液被加热到灭菌温度（110～130℃）后，由顶部流出，进入维持罐，维持 8～25min，再由维持罐上部侧面管道流出。维

持罐内最后的培养液由底部排尽，经喷淋冷却器冷却到发酵温度，送入发酵罐。

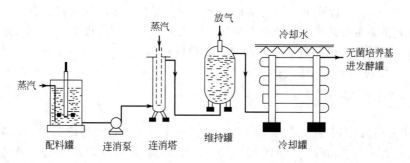

图 4-8　喷淋冷却连续灭菌流程

　　喷射加热连续灭菌流程也是常用的连续灭菌流程（见图 4-9）。蒸汽直接喷入培养基，因此培养基急速升温到预定的灭菌温度，在此温度下的保温时间由维持段管子的长度来保证，灭菌后培养基通过一膨胀阀进入真空冷却器，急速冷却。该流程由于受热时间短，故温度可升到 140℃ 而不会引起培养基的严重破坏。该流程能保证培养基先进先出，避免过热或灭菌不彻底的现象。

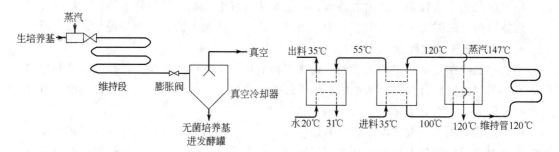

图 4-9　喷射加热连续灭菌流程　　　　　图 4-10　薄板式换热器连续灭菌流程

　　薄板式换热器连续灭菌流程是较为节能的流程（图 4-10）。该流程采用了薄板换热器作为培养基的加热器和冷却器，蒸汽在薄板换热器的加热段使培养基的温度升高，经维持段保温一段时间，然后在薄板换热器的冷却段进行冷却，从而使培养基的预热、灭菌及冷却过程可在同一设备内完成。虽然加热和冷却培养基所需时间比使用喷射式连续灭菌稍长，但灭菌周期则比间歇灭菌小得多。由于生培养基的预热过程就是灭菌培养基的冷却过程，所以节约了蒸汽及冷却水的用量，故该流程的能量利用比较合理。

4.4.4　发酵培养基及设备管道灭菌技术

　　① 种子罐、发酵罐、计量罐、补料罐等的空罐灭菌及管道灭菌　从有关管道通入蒸汽，使罐内蒸汽压力达 0.147MPa，维持 45min，灭菌过程中，从所有液位以上的阀门、边阀排出空气，并使蒸汽通过这些阀门以防止出现死角。灭菌完毕后关闭蒸汽，待罐内压力低于空气过滤器压力时，通入无菌空气保压 0.098MPa。

　　② 空气总过滤器和分过滤器灭菌　排出过滤器中的空气，从过滤器上部通入蒸汽，并从上、下排气口排蒸汽，维持压力 0.147MPa 灭菌 2h。灭菌完毕，通入压缩空气吹干。

　　③ 种子培养基实罐灭菌　从夹层通入蒸汽间接加热至 80℃，再从取样管、进风管、接种管等液面以下的阀门通入蒸汽，进行直接加热。同时关闭夹层蒸汽进口阀门，升温至 121℃，维持 30min。期间，所有液面以上的阀门保持一定时间的排蒸汽状态。

　　④ 发酵培养基实罐灭菌　从夹层或盘管式热交换器进入蒸汽，间接加热至 90℃，关闭

夹层及盘管蒸汽,从取样管、进风管、放料管等液面以下的阀门通入蒸汽,直接加热至121℃,维持30min。在此期间,所有液面以上的阀门保持一定时间的排蒸汽状态。

⑤ 发酵培养基连续灭菌 一般培养基的连续灭菌采用灭菌温度为130℃,维持5min。

⑥ 补料实罐灭菌 根据料液不同而异,淀粉料液为121℃,维持5~10min。尿素溶液灭菌为105℃,维持5min。

4.5 空气除菌

在好氧培养过程中需要大量的无菌空气。以一个 $50m^3$ 的发酵罐为例,若装料系数为0.7,要求每立方米发酵液每分钟通气 $0.8m^3$,培养周期170h,那么每个周期需通气量 $2.86 \times 10^5 m^3$。而每立方米大气中约有 $10^3 \sim 10^4$ 个微生物,如果这些杂微生物随着空气都进入培养系统,便会在合适的条件下大量繁殖,并与目的微生物竞争而消耗培养基中的营养物质,产生各种副产物,从而干扰或破坏纯种培养过程的正常进行,甚至使培养过程彻底失败从而导致倒罐。空气带菌是发酵染菌的主要原因之一。因此空气除菌是好氧培养过程中的一个重要环节。

4.5.1 空气除菌方法

空气除菌的方法较多,如辐射杀菌、加热杀菌、静电除菌、过滤除菌等。

过滤除菌是发酵工业生产中最常用、最经济的空气除菌方法,下面将进行详细介绍。

4.5.2 空气过滤除菌

空气过滤除菌是采用定期灭菌的介质来阻截流过的空气中所含微生物而制得无菌压缩空气。常用的过滤介质有棉花、活性炭、玻璃纤维、有机合成纤维、有机或无机烧结材料等。

4.5.2.1 对空气过滤除菌流程的要求

空气过滤除菌的一般流程及相应的设备为:前置空气过滤器进行粗滤→空压机升压→一级冷凝器对压缩空气降温→二级甚至多级冷凝器降温除水、除油→空气加热器降低湿度→空气储罐稳压→空气过滤器除菌→无菌空气进入发酵罐。

具体空气过滤除菌流程的制定应根据发酵特点、所在的地理环境、气候条件综合考虑。如在环境污染比较严重的地方,要考虑改变吸风的条件,以降低过滤器的负荷,一般每升高10m,大气中微生物的量下降一个数量级;在温暖潮湿的南方,要加强流程中的除水设施,确保过滤器干燥以发挥最大除菌效率;在压缩机耗油严重的设备流程中则要尽可能消除油的影响,也可采用无油润滑的往复式压缩机来克服。

空气被压缩时会放出热量而使温度升高,高温空气冷却将析出大量的冷凝水,必须将其除去,否则带入过滤器将会严重影响过滤效果。冷却与除水除油的措施,可根据各地环境气候条件而改变,通常要求压缩空气的相对湿度 φ 为50%~60%时通过过滤器为好。

4.5.2.2 空气除菌流程的分析

发酵工厂所使用的空气除菌流程,随各地的气候条件不同而有很大差别。

要保持过滤器有比较高的过滤效率,应维持一定的气流速度和不受油、水的干扰。气流速度可由操作来控制。要保持不受油、水干扰则要有一系列冷却、分离、加热的设备来保证空气的相对湿度在50%~60%的条件下过滤。下面介绍典型的空气除菌设备流程。

图4-11所示为压缩空气两级冷却析水(对于含油的空气压缩机还可以除油)、加热过滤除菌流程。这是一个比较完善的空气过滤除菌流程,能充分地冷却并进行空气和冷凝水的分离,使空气达到合理温度和低的相对湿度后进入过滤器,以提高过滤效率。该流程的特点是两次冷却、两次分离、适当加热。两次冷却、两次分离的好处是能有效地控制压缩空气的

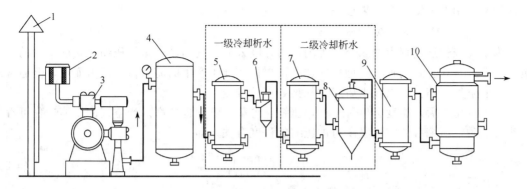

图 4-11　两级冷却析水、加热过滤除菌流程

1—吸风塔；2—粗过滤器；3—空压机；4—贮罐；5,7—冷却器；6—旋风分离器；

8—丝网分离器；9—加热器；10—过滤器

温度和相对湿度，几乎适用于各种气候条件的不同地区。经第一次冷却器冷却后，大部分的水都已结成较大的雾粒，适宜于旋风分离器分离。第二次冷却使空气进一步冷却后析出一部分较小雾粒，宜采用丝网分离器分离，这样发挥丝网能够分离较小直径的微粒和分离效果高的作用。通常，第一级冷却到 30~35℃，第二级冷却到 20~25℃。除水后，空气的相对湿度仍是 100%，须用加热器加热，将空气中的相对湿度降低至 50%~60%，以保证过滤介质的干燥及过滤器的正常运行。作为压缩空气的标准处理流程，该工艺尤其适用于南方潮湿地区。而对于其他地区，可根据当地的气候条件，对该工艺流程中的设备作适当的增减。例如，对于中等湿含量的地区，可以将二级冷却设备删减，成为一次冷却和析水的空气过滤流程；对于北方和内陆气候干燥地区，可只保留一级冷却设备即可，成为将空气冷却至露点以上的简单流程。

此外，从节能角度考虑，对于中等湿含量的地区，还可采用一次冷却、冷热空气直接混合式的空气过滤除菌流程，即将图 4-11 中的第一次冷却后的旋风分离器直接换成丝网分离器，删去第二级冷却及析水分离设备，并将空气再加热设备改成冷、热空气直接混合的装置，以便利用压缩后的部分热空气直接加热一级冷却析水后的冷空气，达到过滤除菌空气所需的温度和相对湿度的要求，热能利用比较合理。当然，也可将空气再加热设备改成空气热交换器，以便将压缩后的部分热空气通过热交换器与冷却后的冷空气进行热交换，也是一种比较好的节能方式，在中等湿含量的地区有较好的实用价值。

总之，要满足好氧发酵对无菌空气的要求，必须保障以下条件，即空气无菌、温度和相对湿度合适，并具有一定的压力。因此，空气过滤除菌流程一般包括：从高位吸风塔将吸入的空气经粗过滤后进入空气压缩机，空压机压缩后的热空气温度很高，必须进行冷却析水和再加热处理，才能通过空气过滤器除菌，得到合乎要求的无菌空气。因此，空气预处理是保证过滤器效率能否正常发挥的重要部分。

4.5.3　空气预处理

4.5.3.1　外源空气的前过程

提高空气压缩前的洁净度对于后续空气过滤除菌十分重要，其主要措施有：提高空气吸气口的位置和加强吸入空气的前过滤。为了保护空气压缩机，常在空气吸入口处设置粗过滤器（也称前置过滤器），以滤去空气中颗粒较大的尘埃，减少进入空气压缩机的灰尘和微生物含量，以减小压缩机的磨损和主过滤器的负荷，提高除菌空气的效率和质量。对于这种前置过滤器，要求过滤效率高，阻力小，否则会增加压缩机的吸入负荷和降低压缩机的排气量。通常采用的过滤器有布袋过滤器、填料过滤器等。

4.5.3.2 空气压缩及压缩空气的冷却

为了克服输送过程中过滤介质等的阻力，吸入的空气须经空压机压缩。目前常用的空压机有涡轮式与往复式两种，其型号的选择可根据实际生产中的需气量及压力而定，但通常采用无油的空气压缩机，以减少后续空气预处理的难度。

空气经压缩后，温度会显著上升，压缩比愈高，温度也愈高。当空气的压缩过程可看作绝热过程时，压缩后的空气温度与被压缩的程度有关，即

$$T_2 = T_1 \left(\frac{p_2}{p_1}\right)^{\frac{k-1}{k}} \tag{4-20}$$

式中　T_1，T_2——压缩前后空气的热力学温度，K；

　　　p_1，p_2——压缩前后空气的绝对压力，Pa；

　　　k——绝热指数，空气为 1.4。若压缩为多变过程，则可用多变指数 m（对于空气 $m = 1.2 \sim 1.3$）代替绝热指数 k。

【例 4-1】　20℃的大气被压缩至表压 2.5kg/cm² 时温度是多少？

解：$T_1 = 20 + 273 = 293\text{K}$

$$\frac{p_2}{p_1} = \frac{2.5 + 1.033}{1.033} = 3.42$$

$$m = 1.3$$

$$T_2 = T_1 \left(\frac{p_2}{p_1}\right)^{\frac{m-1}{m}} = 293 \times 3.42^{\frac{0.3}{1.3}} \text{K} = 389\text{K}$$

所以，$t_2 = 389℃ - 273℃ = 116℃$。

若将高温压缩空气直接通入空气过滤器，可能引起过滤介质的炭化或燃烧，而且增大发酵罐的降温负荷，给发酵温度的控制带来困难，导致菌种损伤。因此要将压缩后的热空气降温后才能使用。通常根据需要设置一级或多级冷凝器使压缩空气降温。

4.5.3.3 压缩空气冷却后的除水、除油

经冷却降温后的压缩空气相对湿度增大，会析出水来，致使过滤介质受潮失效。因此压缩后的湿空气要除水。若压缩空气是由含油压缩机制得，会不可避免地夹带润滑油，故除水的同时尚需进行除油。

所处理的湿空气是干空气与水蒸气的混合物，湿空气的析水要随温度、压力等物理因素的变化而变化，因此，必须了解湿空气的有关物理性质及其相互关系。

（1）几个与湿空气相关的重要概念

① 空气的绝对湿度：1m³ 湿空气中含有水蒸气的绝对量（kg）称为空气的绝对湿度。

② 空气的相对湿度（φ）：空气的绝对湿度与同温度下饱和绝对湿度的比值或者空气中水蒸气分压与同温度时的饱和水蒸气压的比值，称为空气的相对湿度。

$$\varphi = \frac{p_w}{p_s} \tag{4-21}$$

式中　p_w——空气中水蒸气分压，Pa；

　　　p_s——同温度下水的饱和蒸气压，Pa，可由各类手册中查到。

③ 空气的湿含量（x）：1kg 干空气中含有的水汽量（kg/kg干空气），称为空气的湿含量。

设 $G_g$kg 干空气中含 $G_w$kg 水蒸气时，则

$$x = \frac{G_w}{G_g} \tag{4-22}$$

又
$$\frac{p_w}{p_g} = \frac{N_w}{N_g} = \frac{G_w}{G_g} \times \frac{M_g}{M_w} \tag{4-23}$$

所以
$$x = \frac{p_w}{p_g} \times \frac{M_w}{M_g} = \frac{18}{28.94} \times \frac{p_w}{p_g} = 0.622 \frac{p_w}{p_g} = 0.622 \frac{p_w}{p - p_w} \tag{4-24}$$

式中　M_w，M_g——分别为水和空气的相对分子质量，p 为湿空气总压力，Pa。$p = p_w + p_g$。

（2）φ 与 X 的关系　将式（4-21）代入式（4-24）中得

$$x = 0.622 \frac{\varphi p_s}{p - \varphi p_s} \tag{4-25}$$

所以，已知某一温度 T 时的 φ 值，便可求得 x。

① 当 x 一定时，$T_1 \rightarrow T_2$，导致 $\varphi_1 \rightarrow \varphi_2$，则

$$x_1 = 0.622 \frac{\varphi_1 p_{s1}}{p_1 - \varphi_1 p_{s1}}$$

$$x_2 = 0.622 \frac{\varphi_2 p_{s2}}{p_2 - \varphi_{12} p_{s2}}$$

由于 $x_1 = x_2$，$0.622 \dfrac{\varphi_1 p_{s1}}{p_1 - \varphi_1 p_{s1}} = 0.622 \dfrac{\varphi_2 p_{s2}}{p_2 - \varphi_2 p_{s2}}$

所以
$$\varphi_2 = \varphi_1 \frac{p_{s1}}{p_{s2}} \times \frac{p_2}{p_1} \tag{4-26}$$

② 当 x 发生变化，即有水析出时，x 降低，此时 $\varphi_2 = 100\%$，

当 $\varphi = 1$ 时，空气中水蒸气已饱和，此时温度称为露点 T_d。当 $T < T_d$ 时，有水析出，x 降低。

当 $\Delta x = 0$ 时，在压缩过程中，随着 T 升高，p_s 升高，p 升高，φ 降低；在降温过程中，随着 T 降低，p_s 降低，p 一定，φ 升高。

（3）空气的再加热和稳压　压缩空气冷却至一定温度，除去油水后，空气的相对湿度会达到 100%，若不再加热升温，只要温度稍有降低，便会再度析出水分，使过滤介质受潮而丧失过滤效能。所以，必须将冷却除水后的压缩空气加热到一定温度，以降低相对湿度。压缩空气加热温度的选择对保证过滤器的除菌效率很重要。一般而言，冷凝后的温度与再升温后的温度相差在 $10 \sim 15\text{℃}$ 左右，即能保证相对湿度降至 $50\% \sim 60\%$，满足进入过滤器的要求。

设析出水后，在升温阶段 $\Delta x = 0$，根据式 4-27 可以求出析水后应升温到多少度才能满足相对湿度保持 $50\% \sim 60\%$。

由于压缩机出来的空气是脉冲式的，在过滤器前需要安装一个空气储罐来消除压力脉冲，维持罐压的稳定，以保持发酵过程中通气量的控制。空气储罐的作用除稳定压力外，还可使空气中的剩余液滴在罐内沉降除去。

4.5.4　空气预处理流程设计

空气预处理流程设计的简繁关键在于去湿问题，下面以几道例题给出空气预处理流程设计的应用实例。

【例 4-2】　温度 20℃，$\varphi = 85\%$ 的空气，当压缩至 2.0kg/cm^2 时，温度为 120℃，求此时空气相对湿度是多少？若在压力不变的情况下将温度冷却至 40℃ 后，相对湿度又是多少？

已知：20℃ 时，$p_{s1} = 0.0238 \text{kg/cm}^2$；$120\text{℃}$ 时，$p_{s2} = 2.025 \text{kg/cm}^2$；$40\text{℃}$ 时，$p_{s3} = 0.0752 \text{kg/cm}^2$

解：120℃ 时，相对湿度为

$$\varphi_2 = \varphi_1 \frac{p_{s1}}{p_{s2}} \times \frac{p_2}{p_1} = 85\% \times \frac{0.0238}{2.025} \times \frac{3.033}{1.033} = 2.93\%$$

40℃时，相对湿度为

$$\varphi_3 = \varphi_2 \frac{p_{s2}}{p_{s3}} \times \frac{p_3}{p_2} = 0.0293 \times \frac{2.025}{0.0752} = 78.9\%$$

【例 4-3】 若将例 4-2 中空气继续冷却，至水析出，求露点 t_d？（假定压力不变）

解：已知 $\varphi_4 = 100\%$，x 一定，p 一定

由

$$\varphi_4 = \varphi_3 \frac{p_{s3}}{p_{s4}} \times \frac{p_4}{p_3} = \varphi_3 \frac{p_{s3}}{p_{s4}}$$

所以

$$p_{s4} = \varphi_3 \frac{p_{s3}}{\varphi_4} = 78.9\% \times \frac{0.0752}{1} = 0.059 \text{kg/cm}^2$$

查蒸汽压表，0.059kg/cm^2 饱和蒸汽压对应温度 $t_d = 35℃$。

所以，当 $t < 35℃$，继续冷却时，有水析出。

【例 4-4】 若将例 4-3 中的空气冷却至 28℃（压力不变），求其湿含量为多少？并求每千克干空气将析出多少水分？（已知：28℃时，$p_{s5} = 0.0385 \text{kg/cm}^2$）

解：$x_5 = 0.622 \frac{\varphi_5 p_{s5}}{p - \varphi_5 p_{s5}} = 0.622 \times \frac{1 \times 0.0385}{3.033 - 0.0385} = 0.0080 \text{kg}_{水汽}/\text{kg}_{干空气}$

而最初

$$x_1 = 0.622 \frac{\varphi_1 p_{s1}}{p - \varphi_1 p_{s1}} = 0.622 \times \frac{0.85 \times 0.0238}{1.033 - 0.85 \times 0.0238} = 0.0124 \text{kg}_{水汽}/\text{kg}_{干空气}$$

所以，每公斤干空气将析出水分 $\Delta x = x_1 - x_5 = 0.0124 - 0.0080 = 0.0044 \text{kg}$。

若将例 4-4 中冷却至 28℃ 的压缩空气送入空气过滤器，将会因有水滴析出而使过滤介质的性能受到影响，所以需要经升温（加热）处理，将 φ 调至 50%～60% 较宜。

【例 4-5】 若将例 4-4 中空气加热至 38 ℃时，求其 φ_6？（38℃时，$p_{s6} = 0.0675 \text{kg/cm}^2$）

解：升温时 x 不变，$\varphi_5 \to \varphi_6$ 时 φ 值下降

$$\varphi_6 = \varphi_5 \frac{p_{s5}}{p_{s6}} \times \frac{p_6}{p_5} = 100\% \times \frac{0.0385}{0.0675} = 57.0\%$$

也可根据 $x_6 = x_5 = 0.0080$ 不变，由 $x = 0.622 \frac{\varphi p_s}{p - \varphi p_s}$ 得

$$\varphi_6 = \frac{p}{p_{s6}} \times \frac{x_6}{0.622 + x_6} = \frac{3.033}{0.0675} \times \frac{0.0080}{0.622 + 0.0080} = 57.0\%$$

因此，升温后的空气可进入总过滤器。

应注意的是，由于析出的水不可能全部被除去，所以加热后的实际 φ 值比理论计算值要高些，最后进入罐中的空气应与发酵温度相近，不使水分损失。

4.5.5 空气过滤介质

目前，用于发酵过程中空气过滤的介质有纤维状物或颗粒状物，包括过滤纸、微孔滤膜、金属或陶瓷烧结器等类型。

4.5.6 提高过滤除菌效率的措施

由于目前所采用的过滤介质均需要在干燥条件下才能进行除菌，因此，需要围绕介质来提高除菌效率。提高除菌效率的主要措施有以下几种。

① 减少进口空气的含菌数量。具体方法有：正确选择进风口，压缩空气站应设在上风向；提高进口空气的采气位置，减少菌数和尘埃数；对压缩前的空气采用粗过滤预处理。

② 设计和安装合理的空气过滤器，选用除菌效率高的过滤介质。

③ 针对不同地区，设计合理的空气预处理工艺流程，以达到除油、水和杂质的目的。

④ 降低进入空气过滤器的空气相对湿度，保证过滤介质能在干燥状态下工作，主要方法有：使用无油润滑的空气压缩机；加强空气冷却和去油、水；适当提高进入过滤器的空气温度，降低其相对湿度。

⑤ 稳定压缩空气的压力，采用合适容量的贮气罐。

5　发酵工业的种子制备

现代发酵工业生产呈现两大显著特点，一方面，高附加值的基因工程菌发酵规模小、产值高；另一方面，更多的是对于大宗量化学品发酵，其规模越来越大，每只发酵罐的容积有几十立方米甚至几百立方米。对于规模化的发酵，若按5％～10％的接种量计算，就要接入几立方米到几十立方米的种子。单靠试管或摇瓶里的少量种子直接接入发酵生产罐不可能达到必需的种子数量要求，必须从试管保藏的微生物菌种逐级扩大为发酵生产使用的种子。不仅如此，作为发酵工业的种子，其质量是决定发酵成败的关键，只有将数量多、代谢旺盛、活力强的种子接入发酵生产罐中，才能实现缩短发酵时间、提高发酵效率和抗杂菌能力等目标。所以，发酵工业的种子制备非常重要，其目的就是要为每次工业规模的发酵生产提供相当数量的代谢旺盛的种子。

对于大容积的发酵而言，要获得足够数量的代谢旺盛的种子，就必须将微生物菌种从保藏试管中逐级扩大培养。种子扩大的级数是指制备种子需逐级扩大培养的次数，这要根据菌体的生长繁殖速率、孢子发芽速率以及发酵罐的容积综合确定。对于生长快的微生物菌体，其种子用量相对就少，即需要的接种量少，所以相应的种子扩大的级数就少。如抗生素生产中，放线菌的细胞生长繁殖速率较慢，常用三级种子扩大培养，即将种子罐中的菌丝移植到较大的种子罐中扩大培养后，再移入发酵罐中，这一过程称为四级发酵。一般50t发酵罐多采用三级发酵，有的也采用四级发酵，如链霉素的生产。有些酶制剂发酵生产也采用三级发酵，而谷氨酸等氨基酸发酵所用的菌种是细菌，生长繁殖速率很快，通常采用二级发酵。

5.1　种子制备原理与技术

种子培养（seed culture）是指将冷冻干燥管、沙土管中处于休眠状态的工业菌种接入试管斜面活化后，再经过摇瓶及种子罐逐级扩大培养而获得一定数量和质量的纯种的过程。这种纯培养物称为种子。

从保藏在试管中的微生物菌种逐级扩大为生产用种子，是一个由实验室制备到车间生产的过程，其生产方法与条件随不同的发酵品种和菌种种类而异。因此种子扩大培养应根据菌种的生理特性，选择合适的培养条件来获得代谢旺盛、数量足够的种子。优良的种子可以缩短生产周期、稳定产量、提高发酵效率和设备利用率。

5.1.1　优良种子应具备的条件

种子的优劣对发酵生产起着关键作用。因此，作为种子应具备以下条件。

① 菌种细胞的生长活力强，转种至发酵罐后能迅速生长，延迟期短。

② 菌种生理状态稳定，如菌丝形态、菌丝生长速率和种子培养液的特性等符合要求。

③ 菌体浓度及总量能满足大容量发酵罐接种量的要求。

④ 无杂菌污染，保证纯种发酵。

⑤ 菌种适应性强，能保持稳定的生产能力。

5.1.2　种子质量的判断方法

由于种子在种子罐中的培养时间较短，可供分析的参数较少，使种子的内在质量难以控制。为了保证各级种子移种前的质量，除了规定的培养条件外，在培养过程中还要定期取样测定一些参数来了解基质的代谢变化和菌丝形态等是否正常，以确保种子的质量。在发酵生产过程中通常测定的参数有以下几种。

① 检测种子培养液的 pH 是否在种子要求的范围之内。

② 检测种子培养液中的糖、氨基氮、磷酸盐的含量。

③ 检查种子培养液中菌丝形态、菌丝浓度和培养液外观（色泽、气味、浑浊度、颗粒等）。

④ 检查有无杂菌污染。

⑤ 其他参数，如接种前某些酶的活力、种子罐的溶氧和尾气等。

例如，在阿维菌素的发酵过程中引入尾气分析来控制种子的质量。在典型的种子培养过程中，根据参数变化可以将整个过程分为两个阶段。第一阶段是在 25h 之前，属于种子萌发阶段。这个阶段的特征是大量的营养物质被摄入胞内，但菌体的生长繁殖较少，所以以尾气信号接近于零，但根据离线数据计算得到的胞外还原糖与氨基氮的变化速率则出现高峰。可以推知这一阶段主要是胞内含物增加。第二阶段约在 25h 之后，尾气信号 CO_2 释放速率（CER）、摄氧率（OUR）以及呼吸商（RQ）都出现快速增长的趋势，此时镜检观察到的菌体数量大增，在这一阶段出现了代谢的特征变化，最值得注意的是 RQ 与 pH 的相关变化。RQ 出现了由一个平稳态向另一个平稳态过渡的过程，与之伴随的是 pH 变化趋势的逆转和菌丝形态上的变化。这些变化都是特征性的，它们与各项在线参数的变化特征，可以作为及时判断种子生长情况的指标。

5.1.3 种子制备

种子制备的过程大致可分为以下几个步骤。

① 将砂土管或冷冻干燥管中的种子接种到斜面培养基中进行活化培养。

② 将生长良好的斜面孢子或菌丝转种到扁瓶固体培养基或摇瓶液体培养基中扩大培养，完成实验室种子制备。

③ 将扩大培养的孢子或菌丝体接种到一级种子罐，制备生产用种子。如果需要，可将一级种子再转种至二级种子罐进行扩大培养，完成生产车间种子制备。

④ 制备好的种子转种至发酵罐进行发酵。

从工业发酵的角度来说，种子的制备分成两个阶段：实验室种子制备阶段和生产车间种子制备阶段。其中实验室种子制备阶段包括琼脂斜面、固体培养基扩大培养或摇瓶液体培养。生产车间种子制备阶段包括种子罐扩大培养。总的工艺流程如图 5-1 所示。

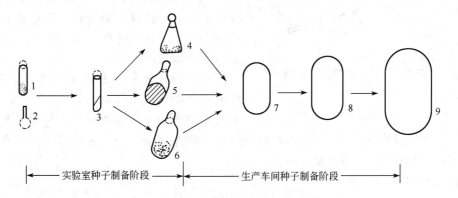

图 5-1　种子扩大培养流程

1—砂土种子；2—冷冻干燥种子；3—斜面种子；4—摇瓶液体种子；5—茄子瓶斜面种子；
6—固体培养基培养；7,8—种子罐培养；9—发酵罐

（1）实验室的种子制备　保藏在砂土管或冷冻管中的菌种，经无菌操作接入合适的培养

基将菌种活化。对于产孢子能力强及孢子发芽、生长繁殖迅速的菌种可以采用固体培养基培养孢子，孢子可以直接作为种子罐的种子，这样操作简便，不易污染。对于产孢子能力不强或孢子发芽慢的菌种，可以采用摇瓶液体培养法，将孢子接入含液体种子培养基的摇瓶中，恒温振荡培养，获得的菌丝即可作为种子。对于不产孢子的菌种，生产上一般采用斜面营养细胞保藏法保藏，使用时在一定温度下活化后，即可移入三角瓶液体培养基中，再在一定条件下培养一段时间后就可作为种子罐的种子。

（2）生产车间种子的制备　孢子或摇瓶菌丝种子在实验室中制备好后，可移种至种子罐进行扩大培养。种子罐的培养基虽因不同菌种而异，但其原则是采用易被生产菌种利用的营养成分如葡萄糖、玉米浆、无机盐等，同时还需向种子罐提供足够的无菌空气以保证氧的需求，并不断搅拌，使菌丝体在培养液中均匀分布，以充分利用营养物质和氧气。

种子罐的作用是使有限数量的孢子或菌丝生长繁殖成大量的菌丝体。种子罐的级数是指制备种子需逐级扩大培养的次数。一般根据菌种生长特性、孢子发芽和繁殖速度以及所采用的发酵罐容积来确定。对于生长快的菌种，种子用量少，种子罐相应也少；生长较慢的菌种，种子罐的级数就多。生长快的菌种如谷氨酸棒杆菌，一般采用一级种子二级发酵；生长慢的菌种如青霉菌，一般采用二级种子三级发酵；生长更慢的菌种如灰色链霉菌，一般采用三级种子四级发酵。总的来说，种子罐级数越少，越有利于简化工艺和生产控制，并减少由于多次转种而带来的染菌机会以及减少因种子罐生长异常而造成的发酵波动。但是，并非种子罐级数越少越好，必须考虑能否在一定时间内获得优质、足量的种子以满足发酵的需求。

5.1.4　种龄与接种量

5.1.4.1　种龄

种龄是指种子的培养时间。接种龄（seed age）是指种子罐中培养的菌丝体转入下一级种子罐或发酵罐时的培养时间。在种子罐中，随着培养时间的延长，菌丝量增加，同时基质不断消耗，代谢产物不断积累，直至菌丝量不再增加，菌体趋于老化。种龄过老或过嫩，都会降低产量。因此，选择适当的接种龄十分必要。一般情况下，接种龄以处于生命力旺盛的对数生长期的菌丝最为合适。过老的种子，虽然菌丝量多，但菌体老化，接入发酵罐后菌体容易出现自溶，不利于发酵产量的提高；过于年轻的种子接入发酵罐后，往往会导致延迟期增长，并使整个发酵周期延长、产物形成时间延迟，甚至会因菌丝量过少，导致发酵异常。

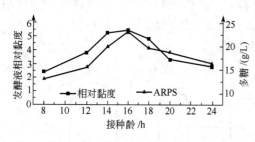

图 5-2　接种龄对多糖产量的影响

不同菌种或同一菌种在不同工艺条件下，其接种龄不同。一般要经过多次实验，根据产物的产量来确定最适接种龄。图 5-2 显示的是在放射形土壤杆菌多糖（ARPS）发酵过程中不同的接种龄对多糖产量的影响，从图中可以看出，接种龄约为 16h 多糖产量最高。

5.1.4.2　接种量

接种量（seed volume）是指移入的种子液体积和接种后培养液体积的比例。接种量的大小取决于生产菌种在发酵罐中的繁殖速度。采用较大的接种量可以缩短发酵罐中菌丝繁殖到达高峰的时间，使产物的合成期提前到来，因为种子液中含有大量的体外水解酶类，有利于基质的利用，能促进菌体快速生长。同时种子量多，使生产菌迅速占据了整个培养环境，成为优势菌，减少了杂菌生长的机会。但是如果接种量过多，菌丝往往生长过快、培养液黏度增加，造成溶解氧不足，衰老细胞增加，发酵后劲不足，影响产物的合成。采用过少接种量则会延长发酵周期，形成异常形态，而且易造成染菌。一般说来，接种量和培养物生长过程的延迟期长短成反比。但值得注意的是接种量并非越多越好，因为种子培养费时费力，而且还会过多地移入代谢废物，反而会影响正常发酵。

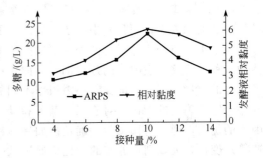

图 5-3　接种量对多糖产量的影响

在抗生素工业中，大多数抗生素发酵的最适接种量为 7%～15%，有时可以增加至 20%～25%。氨基酸、有机酸、溶剂发酵接种量一般为 1%～5%。图 5-3 显示的是在放射形土壤杆菌多糖（ARPS）发酵过程中不同的接种量对多糖产量的影响，从图中可以看出，接种量约为 10% 时多糖产量最高。

5.2　影响种子质量的因素

种子质量受很多因素的影响，概括起来主要有以下几方面。

（1）原材料质量　生产过程中经常出现种子质量不稳定的现象，其主要原因在于原材料质量波动。例如在四环素、土霉素生产中，配制产孢子斜面培养基用的麸皮因小麦产地、品种、加工方法及用量的不同，对孢子质量的影响也不同。制备霉菌用的大（小）米，其产地、颗粒大小、均匀程度不同，孢子质量也不同。蛋白胨加工原料不同如鱼胨或骨胨对孢子质量影响也不同。

造成原材料质量波动的主要原因是其中无机离子含量不同，如微量元素 Mg^{2+}、Cu^{2+}、Ba^{2+} 能刺激孢子的形成，磷含量太多或太少也会影响孢子的质量。

（2）培养温度　温度对多数微生物的斜面孢子质量有显著影响。温度过低会导致菌种生长发育缓慢，温度过高会使菌丝过早自溶。如在制备土霉素生产种子过程中，在高于 37℃ 培养时，孢子接入发酵罐后表现出糖代谢变慢，氨基氮回升提前，菌丝过早自溶，效价降低等现象。一般各生产单位都严格控制孢子斜面的培养温度。

（3）湿度　斜面孢子培养基的湿度对孢子的数量和质量都有较大影响。湿度低，孢子生长快；湿度高，孢子生长慢。例如，制备土霉素生产菌种龟裂链霉菌孢子时发现，在北方气候干燥地区，孢子斜面长得较快，在含有少量水分的试管斜面培养基下部孢子长得较好，而斜面上部由于水分迅速蒸发呈干瘪状，孢子稀少。在气温高湿度大的地区，斜面孢子长得慢，主要是由于试管下部冷凝水多而不利于孢子的形成。

（4）通气与搅拌　在种子罐中培养的种子除保证供给易于利用的营养物质外，应有足够的通气量，以保证菌种代谢正常，提高种子的质量。例如，青霉素的生产菌种在制备过程中将通气充足和不足两种情况下得到的种子分别接入发酵罐内，它们的发酵单位可相差 1 倍。但也有例外，例如，在土霉素生产中，一级种子罐的通气量小对发酵有利。搅拌可以提高通气效果，促进微生物的生长繁殖，但是过度的搅拌导致培养液大量涌泡，液膜表面的酶易氧化变性。同时，泡沫过多容易增加染菌机会，也会增加发酵过程的能耗。此外，对于丝状真菌，一般不宜采用剧烈的搅拌。

（5）斜面冷藏时间　斜面冷藏时间对孢子的生产能力有较大影响，通常冷藏时间越长，生产能力下降越多。如土霉素生产菌种孢子斜面培养 4d 左右即于 4℃ 冰箱保存，发现冷藏 7～8d 菌体细胞开始自溶；而培养 5d 以后冷藏，20d 未发现自溶。例如，在链霉素生产中，斜面孢子在 6℃冷藏两个月后的发酵单位比冷藏一个月的降低 18%，冷藏 3 个月后降低了 35%。

（6）培养基　一般来说，种子罐是培养菌体的，培养基的糖分要少而对微生物生长起主导作用的氮源要多，而且其中无机氮源所占的比例要大些。但是种子罐和发酵罐的培养基成分相同，也有益处，这样可使处于对数生长期的菌种移植在适宜的环境发酵，可以大大缩短菌种从种子罐移至发酵罐的延迟期。因此，种子罐与发酵罐的培养基成分趋于一致较好，但各成分的数量（即原料配比）还需根据不同的培养目的分别确定。任何生产所用培养基都没有一个完全确定的配比，对于某一菌种和具体设备条件来说，最适宜的配比完全应该进行多因素的优选，通过对比试验去确定。如果菌种的特性或设备条件（如罐型、搅拌的形式和转速等）变化较大，则培养基的配比应通过试验相应地变化。只有培养基各成分的关系选得比较恰当，才能最大地发挥菌种的特性，提高发酵产量。

（7）pH　各种微生物都有自己生长和合成酶的最适 pH，为了达到微生物的大量繁殖和酶合成的目的，培养基必须保持适宜的 pH。选择最适种子培养 pH 的原则是获得最大比生长速率和适当的菌量，以获得最高产量。此外，培养最后一级种子的培养基的 pH 应接近于发酵培养基的 pH，以便种子能尽快适应新的环境。

5.3　种子质量的控制措施

种子质量的最终考查指标是其在发酵罐中所表现出来的生产能力。因此，保证种子质量首先要确保菌种的稳定性，其次是提供种子培养的适宜环境，保证无杂菌侵入，以获得优良种子。

5.3.1　菌种稳定性检查

要保持菌种稳定的生产能力，需要定期考察和挑选菌种，对菌种进行自然分离，摇瓶发酵，测定其生产能力，从中挑选高产菌株，并及时对退化菌种进行复壮。

5.3.2　适宜的生长环境

确保菌种在适宜的条件下生长繁殖，包括营养丰富的培养基、适宜的培养温度和湿度、合理的通气量等。

5.3.3　种子无杂菌检查

种子无杂菌是纯种发酵的保证，因此在种子制备过程中每一步移种均需要进行无菌检查，并对种子液进行生化分析。无菌检查是判断杂菌的主要依据，通常是采用种子液的显微镜观察和无菌试验相结合。其中，种子液生化分析项目主要是测定其营养基质的消耗速度、pH 变化、溶氧变化、色泽和气味等。

5.4　种子制备的放大原理与技术

5.4.1　细菌发酵时的种子扩大培养

细菌发酵过程中种子扩大培养的主要目的是为了获得大量的活力强的种子，以便在发酵罐的发酵培养过程中尽可能地缩短延迟期。延迟期的长短受到种子的接种量、接种龄及其生理条件的影响。所以，种子最好是在其对数生长期接种，因为这时种子的浓度达到一定的水平，且微生物细胞具有较强的代谢活力。种龄对于能生成芽孢的种子尤其重要，因为芽孢是在对数生长期后期开始形成的，如果接种物中含有很大比例的芽孢，将给随后的发酵带来较长的延迟期。表 5-1 和表 5-2 分别为用枯草杆菌生产杆菌肽发酵时和用梭状芽孢杆菌进行丁醇丙酮发酵时种子扩大培养的程序。

表 5-1　用枯草杆菌生产杆菌肽发酵时种子扩大培养的程序

级　数	培　养　条　件	培　养　时　间
1	保藏菌种接种到 4L 摇瓶中	18～24h
2	一级培养物接种到 750L 发酵罐中	6h
3	750L 培养物接种到 6000L 发酵罐中	培养到形成最大生物量时
4	6000L 培养物接种到 12000L 生产发酵罐中	培养到形成最大生物量时

　　Keay 等报道用嗜热芽孢杆菌生产蛋白酶时，使用处于对数生长期的种子，接种量 5%，取得了较好的效果。Aunstrup 描述了枯草杆菌生产蛋白酶的二级扩大接种物的程序：菌种在固体或液体培养基中生长 1～2d，然后接种入种子罐中，在进入种子罐经过约十个世代的繁殖后就进入生产期。Underkofler 强调在细菌产酶的生产时，将接种物的培养基的组成和培养条件与生产发酵过程一致，并采用大接种量，可以使生产发酵器中的滞后期完全消除。

　　梭状芽孢杆菌进行丁醇丙酮发酵可以作为一个厌氧细菌发酵种子扩大培养的例子。Beech 报道了梭状芽孢杆菌种子扩大培养的程序，见表 5-2。

表 5-2　用梭状芽孢杆菌进行丁醇丙酮发酵时种子扩大培养的程序

级数	培　养　条　件	培　养　基
1	保藏的菌种接种后培养 24h	马铃薯葡萄糖肉汤
2	1 级的培养物接种入 600mL 培养基中培养 20～24h	糖 4%,$(NH_4)_2SO_4$ 5%,$CaCO_3$ 6%,P_2O_5 0.2%(以磷酸盐形式提供)
3	90mL 2 级的培养物接种入含有 3000mL 培养基的 4000mL 三角烧瓶中	同 2 级
4	3 级的培养物接种入 25000L 发酵罐中	糖为 6%,其余同 2 级
5	4 级的培养物接种入 300000～500000L 发酵罐中,接种量为 0.5%～3%	同 4 级,发酵过程中补充氨水

5.4.2　酵母发酵时的种子扩大培养

　　利用酵母进行工业发酵中最普遍的是啤酒酿造和产生单细胞蛋白，其中产量最大的是面包酵母。

5.4.2.1　酿酒酵母的扩大培养

　　Hansen 等人最初采用纯种进行酵母发酵并设计出酵母繁殖流程，他将每一步的接种量规定为 10%，并将繁殖条件控制得与酿造时一致。但在现代的流程中，采用的接种量为 1%或更低，控制的条件也与酿造时不同。Curtis 和 Clark 曾报道了一个 2 级系统，从单菌落经摇瓶培养繁殖后作为接种物，并可以进行半连续培养。Thorne 采用是一个 1.5L 和一个 150L 发酵罐相互连接。小罐中盛以麦芽汁，灭菌后冷却，将摇瓶中培养的接种物接种入小罐中，通气培养，经 3～4d 后利用空气压力将培养液压入较大的发酵罐中。在该容器中预先盛有经灭菌冷却后的麦芽汁，通气培养。将 150L 接种后并经混合的麦芽汁压到小罐中一部分。大罐培养 3～4d 后，当有适当浓度的细胞后，移入 1000L 发酵罐中。此时，在小罐中的培养物也可作为种子接种入另一个 2 级发酵罐中。

5.4.2.2　面包酵母的扩大培养

　　工业上生产面包酵母的过程中，需经过许多级数的扩大培养，虽然在其生产过程中没有严格的无菌要求，但在初始的种子培养时要采用纯种培养，使早期生长时的染杂菌机会降到最低限度。工业上生产面包酵母时的种子扩大培养程序如图 5-4 所示。

　　Reed 和 Peppler 曾报道过面包酵母生产过程中的接种物扩大过程，扩大过程分成五步，第一步和第二步是在无菌条件下进行，不通气，也不补料。其他几步则在敞开的容器中进行。他们认为装备小容器是不经济的。

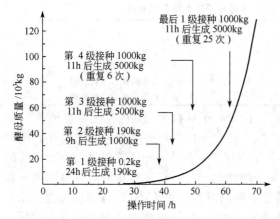

图 5-4　工业生产面包酵母时种子扩大培养程序

图中标注：
- 最后 1 级接种 1000kg 11h 后生成 5000kg（重复 25 次）
- 第 4 级接种 1000kg 11h 后生成 5000kg（重复 6 次）
- 第 3 级接种 1000kg 11h 后生成 5000kg
- 第 2 级接种 190kg 9h 后生成 1000kg
- 第 1 级接种 0.2kg 24h 后生成 190kg

纵轴：酵母质量 /10³kg
横轴：操作时间 /h

5.4.3　丝状真菌发酵的种子扩大培养

制备丝状真菌发酵的种子所包含的工作内容比细菌和酵母都多。丝状真菌既可以利用孢子，也可以利用菌丝体为接种物接种到发酵罐进行发酵。

5.4.3.1　利用孢子作为接种物

大多数工业上重要的丝状真菌，都能形成无性孢子，所以，在接种物扩大的程序中，通常是用孢子的悬浮液作为种子，以下三种基本操作技术可为接种物提供高浓度的孢子。

（1）在固化的培养基上产生孢子　大多数丝状真菌能在适当的琼脂培养基上产生孢子，但必须具有较大的面积，Paker 曾报道将"滚瓶"技术应用于产黄青霉的孢子生产上。300mL 含有 3% 琼脂的培养基置于 1L 圆柱形瓶中，灭菌后待冷到 45℃ 时置于滚动机上，使琼脂固定在瓶的内壁上，然后将少量孢子悬浮液接种于瓶壁，24℃ 培养 6～7d。Paker 主张在使用滚瓶时，可以用肉眼观察剔除一些菌种生长不佳的瓶子。在固化的培养基上产生孢子可在一个实验室操作的适当大小的容器中大面积供应产生孢子。

（2）在固体培养基上产生孢子　许多丝状真菌能在谷类的颗粒表面形成大量的孢子。如大麦、小麦、麸皮和玉米颗粒，适合于绝大多数丝状真菌作用产生孢子的底物。灭菌前谷类中的加水量和大气中相对湿度能十分明显地影响到真菌的产孢子能力，在产孢子时水分要尽量高。Singh 等曾经报道超曲霉的产孢子的方法：在一个 2.8L 弗氏烧瓶中放入 200g 去壳大麦粒和 100g 麸皮，在相对湿度 98% 时 28℃ 培养 6d，可产生 5×10^{11} 个分生孢子。这个产量是在罗氏瓶中 Sabourand 氏琼脂上培养同样时间产量的 5 倍，是 Difco 营养琼脂上产量的 5 倍。Vezina 等曾报道一批藻状菌纲（phycomycetes）、子囊菌纲（ascomycetes）、半知菌纲（deutermycetesj）能在谷类的颗粒上产生大量孢子。Sansing 和 Ciegtem 曾报道有些曲霉和青霉能在大块的小麦面包上产生大量的孢子。

（3）在液体深层培养基中产生孢子　有许多丝状真菌能在适量培养基中深层培养时产生孢子。以工业上灰黄霉素发酵时制备接种物的方法为例，Rhodes 等报道灰黄霉素产生菌展青霉（*Penicillium patulum*）形成沉没孢子的培养基见表 5-3。试验表明，在良好的通气条件下，培养基中含氮量在 0.05%～0.1%（体积浓度）之间时，可以产生大量的孢子。同时也证明了通气与氮水平之间的相互关系。在低通气量时，只有在含氮量较低时才能形成孢子。将上述培养基 600mL 置于 2L 摇瓶中，将 Czapek-Dox 琼脂上培养而得的孢子接入，25℃ 培养 7d，而产生的孢子悬浮液可按 10% 的接种量接种入生产罐发酵。种子繁殖和生产用的培养基见表 5-3。

表 5-3　展青霉产生沉没孢子的培养基

组　分	含　量	组　分	含　量
乳清粉（主要提供乳糖、氮）	4%	KCl	0.05%
KH_2PO_4	0.4%	玉米浆（干重，含 N 约 0.04%）	0.38%

5.4.3.2　用丝状真菌的菌丝体作为接种物

有些丝状真菌不能产生无性孢子，因此必须用繁殖体菌丝作为接种物，如用于工业上生产赤霉素的菌种——藤仓赤霉（*Gibberella fujikuroi*）就是这类真菌。Hansen 曾报道过赤霉素发酵中的接种物扩大的程序。菌种首先接种在土豆-葡萄糖琼脂斜面上，24℃培养一周，挑取三支斜面上的菌丝接种入盛有 4L 培养基的 9L 大玻璃瓶中，28℃通气培养 75h，然后转移到含有同样培养基的 100L 种子罐中。

利用繁殖体菌丝作为初级种子的主要问题是在于难以获得均一的接种物。为改进这一缺点，可以在接种前将菌丝用匀浆器打成碎片，形成大量的菌丝段，它具有大量的生长点。Worgan 详细报道了有关在较高级真菌沉淀培养时用本法制备接种物的技术。

此外，有些菌种制备种子时需要同时培养孢子和菌丝体。如利用高山被孢霉发酵生产花生四烯酸在种子制备时，首先采用产花生四烯酸的被孢霉保藏菌种经斜面活化长出孢子之后用无菌水洗下孢子制成孢子悬液；再按 100mL 种子培养基加 8～10mL 孢子悬液接种至种子培养基；最后在 10～20℃，摇床转速为 110～150r/min 条件下，培养 3～5d，得到菌丝体即可作为发酵生产用的种子培养物。

5.4.4 放线菌发酵时的种子扩大培养

在工业上具有巨大价值的放线菌往往能产生无性孢子，因此其种子的扩大培养都可通过斜面培养，制备孢子悬浮液作为初级种子。但也有很多是用培养摇瓶菌丝体作为初级种子，这主要根据各自的实践结果而定。

观察链霉菌种子罐中菌丝形态的变化有利于正确判断移种的时间，这是抗生素生产过程中的一项常用的、也是很有用的参数。

链霉菌菌种很容易退化，从斜面上可以直接观察到的现象主要有三个：一是在同样培养条件下孢子发灰，二是产生可溶性色素，三是菌落形态不纯。因此一定要进行常规的菌种选育工作，以确保有稳定高产的菌种进入生产罐发酵。

6 发酵动力学

微生物是发酵过程的主体，胞内有各种酶系，它摄取培养基中的养分后，通过体内特定的酶系进行复杂的生化反应，将底物转化成有用的发酵产品。微生物发酵过程中主要包含微生物生长、基质消耗和代谢产物生成等方面。其中微生物生长是关键。在各种不同的理化环境中生长的微生物，它们的生长代谢活动实际上是其对所处的理化环境的一种响应。发酵动力学是对微生物生长和产物形成过程的定量描述，它研究微生物生长、发酵产物合成、底物消耗之间的动态定量关系，确定微生物生长速率、发酵产物合成速率、底物消耗速率及其转化率等发酵动力学参数特征，以及各种理化因子对这些动力学参数的影响，并建立相应的发酵动力学过程的数学模型，从而达到认识发酵过程规律及优化发酵工艺、提高发酵产量和效率的目的。

发酵动力学的研究与发酵类型密切相关。根据前面的介绍，发酵类型按照是否需氧可分为好氧发酵、厌氧发酵和兼性厌氧发酵三大类型；按照培养基的类型又可分为固体发酵和液体发酵两大类。其中液体发酵又可分为浅层发酵和深层发酵，而深层发酵又可细分为分批发酵、补料分批发酵和连续发酵三大类型。液体深层发酵为目前发酵工业的主要类型，本章就以液体深层发酵为例，介绍其分批发酵动力学、补料分批发酵动力学和连续发酵动力学研究内容及其应用。

6.1 分批发酵动力学

微生物分批发酵动力学主要研究微生物在分批发酵过程中生长动力学、基质消耗动力学和代谢产物生成动力学。

6.1.1 微生物生长动力学

在生长过程中，微生物通过代谢活动将部分营养物质转变成微生物细胞的构成物质，表现为微生物细胞体积的增大。当生长到一定阶段，微生物细胞开始分裂、增殖，表现出细胞数量的增多。所以，微生物生长是指细胞体积的增大和细胞数目的增多。

分批发酵是一种准封闭培养的例子，是指一次性投料、接种直到发酵结束，此过程中发酵液始终留在发酵罐内。因此分批发酵过程属于典型的非稳态过程，随着发酵初期接入微生物细胞对培养环境的适应和生长，基质将逐渐消耗，代谢产物不断积累。分批发酵过程中，微生物生长通常要经历延滞期、对数生长期、衰减期、稳定期（静止期）和衰亡期五个时期，如图6-1所示。

延滞期是指在接种后一段时间内，微生物并未增殖、细胞数目几乎保持不变的一段时期。这是因为初期微生物接种后对生长环境有一个适应过程，这个时期的长短主要取决于种子的质量、接种量以及培养基营养成分的特性和浓度。一般来说，种子应采用处于对数生长期且达到一定浓度的微生物纯培养物，能相对耐受高渗透压和低CO_2分压的培养条件。在工业生产中，考

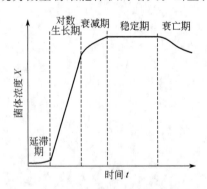

图 6-1 分批发酵时典型的微生物
生长动力学曲线

虑到发酵产率、成本以及避免染菌等原因，应当采取适当措施尽量缩短延滞期。

在分批发酵的微生物生长的第二个阶段，微生物的生长速率逐渐增加，逐渐达到最大生长速率，这个时期称为对数（或指数）生长期。由于在此封闭系统内所有发酵液不与外界交换，微生物生长特性通常以细胞浓度或细胞数量倍增所需要的时间来表示，根据定义，用式 (6-1)、式 (6-2)、式 (6-3) 定量描述。

$$\frac{\mathrm{d}X}{\mathrm{d}t} = \mu X \quad \text{或} \quad \frac{\mathrm{d}N}{\mathrm{d}t} = \mu_n N \tag{6-1}$$

对上式积分得

$$X_t = X_0 \mathrm{e}^{\mu t} \quad \text{或} \quad N_t = N_0 \mathrm{e}^{\mu_n t} \tag{6-2}$$

取自然对数，可得

$$\ln X_t = \ln X_0 + \mu t \quad \text{或} \quad \ln N_t = \ln N_0 + \mu_n t \tag{6-3}$$

式中，X 为微生物细胞浓度，g/L；N 为微生物细胞个数；X_0，X_t 为初始微生物浓度和经培养 t 时间后的微生物细胞浓度；N_0、N_t 为初始微生物细胞个数和经培养 t 时间后的微生物细胞个数；t 为生长时间；μ 为以细胞浓度表示的比生长速率；μ_n 为以细胞数量表示的比生长速率。

由式 (6-2) 表示的生长模型来看，微生物的生长是无限制的。但实际上，在分批培养中，微生物的生长会导致营养物耗尽，同时微生物分泌出代谢产物，这些都会明显影响微生物的继续生长。因此经过一段时间的发酵培养后，由于营养的限制，使微生物生长速率逐渐衰减，即微生物生长进入了衰减期，最终会出现微生物净生长速率为零，微生物进入静止期。衰亡期微生物生长停止，是由于发酵液中某些主要营养物耗尽所造成的底物限制，或某些对微生物有毒性的代谢产物在发酵液中积累造成生长受到抑制，或由于以上两种原因共同作用所致。

由式 (6-3) 可知，微生物细胞浓度的自然对数与时间呈直线关系，斜率为 μ，即比生长速率。在良好的培养条件下，对数生长期的微生物以最大比生长率 $\mu_{\max}$ 生长，不同的微生物，其 $\mu_{\max}$ 也不同，因此可以 $\mu_{\max}$ 值的大小来反应微生物的生长特性。一些典型微生物 $\mu_{\max}$ 见表 6-1。

表 6-1　一些典型微生物的 $\mu_{\max}$

微　生　物	$\mu_{\max}/\mathrm{h}^{-1}$	微　生　物	$\mu_{\max}/\mathrm{h}^{-1}$
贝内克菌 (Beneckea natriegens)	4.24	构巢曲霉 (Aspergillus nidulans)	0.38
甲基单胞菌 (Methylomonas methanolytica)	0.53	产黄青霉 (Penicillium chrysogenum)	0.12

稳定期是微生物处于生长和死亡的动态平衡，发酵体系净生长速率等于零的时期，即 $\mu = \alpha$（α 为比死亡速率）。由于此时微生物的次级代谢十分活跃，许多次级代谢产物在此期间大量合成，微生物细胞的形态也发生较大变化如形成空泡等。

衰亡期是指发酵罐内营养物质耗尽，对生长有害的代谢物在发酵液中大量积累的时期，此时 $\alpha > \mu$，出现微生物死亡、自溶，总细胞数呈负增长。在工业发酵中，一般都会选在微生物细胞开始自溶之前结束发酵。

在分批发酵体系中，可以通过探究在一定底物浓度范围内的微生物生长情况，来了解微生物生长受底物浓度限制的特性，其结果如图 6-2 所示。在此图中的 A～B 区域中，稳定期的菌体浓度与初始底物浓度成正比，这个状态可用下式表示。

$$X = Y_{X/S}(S_0 - S_t) \tag{6-4}$$

式中，X 为菌体浓度；$Y_{X/S}$ 为针对底物的细胞得率，或称为底物转化率（即转化为细胞的得率）；S_0 为底物的初始浓度；S_t 为发酵时间为 t 时底物的残留浓度。

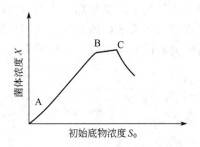

图 6-2 分批发酵中初始底物浓度
对稳定期菌体浓度的影响

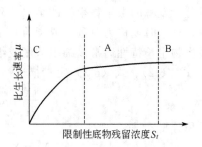

图 6-3 残留的限制性底物浓度 S_t
对微生物比生长速率 μ 的影响

在 A～B 区域中，由于初始底物浓度 S_0 较低，发酵罐内菌体积累量相对较少，而且随着初始底物浓度 S_0 的增加而增加。在 B～C 区域中，随着初始底物浓度 S_0 的增加，菌体浓度达到最高水平，即使再增加底物的初始浓度，也不能再使菌体增加。在 C 区域及以后，菌体活性受到初始高浓度底物及其形成的高渗作用等的强烈抑制，菌体反而生长缓慢。

由于限制性底物减少使微生物比生长速率下降，如图 6-3 所示，也可用 μ 与培养基中残留的生长限制性底物 S_t 的关系（Monod 方程）表示。

$$\mu = \frac{\mu_{\max} S_t}{K_S + S_t} \tag{6-5}$$

式中，K_S 是底物亲和常数，其数值相当于 μ 处于 $\mu_{\max}$ 一半时的底物浓度，表明微生物对该底物的亲和力。K_S 与 μ 成反比，K_S 越大，表明微生物对该底物的亲和力越低，比生长速率越小。

在图 6-3 中的 A～B 区域，由于在分批发酵中有过量的底物存在，微生物比生长速率达到最大值 $\mu_{\max}$；而在 C～A 区域，底物浓度成为生长限制性因子，比生长速率 μ 小于 $\mu_{\max}$。如果微生物对限制性底物具有很高的亲和力（即 K_S 值很低），则该底物浓度降低到很低的水平时才会影响到微生物的生长。这时培养过程中的衰减期是很短促的。如果微生物对某一底物的亲和力很低（即 K_S 值很高），那么，即使该底物尚有较高的浓度时，也会使生长速率衰减，这样在培养过程中的衰减期就会较长。一些微生物与底物的 K_S 值见表 6-2。

表 6-2 一些代表性微生物与底物的 K_S 值

微 生 物	底物	$K_S/(\mathrm{mg/L})$	微 生 物	底物	$K_S/(\mathrm{mg/L})$
大肠杆菌（*Escherichia coli*）	葡萄糖	6.8×10^{-2}	假丝酵母（*Candida*）	甘油	4.5
酿酒酵母菌（*Saccharomyces cerevisiae*）	葡萄糖	25.0	隐球酵母（*Cryptococcus*）	维生素 B_1	1.4×10^{-7}
曲霉（*Aspergillus*）	葡萄糖	5.0	假单胞菌（*Pseudomonas* sp.）	甲醇	0.7

K_S、μ 及 S 的关系见图 6-4。由图可知，分批培养的中后期，由于底物浓度下降成为生长限制因子，培养中前期比生长速率一直保持很高，直到底物浓度下降到 K_S 水平，μ 迅速下降，最后跌到零。μ 值下降快慢取决于微生物对限制性底物浓度亲和力的大小，K_S 小，对底物亲和力大，μ 值下降就慢。

6.1.2 底物消耗动力学

在微生物发酵过程中，底物主要消耗在以下三个方面：一是用于合成新的细胞物质；二是用于合成代谢产物；三是提供细胞生命活动的能量。这三各方面是相互关联的，共同维持细胞的生长繁殖，促进代谢产物的合成。因此，底物的消耗与微生物细胞的生长繁殖和代谢产物合成密切相关。

底物消耗是一个十分复杂的过程，底物消耗动力学涉及下述几种情况。

（1）底物消耗动力学参数　底物消耗速率可通过细胞得率系数与细胞生长速率相关联。若定义底物消耗速率为 $\dfrac{dS}{dt}$，以 r_s 表示；细胞生长速率为 $\dfrac{dX}{dt}$，以 r_X 表示；细胞得率系数为 $Y_{X/S}$，菌体浓度为 X；底物浓度为 S；最大比生长速率为 μ_m；则单位体积培养液中底物浓度 S 的消耗速率 $\dfrac{dS}{dt}$ 可表示为 $\dfrac{dS}{dt} = \dfrac{1}{Y_{X/S}} \times \dfrac{dX}{dt}$。因 $\mu = \dfrac{1}{X} \times \dfrac{dX}{dt}$，所以 $\dfrac{dS}{dt} = \dfrac{\mu X}{Y_{X/S}}$；又因 $\mu = \dfrac{\mu_m S}{K_s + S}$，所以

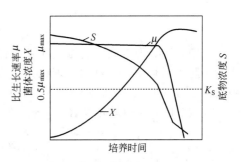

图 6-4　分批发酵过程中若干重要动力学参数的变化

X—菌体浓度；S—底物浓度；μ—比生长速率

$$r_S = -\frac{dS}{dt} = \frac{1}{Y_{X/S}} \times \frac{\mu_m S X}{K_s + S} \qquad (6\text{-}6)$$

底物比消耗速率定义为，单位质量细胞在单位时间内的底物消耗量，用 q_S 表示，即 $q_S = \dfrac{1}{X} \times \dfrac{dS}{dt}$，由式（6-6）得

$$q_S = \frac{1}{Y_{X/S}} \times \frac{\mu_m S}{K_s + S} \qquad (6\text{-}7)$$

若定义 $q_{S,max}$ 为底物最大比消耗速率，则 $q_{S,max} = \dfrac{1}{Y_{X/S}} \mu_m$，有

$$q_S = q_{S,max} \frac{S}{K_s + S} \qquad (6\text{-}8)$$

单位体积培养液中的细胞在单位时间内摄取溶解氧的量称为摄氧率（γ）或溶解氧的消耗速率（以 r_{O_2} 表示），若定义 $Y_{X/O}$ 为针对溶解氧的底物细胞得率，则

$$r_{O_2} = \frac{1}{Y_{X/O}} r_X \qquad (6\text{-}9)$$

r_{O_2} 与细胞浓度之比，为单位质量细胞在单位时间内的溶解氧消耗量，称为比耗氧速率 q_{O_2}，也可称为微生物细胞的呼吸强度，所以

$$r_{O_2} = q_{O_2} X \qquad (6\text{-}10)$$

$$q_{O_2} = \frac{r_{O_2}}{X} = \frac{1}{X} \times \frac{r_X}{Y_{X/O}} = \frac{1}{Y_{X/O}} \mu \qquad (6\text{-}11)$$

q_{O_2} 的数值因微生物细胞及培养条件的不同而不同，一般范围为 $0.05 \sim 0.25 h^{-1}$。

（2）底物消耗动力学　如前所述，微生物发酵过程中的底物消耗主要用于三个方面，即合成细胞生长繁殖所需的物质、维持细胞的结构和生命活动所需的能耗以及生成代谢产物。代谢产物的生成与能量代谢过程相偶联，记载着底物降解产能的过程，并形成产物。如底物水平磷酸化时，不仅提供细胞生化反应过程所需的能量，而且底物也同时降解为如乙醇、乳酸等简单产物。如图 6-6（a）所示，细胞是在生长和能量代谢的过程中生成产物，没有独立地用于细胞生成产物的底物。此时，产物的生成直接与能量的产生相联系。因此，底物消耗的速率方程不考虑单独的产物生成项，底物消耗动力学模型可采用式（6-12）即底物消耗速率来表示。

$$r_S = \frac{1}{Y_{X/S}^*} r_X + mX \qquad (6\text{-}12)$$

式中，$Y_{X/S}^*$ 为生成细胞的质量与完全消耗于细胞生长的底物的质量之比，它表示针对底物的细胞绝对得率，也可称为理论细胞得率；m 为维持细胞结构和生命活动所需能量的细胞维持系数，$g/(g \cdot s)$ 或 s^{-1}。

式（6-12）两边均除以 X，得到

$$q_S = \frac{1}{Y_{X/S}^*} \mu + m \qquad (6\text{-}13)$$

将式 $q_S = \dfrac{\mu}{Y_{X/S}}$ 代入式（6-13），又可得

$$\frac{1}{Y_{X/S}} = \frac{1}{Y_{X/S}^*} + \frac{m}{\mu} \qquad (6\text{-}14)$$

式中，$Y_{X/S}$ 为对底物的总消耗而言的细胞得率，即表观得率；$Y_{X/S}^*$ 为仅用于细胞生长所消耗底物而言的细胞得率，即理论得率。

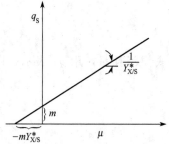

图 6-5 基于产物合成与能量代谢偶联的底物代谢动力学模型，求微生物代谢动力学本征参数

以式（6-13）的 q_S 对 μ 或以式（6-14）的 $\dfrac{1}{Y_{X/S}}$ 对 $\dfrac{1}{\mu}$ 分别作图，均可求出 $Y_{X/S}^*$ 和 m 的值。不同微生物在利用不同底物时，$Y_{X/S}^*$ 和 m 不同。但对于确定的微生物在确定的底物上生长，且培养条件一定的情况下，$Y_{X/S}^*$ 和 m 为常数（也称为微生物代谢的本征参数），可通过改变连续培养体系的稳态来测定几组微生物代谢动力原系数，q_S 及相应的 μ 值，从而求出微生物代谢动力学本征值 $y_{X/S}^*$。

图 6-5 是以 q_S 对 μ 作图，来求出有关底物消耗动力学参数的方法。

对利用底物时溶解氧的消耗，同样也存在

$$r_{O_2} = \frac{1}{Y_{X/O}^*} r_X + m_{O_2} X \qquad (6\text{-}15)$$

$$q_{O_2} = \frac{1}{Y_{X/O}^*} \mu + m_{O_2} \qquad (6\text{-}16)$$

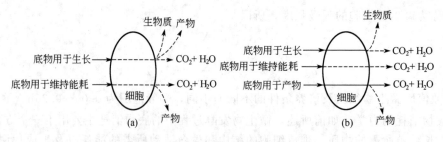

图 6-6 底物消耗与产物生成的关系

（3）涉及产物生成的底物消耗动力学　如果产物生成不与或仅部分与能量代谢相联系，则用于生成产物的底物或全部或部分是以单独物流进入细胞内，如图 6-6 所示。此时产物生成与能量代谢仅为部分相关。底物消耗速率取决于三个因素：细胞生长速率、产物生成速率和底物消耗于维持能耗的速率。因此可利用细胞和产物的得率系数与维持系数相关联。其底物消耗动力学模型如下

$$r_S = \frac{1}{Y_{X/S}^*} r_X + mX + \frac{1}{Y_{P/S}} r_P \tag{6-17}$$

式中，$Y_{P/S}$ 为产物的得率系数（也是底物转化为产物的转化率）；r_P 为产物生成速率。

当限制性底物的消耗速率也用比消耗率 q_S 表示时，则有

$$q_S = \frac{1}{Y_{X/S}^*} \mu + m + \frac{1}{Y_{P/S}} q_P \tag{6-18}$$

式中，q_P 为产物的比生成速率，即单位质量的细胞在单位时间内生成产物的速率。

有关底物消耗动力学的上述讨论都是建立在单一的限制性底物基础上。对于微生物发酵过程而言，却有多种不同底物存在，包含着同时进行的多种复杂酶促生物化学反应过程。此时底物的消耗和转化机理，可表现为同时消耗、依次消耗和交叉消耗等多种情况，相应的底物消耗动力学模型也变得十分复杂，进一步的研究请参考有关论著。尽管如此，在实际工作中，人们仍然可以针对某一特定的微生物发酵过程或特定的代谢产物，来研究主要的限制性底物的消耗与微生物生长及产物合成的动力学关系，了解微生物生长代谢规律，实施发酵过程工艺的优化，提高发酵生产水平。

6.1.3 代谢产物的合成与微生物生长的动力学关系

由于微生物细胞代谢所生成的产物种类较多，有醇类、有机酸、抗生素和酶等，并且细胞内生物合成的途径十分复杂，其代谢调节机制也不相同。为了研究在工业发酵过程中如何提高代谢产物的产量，就必须首先确定目的代谢产物的合成与微生物细胞生长的动力学关系，再根据这种动力学关系来初步确定发酵控制的基本策略和工艺优化对策。一般可采用的定量模型来描述代谢产物的合成与微生物细胞生长的动力学关系，Pirt 曾将微生物培养过程中产物形成的动力学与微生物生长的动力学关系划分为与生长偶联型与生长非偶联型两种情况。与生长偶联的产物，可以认为相当于初级代谢物，它是由正在生长的细胞合成的，而非生长偶联的产物，则相当于次级代谢物。Gaden 根据产物生成速率与细胞生长速率之间的动态关系，将这种动力学关系进一步划分为生长相关型、生长部分相关型和非相关类型三种，下面分别进行介绍。

6.1.3.1 生长相关型

生长相关型是指产物的生成与细胞的生长密切相关的动力学过程，产物的生成是微生物细胞主要能量代谢的直接结果。即产物通常是基质分解代谢产物或合成细胞生长必需的代谢产物。所以，代谢产物的生成和细胞的生长是同步的和完全偶联的，且产物的生成与底物的消耗有直接的化学计量关系，如图 6-7（a）所示。属于此类发酵的通常为简单发酵类型，如乙醇发酵。与生长相关联的产物形成可用以生长为参照基准的产物得率 $Y_{P/X}$ 来表示

$$\frac{dP}{dX} = Y_{P/X} \tag{6-19}$$

式中，产物得率 $Y_{P/X}$ 为以生长为参照基准的产物得率，将上式转换成对时间的变化速率，则

$$\frac{dP}{dt} = Y_{P/X} \frac{dX}{dt} \tag{6-20}$$

因为 $\mu = \frac{1}{X} \times \frac{dX}{dt}$，所以

$$\frac{dP}{dt} = \mu X Y_{P/X} \tag{6-21}$$

由产物比生成速率 q_P 的定义可知

$$q_P = \frac{1}{X} \times \frac{dP}{dt} \tag{6-22}$$

代入上式得

$$q_P = \mu Y_{P/X} \tag{6-23}$$

由式（6-23）可知，由于生长与产物生成相偶联，产物生成速率随着比生长速率的增长而提高。这类产物通常是微生物的分解代谢产物或更广泛意义上的初级代谢产物，如由根霉产生的脂肪酶和由树状黄杆菌产生的葡萄糖异构酶都属于这一类型。

6.1.3.2　生长部分相关型

生长部分相关型指代谢产物是能量代谢的间接结果，不是底物的直接氧化产物，而是菌体内生物氧化过程的主流产物。产物的生成与底物的消耗仅有时间关系，并无直接的化学计量关系，产物生成与微生物生长部分偶联，属于中间发酵类型。属于此类型的有柠檬酸发酵、氨基酸发酵等。

从图 6-7（b）可以看出，对此类生长模型，其 μ 和 q_S 下降到一定值后，产物生成才较明显，q_P 增大；当进入产物生成期，q_P、μ 和 q_S 基本同步。其动力学方程为

$$\frac{dP}{dt} = \alpha \frac{dX}{dt} + \beta X \tag{6-24}$$

式中　$\dfrac{dP}{dt}$——产物生成速率；

　　　　α——与菌体生长相关的产物生成系数；

　　　　β——与菌体浓度相关的产物生成系数。

式（6-24）被称为 Luedeking-Piret 方程，该方程能准确反映产物形成与菌体生长部分相关。人们曾用该模型描述亮氨酸和异亮氨酸发酵，都能较好地拟合发酵过程。

6.1.3.3　非生长关联型

非生长关联型是指产物的生成与能量代谢无关，与细胞生长也无直接关系，即产物生成与微生物细胞生长不偶联。产物均为次级代谢产物。这类发酵属于复杂的发酵合成类型，其特点是细胞处于生长阶段，并无产物的积累，当细胞生长进入稳定期后，产物才开始大量生成，如图 6-7（c）所示。所以，此类型的产物生成只与细胞的积累量有关，可用式（6-25）表示。

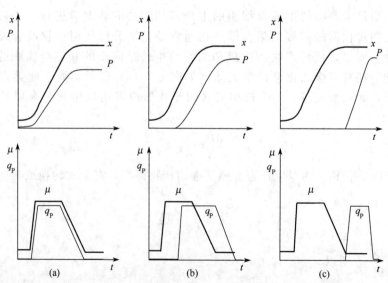

图 6-7　产物合成相关、部分相关、非相关模型动力学示意图

$$\frac{dP}{dt} = \beta X \tag{6-25}$$

由上式可知，产物生成速率与微生物的生长速率无关，只与菌体生物量积累有关。因此，此类型的发酵过程通常可以划分为两个阶段，即菌体生长阶段和产物合成阶段，也相应地将此类发酵工艺称为二阶段发酵。绝大多数次级代谢产物如抗生素发酵等都属于这一类型。

图 6-8 显示了杀假丝菌素分批发酵中的葡萄糖消耗、DNA 含量和杀假丝菌素合成的变化。可以看出，在生长期菌体中的 DNA 含量不断增加，表明菌体生长，而在抗生素合成期 DNA 不再增加，趋于稳定，表明产物合成与生长无关，只与菌体量积累有关。当糖耗竭时，DNA 含量下降，菌丝开始自溶，发酵单位明显下降。

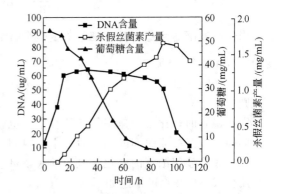

图 6-8 杀假丝菌素分批培养中的代谢变化

6.1.4 分批发酵的优缺点

了解了不同产物合成的动力学关系与微生物细胞生长动力学关系类型，就可以依此采用不同的生产工艺。如果产物为微生物细胞本身，可采用能支持最高生长量的培养条件；如果产物为初级代谢物，可设法延长与产物关联的对数生长期；如果产物是次级代谢物，可缩短对数生长期，延长稳定期，或降低对数期的生长速率；或采用二阶段培养（也称二步法培养，即第一阶段主要积累生物量，第二阶段合成次级代谢产物），从而使次级代谢物大量积累。

分批发酵在工业生产上有重要地位。采用分批作业操作简单、周期短、染菌的机会减少，且生产过程、产品质量易控制。但分批发酵不利于测定其过程动力学，因使用复合培养基，不能简单地运用 Monod 方程来描述生长，存在底物限制或抑制问题，采用两种不同类型的底物时，发酵过程还会出现底物分解阻遏效应以及二次生长（diauxic growth）现象。对底物类型及初始浓度敏感的次级代谢物如一些抗生素等就不适合采用分批发酵，因其周期较短，一般在 1～3d，产率较低。这主要是由于分批发酵中养分会很快地耗竭，无法维持微生物继续生长和生产，因而工业发酵又发展了补料分批发酵技术（也称半连续发酵）和连续发酵技术。

6.2 连续发酵动力学

在分批发酵时，向发酵罐中添加新鲜培养基可以克服由于养分的不足而导致发酵过程的过早结束，延长对数生长期，增加生物量。如果在添加培养基的同时，从容器中放出等体积的发酵液，就可以形成一个连续生产的过程。如向发酵罐中以适当的速率添加新鲜培养基和放出等量的发酵液，则可以获得一个相对稳定的连续发酵状态，即在发酵罐中所形成的新细胞数量与从发酵罐中流出的细胞数量相等。连续发酵过程通常又分为单级和多级连续发酵。

6.2.1 单级连续发酵

连续发酵达到稳态时，从发酵罐中流出的细胞数量与发酵罐中所形成的新细胞数量相等。将单位时间内连续流入发酵罐中的新鲜培养基体积与发酵罐内的培养液总体积的比值称为稀释率 D，可以定义为下式：

$$D = \frac{F}{V} \tag{6-26}$$

式中，F 为流速；V 为发酵罐中原有的培养液体积。

经过一段时间的培养后，细胞浓度的变化可描述为式（6-27）。

发酵罐中细胞积累的变化＝流入细胞 ＋ 生长细胞－流出细胞－死亡细胞 （6-27）

如果流出的细胞不回流，则流入细胞项为 0，由于连续培养过程可控制细胞不进入死亡期，死亡细胞可忽略不计，故可用式（6-28）来描述。

$$\frac{\mathrm{d}X}{\mathrm{d}t}=\mu X-DX \tag{6-28}$$

当连续发酵达到稳态时，细胞浓度是个常数，即恒浊培养此时 $\frac{\mathrm{d}X}{\mathrm{d}t}=0$，则式（6-28）可变为

$$\mu X=DX \tag{6-29}$$

则

$$\mu=D \tag{6-30}$$

即在稳态时，比生长速率等于稀释率，也就是说，比生长速率受到稀释率的控制。

同样，经过一段时间的培养后，生长限制性底物残留浓度的变化可描述为式（6-31）

底物残留浓度的变化＝流入的底物量－排出的底物量－细胞消耗的底物量 （6-31）

用公式（6-32）可描述如下

$$\frac{\mathrm{d}S}{\mathrm{d}t}=DS_{in}-DS_{out}-\frac{1}{Y_{X/S}}\times\frac{\mathrm{d}X}{\mathrm{d}t} \tag{6-32}$$

式中，S 为底物浓度；S_{in} 为流入底物的量；S_{out} 为排出底物的量；$Y_{X/S}$ 为底物转化为细胞的得率。

因为 $\frac{\mathrm{d}X}{\mathrm{d}t}=\mu X$，所以式（6-32）可变为

$$\frac{\mathrm{d}S}{\mathrm{d}t}=DS_{in}-DS_{out}-\frac{\mu X}{Y_{X/S}} \tag{6-33}$$

连续发酵达到稳态时，即恒化培养，$\frac{\mathrm{d}S}{\mathrm{d}t}=0$，那么式（6-33）可变为

$$D(S_{in}-S_{out})=\frac{\mu X}{Y_{X/S}} \tag{6-34}$$

又因为 $\mu=D$，所以，式（6-34）可变为

$$D(S_{in}-S_{out})=\frac{DX}{Y_{X/S}} \tag{6-35}$$

由式（6-35）可得

$$X=Y_{X/S}(S_{in}-S_{out}) \tag{6-36}$$

从式（6-30）可以看出，稀释率 D 可以控制比生长速率 μ。细胞的生长可导致底物的消耗，直至底物的浓度足以支持比生长速率与稀释率相等时为止。如果底物被消耗到低于支持适当的比生长速率的浓度，细胞洗出量大于所能产生的新细胞量时，则底物由于菌体消耗浓度减少而增加并使比生长速率上升而恢复平衡，这是系统的自身平衡。

连续培养系统被称为恒化器（chemostate），因为培养物的比生长速率受到化学环境的控制，即培养基中某一限制性组分的控制作用。另一种形式的连续发酵是恒浊器（tudidostate），它通过控制补充的培养基的流速，使得发酵罐内发酵液中细胞浓度保持恒定，即将发酵液的浊度保持在某一窄小的范围内。具体实现是利用光电倍增管测定浊度来表征细胞浓度，并将检测信号输入到向发酵罐中注入新鲜培养基的泵的控制系统，以便控制补充的培养基的流速。当细胞浓度超过设定值时，控制系统启动补料泵；当细胞浓度低于设定值时，控制系统停止泵的运转。除了利用比浊法测定菌体浓度以外，还可以利用测定尾气中

CO_2 浓度的方法进行控制,但对于恒浊器(biostate)发酵而言,需要做更多的校正。广泛运用恒化器的原因是因为它具有明显优于恒浊器的地方,即保持稳态时不需要控制系统。但在连续发酵时,采用恒浊器独特的优点是在发酵早期避免细胞完全被洗出。

在恒化器中微生物的动力学特性可用多个常数予以描述,如 $Y_{X/S}$、μ_{max} 和 K_S 等。$Y_{X/S}$ 值能影响稳态时的细胞浓度,μ_{max} 值能影响所采用的最大稀释率,K_S 值能影响底物残留浓度以及可采用的最大稀释率。图 6-9 是一个对限制性底物具有低 K_S 值的细菌在恒化器中培养时,稀释率对稳态时菌体浓度和底物残留浓度的影响。

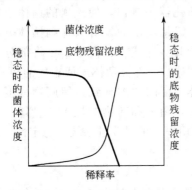 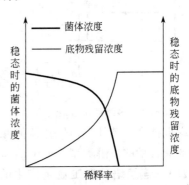

图 6-9　对限制性底物具有低 K_S
值的细菌连续培养特性

图 6-10　对限制性底物具有高 K_S
值的细菌连续培养特性

从图 6-9 可以看出,对于限制性底物的培养,当稀释率开始增加时,底物残留浓度增加得很少,绝大部分都被细菌生长所消耗。直至稀释率 D 接近 μ_{max} 时,残留底物浓度 S 才因过量而显著上升。如果继续增大稀释率,菌体将开始从系统中洗出,稳态菌体浓度将随稀释率的增大而迅速下降,而残留基质浓度则因其过量将随稀释率的增大而迅速增加。一般,把导致菌体开始从系统中洗出时的稀释率定义为临界稀释率 D_c,其表达式如下

$$D_c = \frac{\mu_{max} S_0}{K_S + S_0} \qquad (6-37)$$

图 6-10 所示的是一株对限制性底物具有高 K_S 值的细菌,在连续培养时,D 值对限制性底物残留浓度与菌体浓度的影响。由于细菌对限制性底物利用率低(K_S 较高),所以随着稀释率的增加,底物残留浓度显著上升,接近于 D_c 时,S 很快增加,X 值很快下降。

图 6-11 所示的为在不同的限制性底物初始浓度下,稀释率对稳态时菌体浓度和底物残留浓度的影响。由图可知,当限制性底物初始浓度 S_0 增加时,菌体浓度 X 也增加;由于初始底物浓度增加而使菌体浓度增加,但残留底物浓度未受影响。此外,随着 S_0 的增加,D_c 也稍有上升,同时也使底物残留浓度 S 上升。

6.2.2　多级连续发酵

基本恒化器的改进有多种方法,但最普通的方法是增加罐的级数和将菌体送回罐内。图 6-12 是多级恒化器系统的示意。多级恒化器的优点是在不同级的罐内可以预先设定不同的培养条件,这将有利于多种碳

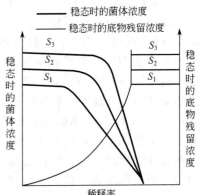

图 6-11　在恒化器中不同的初始底物浓度下稀释率对稳态时菌体浓度和底物残留浓度的影响
S_1,S_2,S_3—三种不同的补料浓度

源的利用和次级代谢物的生产。如采用葡萄糖和麦芽糖混合碳源培养产气雷白菌（*Klebsiel-la aerogenes*），在第一级罐内只利用葡萄糖，在第二级罐内利用麦芽糖。后一级只是一个维持罐，菌的生长速率远比第一级小，同时形成次级代谢物。由于多级连续发酵系统比较复杂，用于生产实际有较大困难，在此不再详述。

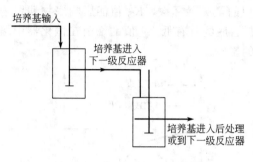

图 6-12　多级恒化器系统示意

恒化器运行中将部分菌体返回罐内，从而使罐内菌体浓度大于简单恒化器所能达到的浓度。可以通过以下两种方法浓缩菌体：①限制菌体从恒化器中排出，使流出的菌体浓度比罐内的小；②将流出的发酵液送到菌体分离设备中，如让其沉降或将其离心，再将部分浓缩的菌体送回罐内。部分菌体返回罐内的净效应为，罐内菌体浓度的增加导致残留底物浓度比简单恒化器小，菌体和产物的最大产量增加，临界稀释速率也提高。菌体返回恒化器能够提高底物的利用率，可以改进系统的稳定性，适用于被处理料液较稀的发酵类型，如酿酒和废液处理。

6.2.3　连续培养在工业生产中的应用

Hospodka（1966 年）认为，连续发酵比分批发酵具有更大的生产能力，连续发酵操作的均一性、生产稳定性和易于实现自动化控制方面比分批发酵优越，但染菌的机会和菌种退化的可能性也大大增加。

培养物产率可以定义为单位发酵时间形成的菌体量，分批培养的产率可用式（6-38）表示

$$R_{batch} = \frac{X_{max} - X_0}{t_i - t_{ii}} \tag{6-38}$$

式中，R_{batch} 为分批培养菌体的输出；X_{max} 为达到的最大菌体浓度；X_0 为接种时的初始菌体浓度；t_i 为达到 X_{max} 所需的时间；t_{ii} 为接种后的发酵起始时间。

连续培养的菌体产率可用公式（6-39）表示

$$R_{cont} = DX(1 - t_{iii}/T) \tag{6-39}$$

式中，R_{cont} 为连续培养菌体的输出；DX 为菌体产率；t_{iii} 为连续培养前（包括罐的准备、灭菌和分批培养直到稳态）所需的时间；T 为连续培养前至发酵稳态结束的时间；D 为稀释率；X 为菌体浓度。

菌体产率 DX 随着稀释率的增加而增加，直到一个最大值，这之后随 D 的增加而下降（图 6-13），故连续发酵中可采用能达到最大菌体产率 DX 的稀释速率。

用式（6-38）所表示的分批发酵的产量是发酵全程的平均值。由于菌体生产率依赖于初始菌体量，而大部分的菌体是在发酵过程产生的，所以分批发酵时的最大菌体生产能力出现于发酵终点。但在连续培养时，以最适稀释率使培养处于稳态条件下，则细胞的生产能力成为一个常数。

图 6-13　在稳态连续培养时稀释率对菌体产率的影响

因此，连续培养的生产能力必然大于分批培养，一个连续培养过程可以连续很长时间（几周甚至几个月），全过程中非生产时间只占很小的比例。而在分批发酵时全程的操作时间是有限的，而非生产时间就占有显著的比例。所以，相对来讲分批发酵的生产效率要低得多。

连续培养与分批培养相比所具有的优越性还在于高的菌体生产能力，它在发酵过程中能够长期处于最大生产条件下，非生产时间占全过程的比例小，而且可以长期运行。在连续培养时，保持在最大产物生产能力时的稀释率，能比分批发酵产生更多的产物，而且所选用的发酵容器可以比分批发酵时小，因而只需较小的建筑、装备和维护费用。

6.2.4 连续培养中存在的问题

与分批发酵相比较，连续发酵过程具有许多优点：在连续发酵达到稳态后，其非生产时间要少许多，故其设备利用率高、操作简单、产品质量较稳定；对发酵设备以外的外围设备（如蒸汽锅炉、泵等）的利用率高，可以及时排除在发酵过程中产生的对发酵过程有害的物质。但连续发酵技术也存在一些问题，如杂菌的污染、菌种的稳定性问题等。

（1）污染杂菌问题　在连续发酵过程中需长时间不断地向发酵系统供给无菌的新鲜空气和培养基，这就增加了染菌的可能性。尽管可以通过选取耐高温、耐极端 pH 和能够同化特殊的营养物质的菌株作为生产菌株来控制杂菌的生长。但这种方法的应用范围有限，故染菌问题仍然是连续发酵技术中不易解决的问题。

假设连续培养系统被外来的杂菌 Y、Z 和 W 污染，这些杂菌的积累速率可用式（6-40）的物料平衡式表示。

杂菌积累的速率＝杂菌进入速率－杂菌流出速率＋杂菌生长速率，即

$$\frac{\mathrm{d}X'}{\mathrm{d}t} = DX'_{\mathrm{in}} - DX'_{\mathrm{out}} + \mu X' \tag{6-40}$$

式中，X' 为污染的杂菌 Y、Z 和 W 的浓度。在稀释速率为 D 时残留限制性养分浓度为 S。

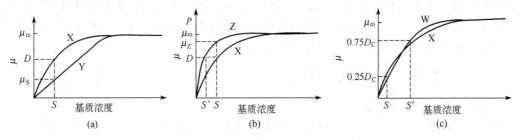

图 6-14　连续培养系统中杂菌生长速率与基质浓度之间的关系

图 6-14 中（a）、（b）、（c）分别将杂菌 Y、Z 和 W 的生长速率对底物浓度曲线与连续培养系统中生产菌 X 对 S 的曲线作比较，在底物浓度为 S 的情况下，杂菌 Y 的生长速率 μ_Y 比系统的稀释速率 D 要小 ［见图 6-14（a）］，故 Y 的积累速率由式（6-41）表示。

$$\frac{\mathrm{d}Y}{\mathrm{d}t} = \mu_Y Y - DY \tag{6-41}$$

结果为负值，表明杂菌不能在系统中存留。

在图 6-14（b）中底物浓度为 S 的情况下，杂菌 Z 能以比 D 大的比生长速率 μ_Z 下生长，杂菌积累速率由式（6-42）表示。

$$\frac{\mathrm{d}Z}{\mathrm{d}t} = \mu_Z Z - DZ \tag{6-42}$$

因为 μ_Z 比 D 大得多，故 dZ/dt 是正的，杂菌 Z 开始积累，结果造成系统中底物浓度下降到 S'，此时杂菌的比生长速率 $\mu_Z = D$，从而建立了新的稳态。生产菌 X 在此底物浓度下以比原有的比生长速率小的生长速率 μ_X 生长。因 $\mu_X < D$，故将生产菌从系统中淘汰。此时 X 的生长速率用下式表示。

$$\frac{\mathrm{d}X}{\mathrm{d}t} = \mu_{\mathrm{X}} X - DX \tag{6-43}$$

杂菌 W 入侵的成败取决于系统的稀释速率。由图 6-14（c）可见，在稀释速率为 $0.25D_c$（为临界稀释速率）下，杂菌 W 竞争不过 X 而被冲走。

在分批培养中任何能在培养液中生长的杂菌将存活和生长。但在连续培养中杂菌能否积累取决于它在培养系统中的竞争能力。故用连续培养技术可选择性地富集一种能有效使用限制性养分的菌种。

（2）生产菌种突变问题　微生物细胞的遗传物质 DNA 在复制过程中出现差错的概率为百万分之一。尽管自然突变率很低，但是，一旦连续培养系统中的生产菌出现某一个细胞的突变，且突变的结果使得这一细胞获得高生长能力，而失去生产能力，它会像图 6-15（b）中的杂菌 Z 那样，最终取代系统中原来的生产菌株，使连续发酵过程失败。而且连续发酵的时间越长，所形成的突变株越多，发酵过程失败的可能性就越大。

并不是菌株的所有突变都会造成危害，因绝大多数的突变对菌株生命活动影响并不大，不易被发觉。但在连续发酵中出现生产菌株的突变却对工业生产过程特别有害。因工业生产菌均经过多次诱变选育，消除了菌株固有的目的产物代谢反馈调节功能，以适应人们的要求，利用有限的碳源和其他养分合成所需的产物。生产菌种发生回复突变的倾向性很大。因此，这些生产菌种在连续发酵时很不稳定，低产突变株将可能最终取代高产菌株。

为了解决这一问题，可设法建立一种不利于低产突变株生长的选择性生产条件，使低产菌株逐渐被淘汰。例如在用一株具有多重遗传缺陷的异亮氨酸渗漏型高产菌株生产 L-苏氨酸时，此生产菌株在连续发酵过程中易发生回复突变而成为低产菌株。若补入的培养基中不含有异亮氨酸，那么不能大量积累苏氨酸而同时失去合成异亮氨酸能力的突变株则从发酵液中被自动的除去。此外，结合连续发酵和分批发酵的优点，克服两者的一些不足，可以发展补料分批发酵技术，也称为半连续发酵技术。

6.3　分批补料发酵及其动力学

6.3.1　分批补料发酵动力学

Yoshida 等（1973 年）首先发展了补料分批培养（fed-batch culture），即在分批发酵过程中补充培养基，而不从发酵体系中排出发酵液，使发酵液的体积随着发酵时间逐渐增加。

在分批发酵中，生长会受到某一底物浓度的限制，在任何发酵时间的菌体浓度可用下式表示：

$$X_t = X_0 + Y_{\mathrm{X/S}}(S_{\mathrm{R}} - S_t) \tag{6-44}$$

式中，X_t 是经过 t 时间（h）培养后的菌体浓度，g/L；X_0 是接种后的菌体初始浓度，g/L；$Y_{\mathrm{X/S}}$ 为菌体对底物的转化率；S_{R} 为初始底物浓度与补入发酵罐中的底物浓度之和，g/L；S_t 经过 t 时间（h）培养后的残留底物浓度，g/L。

当 $S_t \approx 0$ 时，最终的菌体浓度可以成为 $X_{\max}$，此时 X_0 与 $X_{\max}$ 相比是极小的，即

$$X_{\max} \approx Y_{\mathrm{X/S}} S_{\mathrm{R}} \tag{6-45}$$

如果在 $X_t = X_{\max}$ 时开始补加培养基，这时的稀释率小于 $\mu_{\max}$，实际上底物的消耗速率接近于补入发酵罐的新鲜培养基速率。因此

$$FS_{\mathrm{R}} \approx \mu \frac{X}{Y_{\mathrm{X/S}}} \tag{6-46}$$

式中，F 为培养基补入速率；X 为培养液中菌体总量。

从式（6-46）可以计算出，加入的底物量与被细胞消耗的底物量相等。因此 $\mathrm{d}S/\mathrm{d}t \approx 0$，

虽然细胞的总量（X）随着时间的延长而增加，但细胞浓度（X）实际上仍是一个常数，即 $dX/dt \approx 0$，所以 $\mu \approx D$（D 为稀释率），这种状态称为半稳态。随着时间的推移，由于发酵体积增加，即使补料速率不变，稀释率也相对下降。D 值的动态变化可用式（6-47）表示

$$D = \frac{F}{V_0 + Ft} \tag{6-47}$$

式中，V_0 是指发酵体系原有的体积；t 是发酵进程时间。

按照 Monod 动力学方程，由于 D 的下降而使底物的残留浓度下降。在分批补料发酵中，大多数的 μ 值都大大超过 S_R 值。所以实际上残留底物浓度是极小的，可以视作为零。在 D 比 μ_{max} 和 K_S 都小，而且大大小于 S_R 时，即可成为半稳态。半稳态的特性曲线如图 6-15 所示，恒化器中的稳态分批补料发酵中半稳态的主要差别是 μ 值在稳态时为常数，而在半稳态时是逐步下降的。

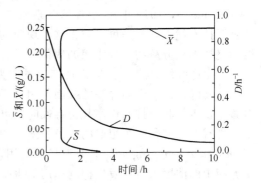

图 6-15　分批补料发酵中，假设的半稳态时稀释率、限制性底物浓度和菌体浓度随时间变化的曲线

6.3.2　分批补料发酵的应用

在发酵工业中采用分批补料发酵可以使底物的残留浓度保持在较低的水平，它有如下优点：一是通过控制底物初始浓度水平来消除高浓度底物对生长代谢的抑制作用或由于可被快速利用的碳源所引起的分解阻遏作用，并且能使发酵对溶解氧的需求保持在发酵罐通气能力范围之内；二是避免某些培养基组分高浓度下对微生物生长及代谢的抑制甚至毒副作用，延长发酵生产时间，特别是代谢产物的积累时间，以提高发酵产量。

（1）消除分解阻遏作用，保障通气条件和生产能力　早在 1915 年，人们就认识到，以菌体为产物的发酵过程，如果培养基中含有过量的麦芽，酵母会大量繁殖。其菌体浓度一旦超过了设备的供氧能力，就会形成厌氧环境，影响了菌体的形成，产生乙醇（Reed 和 Peppler，1973 年）。所以，微生物发酵初期应在较稀的培养基中生长，然后逐渐补料，但是补料率应不高于微生物利用底物的能力，使这个过程达到以上描述的半稳态状态，即处于底物限制性发酵状态。Crabtree（1929 年）等发现面包酵母的呼吸活力对游离葡萄糖十分敏感，当其浓度在 5g/L 时，即出现分解阻遏作用。因此，在现代酵母分批补料发酵中，是通过自动测定发酵罐尾气中微量乙醇含量来严格控制糖蜜补入量。这样使得酵母的生长率降低，但菌体的产量却接近发酵的理论值（Fiechter，1982 年）。

青霉素发酵是利用分批补料发酵方法生产次级代谢物的一个很好的例子。发酵全过程可以分为两个时期，即生长处于快速生长期和缓慢生长期（或称为生产期）。补入葡萄糖以控制这两个时期的微生物代谢。在快速生长期，过量的葡萄糖可以引起有机酸的积累，并且使菌体对氧的需求量超过发酵罐的供氧能力。但是葡萄糖的缺乏又会导致将培养基中的有机氮源作为碳源消耗，促使培养液的 pH 上升，妨碍了菌体的充分生长（Queener 和 Swartz，1979 年）。Queener 和 Swartz 研究表明，在快速生长期利用计算机控制葡萄糖的补料速度，使溶解氧或 pH 保持在一定范围内，可以明显提高生产能力。当葡萄糖过量时，由于增加了呼吸速率和有机酸产量，超过了发酵罐的供氧能力，发酵液中的溶解氧和 pH 同样都会大大下降。

青霉素发酵生产期的补料率要能限制生长率，并有适当浓度的溶解氧，才能获得高的青霉素生产率。在生产期控制溶解氧比 pH 更好，因为 pH 对青霉素生物合成的影响没有溶解

氧对菌体生长影响大。在分批补料发酵中，总菌体量、黏度和氧的需求量都在逐步增加，直到氧成为限制因素为止。在发酵过程中，降低补糖率可以使限制性因素的作用推迟出现，并可用计算机予以控制。有时青霉素分批补料发酵中，由于不断地间歇补料，造成发酵罐中的发酵液体积不断增加，达到了其最大装液量，而青霉素生产率还处于高峰，此时保持生产能力的方法是从发酵罐中放出一部分发酵液，再继续补料，以提高青霉素发酵产量。

有许多酶的合成能力受到代谢分解物的阻遏作用，快速利用碳源能阻遏这些酶的合成（Aunstrup 等，1979 年）。显然这一现象是在酶的发酵生产中必须避免的，而分批补料发酵的主要技术优点，就是可以防止这个现象的出现。向发酵液中补入培养基，能够保证碳源浓度始终达不到分解物阻遏作用的阈值。例如 Waki（1982）等在利用一株木霉（*Trichodema reesi*）生产纤维素酶时，以 CO_2 产生量作为补料发酵时的控制参数。

（2）降低高浓度培养基的抑制作用并延长发酵生产时间　如果培养基中某一组分浓度高对微生物生长具有抑制作用甚至毒性时，可以采用分批补料发酵的方式控制该组分的浓度水平。青霉素发酵是一个很好的例子，苯乙酸钠是生物合成青霉素的前体，但是它对产黄青霉（*Penicillium chrysogenum*）具有抑制作用，采用少量多次或者连续补入苯乙酸钠，使它在培养液中的浓度维持在发生抑制作用的水平以下（Queener 和 Swartz，1979 年）。而且这样做也可以使前体的羟基化降低到最低限度，同时使之最大限度地揉入到产物分子中去。在谷氨酸发酵中，如果采用传统的高浓度分批发酵，也应当采用缓慢的补料率，使那些能抑制生长和谷氨酸合成的培养基组分浓度控制在发生抑制作用水平以下，使其在作为底物时能够及时被消耗掉以利于发酵产物的合成。

7 发酵工业中氧的供需

目前，大多数的工业发酵属于好氧发酵，在发酵过程中需要不断地向发酵罐中供给足够的氧，以满足微生物生长代谢的需要。在实验室，可以通过摇床的转动，使空气中的氧气通过气液界面进入摇瓶发酵液中，成为发酵液中的溶解氧从而实现对微生物的供氧，而中试规模和生产规模的发酵过程则需要向发酵罐中通入无菌空气，并同时进行搅拌，为微生物提供生长和代谢所需的溶解氧。

氧是一种难溶性气体，在25℃和1.0×10^5Pa时，氧在水中的溶解度仅为0.25mol/m³左右，而且随着温度的上升，氧的溶解度减小。发酵液中含有大量的有机物和无机盐，由于盐析等作用造成氧在发酵液中的溶解度更低，约为0.21mol/m³。如果不能及时地向发酵罐中供氧，这些溶解氧仅能维持微生物菌体15~20s的正常代谢，随后氧将会耗尽。因此，在发酵过程中有效而经济地供氧极为重要。

7.1 微生物对氧的需求

好氧微生物只有在溶氧存在时，才能进行生长、繁殖等代谢活动；兼性厌氧微生物如酵母、乳酸菌等在有氧或无氧条件下均能生长，但代谢产物不同；而对于厌氧微生物而言，氧却是一种有害物质，即使短期接触空气，也会抑制其生长甚至致死。本章将介绍好氧微生物的情况。

7.1.1 氧在微生物发酵中的作用

氧是构成微生物细胞本身及其代谢产物的组分之一。虽然培养基中大量存在的水及其他成分如糖可以提供氧元素，但许多微生物细胞必须利用分子态的氧作为呼吸链电子传递系统末端的电子受体，最后与氢离子结合生成水，同时在呼吸链的电子传递过程中可释放出大量能量，供细胞生长和代谢使用。此外，氧还可以作为中间体直接参与一些生物合成反应，例如乙醇在氧的作用下合成乙酸。

7.1.2 微生物的耗氧特征

微生物对氧的需求主要受菌体代谢活动变化的影响，常用呼吸强度和耗氧速率两种方法来表示。呼吸强度是指单位质量干菌体在单位时间内所吸取的氧量，以Q_{O_2}表示。耗氧速率是指单位体积培养液在单位时间内的耗氧量，以γ表示，也称摄氧率。呼吸强度可以表示微生物的相对耗氧量，但是，当培养液中有固定成分存在而测定Q_{O_2}有困难时，可用耗氧速率来表示。呼吸强度和耗氧速率之间的关系如下

$$\gamma = Q_{O_2} X \tag{7-1}$$

式中　γ——菌体摄氧率，mmol O_2/(m³·h)；

Q_{O_2}——菌体呼吸强度，mmol O_2/(kg 干菌体·h)；

X——菌体浓度，kg 干重/m³。

从式（7-1）可知，微生物在发酵过程中的耗氧速率取决于微生物的呼吸强度和单位体积发酵液的菌体浓度，而菌体呼吸强度又受到菌龄、菌种性能、培养基及培养条件等诸多因素的综合影响。

7.1.3 影响微生物耗氧的因素

分批培养过程中细胞耗氧的一般规律见图7-1。在培养初期，呼吸强度Q_{O_2}逐渐增高，

此时菌体浓度很低。在对数生长初期呼吸强度达到最大值，即$(Q_{O_2})_m$，但此时菌体浓度还较低，摄氧率并不高。随着细胞浓度的迅速增高，培养液的摄氧率也迅速增高，在对数生长期的后期达到最大值，此时呼吸强度低于最大值，菌体浓度也低于最大值。在对数生长期末，由于培养基中营养物质的消耗以及培养装置氧传递能力的限制，呼吸强度下降，虽然这时细胞浓度仍有增加甚至达到最大值，但细胞活力已经下降，导致培养液的摄氧率下降。培养后期，因基质耗尽，细胞自溶，呼吸强度进一步下降，摄氧率也随之迅速下降。

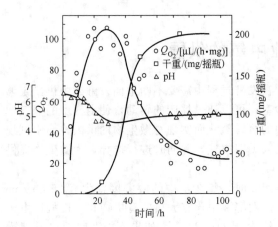

图 7-1 疣孢漆斑霉在分批培养时呼吸强度的变化

以上是呼吸强度和摄氧率变化的一般规律，这一规律受到以下因素的限制和影响。

（1）微生物本身遗传特征的影响　不同种类微生物的耗氧量不同，一般为 $25\sim100\ mmol\ O_2/(L \cdot h)$，但也有少数微生物很高。同一微生物的耗氧量，随菌龄和培养条件不同而异。菌体生长和形成代谢产物时的耗氧量也往往不同，一般幼龄菌生长旺盛，其呼吸强度大，但是种子培养阶段由于菌体浓度低，总的耗氧量也低。老龄菌的呼吸强度弱，但是在发酵阶段，由于菌体浓度高，耗氧量大。对于培养基营养丰富的发酵过程，耗氧量也大。

（2）培养基的成分和浓度　培养基的成分尤其是碳源种类对细胞的耗氧量有很大影响，耗氧速率由大到小依次为，油脂或烃类＞葡萄糖＞蔗糖＞乳糖，因此，在石油发酵过程中发酵罐要有良好的供氧能力才能满足微生物的耗氧要求。培养基的浓度也会影响细胞的耗氧速率，浓度大细胞代谢旺盛，耗氧增加；浓度小，如碳源成为限制性基质时，细胞呼吸强度下降，补充碳源后，呼吸强度又上升。此外，若培养基中含有生长抑制剂时，呼吸强度也会受到限制。

（3）菌龄　一般幼龄菌生长旺盛，呼吸强度大，老龄菌生长慢，呼吸强度小。

（4）发酵条件　pH、温度通过对酶活性的影响而影响菌体细胞的耗氧，而且温度还影响发酵液中的溶氧浓度，温度增高溶氧浓度下降。此外，一些有害代谢产物的积累也会抑制细胞的呼吸。

（5）代谢类型　若产物是通过三羧酸循环（TCA）获取的，则呼吸强度高，耗氧量大，如谷氨酸、天冬氨酸的生产。若产物是通过糖酵解途径（EMP）获取的，则呼吸强度低，耗氧量小，如苯丙氨酸、缬氨酸、亮氨酸的生产。

7.1.4 控制溶解氧的意义

溶解氧浓度对细胞生长和产物合成的影响可能是不同的，即对于细胞生长的最佳溶解氧浓度并不一定就是合成产物的最佳浓度，换言之，发酵不同阶段对氧浓度的要求不同。例如，谷氨酸发酵过程中，在菌体生长繁殖阶段比谷氨酸生成阶段对溶氧要求低，要求溶氧系数 K_d（以氧分压差为传氧推动力的体积溶氧系数）为 $4.0 \times 10^{-6} \sim 5.9 \times 10^{-6}\ mol\ O_2/(mL \cdot min \cdot MPa)$，形成谷氨酸阶段要求溶氧系数 K_d 为 $1.5 \times 10^{-5} \sim 1.8 \times 10^{-5}\ mol\ O_2/(mL \cdot min \cdot MPa)$。在菌体生长繁殖阶段，若供氧过量，在生物素限量的情况下抑制菌体生长，表现为糖的消耗慢，pH 偏高且下降缓慢。在发酵产酸阶段，若供氧不足，发酵的主产物由谷氨酸转为乳酸，这是因为在缺氧条件下，谷氨酸生物合成所必需的丙酮酸氧化反应停滞，导致糖代谢中间体——丙酮酸转化为乳酸，生产上则表现为糖的消耗快，pH 低，尿素消耗快，只长菌体而不产生谷氨酸。但是，如果供氧过量，则不利于 α-酮戊二酸进一步还原氨基化而积累大量 α-酮戊二酸。因此，了解菌体生长繁殖阶段和代谢产物形成阶段的最适耗氧量，就可能分别合理地控制氧供给。

由于空气中的氧在发酵液中的溶解度很低，所以发酵工业中给发酵液通气时空气中氧的利用率很低，如在抗生素发酵过程中，被微生物利用的氧不超过空气中含氧量的 2%；在谷氨酸发酵过程中，氧的利用率为 10%~30%。因此，大量经过净化处理的无菌空气在给发酵液通气过程中因溶解少被浪费掉。因此，必须设法提高传氧效率，从而大大降低空气消耗量，降低设备费和动力消耗，且减少泡沫形成和染菌的机会，同时大大提高设备利用率。

7.2 发酵过程中氧的传递

7.2.1 氧的传递途径与传质阻力

在好氧发酵中，微生物的供氧过程是气相中的氧首先溶解在发酵液中，然后传递到细胞内的呼吸酶位置上而被利用。这一系列的传递过程，又可分为供氧与耗氧两个方面。供氧是指空气中的氧气从空气泡里通过气膜、气液界面和液膜扩散到液体主流中。耗氧是指氧分子自液体主流通过液膜、菌丝丛、细胞膜扩散到细胞内。氧在传递过程中必须克服一系列的阻力，才能到达反应部位，被微生物所利用。这些阻力主要有如下几种（见图 7-2）。

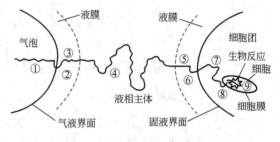

图 7-2 氧从气泡到细胞的传递过程示意图

① 气膜传递阻力 $1/k_G$，为气体主流及气液界面间的气膜传递阻力，与通气情况有关。

② 气液界面传递阻力 $1/k_I$，只有具备高能量的氧分子才能透到液相中去，而其余的则返回气相。

③ 液膜传递阻力 $1/k_L$，为从气液界面至液体主流间的液膜阻力，与发酵液的成分和浓度有关。

④ 液相传递阻力 $1/k_{LB}$，液相传递阻力也与发酵液的成分和浓度有关，它通常不作为一项重要阻力，因在液体主流中氧的浓度假定是不变的，当然这只有在适当的搅拌情况下才成立。

⑤ 细胞或细胞团表面的液膜阻力 $1/k_{LC}$，与发酵液的成分和浓度有关。

⑥ 固液界面传递阻力 $1/k_{IS}$，与发酵液的特性及微生物的生理特性有关。

⑦ 细胞团内的传递阻力 $1/k_A$，该阻力与微生物的种类、生理特性状态有关，单细胞的细菌和酵母不存在这种阻力，对于菌丝这种阻力最为突出。

⑧ 细胞膜和细胞壁阻力 $1/k_W$，与微生物的生理特性有关。

⑨ 细胞内反应阻力 $1/k_R$，是指氧分子与细胞内呼吸酶系反应时的阻力，与微生物的种类、生理特性有关。

以上这些阻力的相对大小取决于流体力学特性、温度、细胞的活性和浓度、液体的组成、界面特性以及其他因素。由图 7-2 可知这些阻力中的①～④项是供氧方面的氧传递阻力，⑤～⑨项是耗氧方面的阻力。而氧从空气泡到细胞的总传递阻力显然为上述各项传递阻力的总和。当细胞以游离状态存在于液体中时，阻力⑦消失，而当细胞吸附在气液界面上时，则阻力④、⑤、⑥、⑦消失。

从氧的溶解过程可知，供氧方面的主要阻力是气膜和液膜阻力，所以工业上常将通入培养液的空气分散成细小的气泡，尽可能增大气液两相的接触界面和接触时间，以促进氧的溶解。耗氧方面的阻力主要是细胞团内与细胞膜阻力所引起的，但搅拌可以减少逆向扩散的梯度，因此也可以降低这方面的阻力。

7.2.2 气体溶解过程中的双膜理论及其他理论

气体溶解于液体是一个复杂的过程，至今还未能从理论上完全了解，最早提出的、至今还在应用的是双膜理论假说。双膜理论的基本前提有以下几点。

① 气泡与包围着气泡的液体之间存在着界面，在界面的气泡一侧存在着一层气膜，在界面的液体一侧存在着一层液膜；气膜内的气体分子和液膜内的液体分子都处于层流状态，氧以浓度差方式透过双膜；气泡内除气膜以外的气体分子处于对流状态，称为气体主流，任何一点的氧浓度、氧分压相等；液膜以外的液体分子处于对流状态，称为液体主流，任何一点的氧浓度、氧分压相等。见图 7-3。

② 在双膜之间的界面上，氧分压与溶于液体中的氧浓度处于平衡关系：$p_i \propto C_i$，$p_i = HC_i$。

③ 氧传递过程处于稳定状态时，传质途径上各点的氧浓度不随时间而变化。

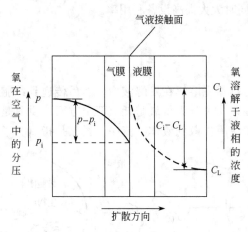

图 7-3　双膜理论的气液接触

氧在克服前面所述的阻力进行传递的过程中要损失推动力。氧从空气扩散到气液界面这一段的推动力是空气中氧的分压与界面处氧分压之差，即 $p - p_i$，氧穿过界面溶于液体，继续扩散到液体中的推动力是界面处氧的浓度与液体中氧浓度之差，即 $C_i - C_L$。与两个推动力相对应的阻力是气膜阻力 $1/k_G$ 和液膜阻力 $1/k_L$。传质达到稳定时，总的传质速率与串联的各步传质速率相等，则单位接触界面氧的传递速率为

$$n_{O_2} = \frac{\text{推动力}}{\text{阻力}} = \frac{p - p_i}{1/k_G} = \frac{C_i - C_L}{1/k_L} \tag{7-2}$$

式中　n_{O_2}——单位接触界面的氧传递速率，$kmol_{O_2}/(m^2 \cdot h)$；

p, p_i——气相中和气、液界面处氧的分压，MPa；

C_L, C_i——液相中和气、液界面处氧的浓度，$kmol/m^3$；

k_G——气膜传质系数，$kmol/(m^2 \cdot h \cdot MPa)$；

k_L——液膜传质系数，m/h。

通常情况下，不可能测定界面处的氧分压和氧浓度，所以式（7-2）不能直接用于实际情况。为了计算方便，并不单独使用 k_G 或 k_L，而是改用总传质系数和总推动力，在稳定状态时，有

$$n_{O_2} = K_G(p - p^*) = K_L(C^* - C_L) \tag{7-3}$$

式中　K_G——以氧分压差为总推动力的总传质系数，$kmol/(m^2 \cdot h \cdot MPa)$；

K_L——以氧浓度差为总推动力的总传质系数，m/h；

p^*——与液相中氧浓度 C_L 相平衡时氧的分压，MPa；

C^*——与气相中氧分压 p 相平衡时氧的浓度，$kmol/m^3$。

根据亨利定律，与溶解浓度达到平衡的气体分压与该气体被溶解的分子分数成正比，即

$$p = HC^* \tag{7-4}$$

$$p^* = HC_L \tag{7-5}$$

$$p_i = HC_i \tag{7-6}$$

式中，H 为亨利常数，表示气体溶解于液体的难易程度，与气体、溶剂种类及温度有关。

由式
$$n_{O_2} = K_G(p - p^*) \tag{7-7}$$

得
$$\frac{1}{K_G} = \frac{p - p^*}{n_{O_2}} = \frac{p - p_i}{n_{O_2}} + \frac{p_i - p^*}{n_{O_2}} = \frac{p - p_i}{n_{O_2}} + \frac{H(C_i - C_L)}{n_{O_2}} \tag{7-8}$$

由式（7-2）得
$$n_{O_2} = \frac{p - p_i}{1/k_G} \Rightarrow \frac{1}{k_G} = \frac{p - p_i}{n_{O_2}} \tag{7-9}$$

$$n_{O_2} = \frac{C_i - C_L}{1/k_L} \Rightarrow \frac{1}{k_L} = \frac{C_i - C_L}{n_{O_2}} \tag{7-10}$$

由式（7-8）～式（7-10）得

$$\frac{1}{K_G} = \frac{1}{k_G} + \frac{H}{k_L} \tag{7-11}$$

同样可得
$$\frac{1}{K_L} = \frac{1}{k_L} + \frac{1}{Hk_G} \tag{7-12}$$

由于氧气难溶于水，H 值很大，$\frac{1}{Hk_L} \ll \frac{1}{k_L}$，所以 $K_L \approx k_L$，说明这一过程中液膜阻力是主要因素。

由于传质理论随着生产实践的发展而不断发展，而双膜理论不能全面地说明气液间传质现象。例如，是否存在双膜还有疑问，而且传质现象也并不限于分子扩散，如湍流情况下的传质就不是单纯的分子扩散。

关于气液传质问题到目前已提出许多其他理论，如渗透理论、表面更新理论等，但这些理论也尚待完善。

7.2.3 氧传递方程

上面介绍的传质系数 K_L 并不包含传质界面积，而传质设备都不可能存在间壁，须用两相直接接触的内界面来代替间壁面积进行计算。所谓内界面事实上是难以测定的，最好考虑一种传质系数能包括内界面，方便于实际应用。内界面以 a（即气液比表面积）表示，单位为 m^2/m^3，即单位体积的内界面。在气液传质过程中，通常将 $K_L a$ 作为一项处理，称为体积溶氧系数或体积传质系数。在单位体积的培养液中，氧的传质速率 OTR 为

$$\text{OTR} = K_L a(C^* - C_L) \tag{7-13}$$

式中　OTR——单位体积培养液的氧传递速率，$kmol/(m^3 \cdot h)$；

　　　$K_L a$——以浓度差为推动力的体积溶氧系数，h^{-1}。

式（7-13）就是气液传质的基本方程。

7.3　发酵过程耗氧与供氧的动态关系

培养液中的溶解氧浓度对好氧培养过程有很大的影响，而溶解氧浓度却取决于氧的传递和被微生物利用两方面的相对速率之差。若细胞耗氧量大于设备供氧量，则生产能力受设备限制，需进一步提高设备的氧传递能力；若细胞耗氧量小于设备供氧量，则生产能力受微生物自身限制，需进一步筛选高产菌，即呼吸强、生长快、代谢旺盛的菌种。当溶液中氧浓度低于临界氧浓度时，就会影响到微生物生长发育和代谢产物生成。因此，供氧应至少保证耗氧的需要量，当二者达到平衡时可用下式表示。

$$\text{OTR} = \gamma \tag{7-14}$$

将 OTR$= K_L a(C^* - C_L)$，$\gamma = Q_{O_2} X$ 代入上式得

$$K_{L}a(C^{*}-C_{L})=Q_{O_2}X \tag{7-15}$$

将 $Q_{O_2}=(Q_{O_2})_{\mathrm{m}}\dfrac{C_{L}}{K_O+C_{L}}$ 代入式（7-15），得

$$\left(1-\frac{C_{L}}{C^{*}}\right)=\frac{(Q_{O_2})_{\mathrm{m}}X}{K_{L}aC^{*}}\times\frac{C_{L}}{K_O+C_{L}} \tag{7-16}$$

设

$$Da=\frac{(Q_{O_2})_{\mathrm{m}}}{K_{L}aC^{*}}X \tag{7-17}$$

$$\beta=K_O/C^{*} \tag{7-18}$$

$$y=C_{L}/C^{*} \tag{7-19}$$

则

$$\frac{1-y}{Da}=\frac{y}{\beta+y}\Rightarrow y^2+(Da+\beta-1)y-\beta=0 \tag{7-20}$$

设

$$B=Da+\beta-1$$

则

$$y=-\frac{B}{2}+\frac{\sqrt{B^2+4\beta}}{2} \tag{7-21}$$

式（7-20）中的无量纲数 Da 为 Damköhler 数，它的物理意义是细胞的最大耗氧量与最大供氧量之比。当 $Da<1$ 时，细胞的耗氧量小于最大供氧量，整个过程受呼吸速率控制；当 $Da>1$ 时，细胞的耗氧量超过最大供氧能力，存在供氧限制，整个过程受氧传递速率控制。K_O 为饱和常数，表示细胞对氧的亲和力，K_O 越大，亲和力越小，耗氧能力越小。

对于一个已知的发酵设备和微生物，当 C^{*}、K_O 和 $(Q_{O_2})_{\mathrm{m}}$ 已知时，假定呼吸只与氧的限制有关，则

$$Da=\frac{(Q_{O_2})_{\mathrm{m}}}{K_{L}aC^{*}}X=\alpha_1 X \tag{7-22}$$

式中，α_1 为系数；Da 为 X 的线性函数。

由式（7-15）、式（7-19）可得

$$y=\frac{C_{L}}{C^{*}}=1-\frac{Q_{O_2}X}{K_{L}aC^{*}} \tag{7-23}$$

所以，y 随着 X 增大而减小。

由 $Q_{O_2}=(Q_{O_2})_{\mathrm{m}}\cdot\dfrac{C_{L}}{K_O+C_{L}}$ 可得，$\dfrac{Q_{O_2}}{(Q_{O_2})_{\mathrm{m}}}=\dfrac{1}{1+\dfrac{K_O}{C_{L}}}$，所以，当 X 增大时，C_{L} 减小，$\dfrac{Q_{O_2}}{(Q_{O_2})_{\mathrm{m}}}$

也随之减小，如图 7-4 所示。

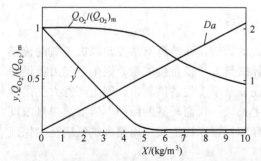

图 7-4　稳态过程中，在 $K_{L}a$ 一定时细胞浓度对呼吸强度的影响

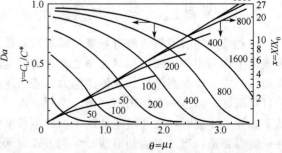

图 7-5　非稳态过程中 $K_{L}a$、溶解氧浓度与细胞生长的关系

在实际发酵过程中，OTR 与 γ 之间这种平衡的建立往往是短暂的，由于发酵过程中培养物生化、物理等性质随时变化，相应氧传递情况也不断变化，平衡被不断打破，又重新建立。对于一个培养物来说，最低的通气条件可由式 $K_La = \dfrac{Q_{O_2}X}{C^* - C_L}$ 求得。K_La 可用来衡量发酵罐的通气状况，高值表示通气条件富裕，低值则表示通气条件贫乏。在发酵过程中，培养液内某瞬间溶氧浓度变化可用下式表示。

$$\frac{dC_L}{dt} = K_La(C^* - C_L) - Q_{O_2}X \tag{7-24}$$

式中，$X = X_0 e^{\mu t}$（X_0 为初始菌体浓度），设 $\theta = \mu t$，$x = X/X_0$（x 为细胞生长倍数），则 $x = e^{\theta}$。

在非稳态过程中，不同的 K_La 条件下，x 和 y 随着 θ 的增加呈现如下变化规律：由于初始菌体浓度 X_0 较低，y 的起始值将随着供氧能力（K_La）的提高而增加，但随着菌体生长时间延长和菌体浓度的增加（即 θ 值的增加），y 将由起始值逐渐下降；而 x 则相反，它将随着 θ 值的增加而呈指数增长，且其增长随着 K_La 的增加而增加，如图 7-5 所示。

在稳态时，$\dfrac{dC_L}{dt} = 0$，则

$$C_L = C^* - \frac{Q_{O_2}X}{K_La} \tag{7-25}$$

7.4 影响氧传递的因素

在氧的传递过程中，主要阻力在于气液间的传递过程。根据气液传递速率方程

$$OTR = K_La(C^* - C_L) \tag{7-26}$$

可知，凡影响推动力 $C^* - C_L$、比表面积 a 和传递系数 K_L（或统称 K_La）的因素都会影响氧传递速率，从而影响到供氧。

7.4.1 影响推动力的因素

7.4.1.1 温度

发酵液中的温度不同，氧的溶解度也不同。氧在水中的溶解度随温度的升高而降低（见表 7-1），在 1.01×10^5 Pa 和温度在 $4 \sim 33$℃ 的范围内，氧的溶解度可由以下经验公式来计算。

$$C_w^* = \frac{14.6}{t + 31.6} \tag{7-27}$$

式中，C_w^* 为与空气平衡时水中的氧浓度，mol/m³；t 为温度，℃。

表 7-1 纯氧在不同温度水中的溶解度（1.01×10^5 Pa 时）

温度/℃	溶解度/(mol/m³)	温度/℃	溶解度/(mg/m³)
0	2.18	25	1.26
10	1.70	30	1.16
15	1.54	35	1.09
20	1.38	40	1.03

因此，氧传递过程中的推动力将随发酵液温度的升高而下降。

7.4.1.2 溶质

（1）电解质　在电解质溶液中，由于发生盐析作用使氧的饱和溶解度降低，故氧传递的推动力随着发酵液中电解质浓度的增加而下降。利用 Sechenov 公式可计算氧的溶解度与电解质浓度的关系。

对于单电解质有

$$\lg \frac{C_w^*}{C_e^*} = KC_E \tag{7-28}$$

式中，C_e^* 为氧在电解质溶液中的溶解度，mol/m³；C_w^* 为氧在纯水中的溶解度，mol/m³；C_E，电解质溶液的浓度，kmol/m³；K，Sechenov 常数，随气体种类、电解质种类和温度而变化。

对于几种电解质的混合溶液，可根据溶液的离子强度计算。

$$\lg \frac{C_w^*}{C_e^*} = \sum_i h_i I_i \qquad (7\text{-}29)$$

式中，h_i 为第 i 种离子的常数，m³/kmol；I_i 为离子强度，kmol/m³，$I_i = \frac{1}{2} Z_i C_{Ei}$；$Z_i$ 为第 i 种离子的价数；C_{Ei} 为第 i 种离子的浓度，kmol/m³。

（2）非电解质　在非电解质溶液中，氧的溶解度一般也随着溶质浓度的增加而下降，其变化规律与在电解质溶液中的变化情况相似，即

$$\lg \frac{C_w^*}{C_n^*} = K C_N \qquad (7\text{-}30)$$

式中，C_n^* 为氧在非电解质溶液中的溶解度，mol/m³；C_N 为非电解质或有机物浓度，kg/m³。

（3）混合溶液　发酵液中同时含有电解质和非电解质，在这种混合溶液中，氧的溶解度可用下式计算。

$$\lg \frac{C_w^*}{C_m^*} = \sum_i h_i I_i + \sum_j \lg \frac{C_w^*}{C_{nj}^*} \qquad (7\text{-}31)$$

式中，C_m^* 为氧在混合溶液中的溶解度，mol/m³。

7.4.1.3　溶剂

发酵过程中，通常使用的溶剂为水。由于氧在一些有机物中的溶解度比水中高，因此实际发酵过程中也可以通过合理添加有机溶剂来降低水的极性从而增加溶解氧的浓度。

7.4.1.4　氧分压

增加氧分压也能通过提高氧的溶解度来增加氧传递的推动力。方法之一是提高空气总压，即增加罐压，从而提高了氧分压，相应的氧溶解度也得到提高。例如，国外抗生素发酵中罐压一般为 $(0.6 \sim 1) \times 10^5 \, Pa$（表压），明显高于国内。但是，增加罐压虽然提高了氧分压，但其他气体成分，如二氧化碳的分压也同时增加。由于二氧化碳的溶解度比氧大得多，因此，增加罐压不利于液相中溶解的二氧化碳的排出，所以增加罐压有一定限度。方法之二是保持空气总压不变，提高氧分压，即改变空气中氧的组分浓度，如进行富氧通气，但此方法成本较高。

7.4.2　影响 $K_L a$ 的因素

7.4.2.1　$K_L a$ 的准数关联式

气液比表面积 a 的测定比较困难，一般将它与液膜传递系数 k_L 合并，作为一个参数处理，即 $K_L a$。影响 $K_L a$ 的因素较复杂，总的来讲，$K_L a$ 与以下因素有关。

① 设备参数　发酵罐的形状结构、搅拌器、挡板、空气分布器等参数，通常以搅拌器直径 d 作为基本参数。

② 操作条件　通气表观线速度 W_s、搅拌转速 N、搅拌功率 P_w、发酵体积 V、液柱高度 H_L，通常以 W_s、N 作为基本参数。

③ 发酵液性质　发酵液的密度 ρ、黏度 η、界面张力 σ 及扩散系数 D_L。

综合以上三类影响因素，用函数式表示如下。

$$K_La = f(d, N, W_s, D_L, \mu, \rho, \sigma, g) \qquad (7\text{-}32)$$

式中　d——搅拌器直径，m；

$\quad N$——搅拌器转速，s^{-1}；

$\quad \rho$——液体密度，kg/m^3；

$\quad \mu$——液体黏度，$Pa \cdot s$；

$\quad D_L$——扩散系数，m^2/s；

$\quad \sigma$——界面张力，N/m；

$\quad W_s$——表观线速度，m/s；

$\quad g$——重力加速度，$9.81 m/s^2$。

通过量纲分析，可得出以下特征数关联式：

$$\frac{K_L a d^2}{D_L} = \alpha_1 \left(\frac{\rho N d^2}{\eta}\right)^{\alpha_2} \left(\frac{N^2 d}{g}\right)^{\alpha_3} \left(\frac{\eta}{\rho D_L}\right)^{\alpha_4} \left(\frac{\eta W_s}{\sigma}\right)^{\alpha_5} \left(\frac{N d}{W_s}\right)^{\alpha_6} \qquad (7\text{-}33)$$

写成上式的意义是可以直接了解各种特征数与 $K_L a$ 的关系，式中

$$\frac{K_L a d^2}{D_L} = \text{Sherwood 数}$$

$Re = \dfrac{\rho N d^2}{\eta} = \text{Renolds 数}$（简称 Re），在搅拌状态下，Re 的物理意义是惯性力与黏性力的比值，可用作流态的判断。当 $Re < 10$ 时为层流，当 $Re > 10^4$ 时为湍流。

$\dfrac{N^2 d}{g} = \text{Froude 数}$，与搅拌状态有关，在全挡板条件下可忽略。

$\dfrac{\eta}{\rho D_L} = \text{Schmidt 数}$，与液膜传质系数 K_L 有关的准数。

$\dfrac{\eta W_s}{\sigma}$ 气流准数，与气流有关。

$Na = \dfrac{N d}{W_s} \rightarrow \dfrac{Q_g}{N d^3}$ 为通气数，与通气搅拌功率 P_G 的计算有关。Q_g 是工况通气量，是指发酵操作条件下的通气量。

7.4.2.2 影响 $K_L a$ 的因素分析

(1) 操作条件的影响　对于牛顿型流体发酵液，$K_L a$ 关联式可以下式表示。

$$K_L a = K \left(\frac{P_G}{V}\right)^\alpha W_s^\beta \qquad (7\text{-}34)$$

式中　P_G——通气时的搅拌功率；

$\quad V$——培养液体积。

Cooper 等在小型通气搅拌罐（液量 3～65L）中，采用亚硫酸盐氧化法测定 $K_L a$，研究通气和搅拌的影响得出 $\alpha = 0.95$，$\beta = 0.67$，这说明通气和搅拌对 $K_L a$ 的影响中，搅拌功率的影响更明显。

① 搅拌对 $K_L a$ 的影响　对于带有机械搅拌的通气发酵罐，搅拌有以下几方面的作用。

a. 将通入培养液的空气分散成细小的气泡，防止小气泡的凝并，从而增大气液相的接触面积。

b. 搅拌使培养液产生涡流，延长气泡在液体中的停留时间。

c. 搅拌造成培养液的湍流，减小气泡外滞流液膜的厚度，从而减小传递过程的阻力。

d. 搅拌使培养液中的成分均匀分布，使细胞均匀地悬浮在培养液中，有利于营养物质的吸收和代谢物的分散。对于没有机械搅拌的鼓泡培养设备及气升式培养设备，则利用气泡

在液体中的上升带动液体运动，产生搅拌作用。

但是，搅拌转速并非越大越好，过度强烈的搅拌产生的剪切作用大，对细胞造成损伤，特别对丝状菌的发酵类型，更应考虑到剪切力对菌体细胞的损伤。同时，激烈的搅拌还会产生大量搅拌热，加重传热的负荷。此外，搅拌器的型式、直径大小、转速、组数、搅拌器间距以及在罐内的相对位置等对氧的传递速率都有影响。

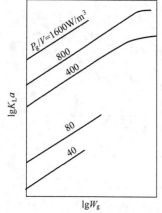

图 7-6　通气对 $K_L a$ 的影响

② 通气对 $K_L a$ 的影响　当通气量较低时，随着通气量的增加，空气表观线速度增加，$K_L a$ 值增加。但是，通气量的增加是有一定限度的，并非通气量越大 $K_L a$ 就一定越大。当通气量超过一定上限时，搅拌器就不能有效地将空气泡分散到液体中去，而在大量气泡中空转，发生所谓"过载"现象，此时搅拌功率会大大下降，$K_L a$ 也会下降，见图 7-6。

(2) 设备参数的影响　在式（7-34）中，单位体积液体的搅拌功率的指数 α 随发酵设备的规模而有所变化，Bartholomew 指出，液量为 9L 的发酵罐，α 为 0.95；装液 $0.5m^3$ 的中试规模发酵罐，α 降到 0.67；而生产规模的发酵罐（液量27～$57m^3$），α 只有 0.50。指数 α 和 β 也随通气搅拌罐的形状、结构而变化，例如，在 $20m^3$ 的伍式（Waldhof）发酵罐中培养啤酒酵母时，α 为 0.72，β 仅为 0.11。搅拌器的形式不同，也会影响 α 和 β 的数值。对于 α 值，弯叶＞平叶＞箭叶；对于 β 值，则是弯叶＞箭叶＞平叶。但是破碎细胞的能力是平叶＞箭叶＞弯叶，而翻动流体的能力则是箭叶＞弯叶＞平叶。表 7-2 是在带有二层搅拌器的小型发酵罐中，不同形式搅拌器的 α 和 β 值。

表 7-2　搅拌器形式对指数 α、β 的影响

搅拌器形式	α	β	搅拌器形式	α	β
六平叶涡轮	0.925	0.488	六箭叶涡轮	0.785	0.578
六弯叶涡轮	1.00	0.713			

(3) 发酵液性质的影响

在发酵过程中，由于微生物的生长繁殖和代谢活动，必然会引起发酵液的物理化学性质发生改变，特别是黏度、pH、极性、表面张力、离子浓度等，从而影响气泡的大小、气泡的稳定性和氧的传递效率。此外，发酵液黏度的改变还会通过影响液体的湍动性以及界面或液膜阻力来影响溶氧传递效率。

有些影响发酵液性质的因素如表面活性剂、离子强度、菌体浓度等亦会影响 $K_L a$ 值。

① 表面活性剂　由于消泡用的油脂是具有亲水端和疏水端的表面活性物质，加入发酵液后分布在气液界面，会增大传递阻力，使 k_L 下降。图 7-7 表明在水中加入表面活性剂月桂基磺酸钠后对 $K_L a$、k_L 和 d_B（气泡的平均直径）的影响。在水中加入少量月桂基磺酸钠后，$K_L a$ 和 k_L 均急剧下降。虽然气泡直径也有相应减小，造成比表面积增加，但 k_L 下降的影响超过 a 增大的作用，所以 $K_L a$ 仍然有很大的下降。

在发酵液中加入消泡剂后，由于 $K_L a$ 会下降并造成液相氧浓度 C_L 的明显下降。在发酵旺盛时，发酵液中产生大量稳定不易破碎的泡沫，会造成逃液并引起杂菌污染。在这类稳定的泡沫中，氧分压很低而二氧化碳分压则很高。这时加入消泡剂消泡，虽会引起溶氧浓度暂时下降，但对改善通气状况是必需的。

② 离子强度　在电解质溶液中生成的气泡比在水中小得多，因而有较大的比表面积。

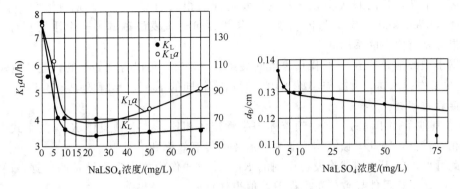

图 7-7 表面活性剂月桂基磺酸钠浓度对 K_La、k_L 和 d_B 的影响

在同一气液接触反应器中，相同的操作条件下，电解质溶液的 K_La 比水大，而且随电解质浓度的增加，K_La 也有较大的增加。图 7-8 表示电解质溶液的浓度对 K_La 的影响。当盐浓度达到 $5kg/m^3$ 时，电解质溶液的 K_La 就开始比水大。盐浓度在 $50\sim80kg/m^3$ 时，K_La 迅速增大。一些有机溶质如甲醇、乙醇和丙酮也有类似现象。根据式（7-28）可以得出，随着电解质溶液浓度的增加，传氧特性好即 K_La 增加，但溶氧特性差即 C_e^* 降低。具体地，离子强度会影响式（7-34）的 α、β 和 K 值的大小。当离子强度在 $0\sim0.4$ 之间时，$\alpha=0.40+0.862I/(0.274+I)$，且随着离子强度的增加，常数 K 增加。当离子强度超过 0.4 时，$\alpha=0.9$，K 值不再变化。指数 β 也随 I 增大而增大，但 I 对 β 的影响较小，β 在 $0.35\sim0.39$ 之间变化，不如 α 变化大。

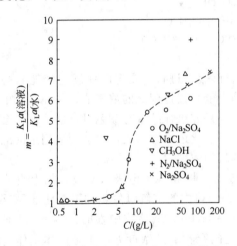

图 7-8 电解质溶液浓度对 K_La 的影响

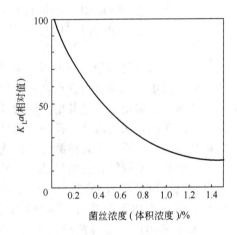

图 7-9 菌丝浓度对 K_La 的影响

③ 菌体浓度 发酵液中菌体浓度的增加会使 K_La 变小，图 7-9 是黑曲霉菌丝浓度与 K_La 的关系。菌体形态对 K_La 的影响也很显著，例如球状菌悬浮液的 K_La 约是同样浓度丝状菌悬浮液的两倍。这主要是由于两种悬浮液的流动特性有较大差别，丝状菌悬浮液的稠度指数为球状菌的 10 倍，流动特性指数几乎为零，而球状菌约为 0.4，因此丝状菌悬浮液非常稠厚，非牛顿特性更为明显，气液传递效果差。将丝状菌悬浮液加水稀释 $10\%\sim15\%$，稠度指数可降到原来的一半，从而明显提高通气效率和液相的氧浓度。

7.5 发酵过程中的氧传递效率

K_La 的大小是评价发酵罐通气的重要指标，但不是唯一的指标。不同型式或不同大小的发酵罐，欲获得相同的 $K_L a$ 所消耗的能量可能有很大的不同。因此把每溶解 1kg 氧所消耗的电能（kWh/kg_{O_2}）定义为传氧效率，作为评价通气发酵罐的另一个重要指标。当然，这两个指标是有内在联系的。

根据小型罐推导的 $K_L a$ 与操作参数间关系式（7-34）可以得到如下的一般结论。

① 对于牛顿流体，大罐与小罐相比，为达到相同的 $K_L a$，小罐的 P_G/V 要小，也就是说，其传氧效率高。

② 在其他条件相同时，非牛顿流体与牛顿流体相比，非牛顿流体 $K_L a$ 关系式中的 K_L 与 a 都相对较低，因此牛顿流体比非牛顿流体的传氧效率高。

由此可见，应用小型试验设备得到的 $K_L a$ 关系式作为放大生产设备的依据，而放大的倍数过大时，最终可能导致严重的误差，值得注意。

7.6 溶解氧、摄氧率和 $K_L a$ 的测定

7.6.1 溶解氧 C_L 的测定原理与方法

测定溶解氧 C_L 的方法有多种，如化学法、极谱法、复膜氧电极法等。

（1）化学法 在样品中加入硫酸锰和碱性 KI 溶液时，立即生成 $Mn(OH)_2$ 沉淀。$Mn(OH)_2$ 极不稳定，迅速与样品中溶解氧化合生成锰酸锰。加入硫酸酸化后，已化合的溶解氧（以锰酸锰的形式存在）将 KI 氧化并释放出与溶解氧量相当的游离碘，然后用硫代硫酸钠标准溶液滴定，换算出溶解氧的含量。测定过程的反应式如下：

$$MnSO_4 + 2NaOH \longrightarrow Mn(OH)_2 + Na_2SO_4$$
$$2Mn(OH)_2 + O_2 \longrightarrow 2MnO(OH)_2 \downarrow$$
$$MnO(OH)_2 + Mn(OH)_2 \longrightarrow MnMnO_3 + 2H_2O$$
$$MnMnO_3 + 3H_2SO_4 + 2KI \longrightarrow 2MnSO_4 + I_2 + 3H_2O + K_2SO_4$$
$$I_2 + 2Na_2S_2O_3 \longrightarrow 2NaI + Na_2S_4O_6$$

前四步反应与空气隔绝，这些反应需在具塞磨口瓶中进行，测定时使反应液充满磨口瓶，不能混有气泡。化学法的优点是测定比较准确，能直接得到氧的浓度值，往往是其他测定方法的基础，也常用于衡量其他方法的准确性。但是如果样品带有颜色时，这些颜色会干扰测定的终点判断，除此之外，样品中如果存在一些氧化还原性物质，也会影响测定的准确性。因此化学法一般不适于直接测定发酵液中溶解氧的浓度。

（2）极谱法 给浸没在待测样品液体中的贵金属阴极和参考电极（阳极）加上直流电压，当电解电压固定在 0.8V 左右时，与阴极接触的液体中的溶解氧发生如下氧化还原反应而被消耗，阴极表面为酸性时：$O_2 + 2H^+ + 2e \longrightarrow H_2O_2$；碱性或中性时：$O_2 + 2H_2O + 2e \longrightarrow H_2O_2 + 2OH^-$。这样阴极表面与液体主体之间存在氧的浓度差，于是液体主体的溶解氧就会扩散到阴极的表面参加电极反应，使电路中维持一定的电流。当氧的扩散过程达到稳定状态时，可测得回路中的扩散电流，并按下式计算。

$$C_L - C_c = \frac{iL}{2FD_L A} \tag{7-35}$$

式中　i——扩散电流，A；

　　F——Faraday 常数；

　　A——阴极表面的表面积；

　　C_L——溶液中溶解氧的浓度，mol/m^3；

　　C_c——阴极表面的氧浓度，mol/m^3；

　　L——液膜厚度，m；

D_L——扩散系数，m^2/s。

由于电极反应速度很快，C_c 实际上可视为零，因此有

$$C_L = \frac{iL}{2FD_LA} \tag{7-36}$$

由此可见，溶解氧的浓度与测得的扩散电流成正比。根据对一系列已知氧浓度的样品的电流进行测定，将获得的电流值对氧浓度作图就可得到如图 7-10 的标准曲线，然后根据待测样品测得的电流值，在标准曲线上可以查得待测样品的氧浓度。

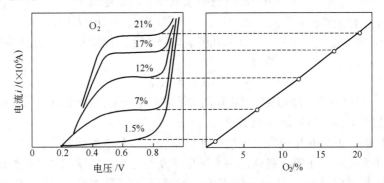

图 7-10　扩散电流与氧浓度的关系

由于阴极表面极易被污染影响重现性，所以一般采用滴汞电极作为阴极，阳极则可用甘汞电极。由于汞滴不断从滴汞电极上滴下，滴汞电极表面始终比较清洁，从而有较好的重现性，但记录的扩散电流曲线会因汞滴大小变化而形成锯齿状。

极谱法的缺点同化学法一样，如果样品中含有其他的氧化、还原性物质也会影响电极反应，从而影响到该法的准确性，使测定结果有误差。

（3）复膜氧电极法　复膜氧电极主要由两个金属电极、电解质和透气的塑料薄膜构成。将阴极、阳极和电解质溶液装入一个壳体，用能透过氧分子的塑料薄膜封闭起来，就构成了复膜氧电极。复膜氧电极可分为极谱型复膜氧电极和原电池型复膜氧电极。

如图 7-11 所示，极谱型复膜氧电极通常用贵金属如铂、金等做阴极，银做阳极，而原电池型复膜氧电极的阴极材料为铂或银，阳极材料为铅，电解质一般为氢氧化钾或醋酸缓冲液。极谱型复膜氧电极在实际使用时需要外界加给一定的电压才能工

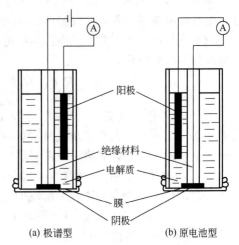

图 7-11　复膜氧电极

作；原电池型复膜氧电极在使用时不需要外界再施加电解电压，其电极反应如下。

阴极：　　　　　　　　　　$O_2 + 2H_2O + 4e \longrightarrow 4OH^-$

阳极：　　　　　　　　　　$Pb - 2e \longrightarrow Pb^{2+}$

与极谱法一样，复膜氧电极所测得的实际上是氧从液相主体到阴极的扩散速率。氧从被测介质主体经过电极膜外侧的滞流液膜、电极膜和电解质扩散到达阴极表面，推动力是氧分压差。当氧的扩散过程达到稳定状态时，电极内外氧分压的分布见图 7-12。这时单位面积氧的扩散速率为

$$n_{O_2} = k_L(p_L - p_1) = k_m(p_1 - p_2) = k_e(p_2 - p_c) = K(p_L - p_c) \tag{7-37}$$

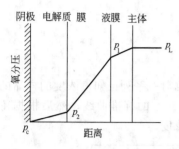

图 7-12 复膜氧电极内
外氧分压的分布

式中　n_{O_2}——氧的扩散通量，$mol/(m^3 \cdot s)$；

　　　k_L——液膜传递系数，$mol/(N \cdot s)$；

　　　k_m——膜传递系数，$mol/(N \cdot s)$；

　　　k_e——电解质膜传递系数，$mol/(N \cdot s)$；

　　　K——总传递系数，$mol/(N \cdot s)$。

如果所用复膜氧电极的阴极面积为 A，根据 Faraday 定律，原电池型氧电极的稳定电流为

$$i = 4FAn_{O_2} = 4FAK(p_L - p_c) \tag{7-38}$$

由于复膜氧电极在使用时阴极表面的氧分压 $p_c = 0$，于是有

$$i = 4FAKp_L = K'p_L \tag{7-39}$$

从式（7-39）可以看出，使用复膜氧电极测定溶解氧时，测定的实际上是液体中氧的分压。

7.6.2　摄氧率 γ 的测定原理与方法

摄氧率 γ 的测定方法有瓦氏呼吸仪法、物料衡算法、氧电极法等。

（1）瓦氏呼吸仪法　瓦氏呼吸仪由一个测压计及与之相连的密闭三角瓶组成，瓶中心有一小杯，用来盛放氢氧化钾溶液，杯外盛放发酵液样品（图 7-13）。将三角瓶置于恒温槽中，以一定的频率振荡，发酵过程中产生的二氧化碳被 KOH 溶液吸收，从测压计读出的三角瓶压力变化速率，这就是氧的消耗速率。再根据样品液体积计算出摄氧率 γ，如果已知菌体浓度，同时可求出呼吸强度。

如果要测定最大呼吸强度 $(Q_{O_2})_m$，就不应存在氧和其他基质限制，这可以用新鲜培养基对发酵液进行适当的稀释而实现。

（2）物料衡算法　在通气搅拌罐中进行沉没培养时，可列出以下关于氧的物料衡算关系。

$$V_L \frac{dC_L}{dt} = \frac{Q_i p_i}{RT_i} - \frac{Q_o p_o}{RT_o} - Q_{O_2} X V_L \tag{7-40}$$

　　　　（变化）（进入）（排出）（呼吸）

式中　Q_i，Q_o——进入和排出发酵罐的空气流量，m^3/s；

　　　p_i，p_o——进入和离开发酵罐的空气氧分压，Pa；

　　　R——通用气体常数，$8.314 J/(K \cdot mol)$；

　　　T_i，T_o——进入和离开发酵罐的空气热力学温度，K；

　　　X——菌体浓度，kg 干重$/m^3$；

　　　V_L——发酵体积，m^3。

处于稳态时，$\dfrac{dC_L}{dt} = 0$，于是

$$\gamma = Q_{O_2} X = \frac{1}{V_L}\left(\frac{Q_i p_i}{RT_i} - \frac{Q_o p_o}{RT_o}\right) \tag{7-41}$$

（3）氧电极法　如果在某一时刻停止向发酵液通气，而维持原来的搅拌转速，由于 $Q_i = Q_o = 0$，式（7-41）便简化为

$$\frac{dC_L}{dt} = -Q_{O_2} X = -\gamma \tag{7-42}$$

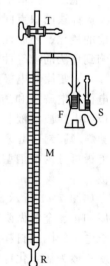

图 7-13　瓦氏呼吸仪
F—反应瓶；S—侧臂；
M—测压管；T—三通
活塞；R—贮液器

用一支响应很快的溶氧电极测定发酵液中的溶氧变化，可以得到如图 7-14 所示的曲线，根据式（7-42），曲线直线部分斜率的绝对值即为摄氧率 γ。

停止通气后，残留在发酵液中的气泡仍有氧传递作用，所以直线部分不立即出现。在小型发酵罐中，表面通气的影响较大，会给摄氧率测定带来误差。这时可在发酵液上方充以氮气，以消除表面通气的影响。

从图 7-14 可以看到，溶解氧下降到一定程度后，直线部分消失，曲线的走向趋于平坦，这是因为溶解氧浓度低于临界值，细胞的呼吸强度降低的缘故。

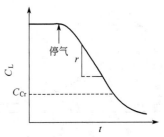

图 7-14 停止通气后发酵液中溶解氧浓度的变化

7.6.3 K_La 的测定原理与方法

K_La 的测定方法有多种，通常有亚硫酸盐氧化法、取样极谱法、物料衡算法、动态法、排气法、复膜电极法等，各种方法原理不同，各有优点和缺点。

（1）亚硫酸盐氧化法 亚硫酸盐氧化法是利用亚硫酸根在铜或镁离子等作为催化剂时被氧迅速氧化的特性，在非培养情况下测定发酵罐的氧传递系数，进而估计发酵设备的通气效率。该法在发酵罐中加入含有铜离子或钴离子、镁离子作为催化剂的亚硫酸钠溶液，进行通气搅拌，使亚硫酸钠与溶解氧生成硫酸钠。由于亚硫酸盐的氧化速率远高于氧的溶解速率，反应速率由气液相的氧传递速率控制，在一定的浓度范围内（$0.018\sim0.5kmol/m^3$）与亚硫酸钠的浓度无关，即当氧一溶解于液体中就立即被耗尽，从而使溶液中氧浓度为零，通过用碘量法测定亚硫酸钠的消耗速率，便可根据亚硫酸钠的氧化量求出氧的传递速率 OTR。因反应速率很快，液相中氧的浓度 $C_L=0$，式（7-13）可写为

$$OTR=K_LaC^* \tag{7-43}$$

从而可求出 K_La。式中 C^* 可以根据实验时的温度、大气压和测试液离子强度的大小查表获得。此外，也可由公式 OTR=K_dp 来计算以氧分压差为传氧推动力的体积溶氧系数 K_d 值，即常用亚硫酸盐氧化值 K_d 来表示氧的传递系数。

$$K_d=\frac{OTR}{p}=\frac{cV}{4000Stp} \quad [mol\ O_2/(mL\cdot min\cdot MPa)] \tag{7-44}$$

式中　OTR——氧传递速率，$kmol/(m^3\cdot h)$；

　　　V——测试液的总体积，m^3；

　　　c——亚硫酸钠的体积摩尔浓度，$kmol/m^3$；

　　　S——取样量，m^3；

　　　t——两次取样的时间间隔；

　　　p——罐压，MPa。

用亚硫酸盐氧化法测定溶氧系数的优点是氧溶解速率和亚硫酸盐的浓度无关，且反应速率快，不需要特殊仪器。其缺点是准确度不及极谱法，同时由于亚硫酸盐对微生物的生长有影响，故测定不能在培养状态的真实发酵条件下进行，而且由于培养液的成分、消泡剂、表面张力、黏度、特别是菌体均会影响氧的传递，因此测得的数据不能完全反映真实培养状态下的溶氧情况。亚硫酸盐氧化法仅能测定发酵设备的溶氧系数，只能表示发酵设备的通气效率的优劣，同时工作容积只能在 $4\sim80L$ 以内才较可靠。

（2）取样极谱法 极谱法测定溶氧系数的原理是：当在溶液中加入电解电压 $0.6\sim1.0V$ 时，扩散电流的大小与液体中溶解氧的浓度成正比。由于氧的分解电压最低，因此发酵液中的其他物质对测定的影响甚微，故此法可直接用于培养状态下的溶氧系数测定。

具体方法是将从发酵罐中取出的样品置于极谱仪的电解池中，记下随时间而下降的发酵液中氧浓度 C_L 的数值，以时间为横坐标，溶解氧浓度为纵坐标作图，见图 7-15。

图中曲线斜率的负数即为微生物的耗氧速率 γ，同时用外推的方法求出发酵液中氧的饱

和浓度 C^*，就可按式（7-45）计算溶氧系数 K_La。

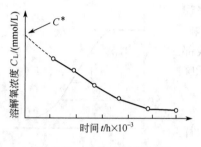

图 7-15 极谱法工作曲线

$$K_La = \frac{\gamma}{C^* - C_L} = \frac{Q_{O_2}X}{C^* - C_L} = -\frac{\text{斜率}}{C^* - C_L} \qquad (7-45)$$

式中　K_La——以浓度差为推动力的溶氧系数，h^{-1}；

　　　Q_{O_2}——微生物的呼吸强度，$mmol/(g_{干重} \cdot h)$；

　　　X——菌体细胞的浓度，g/L；

　　　C^*——与气相氧分压 p 平衡时溶液中氧的浓度，$kmol/m^3$；

　　　C_L——溶液中氧的实际浓度，$kmol/m^3$。

极谱法可以通过测定真实培养状态下发酵液中的溶解氧浓度，并可计算出溶氧系数。其缺点是当从发酵设备中取出样品后，样品所受的压力从罐压降至大气压，此时测定得到的氧浓度已不准确，且在静止条件下所测得的 Q_{O_2} 与在发酵设备中的实际情况不完全一致，因而误差较大。

（3）物料衡算法　对发酵液中的氧进行物料衡算，有

$$\frac{dC_L}{dt} = K_La(C^* - C_L) - \gamma \qquad (7-46)$$

当发酵过程中氧的传递处于稳态时，即 $\dfrac{dC_L}{dt} = 0$，于是

$$K_La = \gamma / (C^* - C_L) \qquad (7-47)$$

式中摄氧率可由进气和排气中氧的分压变化而获得。对于理想混合的发酵罐，C^* 为与排气中氧分压平衡时的氧浓度。如果已知氧在发酵液中的溶解特性，测定了排气氧分压和液相氧浓度，就可求出 K_La。

对于大型发酵罐来说，一般不能获得理想混合，这时可用平均推动力 $(C^* - C_L)_m$ 代替 $(C^* - C_L)$。

$$(C^* - C_L)_m = \frac{(C_i^* - C_L) - (C_o^* - C_L)}{\ln \dfrac{(C_i^* - C_L)}{(C_o^* - C_L)}} \qquad (7-48)$$

式中　C_i^*，C_o^*——与进气和排气氧分压平衡的液相氧浓度。

物料衡算法求得的 K_La 值比较真实可靠，但其准确性受到测定指标准确性的影响，且步骤较繁琐。

（4）动态法　发酵过程中停止通气片刻，溶解氧浓度因菌的利用而迅速下降，人为地制造一个不稳定状态（即溶氧速率和好氧速率不平衡）来求 K_La。当停止向发酵液通气时，从发酵液中溶氧浓度变化速率可以求出摄氧率。待发酵液中的溶氧浓度下降到一定程度时（不应低于临界氧浓度），恢复通气则发酵液中溶解氧浓度逐渐升高，最后可恢复到原先的水平，如图 7-16 所示。根据氧的物料衡算，式（7-46）可以改写成

$$C_L = -\frac{1}{K_La}\left(\frac{dC_L}{dt} + \gamma\right) + C^* \qquad (7-49)$$

根据恢复通气后溶解氧变化的曲线，可用图解法求出与一定溶解氧浓度对应的 $\dfrac{dC_L}{dt}$（即曲线的斜率），将 C_L 对 $\left(\dfrac{dC_L}{dt} + \gamma\right)$ 作图可以得到一条直线，其斜率为 $-\dfrac{1}{K_La}$，而在 C_L 轴上的截距为 C^*，如图 7-17 所示。

动态法的优点是可以测定真实培养状态下发酵液中溶解氧浓度，并可计算出溶氧系数。

其缺点是人为停止通气后的情况与在发酵罐中连续通气的实际情况会有一定的差异，而且停止通气会影响微生物的正常生长，因而存在一定的误差。

（5）排气法　排气法是一种在非发酵状态下进行的测定方法。在被测定的发酵设备中先用氮气赶走液体中的溶解氧或装入已除去溶解氧的 0.1mol/L 的 KCl 溶液，然后再通入空气并进行搅拌，定时取样用极谱仪或其他溶氧测定仪测出溶解氧的浓度，记录溶液中的溶解氧浓度随时间的变化情况。以时间 t 为横坐标，溶解氧浓度为纵坐标，标绘所得的曲线可求出溶液中饱和的溶氧浓度 C^*，见图 7-18 （a）。

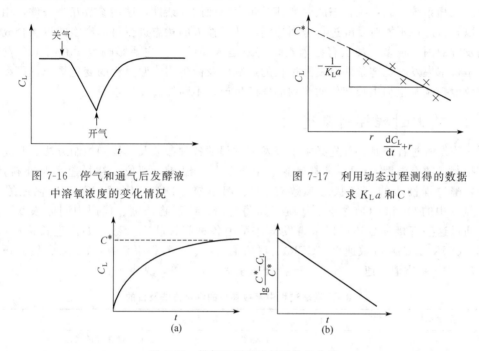

图 7-16　停气和通气后发酵液 中溶氧浓度的变化情况　　　　　图 7-17　利用动态过程测得的数据 求 K_La 和 C^*

图 7-18　排气法测定溶氧系数的曲线

在不稳定情况下，发酵液中没有微生物细胞时，氧分子从气体主流扩散至液体主流的传质速率可由下式表示。

$$\frac{dC_L}{dt}=K_La(C^*-C_L) \tag{7-50}$$

当 $t=0$ 时，应有 $C_L=0$，对上式积分后可以得到式（7-51）。

$$\ln\frac{C^*-C_L}{C^*}=-K_Lat \tag{7-51}$$

以 $\frac{C^*-C_L}{C^*}$ 对时间 t 在半对数坐标上作图，可以得到一条直线，其斜率为 $-K_La$，见图 7-18 （b）。

排气法的缺点是不能代表发酵过程中的实际情况，也不能反映当时发酵液的特性，同时也没有考虑到氧浓度差 ΔC 对溶氧系数 K_La 的影响。可见，取样法和排气法测定溶氧系数都不能反映发酵过程中的实际情况，因此最好能应用复膜电极的溶氧测定仪直接测定发酵过程的溶氧系数。

（6）复膜电极法　利用复膜电极可在发酵过程中测定发酵液的溶解氧浓度、微生物菌体的耗氧速率 r 及溶氧系数 K_La，这样测出的溶解氧浓度、微生物菌体的耗氧速率及溶氧系数可代表发酵过程中的实际情况，是比较理想的测定方法，也是目前较为常用的方法。

8 发酵过程控制

发酵体系是一个非常复杂的多相共存的动态系统，其主要特征在于①微生物细胞内部结构及代谢反应的复杂性；②所处的生物反应器环境的复杂性，主要包括的是气相、液相、固相混合的三相系统；③系统状态的时变性及包含参数的复杂性，这些参数互为条件，相互制约。所以，目前还不能对发酵进行全面控制，使其按人的意志进行目标产物的生物合成。尽管影响发酵的因素很多，甚至有些因素目前还是未知的，且主要影响因素有时也会发生变化。但是，掌握发酵工艺条件对发酵过程的影响以及微生物代谢过程的变化规律，可以帮助人们有效地控制微生物生长和代谢产物的发酵生产，不断提高发酵水平。

8.1 发酵过程控制概述

要实施发酵过程控制，首先必须了解发酵过程的各种参数及其检测控制方法。常规的发酵工艺控制参数有温度、pH、搅拌转速、空气流量、罐压、液位、补料速率及补料量等。能表征发酵过程性质的直接状态参数有 pH、溶解氧（DO）、溶解 CO_2、氧化还原电位（r_H），尾气中的 O_2 和 CO_2 含量、基质（如葡萄糖）或产物浓度、代谢中间体浓度、菌体浓度。通过这些直接参数还可以求得发酵体系中各种间接状态参数，如比生长速率（μ）、摄氧率（OUR）、CO_2 释放速率（CER）、呼吸商（RQ）、氧得率系数（$Y_{X/O}$）、氧体积传质速率（$K_L a$）、基质消耗速率（q_s）、产物合成速率（q_p）等，见表 8-1。

表 8-1　发酵过程中直接参数的测定方法及目的

参 数 名 称	单 位	测 定 方 法	目 的
酸碱度		传感器	反映菌体的代谢情况
溶解氧	mg/L	传感器	反映氧的供给和消耗情况
排气氧浓度	Pa	传感器，热磁氧分析仪	了解耗氧情况
氧化还原电位	mV	传感器	反映菌体的代谢情况
溶解 CO_2 浓度	（饱和）/%	传感器	了解 CO_2 对发酵的影响
排气 CO_2 浓度	%	传感器，红外吸收	了解菌体的呼吸情况
总糖	kg/m^3	取样	了解发酵进程及是否补料
前体或中间体浓度	mg/mL	取样	产物合成情况

由于发酵生产水平主要取决于生产菌种特性和发酵条件的适合程度。所以，了解生产菌种的特性及其与环境条件（如培养基、罐温、pH、DO 等）的相互作用、产物合成代谢规律及调控机制，就可为发酵过程控制提供理论依据。因此，就需要采用各种监测手段获得发酵过程各种状态参数随时间的变化，从而实施有效的优化控制。

此外，通过发酵动力学研究，建立能定量描述发酵的过程的数学模型，并借助现代过程控制手段，为发酵生产的优化控制提供技术和条件支持。通常，一种发酵过程的优化控制实施的具体步骤可以通过以下四步来完成。

① 首先确定能反映过程变化的各种理化参数及其检测方法。

② 其次研究这些参数的变化对发酵生产水平的影响及其机制，获取最佳范围和最适水平。

③ 建立数学模型定量描述各参数之间随时间变化的量化关系，为发酵过程优化控制提

供依据。

④ 最后，通过计算机实施在线自动检测和控制，验证各种控制模型的可行性及其适用范围，实现发酵过程的最优控制。

8.1.1 发酵过程的参数检测

工业发酵的目标是利用微生物最经济地获得高附加值产品。为了实现此目标，人们采用了许多办法，如菌种选育、培养基改良和生产条件优化与控制等。近年来，在发酵过程参数的检测、建模与自动化控制等方面有了长足的发展，并通过实施发酵过程控制，取得了一系列重要成果。

其中，发酵过程参数的测定是进行发酵过程控制的重要依据。发酵过程参数的检测分为两种方式，一是利用仪器进行在线检测，二是从发酵罐中取出样品进行离线检测。

常用的在线检测仪器有各种传感器如 pH 电极、溶氧电极、温度电极、液位电极、泡沫电极、尾气分析仪等。离线分析发酵液样品的仪器有分光光度计、pH 计、温度计、气相色谱（GC）、液相色谱（HPLC）、色质联用（GC-MS）等。这些在线或离线检测的参数均可用于监测发酵的状态，直接作为发酵控制的依据。

工业发酵对在线测量的传感器的使用十分慎重，现在采用的一些发酵过程在线测量仪器是经过考验的、可靠的传感器，如用热电偶测量罐温、压力表或压力传感器指示罐压、转子流量计测量空气流量以及测速仪测定搅拌转速。选择仪器时不仅要考虑其功能，还要确保该仪器不会增加染菌的机会，且置于发酵罐内的探头必需能耐高温、高压蒸汽灭菌，常遇到的问题是探头的敏感表面受微生物的黏附而使其精确性受到影响。

通常根据直接状态参数和间接状态参数对发酵进行有效控制。

8.1.1.1 直接状态参数

直接状态参数是指能直接反映发酵过程中微生物生理代谢状况的参数，如 pH、DO、溶解 CO_2、尾气 O_2、尾气 CO_2、黏度等，见表 8-2。现有的监测直接状态参数的传感器除了必须耐高温高压蒸汽反复灭菌外，还要避免探头表面被微生物堵塞导致测量失败的危险。特别是 pH 和 DO 电极有时还会出现失效和显著漂移等问题。为了克服这类问题，现已发明了探头可伸缩的适合于大规模生产的装置。这样，探头可以随时拉出，重新校正和灭菌，然后再推进去而不会影响发酵罐的无菌状况。

表 8-2 发酵过程直接测定参数的一览表

参 数 名 称	单 位	测 定 方 法	意 义 及 主 要 作 用
温度	K，℃	温度传感器	维持生长、合成代谢产物
罐压	Pa	压力表	维持正压、增加溶氧
空气流量	m³/h	传感器	供氧，排出废气
搅拌转速	r/min	传感器	物料混合，提高传质效果
黏度	Pa·s	黏度计	反映菌体生长、K_La 变化
密度	g/cm³	传感器	反映发酵液性质
装量	m³，L	传感器	反映发酵液体积
浊度	（透光度）%	传感器	反映菌体生长情况
泡沫		传感器	反映发酵代谢情况
传氧系数 K_La	1/h	间接计算，在线检测	反映供氧效率
加糖速度	kg/h	传感器	反映耗氧及糖代谢情况
加消泡剂速率	kg/h	传感器	反映泡沫情况
加中间体或前体速率	kg/h	传感器	反应前体和基质利用情况

在发酵生产中需要一些能在发酵过程中出错或超过设定界限时发出警告或进行自动调节

的装置。例如，向过程控制器不断提供有关发酵控制系统的信息，当过程变量偏移到允许的范围之外，控制器开始干预并自动报警。

比较有价值的状态参数是尾气分析和空气流量的在线测量。用红外和热磁氧分析仪可分别测定尾气中 CO_2 和 O_2 的含量。也可以用一种快速、不连续的，能同时测定多种组分的质谱仪进行检测。尽管得到的数据是不连续的，但这种仪器的响应速度相当快，可用于过程控制。尾气在线分析能及时反映生产菌的生长及代谢状况。不同菌种的发酵条件，OUR、CER 和 RQ 的变化都不一样。以面包酵母补料分批发酵为例，有两种主要原因导致乙醇的形成，即培养基中基质浓度过高或溶解氧的不足都会形成乙醇。当乙醇产生时 CER 升高，OUR 维持不变。因此，RQ 的增加是乙醇产生的标志。应用尾气分析控制面包酵母分批发酵收到了良好的效果。将 RQ 与 DO 控制结合，采用多变量控制策略可以有效地提高酵母发酵的产率和转化率。

8.1.1.2 间接状态参数

间接状态参数是指那些采用直接状态参数计算求得的参数，如比生长速率（μ）、摄氧率（γ 或 OUR）、CO_2 释放速率（CER）、呼吸商（RQ）、氧得率系数（$Y_{X/O}$）、氧体积传质速率（$K_L a$）等，见表 8-3。通过对发酵罐进行物料平衡，可计算出 OUR 和 CER 以及 RQ 值，后者反映微生物的代谢状况，尤其能提供从生长向生产过渡或主要基质间的代谢过渡指标。用此方法也能在线求得 $K_L a$，在其他影响因素已知的情况下，它能提供培养物的黏度状况。间接状态参数更能反映发酵过程的整体状况，间接测量是许多测量技术、控制和其他先进控制生物反应器方法结合的过程。

综合各种状态变量，可以提供反映过程状态、反应速率、设备性能、设备利用效率等信息，以便及时做出调整。例如，用于维持一定环境变量恒定的过程控制操作，如加酸/碱、生物反应器的加热/冷却、消泡剂的添加等常与菌体生长和产物合成关联，这些操作也受过程干扰、代谢迁移和其他控制操作的影响。如 pH 变化受系统反馈控制，也同时受到代谢变化及溶氧控制操作的综合影响。又如，从冷却水的流量和测得的温度可以准确计算大规模发酵时发酵罐的总热负荷和热传质系数，而热传质系数的变化能反映黏度增高和积垢问题。

表 8-3 通过直接状态参数求得的间接状态参数

计 算 对 象	所 需 基 本 参 数	计 算 公 式
摄氧 OUR	空气流量 V，发酵体积 V_L，进气和尾气中的 O_2 含量 $C_{O_2, in}$，$C_{O_2, out}$	$OUR = V(C_{O_2, in} - C_{O_2, out})/V_L = Q_{O_2} X$
呼吸强度 Q_{O_2}，$Y_{X/O}$	OUR、菌体浓度 X、$(Q_{O_2})_{m}$，μ	$Q_{O_2} = OUR/X$ $Q_{O_2} = (Q_{O_2})_m + \mu/Y_{X/O}$
CO_2 释放率 CER	空气流量 V、发酵体积 V_L、进气和尾气中的 CO_2 含量、菌体浓度 X	$CER = V(C_{O_2, in} - C_{O_2, out})/V_L = Q_{CO_2} X$
比生长速率 μ	Q_{O_2}、$Y_{X/O}$、$(Q_{O_2})_m$	$\mu = [Q_{O_2} - (Q_{O_2})_m] Y_{X/O}$
菌体浓度 X	$Y_{X/O}$、Q_{O_2}、$(Q_{O_2})_m$、X_t	
呼吸熵 RQ	进气和尾气中的 O_2 和 CO_2 含量	$RQ = CER/OUR$
体积溶氧系数 $K_L a$	OTR、C_L、C^*	$K_L a = OTR/(C^* - C_L)$

8.1.1.3 离线发酵分析方法

尽管直接状态参数如 pH、DO、溶解 CO_2、尾气 O_2、尾气 CO_2、黏度等能直接检测，但目前还没有一种可在线监测培养基成分和代谢产物的传感器。所以，目前发酵液中的基质（糖、脂质、盐、氨基等）、前体和代谢产物（抗生素、酶、有机酸和氨基酸等）以及菌量的监测还是依赖于人工取样和离线分析。离线分析的特点是所得的过程信息是不连贯和滞后的，但离线分析在发酵过程中亦十分重要。表 8-4 介绍的是离线测定生物量的方法。

表 8-4 离线测定生物量的方法

方　　法	原　　　理	效　果　评　价
压缩细胞体积	离心沉淀物	粗糙但快速
干重	悬浮颗粒干燥至恒重后的质量	如培养基含有固体,结果不准确
光密度	浊度	要保持线性稀释才准确
荧光或其他化学法	分析与生物量有关的化合物如 ATP、DNA、蛋白质等的含量	只能间接测量计算
显微观察	血球计数器上细胞计数	费力,但可通过成像分析实现可视化、简单化
平板计数	经适当稀释后,在平板上计数	只能测活菌,需要培养时间长,结果滞后

8.1.2　发酵过程的代谢调控

微生物有着一整套可塑性极强和极精确的代谢调节系统,以保证上千种酶能正确无误、有条不紊地进行极其复杂的新陈代谢反应。从细胞水平上看,微生物的代谢调节能力要超过复杂的高等动植物。这是因为,微生物细胞的体积极小,而所处的环境条件十分多变,每个细胞要在这样复杂的环境条件下求得生存和发展,就必须具备一整套发达的代谢调节系统。有人估计,在大肠杆菌细胞中,同时存在着 2500 种左右的蛋白,其中上千种是催化正常新陈代谢的酶。如果细胞平均使用蛋白质,由于每个细菌细胞的体积只够容约 10 万个蛋白质分子,所以平均每种酶还分配不到 100 个分子。在长期进化过程中,微生物发展出一整套十分有效的代谢调节方式,巧妙地解决了这一矛盾。例如,在每种微生物的遗传因子上,虽然潜在着合成各种分解酶的能力,但是除了一部分是属于经常以较高浓度存在的组成酶(constitutive enzyme)外,大量的都是属于只有当其分解底物或有关诱导物存在时才合成的诱导酶(induced enzyme 或 inducible enzyme)。据估计,诱导酶的总量约占细胞总蛋白含量的 10%。通过代谢调节,微生物能最经济地利用其营养物,合成出能满足自己生长繁殖所需要的一切中间代谢物,并做到既不缺乏也不剩余任何代谢物的高效"经济核算"。

微生物细胞的代谢调节方式很多,例如,调节营养物质透过细胞膜进入细胞的能力,通过酶的定位以限制它与相应底物接近,以及调节代谢流等。其中以调节代谢流的方式最为重要,它包括两个方面,一是调节酶的合成量,常称作"粗调";二是调节现有酶分子的催化活力,又称作"细调"。两者往往密切配合和协调,以达到最佳调节效果。下面围绕主要的发酵过程参数控制进行介绍。

8.2　温度对发酵的影响及其控制

在发酵过程中需要维持生产菌的生长和产物合成的适当发酵条件,其中之一就是温度。温度是保证各种酶活性的重要条件,微生物的生长和产物合成均需在其各自适合的温度下进行。所以,在发酵过程中必须保证稳定和最适宜的温度环境。

8.2.1　影响发酵温度的因素

在发酵过程中,引起温度变化的原因是由于发酵过程中所产生的净热量,称为发酵热($Q_{发酵}$),它包括生物热、搅拌热、蒸发热、通气热、辐射热和显热等。发酵过程中,随着菌体对培养基的利用以及机械搅拌的作用,将产生一定的热量,同时因罐壁散热,通气及水分蒸发等也带走部分热量,因此发酵热可写为

$$Q_{发酵} = Q_{生物} + Q_{搅拌} + Q_{通气} - Q_{蒸发} - Q_{辐射}$$

生物热($Q_{生物}$)是指微生物在生长繁殖过程中,本身产生的大量热量。这种热的来源主要是培养基中的碳水化合物、脂肪和蛋白质被微生物分解成 CO_2、NH_3、水和其他物质时释放出来的。释放出来的能量部分用来合成高能化合物(如 ATP),供微生物合成和代谢

活动的需要，部分用来合成产物，其余部分则以热的形式散发出来。

生物热随微生物菌种、培养基成分和发酵周期的不同而不同。一般对某一种的微生物菌种而言，生物热的产生具有强烈的时间性，即在孢子发芽和生长初期这种热能产生的数量是有限的。但当进入对数生长期后，它就大量产生，成为发酵过程热平衡的主要因素。此后，生物热的产生开始减少。随着菌体逐步衰老、自溶，则越趋减少。另外，培养基成分越丰富，菌体利用营养物质的速率越大，其产生的生物热也就越大。

搅拌热（$Q_{搅拌}$），好氧培养的发酵罐都有一定功率的搅拌装置，搅拌带动发酵液做机械运动，造成液体之间、液体和设备之间的摩擦，由此产生一定的热量称为搅拌热。

蒸发热（$Q_{蒸发}$），这部分热量是在发酵过程中以蒸汽形式散发到发酵罐的液面，再由排气管带走的热量。空气进入发酵罐后就和发酵液广泛接触，进行热交换同时必然会引起发酵液水分的蒸发，水分蒸发以及排出的气体夹带着部分显热（$Q_{显}$）散失到外界，一般计算时因 $Q_{显}$ 较小忽略不计。

辐射热（$Q_{辐射}$），是指因罐内外温差，使发酵液中有部分热通过罐体向外辐射。辐射热的大小取决于罐内外温差的大小，通常冬天影响大，夏天影响小。

由于 $Q_{生物}$、$Q_{蒸发}$ 及 $Q_{显}$ 在发酵过程中随时间而变化，因此发酵热在整个发酵过程中也随时间变化。为了使发酵在一定温度下进行，生产中都采取在发酵罐上安装夹套或盘管，在温度高时，通过循环冷却水加以控制；在温度低时，通过加热使夹套或盘管中的循环水达到一定的温度从而实现对发酵温度进行有效控制。

8.2.2　温度对微生物生长的影响

温度对微生物的影响，不仅表现在对菌体表面的作用，而且因热平衡的关系，热传递到菌体内部，对菌体内部的结构物质都产生影响。微生物的生长表现是一系列复杂的生化反应的综合结果，其反应速率常受到温度的影响。发酵过程中生长速率的变化可描述为

$$\frac{\mathrm{d}X}{\mathrm{d}t}=\mu X-\alpha X \quad 即 \quad \frac{1}{X}\times\frac{\mathrm{d}X}{\mathrm{d}t}=\mu-\alpha$$

式中　$\dfrac{1}{X}\times\dfrac{\mathrm{d}X}{\mathrm{d}t}$——表观比生长速率，是生长速率与死亡速率的平衡；

　　　　μ——比生长速率；

　　　　α——比死亡速率。

一般，当 $\mu\gg\alpha$ 时，α 可忽略不计，微生物处于生长状态。μ、α 都与温度 T 有关，可用阿累尼乌斯公式描述。

$$\mu=A_1\mathrm{e}^{-E_\mu/RT}，\alpha=A_2\mathrm{e}^{-E_\alpha/RT}$$

式中　E_α，E_μ——活化能，J；

　　　A_1，A_2——常数；

　　　　R——气体常数 $[R=8.28\mathrm{J}/(\mathrm{mol}\cdot\mathrm{K})]$；

　　　　T——热力学温度，K。

一般生长活化能 E_μ 比死亡活化能 E_α 小，因此，死亡速率比生长速率对温度变化更为敏感。不同的微生物，其最适生长温度是不同的，大多数微生物在 $20\sim40℃$ 的温度范围内生长。嗜冷菌在低于 $20℃$ 下生长速率最大，嗜中温菌在 $30\sim35℃$ 左右生长，嗜热菌在 $50℃$ 以上生长。这主要是因为微生物种类不同，所具有的酶系及其性质不同，所要求最适的温度也就不同。而且同一种微生物，培养条件不同，最适温度也会不同。如果所培养的微生物能在较高一些的温度进行生长繁殖，将对生产有很大的好处，既可减少杂菌污染机会，又可减少由于发酵热及夏季培养所需的降温辅助设备和能耗，故筛选耐高温菌株有重要的实践

意义。

温度对微生物生长的影响是多方面的，一方面在其最适温度范围内，生长速率随温度升高而增加，一般当温度增加 10℃，生长速率大致增长一倍。当温度超过最适生长温度，生长速率将随温度增加而迅速下降。另一方面，不同生长阶段的微生物对温度的反应不同，处于延迟期的细菌对温度的影响十分敏感。将其置于最适生长温度附近，可以缩短其生长的延迟期，而将其置于较低的温度，则会增加其延迟期。而且孢子萌发的时间也在一定温度范围内随温度的上升而缩短。对于对数生长期的细菌，从一般适温菌来看，如果在略低于最适温度的条件下培养，即使在发酵过程中升温，其破坏作用也较弱。故在最适温度范围内提高对数生长期的培养温度，既有利于菌体的生长，又避免热作用的破坏。如提高枯草杆菌前期的最适温度，对该菌生长和产酶具有明显的促进作用。如果温度超过 40℃，则菌体内的酶就会受到热的灭活作用，因而生长受到限制。处于生长后期的细菌，一般其生长速度主要取决于溶解氧的浓度，而不是温度，因此在培养后期最好适当提高通气量。

8.2.3 温度对基质消耗的影响

温度的改变可以影响基质的消耗与比生长速率。Righelato 曾假定微生物比生长速率 μ 取决于糖的比消耗速率 q_S。

$$q_S = m + B\mu$$

式中，m 为维持因子，即生长速率为零时的葡萄糖消耗量。m 与渗透压调节、代谢产物生成、转移性及除繁殖以外的其他生物转化等过程所需的能量有关。这些过程受温度的影响，所以 m 也和温度 T 相关。B 为生长系数，即同一生长速率下的糖耗，B 值越大，说明同样比生长速率下用于纯粹生长的糖耗越大。

改变温度可以控制 q_S 和 μ。在 q_S 一定的情况下，当 $T < T_m$ 时，m 增大，μ 增大，则 B 减小，底物转化效率高；当 $T > T_m$ 时，m 下降，μ 减小，B 增大，底物转化效率低；当 $T = T_m$ 时，$\mu = \mu_m$。其中，T_m 为最适生长温度；μ_m 为最大比生长速率。

从生长过程来看，取 $T = T_m$ 最合适。但从生产来看，则要求适度抑制生长，因为最适温度下会造成菌体过量生长，以致超过发酵罐的通气能力，最终导致整个细胞群体的退化和产率降低。显然，通过降低温度来控制 μ 在经济上是不合算的，尤其在发酵温度与外界温度接近的条件下更是如此。当温度对产物合成影响不大时，适当提高温度以减少生长，将对生产节能有利。

8.2.4 温度对产物合成的影响

在发酵过程中，温度对生长和生产的影响是不同的。一般，从酶反应动力学来看，发酵温度升高，酶反应速率增大，生长代谢速度加快，但酶本身容易因过热而失去活性，表现在菌体容易衰老，发酵周期缩短，影响最终产量。温度除了直接影响过程的各种反应速率外，还通过改变发酵液的物理性质来影响产物的合成。例如，温度影响氧的溶解度和基质的传质速率以及养分的分解和吸收速率，间接影响产物的合成。

温度还会影响生物合成的方向。例如，四环素发酵中所用的金色链霉菌，其发酵过程中同时能产生金霉素，在低于 30℃ 下，合成金霉素的能力较强；合成四环素的比例随温度的升高而增大，当达到 35℃ 时只产生四环素，而金霉素合成几乎停止。

近年来还发现温度对代谢有调节作用。在低温（20℃）时，氨基酸合成途径的终产物对第一个酶的反馈抑制作用比在正常生长温度（37℃）更大。故可考虑在抗生素发酵后期降低发酵温度，使蛋白质和核酸的正常合成途径提早关闭，从而使发酵代谢转向目的产物合成。

8.2.5 最适温度的选择

（1）最适温度的定义　最适温度是指最适于菌的生长或产物的生成的温度，它是一个相对概念，是在一定发酵条件下测定的结果。不同的菌种、不同培养条件以及不同的生长阶段，最适温度会有所不同。

由于适合菌体生长的最适温度往往与发酵产物合成的最适温度不同，故经常根据微生物生长及产物合成的最适温度不同进行二阶段发酵。

（2）二阶段发酵　由于最适合菌体生长的温度不一定适合发酵产物的合成，故在实际发酵过程中往往不能在整个发酵周期内仅选一个最适培养温度，而需建立二阶段发酵工艺。例如，青霉素产生菌的最适生长温度是 30℃，而青霉素合成分泌的最适温度是 20℃。因此，在生长初期抗生素还未开始合成的阶段，菌体的生物量需大量积累，主要是需要促进菌丝迅速繁殖，大量积累生物量。这时应优先考虑采用菌体最适生长温度。到抗生素分泌期，菌丝已长到一定浓度，这时应优先考虑采用抗生素生物合成的最适温度。

（3）其他发酵条件　在通气条件较差的情况下，最适发酵温度通常选择比正常良好通气条件下的发酵温度低一些。这是由于在较低的温度下，氧溶解度大一些，菌的生长速率则小一些，从而防止因通气不足可能造成的代谢异常。

培养基成分和浓度也会影响到最适温度的选择。如在使用基质浓度较稀或较易利用的培养基时，提高培养温度会使养料过早耗竭，导致菌丝自溶，发酵产量下降。例如，提高红霉素发酵温度，在玉米浆培养基中的效果就不如在黄豆粉培养基中的效果好，因后者相对难以利用，提高温度有利于菌体对黄豆粉的同化。

（4）变温培养　在抗生素发酵过程中，采用变温培养往往会比恒温培养获得的产物更多。例如在四环素发酵中，前期 0～30h 以稍高温度促使菌丝迅速生长，以尽可能缩短菌体生长所需的时间；此后 30～150h 则以稍低温度尽量延长的抗生素合成与分泌所需的时间；150h 后又升温培养，以刺激抗生素的大量分泌，虽然这样使菌丝衰老加快，但因已接近放罐，升温不会降低发酵产量且对后处理十分有利。又如，根据计算机模拟发酵温度的最佳点，得到青霉素发酵的最适温度是起初 5h 维持在 30℃，随后降到 25℃ 培养 35h，再降到 20℃ 培养 85h，最后回升到 25℃ 培养 40h 放罐。采用这种变温培养在该试验条件下青霉素产量比 25℃ 恒温培养高 14.7%。

以上实例说明，在发酵过程中，通过最适发酵温度的选择和合理控制，可以有效地提高发酵产物的产量，但实际应用时还应注意与其他条件的配合。

8.3　pH 对发酵的影响及其控制

pH 是表征微生物生长及产物合成的重要状态参数之一，也是反映微生物代谢活动的综合指标。因此必需掌握发酵过程中 pH 的变化规律，以便在线适时监控，使其一直处于生产的最佳状态水平。

8.3.1 发酵过程中 pH 变化的规律

微生物生长阶段和产物合成阶段的最适 pH 通常是不一样的。这不仅与菌种特性有关，也与产物的化学性质有关。一些抗生素合成的最适 pH 如下：链霉素和红霉素为中性偏碱，6.8～7.4；金霉素、四环素为 5.9～6.33；青霉素为 6.5～6.8。

在发酵过程中，pH 是动态变化的，这与微生物的代谢活动及培养基性质密切相关。一方面，微生物通过代谢活动分泌有机酸如乳酸、乙酸、柠檬酸等或一些碱性物质，从而导致发酵环境的 pH 变化；另一方面，微生物通过利用发酵培养基中的生理酸性盐或生理碱性盐从而引起发酵环境的 pH 变化。所以，要注意发酵过程中初始 pH 的选择和发酵过程中 pH

的控制，使其适合于菌体的生长和产物的合成。

发酵液 pH 的改变将对发酵产生很大的影响。①会导致微生物细胞原生质体膜的电荷发生改变。原生质体膜具有胶体性质，在一定 pH 时原生质体膜可以带正电荷，而在另一 pH 值时，原生质体膜则带负电荷。这种电荷的改变同时会引起原生质体膜对个别离子渗透性的改变，从而影响微生物对培养基中营养物质的吸收及代谢产物的分泌，妨碍新陈代谢的正常进行。如产黄青霉的细胞壁厚度随 pH 的增加而减小，其菌丝的直径在 pH 6.0 时为 2～3μm，在 pH 7.4 时，则为 2～1.8μm，呈膨胀酵母状细胞，随 pH 下降菌丝形状可恢复正常。②pH 变化还会影响菌体代谢方向。如采用基因工程菌毕赤酵母生产重组人血清白蛋白，生产过程中最不希望产生蛋白酶。在 pH 5.0 以下，蛋白酶的活性迅速上升，对白蛋白的生产很不利；而 pH 在 5.6 以上则蛋白酶活性很低，可避免白蛋白的损失。不仅如此，pH 的变化还会影响菌体中的各种酶活以及菌体对基质的利用速率，从而影响菌体的生长和产物的合成。故在工业发酵中维持生长和产物合成的最适 pH 是生产成败的关键之一。③pH 变化对代谢产物合成的影响。

培养液的 pH 对微生物的代谢有更直接的影响。在产气杆菌中，与吡咯并喹啉醌（PQQ）结合的葡萄糖脱氢酶受培养液 pH 影响很大。在钾营养限制性培养基中，pH 8.0 时不产生葡萄糖酸，而在 pH 5.0～5.5 时产生的葡糖酸和 2-酮葡萄糖酸最多。此外，在硫或氨营养限制性的培养基中，此菌生长在 pH 5.5 下产生葡糖酸与 2-酮葡萄糖酸，但在 pH 6.8 时不产生这些化合物。发酵过程中在不同 pH 范围内以恒定速率（0.055%/h）加糖，青霉素产量和糖耗并不一样，见表 8-5。

表 8-5　在不同 pH 范围内以恒定速率加糖，青霉素产量和糖耗的关系

pH 范围	糖耗	残糖	PenG 相对单位	pH 范围	糖耗	残糖	PenG 相对单位
pH 6.0～6.3 加糖	10%	0.5%	较高	pH 7.3～7.6	7%	>0.5%	低
pH 6.6～6.9 加糖	7%	0.2%	高	pH 6.8 控制加糖	<7%	<0.2%	最高

8.3.2　最适 pH 的选择

选择最适发酵 pH 的准则是获得最大比生产速率和合适的菌体量，以获得最高产量。以利福霉素为例，由于利福霉素 B 分子中的所有碳单位都是由葡萄糖衍生的，在生长期葡萄糖的利用情况对利福霉素 B 的生产有一定的影响。试验证明，其最适 pH 在 7.0～7.5。由图 8-1 可知，当 pH 在 7.0 时，平均得率系数达到最大值；pH 6.5 时其为最小值。在利福霉素 B 发酵的各种参数中，平均得率系数最为重要。故 pH 7.0 是生产利福霉素 B 的最佳 pH。在此条件下，葡萄糖的消耗主要用于合成产物，同时也能保证合适的菌体量。

试验结果表明，生长期和生产期的 pH 分别维持在 6.5 和 7.0，利福霉素 B 的产率比整个发酵过程的 pH 维持在 7.0 的情况下的产率提高 14%。

醋酸杆菌纤维素发酵中，在搅拌和增加溶氧条件下，纤维素的生产会受到极大的限制。这是由于在分批培养中，醋酸杆菌能将葡萄糖降解为葡萄糖酸和葡萄糖酮酸，从而夺走合成纤维素所需的原料。但韩国的学者所用的纤维素高产菌株醋酸杆菌 *A. xylinum* BRC5 以葡萄糖为唯一碳源，却能将发

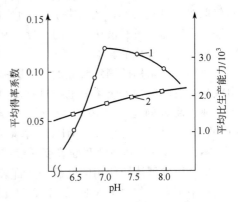

图 8-1　pH 对平均得率系数及平均比生长速率的影响

1—平均得率系数；2—平均比生长速率

酵产生的葡萄糖酸转化为纤维素。不管采用何种碳源，菌体对其利用都需要有一个较长的诱导期，从而使得纤维素的总产率变低。研究发现，在分批培养的前期葡萄糖代谢为葡萄糖酸的 pH 是 4.0，在生产期将 pH 调整到 5.5，可大幅度提高纤维素的产量并缩短发酵时间。消耗 40g/L 的葡萄糖可以获得 10g/L 的纤维素，约为对照（pH 恒定）时产量的 1.5 倍。

8.3.3 pH 的调控策略

控制 pH 在合适的范围应首先从基础培养基的配方考虑，然后通过加酸碱或中间补料来控制。在青霉素发酵中，按照生产菌的生理代谢需要，调节加糖速率来控制 pH 与用恒速加糖、pH 由酸碱控制的方法相比，青霉素产量提高了 25%。有些抗生素品种，如链霉素，采用发酵过程中补充一定量的氨控制 pH 的下降，在合适的抗生素合成范围内既调节了 pH，又补充了产物合成所需的氮。

在发酵液的缓冲能力不强的情况下，pH 可反映菌的生理状况。如 pH 上升超过最适值，意味着菌体处于饥饿状态，可加糖调节，而糖的过量又会使 pH 下降。发酵过程中使用氨水中和有机酸来调节需谨慎，过量的氨会使微生物中毒，导致呼吸强度急速下降。故在需要用通氨气来调节 pH 或补充氮源的发酵过程中，可通过监测溶氧浓度的变化防止菌体出现氨过量中毒。

一般地，pH 调控通常有以下几种方法。

① 配制合适的培养基，调节培养基初始 pH 至合适范围并使其有很好的缓冲能力。

② 培养过程中加入非营养基质的酸碱调节剂，如 $CaCO_3$ 等防止 pH 过度下降。

③ 培养过程中加入基质性酸碱调节剂，如氨水等。

④ 加生理酸性或碱性盐基质，通过代谢调节 pH。

⑤ 将 pH 控制与代谢调节结合起来，通过补料来控制 pH。

在实际生产过程中，一般可以选取其中一种或几种方法，并结合 pH 的在线检测情况对 pH 进行速有效控制，以保证 pH 长期处于合适的范围。

8.4 溶解氧对发酵的影响及其控制

溶解氧是好氧微生物生长所必需的。由于氧在水中的溶解度很低，所以在好氧微生物发酵过程中溶解氧（DO）往往最易成为限制因素。在对数生长期即使发酵液中的溶解氧能达到 100% 空气饱和度，若此时中止供氧，发酵液中 DO 会很快耗竭，使菌体处于缺氧状态。在工业发酵中，产率是否受到氧的限制，单凭通气量的大小是难于确定的。因为 DO 的高低不仅取决于供氧效率，还取决于微生物细胞耗氧状况。而了解溶氧是否足够的最简便有效的办法是在线监测发酵液中 DO 的浓度，从 DO 浓度变化情况可以了解氧的供需规律及其对菌体生长和产物合成的影响。

目前，最常用的测定溶氧的方法是基于极谱原理的电流型测氧复膜电极法，在实际生产中就是在发酵罐内安装溶氧电极进行溶氧测定。

值得注意的是用于发酵行业测定溶氧的电极必须能耐高压蒸汽灭菌，如能耐高温（130℃）、高压（0.1～0.15MPa）、长时间（1h 以上）的灭菌和具有长期的稳定性，其漂移每天不大于 1%，其精度和准确度一般在 ±3% 左右。

生产用发酵罐所使用的电极一般都装备有压力补偿膜，小型玻璃发酵罐用的电极通常采用气孔平衡式。如瑞士 METTLER TOLEDO 公司生产的 InPro 6050 型溶氧电极都属于此类型。

如何运用 DO 参数来指导发酵生产是 DO 监控技术能否推广应用的关键，以下介绍国内外如何运用 DO 参数来控制发酵。

8.4.1 溶解氧变化的规律

通过对发酵过程中溶解氧的变化规律的研究，可以了解 DO 与其他参数的关系，就能利用溶氧来控制发酵过程。

临界氧浓度是指不影响呼吸所允许的最低溶氧浓度。对产物而言，就是不影响产物合成所允许的最低溶氧浓度。临界氧浓度值可由尾气中 O_2 含量变化和通气量共同来测定。也可用响应时间很快的溶氧电极来测定，其要点是在发酵过程中先加强通气搅拌，使 DO 尽可能上升到实验最大值，然后终止通气，继续搅拌，并在罐顶部空间充氮，这时 DO 因菌体呼吸而迅速直线下降，直到其直线斜率绝对值开始减小时所处的溶氧值便是其呼吸临界氧浓度。

一般情况下，发酵行业用空气饱和度（%）来表示 DO 含量的单位。各种微生物的临界氧值以空气氧饱和度表示，如细菌和酵母为 3%～10%；放线菌为 5%～30%；霉菌为 10%～15%。青霉素发酵的临界氧含量为 5%～10% 空气饱和度。低于此临界值时，青霉素的生物合成将受到不可逆的损害，溶氧即使低于 30%，也会导致青霉素的比生产速率急剧下降。如将 DO 值调节到大于 30%，则青霉素的比生产速率很快恢复到最大值。由于氧起着活化异青霉素 N 合成酶的作用，因而氧的限制可显著降低青霉素 V 的合成速率。

在各批发酵中通过维持 DO 在某一浓度范围，考查不同浓度对生产的影响，便可求得产物合成的临界氧值。实际上，呼吸临界氧值不一定与产物合成临界氧值相同。如卷须霉素和头孢菌素的呼吸临界氧值分别为 13%～23% 和 5%～7%；而其抗生素合成的临界氧值分别为 8% 和 10%～20%。生物合成临界氧浓度并不等于其最适氧浓度。前者是指 DO 值不能低于其临界氧值，后者是指生物合成有一最适溶氧浓度范围。溶解氧浓度并非越高越好，即溶氧浓度除了有一个低限外，还有一个高限。如卷须霉素发酵，40～140h 维持 DO 值在 10% 显然比 0 或 45% 的产量要高。

发酵过程中从培养液的溶氧浓度变化可以判断菌的生长生理状况。随菌种的活力、接种量以及培养基的不同，DO 值在培养初期开始明显下降的时间也不同。通常，在对数生长期 DO 值下降明显，从其下降的速率可大致估计菌的生长情况。抗生素发酵在前期 10～70h 间通常会出现一个 DO 值低谷阶段。如土霉素在 10～30h；卷须霉素、烟曲霉素在 25～30h；赤霉素在 20～60h；红霉素和制霉菌素分别在 25～50h 和 20～60h；头孢菌素 C 和两性霉素在 30～50h；链霉素在 30～70h。发酵过程中，DO 值低谷到来的迟早与低谷时的 DO 水平随工艺和设备条件不同而异。出现二次生长时，DO 值往往会从低谷处逐渐上升，到一定高度后又开始下降——这是微生物开始利用第二种基质（通常为迟效碳源）的表现。当生长衰退或自溶时，DO 值将逐渐上升。

值得注意的是，在培养过程中并不是维持 DO 值越高越好。即使是专性好氧菌，过高的 DO 值对生长也可能不利。氧的有害作用是因为形成新生 O、超氧化物基 O_2^- 和过氧化物基 O_2^{2-} 或羟自由基 OH^-，破坏细胞及细胞膜。有些带巯基的酶对高浓度的溶解氧很敏感，好氧微生物就产生一些抗氧化保护机制，如形成过氧化物酶（POD）和超氧化物歧化酶（SOD），以保护其不被氧化。

在补料分批发酵生产纤维素的过程中，溶氧浓度对其产量有重要影响。其最佳的溶氧浓度在 10% 左右，其产量达 15.3g/L，为对照组（DO 不控制）的 1.5 倍。溶氧控制在 15%，纤维素产量反而降低，为 14.5g/L。Kouda 等报道采用其结构经改进的搅拌器可以大大改善无菌空气与培养基的混合效果，使纤维素的产量在 42h 时达到 20g/L。

8.4.2 溶解氧在发酵过程控制中的重要作用

掌握发酵过程中 DO 值变化的规律及其与其他参数的关系后，就可以通过检测溶氧的变化来控制发酵过程。如果溶氧出现异常变化，就意味着发酵可能出现问题，要及时采取措施补救。而且，通过控制溶氧还可以控制某些微生物发酵的代谢方向。

（1）溶解氧判断操作故障或事故引起的异常现象　一些操作故障或事故引起的发酵异常现象能从 DO 值的变化中得到反映。如停止搅拌、未及时开启搅拌或搅拌发生故障、空气未能与液体充分混合等都会使 DO 值比平常低得多，又如一次补糖过量也会使 DO 水平显著降低。

（2）溶解氧判断中间补料是否恰当　中间补料是否得当可以从 DO 值的变化看出。如赤霉素发酵，有些批次的发酵罐会出现"发酸"现象，这时氨基氮迅速上升，DO 值会很快降低。这是由于供氧不足的情况下补料时机掌握不当或补料间隔过密，导致长时间 DO 值处于较低水平所致。溶氧不足的结果会产生乙醇并与代谢中的有机酸反应，形成一种带有酒香味的酯类，视为"发酸"。

（3）溶解氧判断发酵体系是否污染杂菌　当发酵体系污染杂菌后，DO 值一般会一反往常，迅速（一般 2~5h）下跌到零，并长时间不回升，这比进行无菌试验发现染菌通常要提前几个小时。但不是一染菌 DO 值就下跌到零，要看杂菌的好氧情况和数量，以及在罐内与生产菌相比是否占优势。有时会出现染菌后 DO 值反而升高的现象，这可能是因为生产菌受到杂菌抑制，而杂菌又不太好氧的缘故。

（4）溶氧作为控制代谢方向的指标　在天冬氨酸发酵中前期好氧培养，后期转为厌氧培养，酶活可大大提高。所以，掌握由好氧转为厌氧培养的时机非常关键。当 DO 值下降到 45％空气饱和度时，由好氧转换到厌氧培养并适当补充养分，酶活可提高 6 倍。在酵母及一些微生物细胞的生产中，DO 值是控制其代谢方向的主要指标之一，DO 分压要高于某一水平才会进行同化作用。当补料速率较慢和供氧充足时糖完全转化为酵母、CO_2 和水；若补料速率提高，培养液的 DO 分压跌到临界值以下，便会出现糖的不完全氧化而生成乙醇，使酵母的产量减少。此外，DO 值变化还能作为各级种子罐的质量控制和移种指标之一。

8.4.3　影响溶解氧的主要因素与控制方法

发酵液中 DO 值的任何变化都是氧的供需不平衡的结果，故控制 DO 水平可从氧的供需着手。其中，供氧方面可从下式考虑。

$$OTR = K_L a(C^* - C_L)$$

可见，凡是能使 $K_L a$ 和 C^* 增加的因素都能使发酵供氧得到改善。

增加 C^* 可采用以下方法：①在通气中掺入纯氧或富氧，使氧分压提高；②提高罐压，这固然能增加 C^*，但同时也会增加溶解 CO_2 的浓度，使它在水中的溶解度比氧高 30 倍。这会影响 pH 和菌的生理代谢，还会增加对设备强度的要求；③改变通气速率，其作用是增加液体中夹持气体体积的平均成分；在通气量较小的情况下增加空气流量，DO 值提高的效果显著，但在流量较大的情况下再提高空气流量，对溶解氧的提高不明显，反而会使泡沫大量增加，导致逃液或染菌。

而在实际生产中通常从提高氧的体积传质即供氧系数 $K_L a$ 着手，提高设备的供氧能力。除增加通气量外，一般是改善搅拌条件。改变搅拌器直径或转速可增加功率输出，从而提高 a 值。另外，改变挡板的数目和位置，使搅拌时发酵液流态发生变化也能提高 a 值。在考查设备各项工程参数和工艺条件对菌体的生长和产物形成的影响时，同时测定该条件下的 DO 值可以判断氧的供需最佳状态。

（1）搅拌转速对 DO 的影响　在赤霉素发酵中，DO 值水平对产物合成有很大的影响。通常在发酵进行到 25~50h 之间时 DO 值下降到 10％空气饱和度以下，如果此后补料不妥，使 DO 值长期处在较低水平，会导致赤霉素的发酵单位停滞不前。为此，将搅拌转速从

150r/min 提高到 200r/min，使氧的传质提高，促进了产物的合成。值得注意的是，DO 值开始回升的时间因搅拌加快而提前了约 24h，赤霉素生物合成的启动也提前了 1d，到 160h 发酵单位已超过对照放罐的水平。搅拌加快后很少遇到因溶氧不足而"发酸"或发酵单位不高的现象。

（2）发酵液黏度对溶氧的影响　发酵液黏度主要影响传质，随黏度的增加传质系数降低，对于体积传氧系数 K_La 更是如此。Choi 等在气升式生物发酵罐中通过改变培养基成分，降低黏度，提高了溶氧值，从而使泰乐菌素的发酵单位增加 2.5 倍。

（3）培养基丰富程度的影响　限制养分的供给以降低菌的生长速率，也可达到限制菌对氧的大量消耗，从而提高溶氧水平，这是比较"消极"的方法。但从总的经济效益情况看，在设备供氧条件不理想的情况下，控制菌体生长量，使发酵液的 DO 值不低于临界氧值，从而提高菌体的生产能力，也能达到高产的目的。

（4）温度的影响　降低发酵温度可得到较高的 DO 值。这是由于 C^* 的增加，使供氧方程的推动力（$C^* - C_L$）增强和降低了菌体的呼吸。但由于氧传递的温度系数比生长速率的温度系数小，所以采用降温办法以提高 DO 值的前提是对产物合成没有副作用。

（5）气体组成成分对 DO 值的影响

工业生产中采用控制气体组成成分的办法既费事又不经济，因为纯氧气的成本很高。但对产值高的品种，较小的发酵规模，在关键时刻（即菌体的摄氧率达高峰阶段），采用富氧气体以改善供氧状况是可行的。

DO 值只是发酵参数之一，它对发酵过程的影响还必须与其他参数配合起来分析。

国内外都有将 DO 值与尾气 O_2、CO_2、pH 以及材料一起控制进行青霉素发酵的成功例子。控制的原则是加糖速率应正好使培养物处在半饥饿状态，即使仅能维持菌的正常生理代谢的状态。而把更多的糖用于产物合成，并且其摄氧率不至于超过设备的供氧能力。而用 pH 来控制加糖速率的主要缺点是发酵中后期 pH 的变化不敏感，以致不易及时发现补料系统的错乱，或发觉后也为时已晚。

利用带有溶氧电极的直接的加糖系统则没有 pH 系统这方面的缺陷。图 8-2 所示的系统，其加糖阀由一控制器操纵，当培养液的 DO 值高于控制点时，糖阀开大，糖的利用需要消耗更多的氧，导致 DO 值读数的下跌；反之，当读数下降到控制点以下，加糖速率便自动减小，甚至关闭，摄氧率也会随后降低，引起 DO 值读数的逐渐上升。溶解氧浓度控制点的精度可根据不同发酵过程需要来设置，图 8-2 采用的是在控制点的上下 5% 浮动。

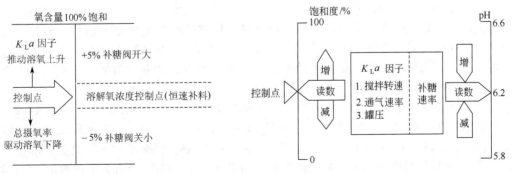

图 8-2　溶氧在加糖控制上的应用　　　　图 8-3　溶氧与 pH 协同控制系统

图 8-3 的这种控制系统是按溶氧、K_La 因子、菌体的耗氧之间的变化来决定补糖速率的增减。K_La 因子是按 pH 的趋势调节的。要降低 pH 就需要加更多的糖，这样又会使 DO 值

下降到低于控制点。要维持原来的控制点就必需加强通气搅拌或增加罐压。推动 pH 上升的要求刚好相反。

此控制系统有一定的优点：①它能使发酵 DO 值的控制更符合需求；②达到控制参数所需时间缩短；③可减少由于种子质量的不稳定而导致批次与批次间产量的波动；④能及时调节搅拌与通气以克服发酵过程中出现的干扰。此系统的缺点是由于一方面菌体量少，还不足以启动 K_La 控制系统，另一方面每批种子的生理状态也有差异，没有精确的既定程序可循，所以，发酵早期只能用人工操纵，但过了这一阶段后便可改用自动控制加糖阀操纵发酵过程。

8.4.4 溶解氧控制对发酵的影响

如上所述，发酵过程对溶解氧进行控制具有多方面的好处，但在实际生产中一个重要的方面是，人们希望通过控制溶解氧来提高产物的合成。现以纤维素的合成与丙酮的生产来说明。

(1) 纤维素的合成 在纤维素合成的补料分批发酵中，控制生产期溶氧值为 10％空气饱和度，可获得最高的纤维素产量 15.3g/L，这相当于 DO 值未控制批号的 1.5 倍。在生产过程中发酵液的黏度随纤维素浓度的提高而增加，纤维素浓度 12g/L 的表观黏度相当于 10Pa·s。因此，在发酵 40h 后由于黏度很高，DO 分布不均，后期 40～50h 纤维素产量增加较小，菌体量反而略有所下降。在这种情况下，进一步提高产量宜从改善搅拌的效果去考虑。

(2) 丙酮酸的生产 Hua 等曾用维生素缺陷型酵母 *Torulopsis glabrata* 对高效丙酮酸发酵做代谢物流分析。他们研究了 DO 值与硫胺素浓度对菌体代谢活性的影响。试验结果显示，DO 含量控制在 30％～40％，对丙酮酸的生产最有利，最终丙酮酸浓度、得率与产率分别达到 42.5g/L、44.7％和 1.06g/(L·h)。

8.5 CO_2 和呼吸商对发酵的影响及其控制

8.5.1 CO_2 对发酵的影响

CO_2 是呼吸和分解代谢的终产物，几乎所有发酵均产生大量的 CO_2。例如，在产黄青霉的生长和产物形成中的 CO_2 来源可用下式表示。

菌体生长时：

$$C_6H_{12}O_6 + 0.42NH_3 + 5.6O_2 + 0.0252H_2SO_4 \longrightarrow 0.42C_{7.1}H_{13.2}O_{4.4}NS_{0.06} + 3CO_2 + 4.8H_2O$$

菌体维持时：

$$C_6H_{12}O_6 + 6O_2 \longrightarrow 6CO_2 + 6H_2O + 38ATP$$

青霉素生产时：

$$2C_6H_{12}O_6 + (NH_4)_2SO_4 + 2.25O_2 + C_8H_8O_2 \longrightarrow C_{16}H_{17}O_4N_2S + 4CO_2 + 11.5H_2O$$

同时，CO_2 也可作为重要的基质，如在以氨甲酰磷酸为前体之一的精氨酸的合成过程中，无机化能营养菌能以 CO_2 作为唯一的碳源加以利用。异养菌在需要时可利用补给反应来固定 CO_2，细胞本身的代谢途径通常能满足这一需要。若发酵前期大量通气，可能出现 CO_2 减少，导致这种异养菌延迟期延长。

溶解在发酵液中的 CO_2 对氨基酸、抗生素等发酵有抑制或刺激作用。大多数微生物适应低含量 CO_2（0.02％～0.04％）。当尾气 CO_2 含量高于 4％时，微生物的糖代谢与呼吸速率下降；当 CO_2 分压为 0.08×10^5 Pa 时，青霉素比合成速率降低 40％。又如发酵液中溶解 CO_2 为 0.0016％时会强烈抑制酵母的生长。当进气 CO_2 含量占混合气体流量的 80％时，酵母活力只有对照值的 80％。在充分供氧条件下，即使细胞的最大摄氧率得到满足，发酵液中的 CO_2 浓度对精氨酸和组氨酸发酵仍有影响。组氨酸发酵中 CO_2 分压大于 0.05×10^5 Pa 时，其产量随 CO_2 分压的提高而下降。精氨酸发酵中有一最适 CO_2 分压，即 1.25×10^5 Pa，高于此值对精氨酸合成有较大的影响。因此即使供氧已足够，还应考虑通气量，以控制发酵液中的 CO_2 含量。

CO_2 对氨基糖苷类抗生素如紫苏霉素（sisomicin）的合成也有影响。当进气中的 CO_2 含量为 1% 和 2% 时，紫苏霉素的产量分别为对照组的 2/3 和 1/7，CO_2 分压为 $0.0042\times10^5\,Pa$ 时四环素发酵单位最高。高浓度的 CO_2 会影响产黄青霉的菌丝形态。当 CO_2 含量为 0%~8% 时菌呈丝状；当 CO_2 含量高达 15%~22% 时，大多数菌丝变膨胀、粗短；当 CO_2 含量更高，达到 $0.08\times10^5\,Pa$ 时会出现球状或酵母状细胞，青霉素合成受阻，其比生产速率约减少 40%。

纤维素发酵是一种非牛顿型高黏度性质的发酵。采用增加罐压的办法提高溶氧会使气相的 CO_2 分压（p_{CO_2}），同时增加，从而降低纤维素的生产速率。这可能是由于生长或呼吸受到抑制，而纤维素的生产速率又取决于耗氧速率。纤维素的生产需要消耗 ATP，而 ATP 在胞内的含量也会受高 p_{CO_2} 的抑制。Kouda 等在 50 L 发酵罐中研究了通入含 10% CO_2 的空气对纤维素产量、摄氧率、细胞生长速率、ATP 浓度的影响。实验结果表明，高 p_{CO_2} [0.15~0.20atm（1atm=101325Pa）] 会减少细胞浓度、纤维素生产速率与得率，但提高摄氧率与活细胞的 ATP 含量，可提高纤维素的比生产速率。这说明高 p_{CO_2} 降低纤维素的生产速率是由于减少菌体生长，而不是抑制纤维素的生物合成。

CO_2 对细胞的作用机制是影响细胞膜的结构。溶解 CO_2 主要作用于细胞膜的脂溶性部位，而 CO_2 溶于水后形成的 HCO_3^- 则影响细胞膜上亲水性部位，如膜磷脂和膜蛋白等。当细胞膜的脂质相中 CO_2 浓度达到一临界值时，膜的流动性及表面电荷密度发生变化，这将导致许多基质的跨膜运输受阻，影响了细胞膜的运输效率，使细胞处于"麻醉"状态，生长受到抑制。

在工业发酵罐中，CO_2 的影响值得注意，因罐内的 CO_2 分压是液体深度的函数。在 10m 高的罐中，$1.01\times10^5\,Pa$ 的气压下操作时，底部的 CO_2 分压是顶部的两倍。为了排除 CO_2 的影响，需综合考虑 CO_2 在发酵液中的溶解度、温度和通气状况。在发酵过程中，如遇到泡沫上升引起逃液时，有时采用减少通气量和提高罐压的措施来抑制逃液，但这将增加 CO_2 的溶解度，对菌体的生长有害。

8.5.2 呼吸商与发酵的关系

发酵过程中的摄氧率（OUR）和 CO_2 的释放率（CER）可分别通过以下两个公式求得。

$$OUR=Q_{O_2}X=F_{in}/V\{C_{O_2,in}-[C_{inert}C_{O_2,out}]/[1-(C_{CO_2,out}+C_{O_2,out})]\}f$$

$$CER=Q_{CO_2}X=F_{in}/V\{[C_{inert}C_{CO_2,out}]/[1-(C_{CO_2,out}+C_{O_2,out})-C_{CO_2,in}]\}f$$

式中　　　　Q_{O_2}——呼吸强度，$molO_2/(g\cdot h)$；

　　　　　　Q_{CO_2}——比 CO_2 释放率，$molCO_2/(g\cdot h)$

　　　　　　　X——菌体干重，g/L；

　　　　　　F_{in}——进气流量，mol/h；

C_{inert}、$C_{O_2,in}$、$C_{CO_2,in}$——进气中惰性气体、O_2、CO_2 含量，%；

　$C_{CO_2,out}$、$C_{O_2,out}$——尾气中 CO_2、O_2 含量，%；

　　　　　　　V——发酵液体积，L；

发酵过程中尾气 O_2 含量的变化恰与 CO_2 含量变化成反向同步关系。由此可判断菌的生长、呼吸情况，求得菌的呼吸商 RQ 值（RQ=CER/OUR）。RQ 值可以反映菌体的代谢情况，如酵母培养过程中 RQ=1，表示糖代谢进行有氧分解代谢途径，仅供生长，无产物形成；如 RQ>1.1，表示进行 EMP 途径，生成乙醇；RQ＝0.93，生成柠檬酸；RQ<0.7，表示生成的乙醇被当作基质再利用。

菌体在利用不同基质时，其 RQ 值也不同。如大肠杆菌以各种化合物为基质时的 RQ 值见表 8-6。在抗生素发酵中生长、维持和产物形成阶段的 RQ 值也不一样。如青霉素发酵中生长、维持和产物形成阶段的理论 RQ 值分别为 0.909、1.0 和 4.0。由此可见，在发酵前期的 RQ 值小于 1。在过渡期由于葡萄糖代谢不仅用于生长，也用于生命活动的维持和产物的形成，此时的 RQ 值比生长期略有增加。产物形成对 RQ 的影响较明显。如果产物的还原性比基质的还原性大，其 RQ 值就增加；而当产物的氧化性比基质氧化性大时，其 RQ 值就减小。其偏离程度取决于单位菌体利用基质形成产物的量。

表 8-6　大肠杆菌以各种化合物为基质时的 RQ 值

基质	延胡索酸	丙酮酸	琥珀酸	乳酸	葡萄糖	乙酸	甘油
RQ 值	1.44	1.26	1.12	1.02	1.00	0.96	0.80

在实际生产中，测得的 RQ 值明显低于理论值，说明发酵过程中存在着不完全氧化的中间代谢物和葡萄糖以外的碳源。如油的存在（油具有不饱和性与还原性）使 RQ 值远低于葡萄糖为唯一碳源时的 RQ 值，在 0.5～0.7 范围内，其值随葡萄糖与油量之比波动。如在生长期提高油与葡萄糖量之比（O/G），维持加入总碳量不变，结果 OUR 和 CER 上升的速度减慢。且菌体浓度增加也慢。若降低 O/G，则 OUR 和 CER 快速上升，菌体浓度迅速增加。这说明葡萄糖有利于生长，油不利于生长。由此得知，油的加入主要用于控制生长，并作为维持和产物合成的碳源。

8.6　基质浓度对发酵的影响及其控制

基质是指供微生物生长及产物合成的原料，有时也称为底物，主要包括碳源、氮源和无机盐等。基质的种类和浓度直接影响到菌体的代谢变化和产物的合成。在实际发酵过程中，基质的浓度主要依靠补料来维持，所以发酵过程中一定要控制好补料的时间和数量，使发酵过程按合成产物最大可能的方向进行。

供给微生物生长及产物合成的原料即培养基的组分，除根据微生物特性和产物的生物合成特点给予搭配外，从底物控制的角度要考虑以下两个方面因素。

（1）培养基的质量　现代化的大生产是在基本统一的工艺条件下进行的，需要有质量稳定的原料。原料的质量不仅表示其中某一个方面的质量要求，而且要进行全面考查。在实际生产中，往往只注意到原料主要成分的含量，而忽略其他方面的质量。实际上，目前还无法全面测定用于工业发酵的大多数天然有机碳源和氮源所含有的组分及含量，且某一碳源或氮源对某一产生菌的生长和产物的合成是"优质"的，但很可能对另一种产生菌的生长和产物的合成是"劣质"的。因此，考查某一原料，特别是天然有机碳源和有机氮源的质量时，除规定的诸如外观、含水量、灰分、主要成分含量等参数外，更重要的是需经过实验评价来确定，否则，将会被"假象"所迷惑。

（2）培养基的数量　培养液中底物及代谢物的残留量是发酵控制的重要参数，控制底物浓度在适当的程度，可以防止底物的抑制和阻遏作用，也可以控制微生物处于适当的生长阶段。

底物浓度的控制与检测方法有极大的关系。如当前用菲林溶液或类似的方法测定还原糖残留量，其结果是反映培养液中所有参与反应的还原性物质的还原能力，不能真实反映还原糖的残留量。所以，对于底物浓度的检测项目与方法的选择十分重要。

为避免发酵过程中补加的底物或前体发生抑制或阻遏作用，所补加的量应保持在出现毒性反应的剂量以下。有时即使出现瞬间的过量也会造成损害，所以补加的方式应根据底物消耗的速度连续流加以避免出现不足或过量。在国内，大多沿用人工控制补料，而且为了管理方便，常采用延长间隔时间的做法。这种补料方法的后果是补料间隔时间越久，一次补入的底物越多，造成的抑制或阻遏作用越不易消失，甚至出现不可逆的损伤。这种补料方式，大大降低了增产效果，有时甚至导致倒罐。现在很多发酵工厂都采用自动控制系统，根据发酵罐内的菌体浓度、底物浓度等进行自动补料。这种补料方式能适时适量地补充基质，大大提高了生产效率。

8.7 通气搅拌对发酵的影响及其控制

好氧型发酵罐通常设有通气和搅拌装置。通气是为了供给好氧或兼性好氧微生物适量的无菌空气，以满足菌体生长繁殖和积累代谢产物的需要。搅拌的作用是把气泡打碎，强化流体的湍流程度，使空气与发酵液充分混合，使气、液、固三相更好地接触从而改善供氧性能。所以，搅拌的作用也非常重要。

搅拌器的形式、直径大小、组数、搅拌器间距以及转速等对氧的传递速率都有不同程度的影响。

① 搅拌器按液流形式可分为轴向式和径向式两种。桨式、锚式、框式和推进式的搅拌器均属于轴向式，而涡轮式搅拌器则属于径向式。对于气液混合系统以采用圆盘涡轮式搅拌器较好，因而发酵罐的搅拌器一般采用涡轮式，它的特点是直径小、转速快、搅拌效率高、功率消耗较低，主要产生径向液流，在搅拌器的上下两面形成两个循环的翻腾，可以延长空气在发酵罐中的停留时间，有利于氧在发酵液中的溶解。根据搅拌器的主要作用，打碎气泡主要靠下组搅拌，上组主要起混合作用，因此下组宜采用圆盘涡轮式搅拌器，上组宜采用平桨式。圆盘涡轮搅拌器的搅拌情况可用通用式发酵罐搅拌液体翻动流型图来说明，见图8-4。

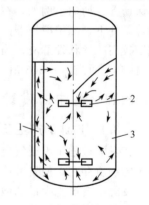

图 8-4 通用式发酵罐搅拌液体翻动流型

1—挡板；2—搅拌液；3—发酵罐

图的右半边表示一个不带挡板的搅拌流型，在中部液面下陷，形成一个很深的旋涡，此时搅拌功率减少，大部分功率消耗在旋涡部分，靠近罐壁处流体速度很低，气液混合不均匀。图的左半边是一个带挡板的搅拌流型，流体从搅拌器径向甩出去后，到罐壁遇到挡板的阻碍，形成向上、向下两部分垂直方向流动，向上部分经过液面后，流经轴向而转下，由于挡板的存在而不致发生中央下陷的旋涡，液体表面外观是旋转起伏的波动。在两层搅拌器之间，液体发生向上、向下的垂直流动，流经搅拌器圆盘外随着搅拌器叶轮向外甩出，经罐壁遇到挡板的阻碍，迫使液体又发生垂直运动，这样在两只搅拌器的上、下方各自形成了自中间轴向部分经罐壁的循环流动。在下组搅拌器的下方，罐底中间部分液体被迫向上，然后顺着搅拌器径向甩出，形成循环。

从以上分析可知，搅拌器的相对位置对搅拌效果影响很大，从而影响溶氧系数。如下组搅拌器距罐底太远，则罐底部分液体不能全部被提升，造成局部缺氧，下组距罐底一般以$(0.8\sim1)d$（d 为桨叶直径）为好。两组搅拌器之间距离若太大，会使两个搅拌器之间部分搅拌不到，搅拌效果差；若距离太小，将会发生流体的互相干扰，功率降低，混合效果不好。至于具体尺寸，应根据不同的发酵类型来考虑，同时可根据实际生产具体决定。一般对非牛顿型发酵液，黏度大，菌体易结团，搅拌器间距宜小些，在 $2d$ 以下；对于牛顿型发酵液可

在 $(3\sim4)d$。

② 搅拌转速 n 和桨叶直径 d 对溶氧水平和混合程度有很大影响。当功率 P 不变时，即 n^3d^5 ＝常数（见节 9.3.1，功率 $P\propto n^3d^5$）。低转速、大叶径，或高转速、小叶径能达到同样的功率，然而 n、d 对溶氧有不同的影响。消耗于搅拌的功率及搅拌循环量 $Q_{搅}$ 和液流速度压头 $H_{搅}$ 的乘积成正比，即

$$P\propto H_{搅}Q_{搅}$$

在湍流状态下，$P\propto H_{搅}$，$Q_{搅}\propto nd^3$，$H_{搅}\propto n^2d^2$。

从上式可看出，$Q_{搅}$ 与 n 的一次方、d 的三次方成正比，$H_{搅}$ 与 n、d 的二次方成正比。增大 d 可增加循环量 $Q_{搅}$，对液体混合有利。增大 n，对提高液流速度压头、加强湍流程度、提高溶氧水平有利。两者都必须兼顾，既要求有一定的液体速度压头，以提高溶氧水平，又要有一定的搅拌循环量，使混合均匀，避免局部缺氧现象。因此，要根据具体情况来确定 n 和 d。一般来讲，当空气流量较小、动力消耗较小时，以小叶径、高转速为好；当空气流量较小、动力消耗较大时，d 对通气效果的影响不太大；当空气流量大、功率消耗小时，以大叶径、低转速为好；当空气流量和动力消耗都较大时，又以采用小叶径、高转速为好。对于黏度大、菌丝易结团的非牛顿型发酵液，以采用大叶径、低转速、多组搅拌器较好；对于黏度小、菌体易分散均匀的牛顿型发酵液，采用小叶径、高转速较好。

搅拌级数对溶氧也有较大影响，装设搅拌器的级数既要考虑到有利于提高溶氧水平，又要保证混合均匀。例如，在 $H/D=2.4$ 的发酵罐中，当培养物为牛顿型发酵液时，在功率相等条件下，二组搅拌器的亚硫酸盐法测定溶氧值 K_d 比三组搅拌器的 K_d 值高。但是对于黏度较高的丝状发酵液，当黏度 $\eta_0=700\text{mPa}\cdot\text{s}$ 时，三组搅拌器的 K_d 值比二组搅拌器的 K_d 值高，而当 $\eta_0=500\text{mPa}\cdot\text{s}$ 时，三组和二组搅拌的 K_d 值基本相等。

8.8　泡沫对发酵的影响及其控制

8.8.1　泡沫的产生及其影响

在发酵过程中因通气搅拌与发酵产生的 CO_2 以及发酵液中糖、蛋白质和代谢物等稳定泡沫的物质存在，使发酵液含有一定数量的泡沫，这属于正常现象。一般在含有复合氮源的通气发酵中会产生大量的泡沫，易引起"逃液"，从而给发酵带来许多负面影响，主要表现在：①降低了发酵罐的装料系数。发酵罐的装料系数一般取 0.7（料液体积/发酵罐容积）左右，通常充满余下空间的泡沫约占所需培养基的 10%，且其成分也不完全与主体培养基相同。②增加了菌群的非均一性。由于泡沫高低的变化和处在不同生长周期的微生物随泡沫漂浮或黏附在罐壁上，使这部分菌体有时在气相环境中生长，引起菌的分化甚至自溶，从而影响了菌群的均一性。③增加了污染杂菌的机会。发酵液溅到轴封等处，容易染菌。④大量起泡，控制不及时会引起"逃液"，导致产物的流失。⑤消泡剂的加入有时会影响发酵产量或给下游分离纯化与精制工序带来麻烦。

发酵液的理化性质对泡沫的形成起决定性作用。气体在纯水中鼓泡，生成的气泡只能维持一瞬间，其稳定性几乎等于零，这是由于围绕气泡的液膜强度很低所致。发酵液中的玉米浆、皂苷、糖蜜所含的蛋白质和细胞本身都具有稳定泡沫的作用，其中，蛋白质分子除分子引力外，在羧基和氨基之间还有引力，因而形成的液膜比较牢固，泡沫比较稳定。此外，发酵液的温度、pH、基质浓度以及泡沫的表面积对泡沫的稳定性也有很大影响。

8.8.2　发酵过程中泡沫的消长规律

发酵过程中泡沫的多寡与通气和搅拌的剧烈程度以及培养基的成分有关。玉米浆、蛋白胨、花生饼粉、黄豆饼粉、酵母粉、糖蜜等是引起泡沫的主要因素。其起泡能力随品种、产

地、加工、贮藏条件而有所不同，且与配比有关。如丰富培养基，特别是花生饼粉或黄豆饼粉的培养基，黏度比较大，产生的泡沫多且持久。糖类本身起泡能力较低，但在丰富培养基中高浓度的糖增加了发酵液的黏度，起稳定泡沫的作用。此外，培养基的灭菌方法、灭菌温度和时间也会改变培养基的性质，从而影响培养基的起泡能力。如糖蜜培养基的灭菌温度从110℃升高到130℃，灭菌时间为半个小时，发泡系数（q_m）几乎增加一倍（q_m 表征泡沫和发泡液体的特性，与通气期间达到的泡沫柱的高度 H_f 和泡沫溃散时间 τ_f 的乘积成正比，与自然泡沫溃散时间 τ_d 成反比），这是由于形成大量的蛋白黑色素和5-羟甲基（呋喃醇）糠醛所致。

在发酵过程中，发酵液的性质随菌体的代谢活动不断变化，也是泡沫消长的重要因素。发酵前期，泡沫的高稳定性与高表观黏度同低表面张力有关。随发酵过程中碳源、氮源的利用，以及起稳定泡沫作用的蛋白质降解，发酵液黏度降低和表面张力上升，泡沫逐渐减少。在发酵后期菌体自溶，可溶性蛋白增加，又导致泡沫回升。

8.8.3 泡沫的控制

泡沫的控制方法可分为机械消泡和化学消泡剂消泡两大类。近年来，也有从生产菌种本身的特性着手，预防泡沫的形成，如在单细胞蛋白生产中，筛选在生长期不易形成泡沫的突变株。也有用混合培养方法，如有人用产碱菌、土壤杆菌同莫拉菌一起培养来控制泡沫的形成，这是一株菌产生的泡沫形成物质被另一种菌协作同化的缘故。

（1）机械消泡　机械消泡借助机械搅拌起到破碎气泡消除泡沫的作用。消泡装置可安装在罐内或罐外。罐内可在搅拌轴上方安装消泡桨，形式多样，泡沫借旋风离心场作用被压碎，也可将少量消泡剂加到消泡转子上以增强消泡效果。罐外法是将泡沫引出罐外，通过喷嘴的加速作用或离心力破碎泡沫。机械消泡的优点在于不需要引进外源物质如消泡剂，从而减少染菌机会，并节省原材料，且不会增加下游提取工艺的负担。但其效果往往不如消泡剂消泡迅速、可靠，需要一定的设备和消耗一定的动力，其最大的缺点是不能从根本上消除泡沫的形成。

（2）消泡剂消泡　在工业发酵过程中，通常利用添加消泡剂的方式来消除泡沫。发酵工业常用的消泡剂分天然油脂类、聚醚类、高级醇类和硅树脂类。常用的天然油脂有玉米油、豆油、米糠油、棉子油和猪油等，除作为消泡剂外，这些物质还可作为碳源。其消泡能力不强，使用时需要注意油脂的新鲜程度，以免菌体生长和产物合成受抑制。应用较多的是聚醚类，主要成分为聚氧丙烯甘油和聚氧乙烯氧丙烯甘油（俗称泡敌），用量为0.03%左右，消泡能力比植物油大10倍以上。泡敌的亲水性好，在发泡介质中易铺展，消泡能力强，但其溶解度大，消泡活性维持时间较短。在黏稠发酵液中使用效果比在稀薄发酵液中更好。十八醇是高级醇类中常用的一种，可单独或与其他载体一起使用。它与冷榨猪油一起能有效控制青霉素发酵的泡沫。聚二醇具有消泡效果持久的特点，尤其适用于霉菌发酵。聚硅氧烷类消泡剂的代表是聚二甲基硅氧烷及其衍生物，其分子结构通式为 $(CH_3)_3SiO[Si(CH_3)_2]_n Si$-$(CH_3)_3$，它不溶于水，单独使用效果很差。它常与分散剂（如微晶 SiO_2）一起使用，也可与水配成10%的纯聚硅氧烷乳液。这类消泡剂适用于微碱性的放线菌和细菌发酵。在 pH 为5.0左右的发酵液中使用效果较差。还有一种羟基聚二甲基硅氧烷，它是一种含烃基的亲水性聚硅氧烷消泡剂，曾用于青霉素和土霉素的发酵中。消泡能力随羟基含量（0.22%～3.13%）的增加而提高。

综上所述，根据消泡原理和发酵液的性质和要求，消泡剂必须有以下特点。

① 消泡剂必须是表面活性剂，且具有较低的表面张力，消泡作用迅速，效率高。

② 消泡剂对气液界面的散布系数必须足够大，才能迅速发挥它的消泡活性，这就要求消泡剂具有一定的亲水性。

③ 消泡剂在水中的溶解度较小，以保持其持久的消泡或抑泡性能。

④ 对发酵过程无毒，对人、畜无害，不被微生物同化，对菌体生长和代谢无影响，不影响产物的提取和产品质量。

⑤ 不干扰溶氧、pH 等测定仪表的使用。

⑥ 消泡剂来源方便，价格便宜。

事实上，许多物质都具有消泡作用，但是消泡程度不同，有的只有瞬时消泡作用，有些则可在较长时间内起抑泡作用。此外，在选择和使用消泡剂还要考虑其对微生物生长代谢的影响。

现有的实验数据和结果还难以评定消泡剂对微生物的影响。过量的消泡剂通常会影响菌的呼吸活性和物质（包括氧）通过细胞壁的运输。使用电子显微镜观察消泡剂对培养了 24h 的短杆菌的生理影响时发现，其细胞形态特征（如膜的厚度、透明度和结构功能）与氧受限制条件下相似，细胞表面呈细粒的微囊，其内膜隐约可见，几乎所有的细胞结构形态都在改变。所以，在生产过程中应尽可能减少消泡剂的用量。在应用消泡剂前需做比较性试验，找出一种对微生物生理、产物合成影响最小，消沫效果最好且成本低的消泡剂。此外，宜使用机械方法与化学方法联合控制泡沫。

8.9　高密度发酵及过程控制

8.9.1　高密度发酵

代谢产物的合成是靠菌体作为生产者来完成的。菌体量越多，自然产量也越大，但其前提条件是此时菌体的生产能力应保持在最佳状态，并具备适当的生产条件，包括足够的产物合成所需的基质、前体、诱导物等原料以及无有害代谢物的积累。高细胞密度发酵就是适应了这一要求而得到广泛的重视。目前已有一些成功的实例，见表 8-7。

在排除所有发酵条件限制的情况下，Riesenberg 从理论上计算了大肠杆菌发酵所能达到的最高菌体密度为 400g 干重/L，而 Markl 等则认为最高的发酵密度应为 200g 干重/L，此时发酵液黏度很高，几乎丧失了流动性。迄今为止，非重组 *E. coli* W3110 和生产聚羟基丁酸的重组菌为最高密度发酵的两个实例，其密度（以干重计）分别为 174g/L 和 175.4g/L。

表 8-7　高细胞密度发酵成功的实例

菌　种	特　征	基础培养基	发酵罐类型	培养方法	细胞干重/(g/L)	培养时间/h	日产率/(g/L)
大肠杆菌	需氧、葡萄糖过量、形成乙醇	葡萄糖、矿物盐或甘油矿物盐	搅拌罐	葡萄糖（甘油）非限制指数补料	140～150	30～40	90～100
枯草杆菌	嗜温菌	含葡萄糖的完全培养基	搅拌罐	补料分批培养，以葡萄糖调节 pH	185	30	160
毕氏酵母	嗜温菌	葡萄糖、矿物盐	搅拌罐	补料分批培养，补甲醇	100	50～120	120～150
酿酒酵母	嗜温菌	含葡萄糖的完全培养基	搅拌罐	连续培养，流加葡萄糖	210	80	50～150

8.9.2　高密度发酵的策略

建立高细胞密度发酵试验方案可从三个方面考虑：①使用最低合成培养基以便进行准确的培养基设计和计算生长得率，这也有助于避免引入对细胞生长不利的养分限制；②细胞生长速率应优化，使得碳源能被充分利用并获得较高的产率，用养分流加来限制菌的生长速率还能控制培养物对氧的需求和产热速率；③可用碳源作为限制性养分，因为其用量比其他养分大且易控制，为了能得到最大的细胞浓度和减轻连续恒化培养所带来的菌种不稳定等问题，宜采用补料分批发酵来实现高密度培养。

8.9.3 高密度发酵技术

可用于高密度发酵的生物反应器类型有常用的搅拌罐和带有外置式或内置式细胞持留装置的反应器,如透析膜反应器、气升式反应器、气旋式反应器等。外循环错流过滤系统可能会导致细胞的损伤,故内循环更合理。Suzuki 等曾用一种带搅拌的陶瓷膜反应器系统来进行乳酸杆菌的高细胞密度培养。其陶瓷过滤器可用于从发酵液中除去生长抑制性代谢副产物和作为气体分布器。Nakano 等采用一种含有内外两个圆筒的膜透析反应器,内筒与外筒之间用透析膜隔离,内外室中均有自己的搅拌器与培养基输送管道。这类反应器对高细胞密度培养十分有用,曾用于大肠杆菌与一些极端菌(extremopHiles)的培养。其优点在于能连续除去抑制性或有毒的代谢产物而不会损伤细胞。Holst 等将气升式反应器用于嗜热菌的高细胞密度培养,可以改善氧的传递速率。Hartbichd 等为了提高溶解氧的浓度,开发了一种带有 NMR 光谱的膜旋风反应器,并用于谷氨酸棒状杆菌高密度培养。这种反应器可以无损伤地在线观察微生物培养过程。

以上介绍的一些生物反应器在研究中是很有效的,但在工业化生产中,还是采用通常的搅拌罐与补料工艺来进行高细胞密度发酵。因为其结构简单,生产潜力高,适合于进行多参数的控制。

重组大肠杆菌高密度发酵成功的关键技术是补料策略,也就是根据重组菌的生长特点及产物的表达方式,采取合理的营养物流加方式。碳源和氮源是两种常用的限制性基质,葡萄糖因细菌利用快且价廉易得,已广泛用作重组菌高密度发酵的限制性基质。大肠杆菌在过量葡萄糖的条件下会发生"葡萄糖效应",积累大量有机酸而影响重组菌的生长和外源蛋白的有效表达。因此,大肠杆菌高密度发酵中合理流加碳源使葡萄糖效应降低,是发酵成功的关键。常用的流加模式有 3 种:恒速流加补料、变速补料和指数流加补料。

在恒速流加培养中,作为限制性基质的葡萄糖是以恒定的速率流加,相对于发酵罐中的菌体来说,营养浓度是逐渐降低的,菌体的比生长速率也慢慢下降,总的菌体量在培养过程中是线性增加的。Pan 等通过恒速流加培养生产人生长激素,菌体浓度达到 120 OD_{525};Jung 等采用该技术生产干扰素,菌体浓度(干重)达到 46g/L,干扰素比生产率(单位质量菌体)为 17mg/g。

变速或梯度增加流加速率可以在菌体密度较高的情况下,通过加入更多的营养物质促进细胞的生长,并对产物的表达有利。有人采用三阶段式流加葡萄糖的方式,高密度培养重组菌 YK537/pDH-B2m 生产骨形成蛋白(BMP-2A),发酵密度达 53 OD_{600},BMP-2A 产量(单位体积发酵液)为 2.78g/L。

指数流加技术是一个简单而又有效的补料技术,它能够使反应器中基质的浓度控制在较低的水平,这可以大大减少乙酸等有害代谢物的生成,菌体以一定的比生长速率呈指数形式增加,还可以通过控制流加的速率控制细菌的生长速率,使菌体稳定生长的同时有利于外源蛋白的充分表达,该技术已广泛地应用于重组大肠杆菌的高密度发酵生产外源蛋白。

8.9.4 高密度发酵存在的问题

高细胞密度发酵有时会存在一些问题,主要包括水溶液中的固体与气体物质的溶解度、基质对生长的限制或抑制作用、基质与产物的不稳定性和挥发性、产物或副产物的积累达到抑制生长的水平、高浓度的 CO_2 与热的释放速率、高的氧需求以及培养基的黏度不断增加等方面。采用化学成分已知的培养基可以简化补料策略,因为其得率系数与生长速率等是已知的。为了达到高密度,需要大量的基质浓度保障,在基础料耗竭时必须添加这些基质。常用氨(作为氮源)来控制 pH,但氨浓度必须保持低水平,因其浓度高会抑制生长。在好氧培养中,如果碳源过量,不同的菌体形成的主要代谢副产物不同,大肠杆菌、枯草杆菌、乳酸杆菌与酿酒酵母的副产物分别为乙酸、丙酸、乳酸和乙醇，通常限制碳源的供给可以阻止这些副产物的积累。

8.10 发酵终点的检测与控制

8.10.1 发酵终点的判断

发酵类型不同，需要达到的目标也不同，因而对发酵终点的判断标准也不同。无论哪一种类型的发酵，其终点的判断标准归纳起来有两点，即产品的质量和经济效益。对原材料与发酵成本占整个生产成本主要部分的发酵品种，主要追求提高产率、得率（转化率）和发酵系数。如果下游后处理工艺的成本占生产成本的主要部分且产品价值高，则除了要求高产率和高发酵系数外，还要求高的产物浓度。要计算总的发酵产率，可以用放罐时的发酵单位除以总的发酵时间（图8-5）。

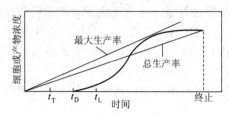

图 8-5 分批培养的产率计算

总产率可用从发酵终点到下一批发酵终点的直线斜率来表示；最高产率可从原点与产物浓度曲线相切的一段直线斜率来代表。切点处的产物浓度比终点最大值低。从下式可求得分批发酵总生产周期。

$$t = \frac{1}{\mu_\mathrm{m}} \ln\left(\frac{X_2}{X_1}\right) + t_\mathrm{T} + t_\mathrm{D} + t_\mathrm{L}$$

式中　t_T——放罐检修工作时间；

　　　t_D——洗罐、配料和灭菌时间；

　　　t_L——生长停滞时间；

　　　X_1——菌体起始浓度；

　　　X_2——放罐菌体浓度；

　　　μ_m——最大比生产速率。

由上式可知，如要提高总产率，必须缩短发酵周期。可在产率降低时放罐，延长发酵虽然能略微提高产物浓度，但产率下降，且消耗每千瓦电力每吨冷却水所得产量也下降，成本提高。放罐时间对下游工序有很大的影响，放罐时间过早，会残留过多的养分如糖、脂肪、可溶性蛋白等，增加提取工艺段的负担。若放罐太晚，菌丝自溶，不仅会延长过滤时间，还可能使一些不稳定的产物浓度下降，扰乱提取工艺阶段的工作计划。

临近放罐时加糖、补料或加入消泡剂要慎重，因残留物对提取和精制有重大影响。补料可根据糖耗速率计算到放罐时允许的残留量来控制。对于抗生素发酵，一般在放罐前约16h便应停止加糖和消泡剂。判断放罐的指标主要有产物浓度、过滤速度、菌丝形态、氨基氮含量、残糖含量、pH、DO值、发酵液的黏度和外观等。一般，菌丝自溶前总有些迹象，如氨基氮、DO值和pH开始上升、菌丝碎片增多、黏度增加、过滤速率下降等。已有老品种抗生素发酵放罐时间一般都按作业计划进行。但在发酵异常情况下，放罐时间就需当机立断，以避免倒罐。未发酵过的新品种发酵则需要探索合理的放罐时间。绝大多数抗生素发酵掌握在菌体自溶前放罐，极少数品种在菌丝部分自溶后放罐，以便胞内抗生素释放出来。总之，发酵终点的判断需综合多方面的因素统筹考虑。

8.10.2 菌体自溶的监测

发酵后期密切监视菌体的自溶情况对稳产和提高下游工艺段的产物回收率有重要意义。通常把微生物因养分的缺乏或处在不利的生长环境下，其自身开始裂解的过程称为自溶。一些真菌的自溶与蛋白酶、β-葡聚糖酶及几丁质酶有关。研究酵母自溶的基本过程与内部结构的变化证实了蛋白质水解是自溶的基本动力，而细胞壁的降解是次要的。其典型特征是膜功能的丧失，区域化的破坏及自溶酶的释放。造成自溶的外部因素有化学物质，如高浓度乙醇的产生、碳氮源或氧的缺乏等。

McNel 等评价了分别以化学和分光光度分析方法、成像分析技术以及酶学分析法监测自溶程度的效率。即用常规的方法监测生物量与产物浓度等参数的变化，用于反映菌体的自溶情况；由计算机辅助的成像分析技术对菌的形态做定量描述，监测有自溶征兆的菌丝所占的比例；监测对自溶起重要作用的一些酶的活性，如蛋白酶和 β-1,3-葡聚糖水解酶的活性等。

成像分析方法是根据每个像素的灰度等级（黑为 0，白为 255）将单色视频摄像机捕获的图像数字化，再转换为二进制双色图像，并对图像内的对象进行分析。对象的选择由操纵者设定的临界灰度等级确定。使用 Seescan 专用成像分析系统，可将装有 XC-77CE 型 Sony CCD 视频摄像机的 Nikon OptipHot-2 显微镜获得的图像数字化，由此检定生长菌株的特征。按一定时间间隔取样 2mL，加 1mL 溴酚蓝，再加固定液（含 5.6% 甲醛、2.5% 冰醋酸，用 50% 的乙醇稀释到 200mL）使体积达到 20mL。处理过的样品置 4℃ 保存待分析。每个样品分析 50 根游离菌丝单元，测定其菌丝长度、分枝菌丝的数目和长度及自溶持续时间。每个菌丝丛的平均菌丝生长单位＝总菌丝长度/分枝数目。成像分析的缺点是费时，因而限制了它的应用。

有些菌丝体在生长期就呈现自溶征兆，发酵时间长时更明显，这时菌体总量仍在增长。因为检测对象在某些区域内的下降可能被其他区域内的上升所掩盖，细胞量的测定只能反映整个培养物状态的平均值。在发酵后期一直增加的自溶率到最后又开始下降，这是由于一些菌丝从裂解的大量菌丝碎片和降解物质中获得营养，支持了新的生长点，有人称此过程为"隐性生长"。

8.10.3 影响自溶的因素

在青霉素发酵中后期，如果 NH_4^+ 的量供给不足（$<0.25\sim0.34g/L$），青霉素的合成终止，菌丝自溶加剧。所以，NH_4^+ 的限制可能是诱导或刺激真菌细胞自溶的外在因素。除了菌株间的遗传差异外，菌龄是影响自溶很重要的内在因素。氧限制可显著降低青霉素 V 的合成速率，出现自溶的时间比 DO 控制（$\geqslant40\%$ 空气饱和度）的发酵更早。在 120h 后大多数菌丝出现自溶征兆，并伴随菌量和表观黏度的下降以及 NH_4^+ 的上升。在自溶的初期（$120\sim148h$）碳源继续消耗，CO_2 释放速率（CER）上升，DO 值仍停留在限制水平（0 饱和度）。RQ 从 1.0（$72\sim120h$）上升到 2.0。这反映菌体的代谢由需氧呼吸转向厌氧降解。在 120h 后青霉素 V 被降解，到 142h 发酵单位降至零。在这期间的平均降解速率为 $0.023g/L \cdot h$。

自溶初期的一种普遍现象是大量的蛋白质水解。这是由于胞内的蛋白酶被活化，液泡中的水解酶在碳、氮源限制下被解除阻遏，或间室化破坏释放出水解酶，在一些酵母的自溶过程中，β-葡聚糖酶起重要作用。分批发酵过程中，胞内蛋白酶活性变化可分成 3 个阶段：第一阶段在 48h，蛋白酶比活出现一个高峰，其总酶活高峰出现在 72h，出现这些情况可能是在指数生长期蛋白质需要快速周转和分泌到胞外，以降解和利用培养基中的外源蛋白质。第二阶段，在发酵 96h 左右蛋白酶活性降至低谷，这是对其需要的减少所致。第三阶段为 $120\sim124h$，蛋白酶活性又快速增长，并伴随能源的消耗与 NH_4^+ 的释放。自溶过程的顺序是膜功能的损坏与间室化破坏及水解酶释放。β-葡聚糖酶的比活在发酵 72h 降到最低点，随后逐渐升到自溶期末达到高峰。

8.11　自动控制技术在发酵过程控制中的应用

自 20 世纪 60 年代首次将计算机应用于模拟发酵过程（Yamashita 和 Murau，1967）和用于谷氨酸（Yamashita 等，1969）、青霉素（Grayson，1969）发酵生产的过程以来，已有大量的有关计算机在发酵过程中应用的报道。大型计算机造价的降低和微型计算机使用的普及使其应用的范围不断扩大。

8.11.1　发酵过程的计算机控制原理

计算机对发酵控制有开环控制系统和闭环控制系统两种。开环控制是指计算机只对被控制对象输出数据和命令，不需要得到被控对象反馈的信息。闭环系统是一种具有双向控制的结构系统，即带有反馈的控制系统。发酵过程的计算机闭环控制系统如图 8-6 所示。

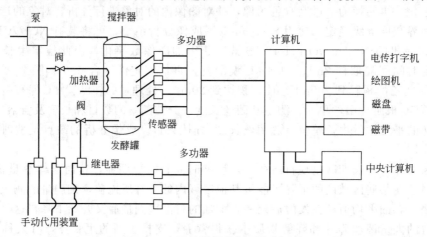

图 8-6　电子计算机的闭环控制系统

在闭环控制系统中，由发酵罐上传感器获得的物理量（温度、压力等），经转换器转换成与其成线性关系的电压或电流，经放大器放大后形成反馈信号，送入控制装置与给定值比较，产生偏差信号，经调节元件放大调整，变成控制执行机构的电压或电流，最后由执行机构产生直接控制信号，去控制被控对象（冷却水流量、空气流量等），而被控对象的状态改变又导致被调节的物理量的改变，再经反馈回路送到控制系统，如此循环，最终使偏差信号不再出现，达到最佳控制。

在计算机闭环系统中，计算机实现对被控对象进行检测与控制两方面内容。通过检测，计算机可以得到生产过程的当前状态，以及系统按照输出的控制参数执行控制的效果。如果生产过程未处在理想状态，计算机就会输出一个"控制改变量"使过程朝理想状态方向变化。由于计算机只能输入、输出数字量，在作为控制装置使用时，必须有数字量与电流、电压等模拟量的转换环节，即通过转换器量化。只要处理模型对生产过程进行正确的描述，计算机从过程得到的各种输入都很好地满足系统的精度要求，计算机的输出命令又都准确执行，由这样的闭环系统控制的生产过程就能达到产量高、质量好、能耗低、综合性指标最佳等目标。

8.11.2　发酵过程的计算机功能分析

Nyiri 认为计算机在发酵过程中有三个主要功能。

（1）过程数据记录　数据记录由数据获得系统来完成。在传感器和计算机间有一连接面实现软件连接，软件包括用于传感器信号顺序扫描的计算机程序及数据采集、处理与贮存程序。

计算机的最简单任务是数据记录。如表 8-8 所测得参数均由传感器获得，而传感器所产生的信号与计算机系统相匹配。

表 8-8　由传感器获得可测得参数

传 感 器	来自于传感器的测定信号的信息	传 感 器	来自于传感器的测定信号的信息
pH	发酵液中 pH 变化	氧摄取速率 二氧化碳释放速率 }	呼吸商
溶解氧 排气氧 } 气体流速	氧传递速率 氧摄取速率	糖浓度及补料速率 二氧化碳释放速率 }	产率和细胞密度
排气二氧化碳 } 气体流速	二氧化碳释放速率		

已经建立了参比实时钟的程序，它能将来自相应传感器的信号以一个预定的模式不断进行扫描并贮存于数据库。典型的扫描间歇为 $2 \sim 60s$。在初级扫描循环中，将所得的扫描值与已确定的限制值比较，如果偏差过大，则会启动报警装置或通过控制执行机构进行调节。在一个程序的末级循环中，每隔 $5 \sim 60s$，程序指令传感器读数，并被永久地记录于数据库中。

在来自于传感器的在线数据被记录的同时，由于测定微生物生长、底物利用、产物形成的数据被定期地贮存于数据库，因此只要在发酵罐上配备适当的仪表和带有多台微处理机的计算机工作站，用少量的劳力就能同时连续记录多个发酵罐的多个参数。

（2）数据分析（记录数据的还原）　数据还原由数据分析系统完成，该系统为一个建立在一系列经选择的数学方法上的计算机程序。分析好的信号可被打印、输入数据库或被用于过程控制。

由于计算机能够迅速地进行许多计算，因而有可能设计以各种方法分析发酵数据的程序。与专用微机一样，连接的主机也可用于数据分析。

Aiba 等将许多监测系统描述为门路传感器，之所以称为门路传感器，是因为由传感器产生的信息能进一步显示出发酵的间接信息。

通过计算所测得的气体流速，分析残留于已知体积的发酵液中的氧和二氧化碳，就有可能获得菌体的呼吸商。此方法已被用于监测 250L 发酵器中产朊假丝酵母（*Candida tilis*）的生长，以跟踪和预测发酵过程中的变化。

如果一旦确定了转化成产物的基质，则通过测定某些物质的量（O_2、CO_2、NH_3 等），就能写出 C、H、O、N 质量平衡式。其他物质的质量也可以进行计算，如果生物物质的元素成分已知，则可对其产物进行计算，这一方法已用于啤酒酵母发酵的分析。生物物质的形成可以认为有化学计量关系，即在有氧和氨存在时底物转化成生物物质、二氧化碳和水。

$$碳源 + 能源 + 氧 + 氨 \longrightarrow 细胞 + 水 + 二氧化碳$$

该方程还可为如下形式

$$a\mathrm{C}_x\mathrm{H}_y\mathrm{H}_z + b\mathrm{O}_2 + c\mathrm{NH}_3 \longrightarrow d\mathrm{C}_\alpha\mathrm{H}_\beta\mathrm{O}_\gamma\mathrm{N}_\varepsilon + e\,\mathrm{H}_2\mathrm{O} + f\mathrm{O}_2$$

a、b、c、d、e、f 为反应物和生成物的物质的量；$\mathrm{C}_x\mathrm{H}_y\mathrm{H}_z$ 为基质的分子式；x、y、z 为 C、H、O、N 的原子数比；生成物以 $\mathrm{C}_\alpha\mathrm{H}_\beta\mathrm{O}_\gamma\mathrm{N}_\varepsilon$ 表示，α、β、γ、ε 为细胞中各元素相应的原子数。此式由 Conney、Wang 等提出并用于面包酵母的发酵。

（3）过程控制　过程控制也由计算机程序来完成，即来自于计算机的信号被送至泵、阀或经由接口的开关等执行元件，对发酵过程进行控制。另外，计算机程序含有显示装置、打印装置或报警装置等的指令。

计算机有可能分析数据、并与数据库中的模型进行比较，最终使用导致过程最优化的控制程序。但目前在发酵工业中尚未能广泛使用这种方法进行过程最佳化。故应该认识到计算机的不同应用方法，因为这将影响到用于实验室、中试工厂或生产厂或三者结合控制的合适的计算机的种类和规模。

Arminger 和 Moran 认为，在同一个系统中，可能参与的过程控制有三级水平，而每一层次的过程控制要涉及更为复杂的程序且要对过程有更为详细的了解。

第一级水平的控制包括诸如阀、泵的开关、仪表的重新校正、在线维持及故障切断过程等顺序操作，此级水平的控制在化学工业上做常规使用。发酵过程中的灭菌及培养基分批作业即为第一级水平控制的实例。

高一级的计算机控制包括将它与各种控制回路系统相连接，这些回路即较简单的温度、pH、泡沫控制等，这些控制回路能使环境参数维持在某一指定值（设定点）。一种方法是使用数字设定点控制（DSC），即在监测控制回路时计算机将扫描输出结果与事先在程序中设定的设定点相比较。在程序的某一指定时间内，各个控制器中的设定点是可以改变的，但控制模式仅限于类似的装置，即比例、积分和微分装置。在计算机失灵的情况下，可通过人工控制的方法，将控制器调到各自的控制回路。

如果采用直接数字控制（DDC），则只需将传递器直接接入计算机，而不需要控制元件，计算机再测定设定点值，由于控制算法以数学形式贮存而不以电学形式贮存，故能同时得到更好的控制。此过程具有更大的灵活性和精确性，但要有某种手动备用装置，否则一旦计算失灵就会出现问题。尽管 DDC 的设备成本在大规模操作时比 DSC 便宜些，但对于中试规模宁愿使用 DSC 系统。

当使用 DDC 或 DSC 时，控制值由操作者在发酵前事先输入计算机，但在发酵过程中，操作者也可改变控制值。只要过程读数超出预先设定值，则控制程序通过接口和数字，经模拟转换器启动泵或阀。如果加入的酸、碱或消泡剂过量，报警程序就会被启动。到目前为止，计算机已被广泛地应用于具有高度仪表化的小型试验规模的发酵罐，现在正逐步广泛应用于大规模工业化生产中。

最高级的控制，即为生产能力的提高和过程的最佳化的控制水平，这个水平的控制还处于雏形阶段。因为，目前能适于长时间使用的在线传感器的数量还很有限，利用现有的传感器或电极在线直接测定生物物质和极少量的产物几乎不可能或很困难。

计算机在数学模拟和应用范围这两个方面已取得了巨大的进展。已经推导出一些描述发酵行为的方程，使得有可能用计算机系统采用识别模式特征和控制发酵以使产量最佳。中型试验规模的面包酵母生产时用计算机来控制，可使生产达到最佳化（Ramirez 等，1981），即当酶的形成不经济时会立刻终止发酵（Lundell 等，1981）以及在酵母连续培养时调节发酵温度以延长生产达到最高值时的稳定态。

目前，已实现商品化生产的较成功的发酵系统是德国贝朗国际生物 Sartorius BBI Systems GmbH.（赛多利斯集团）开发的系列 Biostat 发酵罐。该发酵罐采用第三代数字式控制单元（digital control unit，DCU3），对发酵体系进行控制，能高效地在线测量和控制整个系统。具有数字式输入放大器，扩展模拟以及数字式 I/O 选择使 DCU 能控制从实验室直至生产规模的发酵罐装置，并运用了可调谐 PID 控制回路，数字式校准程序（电极、泵及质量），菜单与指令防护等技术。基于 Motorola 68030 的 DCU 技术，控制方式包括手控，自控或时间程序式。DCU 具有电脑连接、打印机连接和记录仪连接的功能特征。

尽管利用最先进形式的优化控制可以使生产效率达到最大，但即使在中试规模也还未成熟。近年来，曾将知识库系统用于改进（提供给操作人员的）信息质量和提高过程自动监督水平。张嗣良等运用细胞代谢流分析与控制为核心的生物反应工程学观点，通过试验研究，提出了基于参数相关的发酵过程多水平问题研究的优化技术与多参数调整的放大技术，设计了一种新概念生物反应器，以物料流检测为手段，通过过程优化与放大，达到大幅度提高青霉素、红霉素、金霉素、肌苷、鸟苷、重组人血清白蛋白的发酵水平。

发酵工业正以其光辉的前景吸引着愈来愈多的人们去研究。发酵过程的计算机优化控制，或者说采用知识工程、专家系统的发酵过程控制系统将是今后发展的必然趋势。为实现发酵过程高级系统控制，尚需在现有计算机控制基础上，建立生化过程数据库，依靠专家的指导、归纳和分析，并利用知识工程的方法发挥和完善数据库的功能。通过人机系统沟通使用者与知识库，然后在生产过程中实现生产的优化控制。这将是一个长期的积累工作。

9 发酵罐放大与设计

发酵罐是发酵工业的心脏，是生物技术产品能否实现产业化的关键装置。本章重点介绍发酵罐的结构与性能，以及通用式发酵罐设计的一般原则及放大原理。

进行微生物深层培养的生物反应器统称为发酵罐，它是生物化工行业中最重要的反应装置。自 20 世纪 40 年代中期青霉素实现工业化生产（液体深层发酵）以来，工业发酵进入了崭新的时期。随着化学工程的发展，作为化学工程学科的新分支——生化工程已经取得了长足的进展。发酵工业生产设备的放大，尤其是发酵罐的放大设计是发酵工程和生化工程的重要内容。发酵罐的生产已由越来越多的专业公司将其系列化、规范化，其容积范围较大，实验室规模大多为 5～100L，中试工厂大多为 50～10000L，生产工厂大多在 5000L 以上。一般 10L 左右的小型罐大多数主要由玻璃制成，可直接放在实验台上运转。小试用的发酵罐通常带有自动检测与控制系统，自动检测项目有温度、pH、溶解氧、进出气体中的氧和二氧化碳、液位及泡沫等。通过在线实时监测，人们增加了对发酵过程的理解，可以为大规模发酵生产过程的优化提供参考数据。现在工业生产使用的发酵罐种类很多，可以满足不同发酵类型的研究和应用的需要。

9.1 发酵罐的类型与结构

9.1.1 发酵罐的类型

发酵罐的类型多种多样，可以适应不同发酵工艺类型的需要。通常可分为通用式搅拌罐、气升式发酵罐、管道式发酵罐、固定化发酵罐、自吸式发酵罐及伍式发酵罐等类型。

（1）通用式发酵罐　通用式发酵罐是指带有通气和机械搅拌装置的发酵罐，是工业生产中最常用的发酵罐。其中，机械搅拌的作用是使发酵液充分混合，保持液体中的固性物料呈悬浮状态，并能打碎空气气泡以提高气液间的传氧速率。

（2）气升式发酵罐　此类发酵罐是依靠无菌压缩空气作为液体的提升力，使罐内发酵液通过上下翻动实现混合和传质传热过程。其特点是结构简单，无轴封，不易污染，氧传质效率高，能耗低，安装维修方便。

（3）管道式发酵罐　管道式发酵罐是以发酵液的流动代替搅拌作用，依靠液体的流动，实现通气混合与传质等目的。此类发酵装置尚处于试验阶段，对于无菌要求不高的发酵可考虑采用。

（4）固定化发酵罐　固定化发酵罐是一种在圆筒形的容器中填充固定化酶或固定化微生物进行生物催化反应的装置。其优点是生物利用率比较高。此类发酵罐主要有填充床和流化床两种类型。

（5）自吸式发酵罐　自吸式发酵罐是一种无需其他气源供应压缩空气的发酵罐，其关键部位是带有中央吸气口的搅拌器。在搅拌过程中可以自吸入过滤空气，适合于耗氧很低的发酵类型。

（6）伍式发酵罐　伍式发酵罐的主要部件是套筒、搅拌器。搅拌时液体沿着套筒外向上升至液面，然后由套筒内返回罐底，搅拌器是用 6 根弯曲的中空不锈钢管焊于圆盘上，兼做空气分配器。无菌空气由空心轴导入，经过搅拌器的空心管吹出，与被搅拌器甩出的液体混合，发酵液在套筒外侧上升，由套筒内部下降，形成循环。这种发酵罐多应用于纸浆废液发

酵生产酵母。设备的缺点是结构复杂，清洗筒套较困难，消
耗功率较高。

除以上发酵罐类型外，目前发酵罐在自动化控制水平、
适于高密度发酵等许多方面都有了很大的发展。

9.1.2 发酵罐的结构

在现代发酵工业生产中，各种发酵罐均有应用，其中通
用式搅拌发酵罐最为普遍，现以通用式通气搅拌发酵罐为例
对发酵罐的结构进行简述。

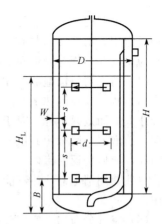

图 9-1　通用式通气搅拌发酵罐
H_L—液柱高度；H—筒身高度；
D—发酵罐直径；d—搅拌器直径；
W—挡板宽度；B—搅拌器
距底部的间距；s—搅拌器的间距

通用式通气搅拌发酵罐结构如图 9-1 所示。

(1) 外形、结构及几何尺寸

① $H/D=1.7\sim3$，（H+罐体上、下封头高度）$/D=2\sim3$，
$H_L/D=2\sim2.5$，H_L 按照装料体积 $V_L=70\%V_总$ 计算（$V_总$ 为发
酵罐总体积，V_L 为发酵液装料体积）。$d/D=\dfrac{1}{3}\sim\dfrac{1}{2}$。

② $W/D=\dfrac{1}{12}\sim\dfrac{1}{8}$（取 0.1，并在挡板与罐壁之间留 $1\sim$
2cm 间隙，以消除死角）。

③ $B/D=0.8\sim1.0$。

④ 当采用双层搅拌桨时，$(s/d)_2=1.5\sim2.5$；采用三层搅拌桨时，$(s/d)_3=1\sim2$，也
可以取相同的值，满足 $1.5\leqslant s/d\leqslant2$。

(2) 搅拌装置　通用式通气搅拌发酵罐都具有搅拌装置，搅拌有四个目的：①打碎气
泡，增加气液接触面积；②产生涡流，延长气泡在液体中的停留时间；③造成湍流，减小气
泡外滞流膜的厚度；④动量传递，有利于混合及固体物料保持悬浮状态。总之，搅拌器可以
使被搅拌的液体产生轴向流动和径向流动，采用不同形式的搅拌器产生两种流向的侧重不
同，对于发酵液来讲，通常希望同时兼顾径向流和轴向翻动。所以，一般在评价搅拌效果时
要综合考虑传质、传热及混合效果。

搅拌器的形式多样，一般通用式发酵罐大多采用涡轮式搅拌器，且以圆盘涡轮搅拌器为
主，这样可以避免气泡在阻力较小的搅拌器中心部位沿着搅拌轴周边快速上升逸出。

桨叶类型有平叶、弯叶、箭叶三种类型，叶片数量至少三个，通常为六个，多至八个。

桨叶类型不同，破碎气泡的能力不同，翻动流体的能力也不同。在相同的搅拌功率下，
破碎气泡能力大小顺序依次为：平叶、弯叶、箭叶；而翻动流体的能力大小顺序依次为：箭
叶、弯叶、平叶。可见，综合传质和混合能力则是弯叶最好。

搅拌桨的层数 n 一般可根据 H/D 及 $(s/d)_n$ 的要求进行计算，通常为 3~4 层，其中底
层搅拌最重要，搅拌功率占轴功率的 40%，其所具有的叶片数最多，一般 6~8 片。

(3) 挡板　在所有搅拌式发酵罐中，一般都装有四块挡板以防止涡流形成和提高通气效
率。挡板的作用是改变液流方向，由径向流变为轴向流，促使流体翻动，增加传质和混合。

挡板宽 W 选择　　　　$W/D=\dfrac{1}{12}\sim\dfrac{1}{8}$（一般取 0.1）

全挡板条件是指在一定的搅拌转速下，在搅拌罐中增加挡板或其他附件时，搅拌功率不
再增加，而旋涡基本消失，一般要满足下式。

$$\frac{W}{D}\times Z=0.4$$

式中，W 为挡板宽；D 为罐直径；Z 为挡板的数量。

需要说明的是，①进行挡板设计时，要注意发酵罐内有竖立的蛇管、列管、排管，都可起挡板作用，不需要另加挡板；②挡板长度一般自液面起，至罐底封头上边缘（即圆柱底端）为止；③挡板与罐壁间留缝隙，间距为 $(0.2\sim0.4)W$，目的是消除发酵罐内死角。

（4）消泡器　消泡器的作用是破碎气泡，改善供氧和防止杂菌污染。在罐体内部的消泡器为锯齿状，少量泡沫上升时可将泡沫打碎。但这一类型消泡器装于搅拌轴上，往往因搅拌轴转速太低而效果不佳。对于下伸轴发酵罐，可在罐顶装半封闭涡轮消泡器，使用单独电机驱动，消泡器一般采用旋风分离式、叶轮离心式（适于不易染菌的工艺），利用离心力将泡沫粉碎，液体仍返回罐内。消泡桨直径一般为罐径的 $0.8\sim0.9$ 倍，以不妨碍旋转为原则。

单独使用消泡器往往不能达到很好的消泡效果。因此，在实际生产中常常与消泡剂配合使用。

（5）空气分布器　空气分布器的作用是向发酵液中吹入无菌空气，并使其分布均匀。空气分布器有两种，一种是生产规模的发酵罐，常采用单孔管，开口朝下，以防止固体物料在管口堆积形成堵塞，管口距罐底 40mm 左右。另一种是采用带小孔的环形空气分布管，但此种分布管容易使喷气孔堵塞。因此只适用于细度极小且易溶于水的固体发酵原料。

（6）装料容积的计算　一般情况下，装料高度取罐圆柱部分高度的 70%，但当发酵产生极少泡沫时，装料体积亦可达罐圆柱部分高度的 80%，对于易起泡的物料则控制装料高度不超过其 60%。此外，加入消泡剂和采用有效的机械消泡装置可以适当提高发酵罐的装料量。

（7）换热装置　换热装置有多种形式，夹层式换热装置多用于容积较小的发酵罐、种子罐。夹层的高度比静止液面高度稍高即可，无需进行冷却面积的设计。这种装置的优点是结构简单、加工容易、罐内无冷却装置、死角少、容易进行清洁灭菌工作。其缺点是传热壁较厚、冷却水流速低、降温效果较差。较大型的发酵罐不宜单独采用这种换热装置。容积在 5t 以上的发酵罐，多采用蛇形管换热装置。蛇形管换热装置是将竖式的蛇管分组安装于发酵罐内，根据发酵罐的直径大小有四组甚至六组或八组不等。这种换热装置的优点是冷却水在管内的流速大、传热能力强、热量交换快，但易形成发酵罐内死角，并给清洗发酵罐带来一定的麻烦。

9.2　通用式发酵罐的设计与放大

9.2.1　发酵罐设计的基本原则

通用式发酵罐的设计原则是该发酵罐能否适合于生产工艺的放大要求，能否获得最大的生产效率。在确定发酵罐最大生产能力时，需要考虑两方面的主要因素：①必须考虑微生物生长率和产物转化率；②必须考虑发酵罐传递性能，包括传质效率、传热效率以及混合效果。如果微生物的生长率、转化率本征值低，则设备满足要求。还可通过进一步筛选菌株，获得高产菌株以进一步提高设备的利用率，充分发挥设备潜力。如果微生物的生长率、转化率本征值高，菌株特性比小型罐表达效果差，则表明发酵罐最大设计能力偏低，不符合生产要求，需要进一步提高发酵罐的生产能力，对发酵罐进行合适的放大改良，以满足微生物生长的需要。提高发酵罐的最大生产能力主要就是要解决放大过程中出现传递性能下降的问题，即要重点改善发酵罐的传质、传热、混合等效果。

对于高氧耗的微生物发酵工艺来讲，传质有较高的要求，因为随规模扩大，比表面积 a 下降，则 K_La 下降，即同等条件下放大后传氧效率将会下降。对于传热而言，若无合理的冷却装置，热交换性能也会受到放大的限制。因为发酵产热（Q）随发酵罐放大体积增加而增加，而热交换能力仅随发酵罐放大表面积增加而增加，所以随着发酵罐的放大，发酵产热

146

增加超过热交换冷却能力的增加。所以，除了筛选耐高温菌株以适应发酵放大外，改善发酵罐放大后的传热性能就显得十分重要。

9.2.2　发酵罐设计的基本要求

由于发酵罐需要在无杂菌污染的条件下长期运转，必须保证微生物在发酵罐中正常的生长代谢，并且能最大限度地合成目的产物，所以发酵罐设计必须满足这些如下要求。

① 发酵罐应具有适宜的高径比。发酵罐的高度与直径比约为 2.5～4。因为罐身长，氧的利用率相对较高。

② 发酵罐能承受一定的压力。由于发酵罐在灭菌及正常工作时，罐内有一定的压力和温度，因此罐体要能承受一定的压力，罐体加工制造好后，必须进行水压试验，水压试验压力应不低于工作压力的 1.5 倍。

③ 发酵罐的搅拌通气装置要能使气泡破碎并分散良好，气液混合充分，保证发酵液有充足的溶解氧，以利于好氧菌生长代谢的需要。

④ 发酵罐应具有良好的循环冷却和加热系统。微生物生长代谢过程放出大量的发酵热，过多的热量积累导致发酵液的温度升高，不利于微生物的生长。但也有些微生物需要在较高的温度下生长。为了保持发酵体系中稳定的内环境和控制发酵过程不同阶段所需的最适温度，应装有循环冷却和加热系统，以利于温度的控制。

⑤ 发酵罐内壁应抛光到一定精度，尽量减少死角，避免藏污积垢，要易于彻底灭菌，防止杂菌污染。

⑥ 搅拌器的轴封应严密，尽量避免泄漏。

⑦ 发酵罐传递效率高，能耗低。

⑧ 具有机械消泡装置，要求放料、清洗、维修等操作简便。

⑨ 根据发酵生产的实际要求，可以为发酵罐安装必要的温度、pH、液位、溶解氧、搅拌转速及通气流量等的传感器及补料控制装置，以提高发酵水平。

9.2.3　发酵罐放大设计

9.2.3.1　概述

(1) 发酵罐放大的目的　微生物发酵产品产业化研究分为三个阶段：实验室小试阶段→中试试验→工厂化生产。各阶段的任务不同：①实验室规模主要是菌种的选育及发酵条件的优化；②中试规模主要是确定放大规律及最佳操作条件；③工厂规模则主要是通过产业化实验，评价经济效益。

通过①②两个阶段筛选到更好的菌种，以及更有效的培养基和更合适的发酵条件，确定放大规律以便实现产业化，获得更显著的经济效益。在①②两个阶段的研究成熟之后，就可以在工厂实现大规模生产。因此，微生物发酵能否实现产业化的重要一环就是解决设备及工艺放大问题。

发酵工程的目的和任务是实现生物技术成果走向规模化生产。具体地，就是力求在发酵过程中，保证所有规模都有最佳的外部条件，以获得最大生产能力。发酵罐的放大就是为大规模生产获得最大生产能力提供核心设备。所以，发酵罐的性能是以生产能力为评价标准，即发酵罐的放大不能影响实验室阶段和中试阶段所获得的最大生产能力的实现，也就是在放大过程中要遵守"发酵单位相似"原则。而要保持"发酵单位相似"，就必须认真考虑放大设计，使不同规模的放大设备其外部条件相似。所谓外部条件，主要包括以下两个方面：①物理条件：传热、传质能力，混合能力、功率消耗、剪切力等；②化学条件：基质浓度、pH、前体浓度等，易于人为控制恒定，不受规模限制。

在放大过程中，物理条件会随规模扩大而发生明显变化，必须进行科学设计，才能使放大后的设备满足工艺放大要求。

（2）放大准则　发酵罐的各种物理参数会随着发酵规模的放大而变化，并导致"发酵单位"在规模放大过程中发生相应的改变。因此，要保证规模放大过程中的"发酵单位相似"，就必须遵循一定的放大准则，即参照何种物理条件进行放大，才能使规模放大过程中发酵单位基本相似。通常采用 $K_L a$ 相等，或单位体积功率（P/V）相等，或末端剪切力（nd）相等的原则放大。

放大过程中究竟采用何种物理参数不变为依据，主要取决于哪种参数对放大过程中的"发酵单位"产生影响的程度最大。

9.2.3.2　放大方法

发酵罐的放大方法分为以下几种。

① 经验放大法。它是依靠对已有装置的操作经验所建立起来的以认识为主而进行的放大方法。根据经验和实用的原则进行放大设计仍是目前主要的设计方法。

② 量纲分析法。根据 Na 或 Rem 等特征数相等的原则进行放大的方法。

③ 时间常数法：时间常数是指某一变量与其变化率之比。常用的时间常数有以下几个。

反应时间常数 $t_r = \dfrac{c}{r}$　c——浓度；r——反应速率。

扩散时间常数 $t_D = \dfrac{L^2}{D_Z}$　L——长度；D_Z——轴向扩散系数。

混合时间常数 $t_m = \dfrac{T_m}{n}$　T_m——无量纲混合时间；n——转速。

停留时间常数 $\tau = \dfrac{L}{u}$　L——长度；u——流体线速度。

传质时间常数 $t_{mt} = 1/K_L a$　$K_L a$——体积传氧系数。

传热时间常数 $t_h = \dfrac{L^2}{C}$　L——长度；C——传热系数。

了解以上时间常数，就可通过常数间的相互比较作出判断，哪个时间常数大，将可能是放大过程中的主要限制因素，应据此进行反应过程的放大。

此外，还有数学模型放大法，即根据有关的原理和必要的实验结果，对一实际对象用数学方程的形式加以描述，然后再用计算机进行模拟研究、设计和放大。

在以上放大方法中，经验放大法包括：①几何相似法，即在几何相似的情况下，按照一个准则进行放大设计。如按照 $K_L a$ 相等，或 P/V 相等，或 nd 相等进行放大。②非几何相似法，即在牺牲几何相似的情况下，采用两个甚至多个准则进行放大设计。

几何相似法的优点：发酵罐的放大设计可以按照几何尺寸进行等比例放大。一般情况下，几何相似的条件下经常采用等 $K_L a$ 放大准则，如对于牛顿型流体发酵，若只存在溶氧限制，可以 $K_L a$ 相等为准则进行几何相似放大。若要采用一种以上的放大准则，如同时采用等 $K_L a$ 和等 P/V 放大，则不可能保持几何相似，只能采用非几何相似放大法。非几何相似放大通常应用于不耐剪切的发酵过程的放大，如丝状真菌发酵的放大。

下面主要就几何相似放大法进行介绍。

（1）几何相似放大法　在发酵罐几何相似的放大中，主要是要解决放大后生产罐的空气流量、搅拌转速和功率消耗等问题，即操作参数的放大设计。

① 几何尺寸放大　该法是发酵罐各个部件的几何尺寸按比例进行放大，放大倍数实际上就是罐体积的增加倍数。放大倍数 m 指罐的体积增加倍数，即 $m = \dfrac{V_2}{V_1}$（下标 1 为实验模

型罐，下标 2 为生产罐）。

因为几何相似，所以，$\dfrac{H_1}{D_1}=\dfrac{H_2}{D_2}$，则

$$\frac{V_2}{V_1}=\frac{\frac{\pi}{4}D_2^2 H_2}{\frac{\pi}{4}D_1^2 H_1}=\frac{\frac{\pi}{4}D_2^2 D_2}{\frac{\pi}{4}D_1^2 D_1}=\left(\frac{D_2}{D_1}\right)^3=m \tag{9-1}$$

所以

$$\frac{H_2}{H_1}=\frac{D_2}{D_1}=\sqrt[3]{m} \tag{9-2}$$

在进行几何放大的计算以后，其他参数如 d、B、s、W 就可以根据 H、D 值来计算，从而确定生产罐的几何尺寸。具体地，根据几何相似，$\dfrac{d_2}{D_2}$、$\dfrac{d_2}{B_2}$、$\dfrac{d_2}{s_2}$、$\dfrac{W_2}{D_2}$ 值一定，求出放大后的发酵罐的 d_2、B_2、s_2、W_2 等几何尺寸。

几何尺寸确定后，就要确定放大后的操作参数：通气线速度 W_s，搅拌转速 n。因此，相应操作参数的放大设计有两大类放大准则可供选择：一类是空气流量相等的放大准则，二是搅拌转速相等的放大准则。

② 按照空气流量相等准则放大　发酵过程中的空气流量一般有两种表示方法。

表示一：　$\dfrac{\text{通入空气量（以标准态计）}}{\text{单位培养液体积，单位时间}}=\dfrac{Q_0}{V_L}=VVM \quad [\text{m}^3/(\text{m}^3\cdot\text{min})] \tag{9-3}$

表示二：　$\dfrac{\text{通入空气量（操作状态下）}}{\text{单位罐截面积，单位时间}}=(\text{空气直线速度})W_s \quad [\text{m}^3/(\text{m}^2\cdot\text{h})] \tag{9-4}$

两种表示的换算关系如下：

W_s 与 VVM 的关系是

$$W_s=\frac{Q_0\times 60\times(273+t)\times 9.81\times 10^4}{\frac{\pi}{4}D^2\times 273p}=\frac{27465.6Q_0(273+t)}{pD^2}$$

$$=\frac{27465.6\times(VVM)V_L(273+t)}{pD^2} \quad (\text{m/h}) \tag{9-5}$$

$$Q_0=\frac{W_s pD^2}{27465.6\times(273+t)} \quad (\text{m}^3/\text{min}) \tag{9-6}$$

$$VVM=\frac{W_s pD^2}{27465.6V_L(273+t)} \quad [\text{m}^3/(\text{m}\cdot\text{min})] \tag{9-7}$$

式中　D——罐径，m；

　　　t——罐温，℃；

　　　V_L——发酵液体积，m³；

　　　p——液柱平均绝对压力，Pa。

$$p=p_t+9.81\times 10^4+\frac{9.81}{2}H_L\rho \tag{9-8}$$

式中　p_t——液面上承受的空气压力，即罐顶压力表所表示的压力，Pa；

　　　H_L——发酵罐液柱高度，m；

　　　ρ——发酵液密度，kg·m⁻³。

空气流量的放大又有三类准则可选：a. 以单位培养液体积中空气流量相同的原则放大，即 VVM 一定；b. 以空气直线流速相同的原则放大，W_s 一定；c. 以 $K_L a$ 值相等的原则放大。

下面分别介绍这三类放大准则对应的放大方法及结果。

a. 以单位培养液体积中空气流量相同的原则放大，即放大前后 VVM 一定，$VVM_1 = VVM_2$，也就是单位培养液体积中空气流量相同。

因为
$$W_s \propto \frac{(VVM)V_2}{pD^2} \propto \frac{(VVM)D}{p} \tag{9-9}$$

所以
$$\frac{W_{s2}}{W_{s1}} = \frac{D_2}{D_1} = \frac{p_1}{p_2} \tag{9-10}$$

结合几何相似原则，当已知 D_1、p_1 时，可根据上式求 D_2、p_2 以及其他关联参数。

b. 以空气直线流速相同的原则放大，W_s 一定，即 $W_{s1} = W_{s2}$，也就是空气线速度相等。

因为
$$\frac{W_{s2}}{W_{s1}} = \frac{(VVM)_2}{(VVM)_1} \times \frac{p_1 D_1^2}{p_2 D_2^2} \times \frac{V_{L2}}{V_{L1}} = 1 \tag{9-11}$$

所以
$$\frac{(VVM)_2}{(VVM)_1} = \frac{p_2}{p_1} \times \frac{D_2^2}{D_1^2} \times \frac{V_{L1}}{V_{L2}} = \frac{p_2}{p_1} \times \frac{D_1}{D_2} \tag{9-12}$$

结合几何相似原则，当已知 D_1、p_1 时，可根据上式求 D_2、p_2 以及其他关联参数。

c. 以 $K_L a$ 值相等的原则放大，即放大前后 $K_L a$ 一定，即 $(K_L a)_1 = (K_L a)_2$。

根据大量实验结果报道，$K_L a$ 与通气操作条件满足以下关联式。

$$K_L a \propto \frac{Q_g}{V_L} \times H_L^{\frac{2}{3}} \tag{9-13}$$

式中　　Q_g——工况通气量，$m^3 \cdot min^{-1}$；

　　　　H_L——液柱高度，m；

　　　　V_L——发酵液体积，m^3。

则
$$\frac{(K_L a)_2}{(K_L a)_1} = \frac{\left(\dfrac{Q_g}{V_L}\right)_2 \times H_{L2}^{\frac{2}{3}}}{\left(\dfrac{Q_g}{V_L}\right)_1 \times H_{L1}^{\frac{2}{3}}} = 1 \tag{9-14}$$

$$\frac{\left(\dfrac{Q_g}{V_L}\right)_2}{\left(\dfrac{Q_g}{V_L}\right)_1} = \frac{H_{L1}^{\frac{2}{3}}}{H_{L2}^{\frac{2}{3}}} \tag{9-15}$$

因为
$$Q_g \propto W_s D^2, \quad V \propto D^3, \quad H_L \propto D$$

所以
$$\frac{Q_g}{V_L} \propto \frac{W_s D^2}{D^3} = \frac{W_s}{D} \tag{9-16}$$

代入式（9-15），得

$$\frac{\dfrac{W_{s2}}{D_2}}{\dfrac{W_{s1}}{D_1}} = \left(\frac{D_1}{D_2}\right)^{\frac{2}{3}} \Rightarrow \frac{W_{s2}}{W_{s1}} = \left(\frac{D_2}{D_1}\right)^{\frac{1}{3}} \Rightarrow \text{可求} \, W_s \tag{9-17}$$

又
$$W_s \propto \frac{(VVM)V_L}{pD^2} \propto \frac{(VVM)D}{p} \tag{9-18}$$

所以
$$\frac{(VVM)_2}{(VVM)_1} = \frac{W_{s2} \, p_2 \, D_1}{W_{s1} \, p_1 \, D_2} = \frac{p_2}{p_1} \times \frac{D_1}{D_2} \times \frac{W_{s2}}{W_{s1}} = \frac{p_2}{p_1} \times \left(\frac{D_1}{D_2}\right)^{\frac{2}{3}} \tag{9-19}$$

结合几何相似原则，当已知 D_1、p_1 时，可根据上式求 D_2、p_2 以及其他关联参数。

【例】　三种空气流量放大的比较（理论计算）。

若放大倍数 $m=125$，即 $\dfrac{V_2}{V_1}=125$，$\dfrac{D_2}{D_1}=\sqrt[3]{m}=5$，$p_2=1.5p_1$，比较 VVM 相等，W_s 相等以及 K_La 相等三种放大原则的方法计算出来的空气流量，计算按式（9-20）、式（9-21）、式（9-22）进行，结果如表9-1所示。

$$(VVM)_2=\frac{p_2}{p_1}\times\frac{D_1}{D_2}(VVM)_1 \tag{9-20}$$

$$W_{s2}=\frac{D_2}{D_1}\times\frac{p_1}{p_2}W_{s1} \tag{9-21}$$

$$(K_La)_2=\frac{W_{s2}}{W_{s1}}\times\left(\frac{D_1}{D_2}\right)^{\frac{1}{3}}\times(K_La)_1 \tag{9-22}$$

表 9-1　等 VVM、等 W_s 与等 K_La 三种方法计算的空气流量对比表

	VVM 值		W_s 值		K_La 值	
	放大前	放 大 后	放大前	放 大 后	放大前	放大后
VVM 相等	1	1	1	$\dfrac{D_2}{D_1}\times\dfrac{p_1}{p_2}\times1=3.33$	1	1.95
W_s 相等	1	$\dfrac{p_1}{p_2}\times\dfrac{D_1}{D_2}=0.3$	1	1	1	0.58
K_La 相等	1	$\left(\dfrac{D_1}{D_2}\right)^{\frac{2}{3}}\times\dfrac{p_2}{p_1}\times1=0.513$	1	$\left(\dfrac{D_1}{D_2}\right)^{\frac{1}{3}}\times1=1.71$	1	1

从表9-1的结果可知，a. 按 VVM 相等放大，W_s 增加到3.33倍，通气流速过大，搅拌桨为空气泡所包围，K_La 增加到1.95倍。b. 按 W_s 相等放大，VVM 则降为原来的30%，通气量过小。c. 按 K_La 相等放大，VVM 降为原来的51.3%，W_s 增加到1.71倍，空气流量减小，但压力增加，W_s 增加，可基本满足要求。所以，空气流量放大常以等 K_La 放大为好。

③ **按搅拌功率相等的准则放大**　此方法是常用的放大方法，通常有以下两种具体放大方法来进行搅拌功率及搅拌转速的放大。

a. 以单位培养液体积所消耗的功率相等进行放大，即 $P/V=$ 常数

因为　　　　　　　　　　　　$P\propto n^3d^5,\ V\propto D^3\propto d^3$

所以　　　　　　　　　　　　　　$\dfrac{P}{V}\propto n^3d^2 \tag{9-23}$

因为　　　　　　　　　　　　　　$\dfrac{P}{V}=$ 常数

所以　　　　　　　　　　　　　　$\dfrac{n_1^3d_1^2}{n_2^3d_2^2}=1$

即　　　　　　　$n_2=n_1\left(\dfrac{d_1}{d_2}\right)^{\frac{2}{3}},\ P_2=P_1\left(\dfrac{d_2}{d_1}\right)^3 \tag{9-24}$

b. 以单位培养液体积所消耗的通气功率 P_g 相等进行放大，即 $P_g/V=$ 常数。这是工业上应用较多的放大方法。

因为　　　　　$P\propto n^3d^5,\ V\propto D^3\propto d^3,\ Q_g\propto W_sD^2\propto W_sd^2$

代入 P_g 公式

$$P_g=C\left(\frac{P^2nd^3}{Q_g^{0.56}}\right)^{0.45}\propto\left[\frac{n^6d^{10}nd^3}{W_s^{0.56}d^{1.12}}\right]^{0.45}\propto\frac{n^{3.15}d^{5.346}}{W_s^{0.252}} \tag{9-25}$$

所以　　　　　　　　　　　　$\dfrac{P_g}{V}\propto\dfrac{n^{3.15}d^{2.346}}{W_s^{0.252}} \tag{9-26}$

因为 $$P/V = 常数$$

所以 $$\frac{n_1^{3.15} d_1^{2.346}}{W_{s1}^{0.252}} = \frac{n_2^{3.15} d_2^{2.346}}{W_{s2}^{0.252}} \qquad (9\text{-}27)$$

$$n_2 = n_1 \left(\frac{d_1}{d_2} \right)^{0.745} \left[\frac{W_{s2}}{W_{s1}} \right]^{0.08} \qquad (9\text{-}28)$$

$$P_2 = P_1 \left(\frac{n_2}{n_1} \right)^3 \times \left(\frac{d_2}{d_1} \right)^3 = P_1 \left(\frac{d_1}{d_2} \right)^{2.235} \times \left(\frac{d_2}{d_1} \right)^5 \times \left(\frac{W_{s2}}{W_{s1}} \right)^{0.24} = P_1 \left(\frac{d_2}{d_1} \right)^{2.765} \times \left(\frac{W_{s2}}{W_{s1}} \right)^{0.24}$$
$$(9\text{-}29)$$

以上有关放大的方法，都是基于几何相似这一条件，并结合某一关键发酵参数一致性原则进行放大设计，但当出现必须同时考虑两个或两个以上的发酵参数时，往往需要牺牲几何相似性放大原则，才能实现有效放大。

（2）非几何放大　在放大的过程中，如果参数设计中矛盾突出，就要牺牲几何相似，按非几何放大，以解决传质、混合及对剪切力敏感等问题，达到放大的主要目标，即放大后的发酵单位相似。

非几何放大法的应用范围，多用于菌株对剪切力敏感的发酵放大设计。

非几何放大方法，可以选用几种准则来综合设计，通过周线速度 $\pi n d$ 以及输送量 Q 来评价 n、d 设计值的合理性，通常改变几何相似性来达到目的。几何相似的改变反映在改变原有的 d/D 比值上。

目前采用较多的非几何放大方法是，将等 $K_L a$ 与等 nd 放大准则相结合，改变几何相似，调整 d/D 值，并反复调整 n、d 设计值以达到放大设计的要求。

随着对微生物细胞代谢过程、产物合成途径中的相关酶及其基因表达的认识不断深入，除了采用上述几何相似或非几何放大外，人们开始尝试一些新的放大方式。如采用基于放大前后的关键性代谢特征一致的放大方法，即发酵罐放大后微生物代谢途径的关键基因的表达以及产物合成相关的酶的活性与放大前的情况一致。

9.3　发酵罐电机的选配

9.3.1　搅拌功率的计算

9.3.1.1　搅拌功率的定义

搅拌功率是指搅拌器输入搅拌液体的功率，具体是指以既定的速度旋转时，用以克服介质阻力所需用的功率，简称为轴功率（$P_轴$）。它不包括机械传动的摩擦所消耗的功率。因此，它不是电动机的耗用功率。

9.3.1.2　搅拌功率 P 计算的基本方程

影响搅拌功率 P 的计算因素主要涉及发酵罐的设备参数（包括 D、d、H_L、W、B）、发酵液性质参数（包括液体密度 ρ、黏度 η、重力加速度 g）和搅拌电机的操作参数（包括转速 n）。搅拌功率 P 正比于以上参数，在无通气状况下，搅拌功率 P 与以上参数的关系函数为 $P \propto (D, d, W, B, H_L, \rho, \eta, g, n)$。

由于搅拌罐直径 D，液柱高度 H_L，下搅拌器距底间距 B，挡板宽度 W 都与搅拌器直径 d 有一定的比例关系。因此，其他参数都可用"d"代替，在无通气状况下的函数关系可简化为

$$P \propto (d, n, \rho, \eta, g) \qquad (9\text{-}30)$$

通过量纲分析与实验证明，对于牛顿型流体而言，可得下列特征数关联式。

$$\frac{P}{n^3 d^5 \rho} = K \times \left(\frac{\rho n d^2}{\eta}\right)^x \times \left(\frac{n^2 d}{g}\right)^y \longrightarrow N_P = K Re^x Fr^y \qquad (9\text{-}31)$$

式中，K 是与搅拌器形式、搅拌罐几何比例有关的常数。

三个准数的物理意义分别为：

$$功率准数(N_P) = \frac{P}{n^3 d^5 \rho}(即\ P \propto n^3 d^5) \qquad (9\text{-}32)$$

式中，N_P 表征机械搅拌所施于单位体积被搅拌液体的外力与单位体积被搅拌液体的惯性力之比。

$$雷诺准数(Re) = \frac{惯性力}{黏性力} = \frac{\rho n d^2}{\eta} \qquad (9\text{-}33)$$

$$弗鲁特准数(Fr) = \frac{n^2 d}{g} \qquad (9\text{-}34)$$

全挡板条件无旋涡时，$y=0$，$Fr=1$。所以，在全挡板、无通气、牛顿性发酵液的条件下有

$$N_P = K Re^x Fr^y = K Re^x$$

式中，K，x 取决于发酵罐、搅拌器形式和层数、挡板尺寸以及流体流态。

为此，可以在一系列几何相似的实验罐里，用不同形式的搅拌器，逐渐变化 Re 值，算出相应的 N_P，然后在双对数坐标纸上标绘，得到 N_P-Re 曲线图族，每一条曲线对应一种搅拌器形式及罐体的比例尺寸。

9.3.1.3　无通气状态下搅拌功率的计算

通过量纲分析，获得无通气情况下牛顿型流体轴功率在全挡板条件下的表达式，即 $N_P = K Re^x$ 与流态有关。

当 $Re < 10$，$x = -1$，液体处于滞流状态，即层流，$N_P = \dfrac{P}{n^3 d^5 \rho} = K \left(\dfrac{\rho n d^2}{\eta}\right)^{-1}$。

所以

$$P = N_P \rho n^3 d^5 = K \rho n^3 d^5 \left(\frac{\eta}{\rho n d^2}\right) = K \eta n^2 d^3 \qquad (9\text{-}35)$$

当 $Re > 10^4$，$x = 0$，液体处于湍流状态（即继续增加 Re 时，N_P 不变）

$$N_P = \frac{P}{n^3 d^5 \rho} = K, \quad P = K \rho n^3 d^5 \qquad (9\text{-}36)$$

式中，P 的单位为 W（瓦）；ρ 的单位为 $kg \cdot m^{-3}$；η 的单位为 $Pa \cdot s$；d 的单位为 m；n 的单位为 r/s。

K 值与搅拌器形式及发酵罐的几何尺寸有关，当 $\dfrac{D}{d}=3$，$\dfrac{H_L}{d}=1$，$\dfrac{B}{d}=1$，$\dfrac{W}{D}=0.1$，$Fr=1$（全挡板条件：$Z=4$ 挡板数）时，K 值与桨叶的形状有关，平叶时 $N_P=K=6$，弯叶时 $N_P=K=4.7$，箭叶时 $N_P=K=3.7$。所以，湍流值 K 越大，消耗功率越大。

所以，桨叶通常选用弯叶。不仅因为弯叶的轴功率 $P_{轴}$ 居中，而且反映在其粉碎气泡的能力、翻动流体的能力皆居中，综合效果最好。

在全挡板、牛顿流体、无通气的状态下，根据计算得到的 Re 值，由 N_P-Re 曲线查出 N_P，则搅拌功率 $P = N_P \rho n^3 d^5$。

在一般情况下，搅拌器大多在湍流下操作。对于非牛顿型流体，当其 $Re \geqslant 300$ 时，流体已呈湍流状态，故皆可用上式来计算搅拌器的轴功率。

对于非标准尺寸的发酵罐（$D/d \neq 3$，$H_L/d \neq 3$），搅拌功率 P^* 可以用下式校正。

$$P^* = fP \qquad (9\text{-}37)$$

式中，f 为校正系数，可由如下关系确定。

$$f = \sqrt{\frac{\left(\frac{D}{d}\right)^* \times \left(\frac{H_L}{d}\right)^*}{3 \times 3}} = \frac{1}{3}\sqrt{\left(\frac{D}{d}\right)^* \times \left(\frac{H_L}{d}\right)^*} \qquad (9\text{-}38)$$

式中，带"*"号者代表实际搅拌设备情况。

对多层搅拌器的轴功率 P_m 按下式计算。

$$P_m = mP \text{ 或 } P_m = (0.4 + 0.6m)P_1$$

式中，m 为搅拌桨层数，P_1 为单层搅拌器的轴功率。

9.3.1.4 通气状态下搅拌功率的计算

通入空气时，搅拌功率下降到 $1/2P \sim 1/3P$，其下降程度与通气量存在一定关系。一般认为通气使液体的密度降低，导致搅拌功率降低。但实际上通气搅拌功率的降低，不仅与液体平均密度有关，而且主要取决于与涡轮周围的气液接触状况。

为了估算通气条件下的搅拌功率 P_g，可引入通气准数 Na 的概念来说明。

$$Na = \frac{\text{空气表观流速}}{\text{搅拌器叶端流速}} = \frac{\frac{Q_g}{d^2}}{nd} = \frac{Q_g}{nd^3} \qquad (9\text{-}39)$$

式中　Q_g——工况通气量，$m^3 \cdot min^{-1}$；

$\quad$ d——搅拌器直径，m；

$\quad$ n——搅拌器转速，s^{-1}。

以 P_g 表示通气搅拌功率，P 为不通气搅拌功率，则当 $Na < 0.035$ 时，$P_g/P = 1 \sim 12.6Na$；$Na \geqslant 0.035$ 时，$P_g/P = 0.62 \sim 1.85Na$。

当发酵罐内发酵液密度为 $800 \sim 1650 kg \cdot m^{-3}$，黏度为 $9 \times 10^{-4} \sim 0.1 Pa \cdot s$ 时，可用密氏（Michel）公式来估算涡轮搅拌器的通气搅拌功率

$$P_g = c\left[\frac{P^2 n d^3}{Q_g^{0.56}}\right]^{0.45} \qquad (9\text{-}40)$$

式中，当 $d/D = 1/3$ 时，$c = 0.157$；$d/D = 2/3$ 时，$c = 0.113$；$d/D = 1/2$ 时，$c = 0.101$。

在应用密氏公式时，应该注意单位使用。n 的单位为 r/s，d 的单位为 m；Q_g 的单位为 $m^3 \cdot min^{-1}$。

福田秀雄等在 $100 \sim 42000L$ 的系列设备里对密氏公式进行了校正，得

$$P_g = 2.25 \times 10^{-3}\left(\frac{P^2 n d^3}{Q_g^{0.08}}\right)^{0.39} \qquad (9\text{-}41)$$

式中，P_g，P 的单位为 kW；n 的单位为 r/s；d 的单位为 cm；Q_g 的单位为 $mL \cdot min^{-1}$。

9.3.1.5 非牛顿流体搅拌功率的计算

常见的某些发酵醪液具有明显的非牛顿流体特性，这一特性对发酵工业的影响极大，对搅拌功率的计算也带来麻烦。

牛顿型流体的主要特征就是其黏度 η 只是温度的函数，与流动状态无关。非牛顿型流体的黏度 η 不仅是温度的函数，而且随流动状态而异。

对于非牛顿型流体搅拌轴功率的计算与牛顿流体搅拌轴的计算方法一样，但这类液体的黏度是随搅拌速度而变化的。因此，必须先找到黏度与搅拌速度的关系（$\eta \infty n$ 的关系），

再计算不同搅拌速度下的 Re，然后才能根据实验绘出 $N_P\text{-}Re$ 曲线，进而确定 N_P、P、P_g。

具体方法为，改变转速 n，以改变 $Re=\dfrac{\rho n d^2}{\eta_a}$（$\eta_a$ 为表观黏度），同时测量相应的搅拌轴功率 P，求出 N_P，绘制 $N_P\text{-}Re$ 曲线。在曲线图上，根据 Re 查出 N_P，推出 P，再根据公式计算 P_g。

当 $Re>300$ 时，非牛顿流体的 $N_P\text{-}Re$ 曲线与牛顿型流体的 $N_P\text{-}Re$ 曲线基本重合，此时可用牛顿型流体曲线做近似计算。

非牛顿型流体的层流区域可一直延伸到 $Re=40$（即 $Re<40$ 时），$x=-1$；而牛顿型流体的层流区域只能延伸至 $Re=10$（即 $Re<10$ 时），$x=-1$。

9.3.2 发酵罐的电机选配

计算搅拌功率的目的就是为了选择合适的电机。选配电机的几个原则如下。

① 通常按不通气情况下选择电机功率，即以 P^* 代替 P_g，确保功率满足最大需求时条件。

② 电机启动时功率比运行时大得多，即要求考虑启动因素。

③ 应考虑减速传动装置的机械效率。

④ 考虑电机转速时应注意，高速小直径有利于微观混合，但损伤大。低速大直径有利于宏观混合，但传递差。所以一定要根据实际情况选择合适转速的电机。

⑤ 目前一般按每立方米发酵液消耗 $1\sim3.5\text{kW}$ 功率来选择电机。

值得一提的是，容积在 1m^3 以下的发酵罐，由于其轴封、轴承等机件摩擦引起的功率损耗在整个电机功率输出中占有较大比例，故此种情况下按公式计算搅拌功率，并由理论计算值来选用电机功率就没有太大的意义。因此在发酵工厂对于小容量发酵罐电机的选用通常凭经验来定。当然，功率计算不仅仅是为了电机选型，对于发酵本身的理解也有重要意义。

10 基因工程菌发酵

随着生物技术特别是重组 DNA 技术在医药工业中的快速发展，越来越多的基因工程产品问世。基因工程菌发酵是基因工程产品产业化的关键，因此越来越引起人们的重视。基因工程菌发酵的研究内容主要包括：基因工程菌的发酵动力学、发酵工艺、基因工程菌稳定性以及基因工程发酵后处理及产品的分离纯化等方面。

10.1 基因工程菌发酵动力学

与普通的工业微生物菌种发酵不同的是，对基因工程菌发酵过程进行控制的关键在于宿主的生理遗传特性影响着外源基因的表达，而外源基因的表达又影响着宿主的生长特性。研究培养过程的动力学行为有助于了解二者之间的作用规律和控制因素，建立合理的数学模型，可以为工业化生产提供放大和优化控制的手段。

10.1.1 基因工程菌的发酵动力学模型分类

基因工程菌培养体系是一个多相、多组分、非线性的复杂系统。从工程角度出发，有必要首先对该系统进行合理简化，然后建立合理的动力学模型。通常对细胞群体所进行的简化假设有两方面：①是否考虑细胞内部复杂的结构；②是否考虑细胞之间的差别。通过简化，得到以下四种模型，见图 10-1。

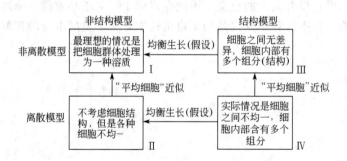

图 10-1 对细胞群体生长的发酵动力学模型描述

模型Ⅰ为非离散非结构模型，即均衡生长模型，基本依据是平衡生长的假设。模型回避细胞内外的传递过程以及胞内生理生化过程，忽略胞间差异及不同时期组成与代谢特性的差异。直接对假设为均一的培养体系做宏观描述，研究细胞群体生长代谢规律。对普通微生物培养过程来说，这类模型已经足够，但在分析胞内诱导作用及外源基因表达时无能为力。

模型Ⅱ为离散而非结构模型。培养体系中的细胞被区分为多种不同形态、功能的类型，细胞总量为各类型的总和。这种模型对于培养过程中细胞存在明显差异的系统是适合的。例如，工程菌培养过程中由于质粒分配的不稳定性，就会出现带质粒和不带质粒的两种细胞类型，其生理行为存在较大差异。

模型Ⅲ为结构而非离散模型。细胞被分隔为多个不同功能的部分，各部分相互协调作用，完成细胞的各种生理功能。由于考虑到胞内不同功能部分的代谢和相互作用，这类模型对分析胞内代谢调控很有应用价值。基因工程菌由于携带外源基因，通过分析外源基因与宿主的相互关系，对工程菌培养过程的优化控制具有指导作用。

模型Ⅳ是离散结构模型，是细胞培养过程的实际情况。目前这类模型主要是模拟单个细胞内的生化反应体系，进而通过单细胞模型的不同组合来建立高层次的离散结构模型，来描述细胞群体的生长过程。

10.1.2 基因工程菌培养过程的动力学模型

在基因工程菌培养过程中，宿主、外源基因以及外界环境之间的相互作用是广泛的，构建一个完整的描述模型相当困难。目前的研究多分散于培养过程的各个方面，随着实验现象和实验数据的积累，提出的动力学模型越来越完善。

(1) 外源基因的表达和控制机制　外源基因在宿主内的表达可以由组成型基因（如 $E.coli$ 的 β-内酰胺酶等）或构建质粒时加入的 Lac、Trp 以及 P_L、P_R 启动子控制。对于这些表达控制系统的建模，有助于了解它们在工程菌中的调控行为，从而能够合理地构建表达系统，并根据其控制规律在生产中采取相应的控制措施。

Imanaka 等最早提出野生 $E.coli$ 中 lac 启动子控制 β-内酰胺酶合成的动力学模型。该模型认为 β-内酰胺酶的生物量正比于胞内 mRNA 含量，而 mRNA 的含量又与阻遏子含量成反比进行合成。虽然该模型不是直接描述工程菌的培养过程，但对以后的研究有指导意义。Laffend 等由 Cornell 单细胞模型出发，给出一个结构化程度很高的控制模型。该模型以野生的和带有 ColE1 质粒的 $E.coli$ B/rA 为对象，把启动子控制行为与细胞其他代谢过程紧密关联起来，将结构基因的转录、翻译以及诱导物的吸收、运输等局部过程纳入模型体系中，使模型的描述更为精确。

Yap 等研究了色氨酸（trp）操纵元在阻遏控制过程中的行为。模型包含了辅阻遏物以及活性阻遏物复合体在结合位点上的动力学过程，并分别对带低拷贝数小于 10 和高拷贝数大于 100 的质粒工程菌的表达控制过程进行模拟。Liu 等也研究了 $E.coli$ 中 trp 操纵元对色氨酸合成过程的代谢调控规律，并用于指导 $E.coli$ 工程菌生产色氨酸的实际过程。

构建一个好的表达系统并非易事，需经过多次改变基因结构来提高表达系统的效率，工作量庞大。因此近年来也有不少研究者利用数学模型来模拟，评估各种构建组合，从而减少构建工作的盲目性。Bailey 等分别利用 lac 和 λP_R 启动子的结构模型研究了 8 种不同阻遏组合对克隆基因调控的有效性。相信随着外源基因表达控制系统的动力学模型的不断完善，构建一个合理的表达系统将不再是一个盲目、随机的过程。

(2) 质粒的行为规律　质粒的生物学行为与宿主以及质粒本身、外界环境等有紧密关系。工程菌培养过程中经常会发现质粒变异或质粒丢失现象，从而严重影响外源基因产物的产量和质量。其原因主要有，质粒的分配不稳定性、结构不稳定性，质粒不同拷贝状态对宿主细胞生理的影响等。因此，对培养过程中质粒行为建立合理的动力学模型描述将有助于控制质粒的稳定性，确定质粒的复制速率和表达产物合成的有利条件。

基于便于控制的目的，目前质粒多构建为温度敏感型，在不同的温度条件下，质粒出现不同的拷贝状态。Nielsen 等对这种类型质粒的复制机制建立了结构模型。该模型的基本假设是细胞被分为四个部分，即细胞活性部分、质粒 DNA、质粒基因产物和细胞结构遗传部分。通过模型的分析可得到一些关于带有这类质粒的工程菌培养过程的基本规律：外源蛋白的合成速率取决于质粒拷贝数和活性部分含量，在高拷贝状态下基本结构物质如氨基酸的供应成为限制性因素；当质粒由低拷贝向高拷贝状态转移时，宿主的代谢活力会在宿主自身酶系和外源产物合成上进行分配，导致宿主生长速率下降；最佳诱导时机的选择将折中获得最大拷贝数的质粒和维持相当程度的细胞活性部分含量。

也有人提出描述一般质粒的稳定性以及复制机理的模型。Shuler 等提出一个预测模型，预测 $E.coli$ 中质粒的分配机理以及不稳定性程度，而 Agrawal 等则提出一个用于估计细胞内质粒含量的模型，对控制质粒基因的表达过程有指导作用。

（3）外界环境对工程菌生长及产物表达的综合影响　基因工程菌的培养工艺多采用二阶段培养，先在一定时间内提高菌体密度，然后通过改变外界条件促使目的产物表达。最常见的变化就是添加诱导物。但不同的宿主系统对不同诱导物、不同诱导强度以及诱导时机会有不同反应。必须综合评价其对工程菌生长以及产物合成的影响来确定最佳诱导条件。改变温度是另一种常见的诱导手段，建立合理的模型将有利于这些条件的快速有效评估。

在 Raminez 的模型中，基因工程菌在添加诱导物后的反应分为三类：① 基本不变；② 比生长速率 μ 受到冲击，适应一段时期后恢复到适当水平；③ μ 单调下降。该模型主要描述第二种影响，包括诱导物冲击和宿主恢复两个过程。研究对象为 $E.\ coli$ 工程菌，外源目的产物为 β-半乳糖苷酶。在不同浓度的底物葡萄糖和添加诱导物的情况下，模型均能很好地描述诱导物对于细胞生长的影响。细胞在添加诱导物后，代谢活力将在宿主蛋白和外源蛋白的合成酶系之间进行分配，从而表现一个适应过程，而过程的长短与诱导物的强度、浓度有关。改变冲击和恢复过程的机制可以解释不同的生长速率抑制机理。利用模型可以确定最佳的诱导物添加时间和添加量，并可通过研究最佳添加方式来降低诱导物对受体细胞的毒害作用。

Kompla 的模型结果同上述描述吻合，而且由于在模型中引入了诱导物的运动过程，在外源产物合成过程中还考虑到 RNA 和阻遏物作用的影响，模型得出的细胞变化曲线与实际情况更接近。

目前，基因工程菌培养过程的动力学模型大多只能描述一些成熟、经典的工程菌株。如何把握各种外源基因与宿主细胞关系的共性，建立应用范围广泛的动力学模型，以适应基因工程菌发酵的飞速发展将是以后研究的方向。

10.2　基因工程菌发酵的设备

用于普通微生物发酵的生物反应器一般都可以用于基因工程菌的发酵。常用于基因工程菌发酵的生物反应器主要有两种基本类型：机械搅拌发酵罐和气升式发酵罐。

机械搅拌发酵罐在发酵工厂应用最为普遍。它是利用机械搅拌的作用，使空气和发酵液充分混合，促进氧的溶解和传递，以满足微生物生长代谢对溶解氧的需求。

气升式发酵罐结构简单、不易污染、能耗低、传质效率高、安装维修方便。气升式搅拌罐省去了机械搅拌，能耗大大低于机械搅拌发酵罐，无机械搅拌桨的轴封问题所造成的染菌隐患。而且气升式发酵罐为菌体生长提供了一个低剪切力的温和环境，这种环境对基因工程菌的培养极为有利，这是因为基因工程菌与普通细菌相比对剪切力更为敏感，重组异源蛋白的大量合成直接或间接地干扰了受体菌细胞壁的正常合成，通常基因工程菌的细胞壁较软，在大剪切力的存在下较易破碎。气升式发酵罐也优于传统鼓泡式发酵罐，鼓泡式发酵罐虽然剪切力低，但气泡停留时间短，混合效果差。对于高密度或高黏度发酵，气升式发酵罐的优越性是显而易见的。

10.3　基因工程菌的高密度发酵及控制

在基因工程菌的发酵实践中，人们认识到菌体的增殖和产物的表达都是在对数期内完成的。因此，发酵工艺的改进就集中在如何延长工程菌对数期的生长时间、相对缩短衰亡时间，从而形成了基因工程菌的高密度发酵工艺。

目前，高密度发酵工艺已成为基因工程菌发酵中试生产的主要工艺。该工艺方法稳定，发酵周期可缩短一半以上，而菌体产量和产物表达量是非高密度发酵的 $10\sim50$ 倍，且蛋白活性可提高 $2\sim3$ 倍。

10.3.1　高密度发酵培养基的选择

高密度发酵是指工程菌在短时间内迅速分裂增殖，使菌体密度迅速升高的过程。在高密度培养中，大肠杆菌生物量能达到 $60\sim150g/L$，酵母菌达到 $150\sim200g/L$，需要投入 $2\sim5$ 倍生物量的基质。而高浓度的碳源、氮源和无机盐会造成溶液渗透压过高，导致细胞脱水，往往会抑制菌体的生长，使目的产物得率下降。而且过量的碳源会使细胞迅速生长，导致溶氧急剧下降，溶氧限制导致糖代谢的三羧酸循环受到抑制，使发酵过程以糖酵解为主，大量产生乙醇，抑制了细胞密度的进一步提高。因此，高密度培养通常采用分批补料培养，使各种培养基成分低于抑制浓度。在高密度生产谷胱甘肽中考察了重组大肠杆菌 WSH-KE1 对葡萄糖浓度的耐受性及其对葡萄糖的消耗能力，发现初糖浓度超过 $20g/L$，即对 WSH-KE1 细胞生长和 GSH 合成起抑制作用。要实现高密度培养，就要对培养基的成分进行优化，一般常用的营养极限指标为铵盐 $5g/L$、磷酸盐 $10g/L$、硝酸盐 $5g/L$、NaCl $10\sim15g/L$、乙醇 $100g/L$、葡萄糖 $100g/L$。

而工程菌提高分裂速度的基本条件是必须满足其生长所需的营养物质，因此培养基成分和浓度的选择就成为首要解决的问题。在成分选择上，要尽量选择容易被工程菌利用的营养物质，例如，普通培养基中一般是以葡萄糖为碳源，而葡萄糖需经氧化和磷酸化作用生成 1,3-二磷酸甘油酸才能被微生物利用。如果以甘油作为碳源，它可直接被磷酸化，从而被微生物利用，即用甘油作为培养基的碳源可缩短工程菌的利用时间，增加分裂繁殖的速度。目前普遍采用 $6g/L$ 的甘油作为高密度发酵培养基的碳源。另外，高密度发酵培养基中各组分的浓度也要比普通培养基高 $2\sim3$ 倍，才能满足高密度发酵中工程菌对营养物质的需求。当然，培养基浓度也不可过高，过高会使发酵体系渗透压增高，反而不利于工程菌的生长。

10.3.2　培养方式的选择

高密度发酵工艺的另一个重要条件是要相对延长工程菌对数生长期，这样才能有充足的时间让工程菌繁殖，从而增加菌体数量，达到高密度发酵的目的。因为，工程菌进入对数生长期，生长繁殖速度大大加快，培养基中营养物质的消耗也随之加快，当营养物质将耗尽时，菌体得不到充足的营养物质，就会加快衰老死亡的速度，从而进入平衡期和衰亡期，而此时如果及时补充一定量的营养物质，就能使工程菌重新获得充足营养，使生长繁殖继续下去，这样就延长了对数生长期，使菌体密度大大提高。此外，进入对数生长期后，由于代谢产物的积累，对工程菌的生长繁殖产生很大的抑制作用，这时加入一定量的培养基，可及时起到稀释作用，消除代谢产物的抑制作用，从而促进工程菌的生长繁殖。

发酵的基本操作方式有分批、连续和补料分批等三种培养模式。分批培养操作简单，一次性投料，一次性放料，但缺乏营养补给会造成生长密度有限，而连续培养则多用于动力学特性和稳定性的研究，现多采用补料分批培养。在高密度培养工程菌生产谷胱甘肽（GSH）时比较了三种补料分批培养方式，即葡萄糖浓度反馈控制流加、恒速流加以及指数流加。三种方式下发酵罐内残糖浓度低，有利于解除高浓度底物对菌体生长的抑制，并且指数流加在获得最大细胞干重、细胞生产强度、细胞产率和 GSH 产量方面均具有显著优势。在酵母菌培养中，由于乙醇发酵酶系是组成酶，不受其他底物影响，因而在高糖浓度下，即使 O_2 供应充分，高速率同化葡萄糖也会引起好氧呼吸的阻遏作用，使菌体由呼吸型向发酵型转变。而菌体比生产速率过高时，即使葡萄糖浓度较低，仍可能转化为发酵型代谢。为防止乙醇产生，一般采用保持一定的比生产速率，采用补料技术，充分通气，以及分离耦合技术，使乙醇被在位分离。分离耦合也可以去除阻遏物或有害代谢产物。在发酵的生长阶段流加色氨酸控制 trp 启动子，维持其浓度为 $170\mu g/mg$，菌体密度达到一定程度时将发酵液通过陶瓷过滤器循环过滤，快速除去阻遏物色氨酸，诱导 β-半乳糖苷酶基因的表达，使发酵液的酶活增加了 10 倍。在发酵中采用限制葡萄糖供应并耦合中空纤维过滤器进行细胞循环，大肠杆菌密度达到 145g/L，重组青霉素酰化酶生产率为分批发酵的 10 倍以上。

虽然流加式补料培养是高密度发酵的重要手段，但要掌握好流加的时机，一般在工程菌对数生长期中期加入效果最好，同时也要注意掌握补加的培养基的量，这一量要根据发酵总量而定，例如以 20L 发酵罐进行粒细胞集落刺激因子（GCSF）工程菌发酵时，在对数中期流加 1L 培养基（配方与发酵培养基相同），在 40min 内加完，结果菌体产量为非高密度发酵的 14 倍，纯化后蛋白活性也提高了 4 倍。

透析培养和固定化培养技术也在基因工程菌的发酵中广泛应用。透析培养利用膜的半透性原理使代谢产物和培养基分离，通过除去培养液中的代谢产物来解除其对生产菌的不利影响，透析培养和补料分批培养结合，在基因工程菌的培养上取得了较好的发酵效果。固定化培养可以大大提高质粒的稳定性，对分泌型表达的工程菌发酵更为有利，便于进行连续培养。将固定化培养技术与连续培养、透析培养相结合，是今后基因工程菌发酵的发展方向。

10.3.3　发酵过程中溶解氧的控制

在高密度发酵过程中，由于菌体密度高，发酵液中微生物的摄氧量大，需要增大搅拌转速和增加空气流量以增加溶氧量。一般的高密度发酵通气速度达 18L/min（20L 发酵罐），搅拌速度达 500r/min 以上，需保持 60% 以上的溶氧饱和度。此时，还要考虑通气速度和搅拌速度的增加，对泡沫和发酵液黏稠度的影响。过去曾在发酵罐中通入纯氧来提高氧的传递水平。现在则认为使用纯氧不安全、不经济，同时在大规模发酵罐中可能局部混合不匀，易使微生物氧中毒，所以现在提倡富氧培养，以及提高发酵罐的压力来提高氧分压。目前提高溶氧量的方法通常有：用空气分离系统来提高通气中氧分压；在菌体中克隆具有提高氧传质能力的 VHb 蛋白。也有报道在培养基中添加 H_2O_2、血红蛋白、氟化物乳剂，或采用与小球藻混合培养，用藻细胞光合作用所产生的 O_2 直接供菌体吸收。但不同菌株对氧的要求是有差别的，在发酵过程中一味追求溶氧水平未必能得到高表达效果。如用枯草杆菌生产 α-干扰素时，溶氧限制在较低水平对产物形成有利。

10.3.4　温度的影响及控制

对于采用温度调控基因表达或质粒复制的基因重组菌，发酵过程一般分为生长和表达两个阶段，分别维持不同的培养温度。在大规模培养中，常因升温过程控制不当而引起比生长速率的下降或质粒的丢失。相反，降低基因重组菌发酵表达阶段的温度可以减少重组蛋白的降解。

10.3.5　pH 的影响及控制

菌体生长和产物合成过程中的 pH 一般控制在 6.8～7.6 范围内。较高的 pH 对包含体的形成及产物的产量有促进作用。也有研究认为，pH 和溶氧影响重组酵母菌的稳定性。在 pH 6.0时，重组酿酒酵母的稳定性和乙型肝炎表面抗原的生产最好。常用于控制 pH 的酸碱有 HCl、H_2SO_4、NaOH、KOH 和氨水等，其中氨水常被使用，因为它还具有补充氮源的作用。Thompson 等发现，NH_4^+ 浓度对大肠杆菌的生长有很大影响。培养过程中用 NaOH 和 HCl 调节培养液的 pH 可大大提高菌体密度，但用 NH_4OH 代替 NaOH 调节 pH 则效果明显变差。不控制 pH 但控制铵离子浓度在 10mmol/L 左右，也可将菌体浓度提高 50% 左右。进一步研究表明，当 NH_4^+ 浓度高于 170mmol/L 时会严重抑制大肠杆菌的生长。在 5～170mmol/L 范围内，随着 NH_4^+ 浓度的提高，以氨为基准的生长得率下降（由 24g 菌体/g NH_4^+ 降到 1g 菌体/g NH_4^+）。因此，在进行大肠杆菌的高密度培养时，应注意控制 NH_4^+ 水平。

如果使用全自动发酵罐系统，发酵参数由计算机程序控制，会大大完善高密度发酵工艺，因为程序化控制会使发酵参数自动达到最佳状态，而且参数的改变比手动控制要温和、平稳，这些都对工程菌的生长繁殖有利。

10.4 基因工程菌发酵的后处理技术

随着基因工程菌发酵产品的日益增多，下游技术逐渐引起人们的重视。一般，目标产物产率不高使下游加工过程的进行十分艰难，导致生产产物后处理的成本很高。对于现代生物技术药品，其分离成本可占产品总成本的 70%～90%。现以基因工程蛋白质分离与纯化为例来说明。

基因工程蛋白质的分离纯化比传统蛋白质要复杂得多。首先，培养基中产生的目标蛋白质含量很低，一般在 5～50μg/mol。用大肠杆菌作为宿主表达时，目标蛋白多为胞内产物，当细胞破碎时会产生大量的杂蛋白，同时也会带入核酸，而有些核酸是严重的致癌物质。当用动物细胞培养时，常需加入胎牛血清，但其成分较复杂，还可把内毒素、病毒、支原体、细菌和酵母带入培养液中，而且这时去除内毒素比传统小分子药物中去除内毒素要困难得多。其次，产品的纯度要求较高，成品的分析和鉴定要求较严格，对于蛋白质药物，要求杂蛋白的含量在 2%～5%，多数规定为 2%。基因工程产蛋白质类药物的纯化流程如图 10-2 所示。

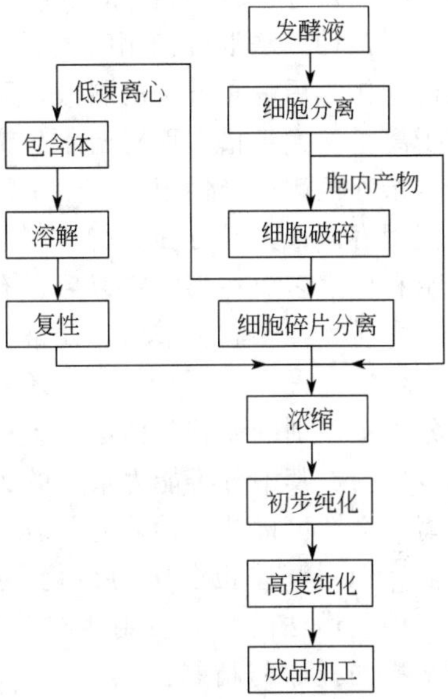

图 10-2　基因工程蛋白质分离
与纯化的一般流程

10.4.1 细胞破碎

常用细胞破碎的方法有机械法、化学法、酶催化法等。可以根据生产规模和活性蛋白质在细胞中的位置选择适当的方法。对于细胞碎片的分离常用高速离心、膜过滤或双水相萃取的方法。由于在细胞破碎液中常含有大量的核酸，可通过聚乙烯亚胺（PEI）使之沉淀。当目标蛋白为胞内表达产物时，常会形成不溶解的包涵体，可对匀浆液低速离心分离出包涵体，以促溶剂如尿素、盐酸胍、SDS 等溶解，并在适当的条件下（pH、离子强度与稀释的环境）复性。包涵体中目标蛋白的含量较高，达到 20%～80%，且可不受蛋白酶的破坏。而用动物细胞培养时，产物通常分泌在培养液中，因而可省去细胞破碎等步骤。

10.4.2 基因工程蛋白质的浓缩与分离纯化

一般分泌型目标蛋白质的浓度都很低，需先经浓缩再进行分离。可采用双水相萃取法浓缩蛋白质，但得率较低。现代生物分离技术中常采用膜过滤法。蛋白质为两性电解质，每个分子上带有多个正负电荷，具有等电点。其相对分子质量约 10^4～10^6 左右，采用膜分离技术分离蛋白质既可以基于蛋白质间分子量的差异，也可基于其带电性不同。膜分离技术具有设备简单、常温操作、无相变及化学变化、选择性高及能耗低等优点。作为一门新型分离技术日益受到人们的重视。选择适当分离膜、操作参数和操作模式，即可实现蛋白质的浓缩、分离与纯化。

膜分离过程以选择性透过膜为分离介质，通过在膜两侧施加某种推动力（如压力差、蒸气分压差、浓度差、电位差等），使得原料组分选择性透过膜，达到分离提纯的目的。通常以压力差为推动力的液化膜分离过程，根据分离对象可分为微滤（MF）、超滤（UF）、纳滤（NF）和反渗透（RO）四种类型。超滤可分离分子量从上千到数百万的可溶性大分子物质，故常用作蛋白质的纯化。

纯化应根据目标蛋白质和杂蛋白质在物理、化学和生物学方面性质的差异，尤其是表面性质的差异，如表面电荷密度、对一些配基的生物特异性、表面疏水性、表面金属离子、糖含量、自由巯基数目、分子大小和形状（分子量）、pI 值和稳定性等选择具体方法。通常可采用多种方法的综合，如离子交换色谱法（IEC）、疏水色谱法（HIC）、亲和色谱、凝胶色谱（GFC）、凝胶电泳技术（GE）。

当几种方法混合使用时最好以不同的分离机制为基础，而且经前一种方法处理的液体应能适合作为后一种方法的料液，不必经过脱盐、浓缩等处理。如经盐析后得到的液体，不适宜于离子交换色谱；而对疏水色谱，则可直接应用。疏水色谱在离子交换色谱后使用也很适合。亲和色谱选择性很强，但不能放在第一步。一方面因为杂质多，易使介质污染，降低介质使用寿命；另一方面，待检测液体积较大时，需用大量的介质，而亲和介质一般较贵。因此亲和色谱多放在第二步以后，有时为防止介质中毒，在其前面加一保护柱，通常为不带配基的介质。经亲和色谱后，还常可能有脱落的配基存在，而且目标蛋白质在分离纯化过程中会聚合成二聚体或更高，有时还含有降解产物，因此最后尚需经过一步纯化操作，通常用基于分子量差别的凝胶色谱法。蛋白质的高度纯化主要依赖色谱分离的方法。色谱的机制是多种多样的，其中分辨能力最强的为亲和色谱法，但洗脱较困难。在蛋白质纯化中用的最多的是离子交换色谱法。疏水色谱法的应用近年来有所增加，固定化金属离子亲和色谱法应用不多，但对某些蛋白质的纯化很有效。凝胶色谱法也是常用的一种方法，更多的时候采用多种色谱法的综合应用。有关基因工程菌产物的分离纯化和精制具体可参阅第 11 章发酵产物的提取与精制。

10.4.3 基因工程菌中核酸的分离纯化

核酸的高电荷磷酸骨架使其比蛋白质、多糖、脂肪等其他生物大分子物质更具亲水性，根据它们理化性质的差异，用选择性沉淀、色谱、密度梯度离心等方法可将核酸分离、纯化。

（1）酚提取/沉淀法　核酸分离的一个经典方法是酚/氯仿抽提法。细胞裂解后离心分离含核酸的水相，加入等体积的酚：氯仿：异戊醇（25：24：1 体积比）混合液。依据应用目的，两相经旋涡振荡混匀（适用于分离小分子量核酸）或简单颠倒混匀（适用于分离高分子量核酸）后离心分离。疏水性的蛋白质被分配至有机相，核酸则被留于上层水相。酚是一种有机溶剂，预先要用 STE 缓冲液饱和，因未饱和的酚会吸收水相而带走一部分核酸。酚也易氧化发黄，而氧化的酚可引起核酸链中磷酸二酯的键断裂或使核酸链交联。故在制备酚饱和液时要加入 8-羟基喹啉，以防止酚氧化。氯仿可去除脂肪使更多蛋白质变性，从而提高提取效率。异戊醇则可减少操作过程中产生的气泡。核酸盐可被一些有机溶剂沉淀，通过沉淀可浓缩核酸，改变核酸溶解缓冲液的种类以及去除某些杂质分子。典型的例子是在酚、氯仿抽提后用乙醇沉淀，在含核酸的水相中加入 pH 5.0～5.5，终浓度为 0.3mol/L 的 NaAc 或 KAc 后，钠离子会中和核酸磷酸骨架上的负电荷，在酸性环境中促进核酸的疏水复性。然后加入 2～2.5 倍体积的乙醇，经一定时间的冰浴，可使核酸有效地沉淀。其他的一些有机溶剂［异丙醇、聚乙二醇（PEG）等］和盐类（醋酸铵、氯化锂、氯化镁和低浓度的氯化锌等）也可用于核酸的沉淀。不同的离子对一些酶有抑制作用或可影响核酸的沉淀和溶解，在实际使用时应予以选择。经离心收集，核酸沉淀用 70% 的乙醇漂洗以除去多余的盐分，即可获得纯化的核酸。

（2）色谱法　色谱法是利用不同物质某些理化性质的差异而建立的分离分析方法，包括吸附色谱、亲和色谱、离子交换色谱等。因吸附色谱可同时进行分离和纯化，并且有商品试剂盒供应，而被广泛应用于核酸的纯化。在一定的离子环境下，核酸可被选择性地吸附到硅土、硅胶或玻璃表面而与其他生物分子分离。另外一些选择性吸附方法以经修饰或包被的磁珠作为固相载体，磁珠可通过磁场分离而无需离心，结合至固相载体的核酸可用低盐缓冲液或水洗脱。该法分离纯化核酸，具有质量好、产量高、成本低、快速、简便、节省人力以及易于实现自动化等优点。

玻璃粉或玻璃珠被证实为一种有效的核酸吸附剂。在高盐溶液中，核酸可被吸附至玻璃基质上，高氯酸钠可促进 DNA 与玻璃基质的结合。Dederich 等用酸洗玻璃珠分离纯化核酸，获得高产量的质粒 DNA。在该方法中，细胞在碱性环境下裂解，裂解液用醋酸钾缓冲液中和后，直接加至含异丙醇的玻璃珠滤板，被异丙醇沉淀的质粒 DNA 结合至玻璃珠，用80％乙醇真空抽洗除去细胞残片和蛋白质沉淀。最后用含 RNase A 的 TE 缓冲液洗脱与玻璃珠结合的 DNA，获得的 DNA 可直接用于测序。

Elkin 等使用羧化磁珠分离纯化质粒 DNA。该法在细胞裂解后，离心分离含质粒的水相，再加入羧化的磁粒，然后用 PEG/NaCl 沉淀，使目的 DNA 吸附至磁珠，最后用磁场分离被吸附的 DNA，经乙醇洗涤，用水洗脱，可获得高产量的适用于毛细管测序的模板 DNA。

也有用铁粒为固相支持物，经磁场分离而纯化质粒 DNA 的报道。细菌用溶菌酶煮沸法裂解，质粒被释放至悬浮液中，加铁珠捕获，用磁场使铁珠分离，经漂洗后用水洗脱质粒，可获得高产量、测序级的质粒 DNA。

亲和色谱是利用待分离物质与它们的特异性配体间所具有的特异性亲和力来分离物质的一类色谱方法。Chandler 等报道了一种用肽核酸（PNA）分离核酸的方法。PNA 是一类以 N-(2-氨乙基)-甘氨酸结构单元为骨架的 DNA 类似物，可作为纯化皮克（pg）级核糖体 DNA（rDNA）和核糖体 RNA（rRNA）的试剂。在该方法中，以生物素标记的肽核酸（peptide nucleic acids，PNAs）为探针，以包被了抗生蛋白链菌素的磁珠作为固相载体。PNA 探针在高盐环境下，与目的核酸（DNA 或 RNA）混合，经煮沸、冰浴、温育杂交步骤后，直接加入包被了抗生蛋白链菌素的顺磁性颗粒，经静置捕获 PNA-核酸杂交体，水洗而获得纯化的核酸。

现在，也有用 Schizophyllan（SPG）制备亲和色谱柱分离纯化 RNA 的报道。SPG 是一种 β-1,3-葡聚糖，在低温下，含 RNA 的流动相通过色谱柱，poly(C) 和 poly(A) 与 SPG 通过氢键和疏水作用形成复合物而被吸附于柱上，然后通过改变缓冲液成分，将被吸附的 RNA 洗脱。亲和色谱应用于核酸分离与纯化的另一个例子是用 oligo(dT)-纤维素色谱法从真核细胞总 RNA 中分离带 poly(A) 尾的 mRNA。在该方法中，短链 oligo(dT) 通过其 5-磷酸与纤维素的羟基共价结合而连接至纤维素介质上。当样本经过 oligo(dT) 柱时，mRNA 因其 poly(A) 可与短链 oligo(dT) 形成稳定的 RNA-DNA 杂合链而被连接到纤维素介质上，从而与其他 RNA 分离。在适当的条件下（低盐、加热），poly(A)RNA 可被水洗脱而得以纯化。

离子交换色谱以具有离子交换性能的物质为固定相，其与流动相中的离子能进行可逆交换，从而能分离离子型化合物。用离子交换色谱纯化核酸是因为核酸为高负电荷的线性多聚阴离子，在低离子强度缓冲液中，利用目的核酸与阴离子交换柱上功能基质间的静电反应，使带负电荷的核酸结合到带正电的基质上，杂质分子被洗脱。然后提高缓冲液的离子强度，将核酸从基质上洗脱，经异丙醇或乙醇沉淀即可获得纯化的核酸。该法适用于大规模核酸的纯化。Ferreira 等用含 0.5mol/L NaCl 的 TE 缓冲液平衡色谱柱，加样后用含 1mol/L NaCl 的 TE 缓冲液洗脱核酸，获得了很好的分离效果。

（3）密度梯度离心法　密度梯度离心也用于核酸的分离和分析。双链 DNA、单链 DNA、RNA 和蛋白质具有不同的密度，因而可经密度梯度离心形式形成不同密度的纯样品区带，该法适用于大量核酸样本的制备，其中氯化铯-溴化乙锭梯度平衡离心法被认为是纯化大量质粒 DNA 的首选方法。氯化铯是核酸密度梯度离心的标准介质，梯度液中的溴化乙锭与核酸结合，离心后形成的核酸区带经紫外灯照射，产生荧光而被检测，用注射针头穿刺回收后，通过透析或乙醇沉淀除去氯化铯而获得纯化的核酸。

10.5　基因工程菌的不稳定性及对策

由基因工程菌产生的药物，如胰岛素、干扰素、人生长激素、乙肝表面抗原、血吸虫疫苗等已先后上市，基因工程技术不仅保证了这些药物的来源，而且可以大大降低成本。但是，基因工程菌在保藏及发酵过程中表现出的不稳定性是影响基因工程菌产业化的关键之一。

10.5.1　基因工程菌不稳定性的表现

基因工程菌不稳定的结果导致无法得到预期的目的基因产物（或其产量）。工程菌的不稳定包括质粒的不稳定及其表达产物的不稳定两个方面。具体表现为下列三种形式：质粒的丢失、重组质粒发生 DNA 片段脱落和表达产物不稳定。

由于某种环境因素或生理、遗传学上的原因，质粒从某些宿主细胞中丢失（又称消除），

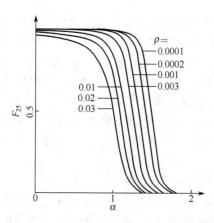

图 10-3　F_{25} 与 ρ、α 之间的关系

其丢失率因环境、宿主、质粒结构而有所不同。由于质粒的丢失，工程菌的发酵过程实际上是两种菌的混合物同时生长繁殖的过程。在非选择条件下，含有重组质粒的工程菌的比生长速率（$\mu+$）往往小于不含重组质粒的宿主菌的比生长速率（$\mu-$）。

宿主细胞的生长优势对工程菌的发酵极为不利，Imanaka 等从理论上分析了质粒丢失速率及克隆菌与宿主菌比生长速率之间的差异对工程菌发酵生产的影响，假设开始时培养液中全部为含质粒的细胞，生长对数期的细胞每代间内质粒丢失率为 ρ，$\mu-$ 与 $\mu+$ 之比为 α，则经过 25 代（F_{25}）后，含有重组质粒的细胞数占总细胞数的分数 F_{25} 与 ρ、α 之间的关系可用图 10-3 表示。

从图中可以看出，如果宿主细胞具有生长优势，那么即使质粒丢失率很小，在经过数代后也会出现大量的无质粒细胞。例如当 $\alpha=1$，$\rho=0.001$ 时，$F_{25}=99.8\%$；而当 $\alpha=2$，$\rho=0.0001$ 时，$F_{25}=0.01\%$。当接入的种子含有无质粒细胞时引起的后果就更严重。

有时质粒不稳定并非由于质粒丢失的缘故，而是重组质粒上一部分片段脱落，表现为质粒变小或某些遗传信息发生变化甚至丧失。有人曾将 *E.coli* 中的质粒 pBR322 与 *B. subtilis* 中的质粒 pUB110 重组为一种可在这两种宿主中都能复制的穿梭型载体，发现此新组建的穿梭质粒在传代中出现不稳定性，丢失的竟是 pUB110 原有结构。

10.5.2　基因工程菌不稳定的原因及对策

10.5.2.1　基因工程菌不稳定的原因

重组质粒引入宿主后，引起宿主细胞和重组质粒之间的相互作用，基因工程菌所处的环境条件对质粒的稳定性和表达效率影响很大，对一个已经构建完成的克隆菌来说，选择最合适的培养条件是进行工业化生产的关键步骤。环境因素对质粒稳定性的影响机制错综复杂，

许多尚未得知。在众多的环境因素中，培养基的组成、培养温度、菌体的比生长速率三个方面尤为重要。

(1) 培养基的组成　微生物在不同的培养基中进行不同的代谢活动。对基因工程菌来说，培养基组分可能通过各种途径影响着质粒稳定地遗传。Imanaka 等研究了两种培养基对克隆菌稳定性的影响，发现质粒在丰富培养基中比在最低限培养基 MM 中更不稳定，其不稳定的类型也不相同。培养基引起质粒 RSF2124-trp 结构性不稳定，而对质粒 pSC101-trp 来说，则是分配性不稳定。

(2) 培养温度　重组质粒引入细胞后，引起细胞发生一系列生理变化。含有重组质粒的克隆菌的比生长速率往往比宿主细胞小。同样，有报道说重组质粒引起宿主细胞生长温度范围的变化：$B. stearothermophilus$ 的生长温度范围是 $40\sim63℃$，由于重组质粒的导入，工程菌生长温度的上限降低。

通常情况下，低温往往有利于重组质粒稳定遗传。对某些克隆菌而言，当培养温度低于 $50℃$ 时，重组质粒非常稳定，而当温度高于 $50℃$ 时，重组质粒在间歇培养的对数生长后期和连续培养时均表现出不稳定性。

(3) 菌体比生长速率　菌体比生长速率反映了许多环境因素，如培养基组成、温度、pH、氧传递等对菌体代谢的影响，因而就菌体比生长速率对重组质粒稳定性的影响研究工作有许多报道。

比生长速率对重组质粒稳定性的影响结果不尽一致，并可能与工程菌本身和培养条件有关。例如，在酵母系统中，比生长速率大有利于重组质粒稳定地遗传。如果不含重组质粒的宿主细胞没有含有重组质粒的克隆菌生长得快，则重组质粒的丢失也不会导致非常严重的后果。因此，调整这两种菌的比生长速率可以提高重组质粒的稳定性。但这往往难于达到，因为大多数环境条件同时提高或降低这两种菌的比生长速率。在某些情况下，可以利用分解代谢物效应控制菌的比生长速率降低 α 值，提高重组质粒的稳定性。

10.5.2.2　针对基因工程菌不稳定的对策

在影响重组质粒稳定性的诸多因素中，宿主细胞的遗传稳定性、重组质粒的组成和工程菌所处的环境条件这三方面更为重要。目前在尚未彻底明了影响质粒稳定原因的情况下，下述的几点措施是根据已有的研究结果提出的。

① 在质粒构建时，插入一段特殊的 DNA 片段或基因以使宿主细胞分裂时，质粒能够稳定地遗传到子代细胞中。

② 在质粒构建时，插入一段能改良宿主细胞生长速率的特殊的 DNA 片断，也能起到稳定质粒的效果。

③ 由于可转移性因子能促进插入和丢失的出现，因此，所使用的质粒不应带有这样的可转移性因子。

④ 应尽可能将质粒上不需要的 DNA 部分除去，因为冗长的 DNA 对宿主细胞既是一种负担，也会增加在体内进行 DNA 重排的可能性。

⑤ 适当施加环境选择压力。如将含有抗药基因的质粒转入不耐药的宿主细胞后，克隆菌株也获得了抗药性。因此，在克隆菌株发酵时，于培养基中加入适量的相应抗生素就可阻止丢失了重组质粒的非生产菌的生长。例如，在研究重组大肠杆菌 MS174（pTZ18U-PHB）质粒稳定性时发现，为了保证细胞正常生长及表达，在种子培养基中必须添加氨苄青霉素（Amp），但是接种时种子带入的 $10mg_{Amp}/L$ 足以杀死丢失了质粒的细胞，因而在发酵阶段不必再添加 Amp。另外，在连续培养中抗生素的添加采用周期性添加（只在无质粒细胞生长占优势时添加）则经济得多。有时使用由系统内部产生选择压力的培养是一种新的方法，

通过偏利共栖和抑制来保护含质粒细胞已在实验室实现。

⑥ 温度敏感型质粒当其从低温培养转至高温培养时能增加质粒拷贝数。培养温度的提高能够降低重组质粒的丢失频率，以保证质粒的稳定性。

⑦ 控制基因的过量表达。在许多研究中发现，外源基因的表达水平越高，重组质粒往往越不稳定。如果外源基因的表达受到抑制，则重组质粒不可能丢失。因此可使用温度诱导型质粒或宿主表达系统，即在发酵前期让菌株生长在正常温度下以阻遏外源基因的表达，使重组质粒稳定地遗传，到后期通过提高温度使外源基因去阻遏而得到高效表达。

⑧ 采用营养缺陷型方法。通过诱变使宿主细胞染色体缺失生长所必需的某一基因，而将该基因插入到重组质粒中，然后选择适当组成的培养基使失去重组质粒的细胞不能存活，而只有含重组质粒的细胞才能生长。

⑨ 根据最终的产物，选择具有最佳拷贝数的质粒是很有必要的。实践证明，构建的高拷贝数的杂合质粒往往是不稳定的；反之，低拷贝数的质粒往往比较稳定。

⑩ 选择适当的宿主。重组质粒的稳定性在很大程度上受宿主细胞遗传特性的影响。目前已经研究开发的微生物宿主系统有大肠杆菌系统、芽孢杆菌系统、放线菌系统、棒状杆菌系统、酵母系统和霉菌系统。

⑪ 培养方式的优化。发酵的环境条件，如温度、溶氧水平、pH、NH_4^+ 的供应、营养浓度控制等非常重要，对于一个已经构建完成的克隆菌株来说，选择最适的培养方式是进行工业化生产的关键步骤，如流加操作、连续培养、固定化培养等。Castet 等对卡那胶固定化 B. Subtilis 工程菌连续培养生长条件和质粒稳定性进行研究，显示 k-卡那胶微囊内的 B. Subtilis 在无选择压力下连续培养，细胞密度和质粒稳定性均有提高，在最初 80h 未测到无质粒细胞，而在游离细胞系统中，质粒丢失在很短时间内发生，发现卡那胶固定化重组菌质粒稳定性的提高是由于细胞分裂数目受到胶内孔洞物理结构的限制。

10.6 应用案例与分析

10.6.1 基因工程生产干扰素

在传统的技术中，由于来源困难或技术方法问题而无法大量合成干扰素，只能从人血白细胞或淋巴细胞中提取。这样提取的血源性干扰素不仅来源有限，而且本身存在很多缺陷，比如，它容易被全血中的病毒污染，从而威胁使用者的健康，并且血源性干扰素提取纯度低、比活性低、生产成本高，这些都严重影响和限制了干扰素在临床上的应用。

随着生物技术的发展，通过 DNA 重组技术，可以在人体外大规模生产干扰素，这就是基因工程干扰素。基因工程干扰素与血源性干扰素相比，具有无污染、安全性高、纯度高、比活性高、成本低、疗效确切等优点，因而能够广泛应用于临床，造福于人类。

1980 年和 1982 年利用基因工程成功地获得了 IFN-α、IFN-β 和 IFN-γ 的 cDNA，标志着第二代干扰素的诞生。用高表达质粒在大肠杆菌中进行表达，得到的每升菌液中含 2.5×10^8 U 的 IFN-α，相当于从 100L 人血中获得的提取量，特别是用多角病毒载体将 IFN-α 在家蚕中表达，每毫升体液中可获得 2×10^8 U 的产物。1987 年，三种干扰素的生产开始工业化，并大量进入市场。中国预防医学科学院病毒研究所、卫生部上海生物制品研究所、卫生部长春生物制品研究所和中国药品生物制品检定所等单位联合研制了基因 IFN-α1b，并由长春生物制品研究所投入工业化生产，成为中国第一个进入工业化的基因工程药物。生产 IFN-γ 和 IFN-β 的工程大肠杆菌也已进入中试阶段。

基因工程载体技术的研究和应用也促进了干扰素的研究和开发。中国学者陈炬等首次把人 IFN-α 基因在烟草植株中表达成功，随后，人 IFN-β 基因在烟草中也表达成功。新型载体不断构建成功，新的亚型干扰素基因陆续被克隆、测序和表达。柴玉波等构建了新型双顺反子表达载体 pEC34；张奉学等构建了人 IFN-γ 植物双元表达载体；夏春等克隆猪 IFN-β 基因并进行了测序；汪明等克隆肉鸡 IFN-α 基因并在大肠杆菌中进行了表达并测序，此项研究为重组干扰素用作新型广谱抗病毒生物制剂和免疫增强剂的开发奠定了基础。程坚等克隆和鉴定了鸡 IFN-γ 基因，为进一步研究该基因的功能及其在控制家禽传染病方面的应用打下了一定的基础。

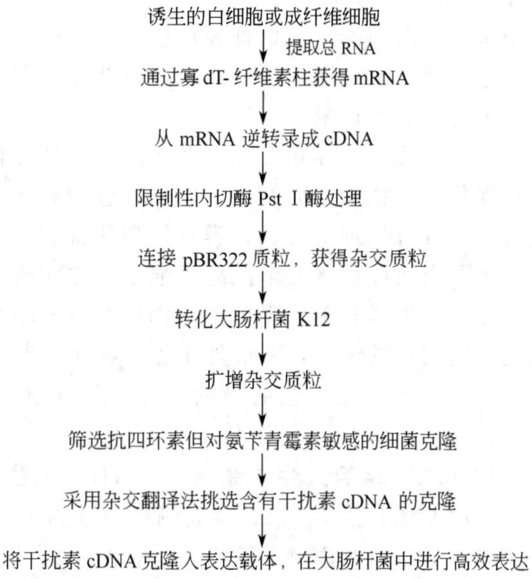

诱生的白细胞或成纤维细胞
↓ 提取总 RNA
通过寡 dT- 纤维素柱获得 mRNA
↓
从 mRNA 逆转录成 cDNA
↓
限制性内切酶 Pst I 酶处理
↓
连接 pBR322 质粒，获得杂交质粒
↓
转化大肠杆菌 K12
↓
扩增杂交质粒
↓
筛选抗四环素但对氨苄青霉素敏感的细菌克隆
↓
采用杂交翻译法挑选含有干扰素 cDNA 的克隆
↓
将干扰素 cDNA 克隆入表达载体，在大肠杆菌中进行高效表达

图 10-4　构建干扰素工程菌的一般流程

10.6.1.1　基因工程菌的构建

干扰素 cDNA 的获得是从产生干扰素的白细胞中提取干扰素的 mRNA，并对其进行分级分离。然后，将不同的 mRNA 注入蟾蜍的卵母细胞测定干扰素的抗病毒活性，找出活性最高的 mRNA，并用此 mRNA 合成 cDNA。

将 cDNA 与含四环素和氨苄抗性基因的质粒 pBR322 重组，转化大肠杆菌 K12，得到重组子。对每个重组子用粗提的干扰素 mRNA 进行杂交，把得到的杂交阳性克隆中的重组质粒 DNA 放到一个无细胞合成系统中进行翻译。对翻译体系的产物进行干扰素活性检测，经多轮筛选可获得产生干扰素的 cDNA。最后将干扰素的 cDNA 转入大肠杆菌表达载体中，转化大肠杆菌在特定条件下进行高效表达。构建干扰素工程菌的一般流程如图 10-4 所示。

10.6.1.2　基因工程干扰素产业化生产的影响因素

(1) 高效的载体宿主表达系统　用作 DNA 重组的表达载体需要具备以下性质：能为宿主的 RNA 聚合酶所识别的强启动子、强终止子；启动子是诱导型的；所产生的 mRNA 必须具有翻译的起始信号，即 AUG 和 S-D 序列。表达载体的启动子种类很多，使用最多的启动子是 λ 噬菌体的 pL 和 pR 启动子，它们不但启动子强度高，而且受 CI 基因产物的严格控制。尤其是利用 CI 温度敏感突变株十分方便，当温度在 30℃ 生长时，CI 阻遏蛋白牢牢地阻遏 pL 启动子，把温度提高到 40～42℃ 时则立即消除阻遏，从 pL 或 pR 进行大量的转录并翻译。在干扰素生产过程中，在 30℃ 发酵 8h，在 42℃ 发酵 2h 诱导表达即可。表达产物形成包涵体，优点在于表达稳定、量多、易于纯化，缺点是恢复蛋白质的天然结构才能充分地显示生物活力。

常在基因工程干扰素的生产中用大肠杆菌做宿主细胞，将干扰素 cDNA 序列精确定位于大肠杆菌的乳糖启动子附近可将表达效率提高 1000 倍以上。

(2) 工程菌发酵的培养基　为实现外源基因的高效表达，工程菌的培养技术也是非常重要的，工程菌发酵培养基的组成和配比不仅要满足工程菌生长代谢需要，还要利于目的产物的表达，即使同一组分对于工程菌的生产和目的产物表达的影响也有所差异，因而在优化过程中要抓住主要因素，根据实际需要进行取舍。

(3) 干扰素的发酵工艺　传统的通过手控调整搅拌速度和通气量的细菌培养方式，会导致细菌生长环境的突然改变，影响工程菌的生长繁殖。而我国自行设计的适应工程菌发酵的程序控制法，在培养基、菌种、pH、温度等条件不变的情况下，可自动调节工程菌生长繁殖的最佳条件，其环境变化温和、平稳，有利于工程菌的生长繁殖。另外，以前的批式培养在工程菌生长繁殖的对数期营养物质已基本耗尽，细菌生长速度减慢，对数期随之缩短，很快进入稳定期、衰亡期，而流加式培养补充了营养物质，延长了对数期。因而提高了菌体的产量和干扰素的表达量。

（4）干扰素的纯化工艺　在制定具体的纯化路线时，首先要了解纯化的干扰素与杂质之间在理化、生物学方面的差异，然后进行纯化工艺的设计。离子交换柱色谱和疏水相互作用色谱由于具有处理量大、分辨效果高的特点，常作为首选用于分离方法。这两种方法的区别是，离子交换柱色谱要求低离子强度上样而疏水相互作用色谱要求高离子强度上样。固相金属亲和离子色谱和单克隆抗体亲和色谱分辨率高，常用在干扰素表达量低、杂质与干扰素的理化性质接近的情况，一般处于整个纯化工艺的中间步骤。凝胶过滤法色谱处理量小、回收率高，常用作纯化工艺的最后一步，用于转换溶液系统或去除与目标蛋白相距较远的杂蛋白。

10.6.2　重组人生长激素（rhGH）的生产

应用 DNA 重组技术，在大肠杆菌细胞中表达重组的人生长激素，有两条不同的技术途径：其一是生产胞内型的重组人生长激素；其二是生产分泌型的重组人生长激素。为了能够在大肠杆菌细胞中正确高效地表达重组型生长激素，首先必须构建能够在大肠杆菌细胞中表达 rhGH 的表达载体。

10.6.2.1　胞内型重组人生长激素

应用体外重组技术将 rhGH 编码基因转化到大肠杆菌宿主细胞，用来生产重组人生长激素。与胰岛素的情况类似，在正常的情况下，hGH 是以含有一段氨基末端信号肽序列的大分子量的前体蛋白质形式产生的。但由于大肠杆菌的分泌装置无法识别这些外源真核蛋白质的信号肽序列，因此克隆的 rhGH 基因的 $5'$ 端用一段合成的 DNA 序列取代，这样便能够在大肠杆菌细胞中表达出几乎与天然产物一样的重组人生长激素。

在大肠杆菌细胞中表达胞内型重组人生长激素的具体操作步骤如下。

第一步，先在体外人工合成 12 条（每条链 6 条）寡核苷酸短片断，然后组装成编码 rh-GH 基因的 1～24 位氨基酸密码子的寡核苷酸长片断，并在其两侧分别有一条 *Hind* Ⅲ 单链延伸末端。

第二步，用核酸内切酶 *Eco* R Ⅰ 切割由脑垂体 RNA 反转录形成的 hGH 全长 cDNA 序列，移去 1～24 位氨基酸密码子，分离出编码 24～191 位氨基酸密码子的 DNA 片断。

第三步，将上述这两种 DNA 片断连接形成重组的人生长激素基因，并克隆在大肠杆菌表达载体的 *lac* 启动子及核糖体结合位点下游，构成重组表达载体 phGH107。

第四步，将此表达载体转化到大肠杆菌宿主细胞，表达出的 rhGH 与天然的 hGH 具有几乎一样的特性，只是在其氨基末端含有一个起始甲硫氨酸。

上述基因克隆程序，在大肠杆菌中表达的 rhGH，需要经过许多复杂的步骤，才能从数千种胞内蛋白质中分离出来。生产周期长，成本高。天然的 rhGH 氨基末端是苯丙氨酸，而不是甲硫氨酸，它已经在 hGH 合成之后的加工过程中被切割掉了，但胞内型的重组型生长激素却具有一个额外的氨基末端甲硫氨酸，它是大肠杆菌胞内酶体系所无法切割的。而且，胞内表达的 rhGH 人使用后易产生抗体。

10.6.2.2　表达分泌型的重组人生长激素

分泌型重组人生长激素的生产方法是将 hGH 的编码序列同一种细菌分泌蛋白的信号序列连接，并克隆在大肠杆菌的表达载体上。将此种重组的表达载体转化到大肠杆菌宿主细胞，所表达的 rhGH 会在细菌信号肽的作用下，跨膜转运到周质中累积起来。而且在跨膜转运过程中，氨基末端的甲硫氨酸会连同细菌的信号肽一起删除掉。结果产生出了与天然 hGH 一样的、共有 191 个氨基酸的 rhGH。积累在周质中的 rhGH，由于细胞外膜的低渗破裂而被释放到胞外。1985 年，这种由大肠杆菌合成的 rhGH，已成为美国联邦政府许可生产和使用的第二种基因工程药物。

我国现已成功地构建了高表达分泌型重组人生长激素基因工程菌，其表达产物与天然的人生长激素氨基酸序列及三维结构完全一致。在此基础上研制的 rhGH，已完成了中间规模生产试验、产品的检定以及药效、药理、毒理试验，并被卫生部药政管理局批准进入临床实验。

近年来，由于重组 DNA 技术的不断改进和发展，出现了许多通过在 DNA 水平上改变结构基因编码顺序、改换新的启动子或重组载体途径，以期提高生长激素表达产物的生物学活性、贮存稳定性及产率的方法。

用基因工程技术在大肠杆菌细胞中表达分泌型的重组人生长激素的具体操作步骤如下。

（1）基因工程菌的构建　基因工程菌可按以下步骤进行构建。

①人生长激素基因的扩增。a. 从人脑组织中提取 mRNA；b. 应用上述 mRNA 合成 cD-NA；c. 人工合成两对引物，以上述 cDNA 为模板经高保真度 PCR 扩增获取人生长激素基因（cDNA）。②大肠杆菌 OmpA 分泌信号肽的合成。③表达质粒的构建以及工程菌株的获得。④人生长激素基因序列的测定。

（2）rhGH 工程菌的发酵　分泌型表达 rhGH 工程菌的发酵过程，培养基中的葡萄糖含量是一个关键因素。当葡萄糖含量较高时会使 rhGH 表达量下降，因葡萄糖在作为碳源供能的同时会产生乙酸，乙酸积累到一定程度后会造成菌体生长和产物合成的停止。因此葡萄糖应根据消耗速率来加入，防止乙酸的积累，但同时又不能让细胞饥饿。发酵前期进行菌体增殖时利用葡萄糖为碳源，有利于细菌的生长又不妨碍目的蛋白的合成。待发酵进行一段时间后，培养基中的葡萄糖几乎完全消耗。诱导并滴加补料液，保证了菌体达到较高的密度时开始诱导，滴加的补料液也为诱导后目的蛋白的表达提供了充足的营养。

（3）rhGH 蛋白的提取纯化　因 rhGH 工程菌为分泌表达型，信号肽 OmpA 在细胞膜上被切除后，具备正确构象的 rhGH 被输送到胞间质区域。因此蛋白粗提采用渗透压破壁的方法，既减轻了细胞完全破裂杂蛋白过多对其后纯化工作所造成的压力，又避免了剧烈条件对目标蛋白活性可能造成的影响。最后对大体积的粗提液进行超滤浓缩，rhGH 可占粗提总蛋白的 40% 左右。

在以上成熟工艺的基础上对分泌型重组人生长激素基因工程菌 E. coli K802/pAVGH 的培养条件进行了优化，在发酵罐中实现了高密度培养和高效表达，实验结果表明，在较短的发酵时间（12h）内细菌干重达 85g/L，重组人生长激素占细菌总蛋白量的 25% 左右。

10.6.3　核酸疫苗

核酸疫苗技术作为一种新的免疫接种手段，问世不久就在感染性疾病及肿痛的防治中显示出了巨大的潜力。所谓核酸疫苗就是把外源基因克隆到真核质粒表达载体上，然后将重组的质粒直接注射到动物体内，使外源基因在活体内表达，产生的抗原激活机体的免疫系统引发免疫反应。核酸疫苗技术起源于基因治疗法。基因疗法应理解为稳定地修饰靶细胞或某些功能细胞，将一些遗传结构植入人或动物体内。很早就探明，植入体内的异体基因在细胞内表达，其结果能轻易显露。1990 年美国威斯康星大学的 Wolff 等以此项发明为理论根据做了一些试验，将裸露质粒 DNA 植入家鼠，结果成功表达。在研究过程中，他们在质粒中构建了所谓的能在真核细胞调节序列下编码荧光酶、氯霉素乙酰转移酶和半乳糖苷酶的基因。这次研究得到了 Williams 等的支持，Williams 等曾经借助于后来称之为弹导传染法的方法转移 DNA。DNA 被固定在微载体——金或铂微粒上，并借助"电炸药"射入皮肤或肝细胞内。钻入细胞核后，微粒子就进入了细胞的 DNA。据称射击区上有 10％～20％的细胞表达出 DNA 编码基因的产物。Wolff 在稍后的工作中证实导入的 DNA 有较长时间——19 个月的表达能力。Tang 等的研究工作对 DNA 疫苗的发展起了关键性的作用，正是他们首先证明，被转移的质粒 DNA 被表达，而且成为具遗传意义的异体物质，引起了免疫反应从而才有了制备 DNA 疫苗的想法。

这一以最新疫苗技术为标志的研究方法立即被大众认可。通过这种技术，植入 DNA 的细胞履行生物反应器的功能不仅仅在于生产出经过转录和翻译修饰的相应的蛋白质，并将其提供给免疫系统的细胞，以激发细胞和体液的全价性免疫反应。DNA 疫苗是质粒表达介质，它构成以下位区：①质粒复制起始作用区；②标志基因，例如对抗生素稳定的基因；③通常能编码极具免疫遗传性的病毒蛋白质的基因或基因组；④真核细胞的调节序列：启动子、多聚腺嘌呤核苷酸反应的位点、终止密码子。

一般认为，构建核酸疫苗的技术路线有以下步骤。

① 目的基因的选择：须确认目的基因序列中是否含有多余的内含子，该内含子在哺乳动物细胞内是否影响外显子在转录成 mRNA 时的连接，如果候选基因片段是 PCR 产物，须经测序得到确认。

② 选择合适的真核质粒表达载体：载体需含有真核启动子（CMV、RSV、SV40 等），而 CpG 基元（motif）序列可增强免疫。现一般选择含 CMV 启动子的 pcDNA3 作为表达载体。

③ 将目的基因与表达载体相连，构成重组子。提取重组子后用离子交换色谱法纯化。

④ 转染哺乳动物细胞检测相应蛋白质的表达。

⑤ 可选择含有报告基因的表达载体做对照，分析转入的 DNA 是否表达，报告基因可为 β-半乳糖苷酶基因或绿色荧光蛋白基因。

⑥ 疫苗接种方式和剂量。针对小鼠，可采用直接肌肉注射（100μg/次）、脂质体包被或将 DNA 包被金颗粒后用基因枪射入表皮（0.5μg/次）等。

⑦ 疫苗接种部位。疫苗可经肌肉、皮下或黏膜（如鼻腔滴入）等途径接种。不同接种途径免疫效果不同，主要是与不同宿主细胞的 DNA 摄入和表达高低及转染细胞将抗原提呈给免疫系统的能力有关。导入再生肌肉组织或利用高渗蔗糖溶液可增加细胞对质粒的摄入。

⑧ 动物模型的选择及免疫周期和免疫次数。可选择小鼠、鸡、兔、羊、猪、猴和猩猩等病原体易感动物作为模型，免疫周期为 4～6 周，免疫次数以 1～3 次为佳。

⑨ 免疫佐剂。细胞因子（IFN-γ、IL2 和 GM-CSF 等）、脂质体和黏附分子（ICAM）等都可作为核酸免疫的佐剂。

⑩ 免疫保护效果的检测。可检测体液免疫和细胞免疫功能。

⑪ 可采用 PCR 技术检测转入的 DNA 在局部组织的存在情况；用免疫组织化学法检测抗原蛋白的局部表达。

⑫ 对以上步骤取得的结果进行评价和分析。

11 发酵产物的提取与精制

发酵产物的提取与精制作为发酵产品生产的重要环节，是发酵工程不可分割的重要组成部分。一方面，通过对发酵产物的提取与精制，实现发酵的最终目标即获得高品质的发酵产品；另一方面，发酵下游目标产物的提取和精制技术的进步及工艺优化可以对发酵工程上游提出新的技术及工艺改进要求。因为多数发酵产品的提取和精制成本比发酵过程的成本高得多，所以，对发酵工程上游及发酵过程进行优化，如菌种改良、发酵条件优化、发酵过程控制等，使发酵工程下游的发酵产物易于提取和精制，从而降低发酵产品的综合生产成本，提高发酵产品的市场竞争力。

发酵产物一般要经过一系列单元操作，才能把目标产物从发酵液中提取分离出来，精制成为合格的产品。发酵产物的提取分离步骤一般都比较多，但通常首先要进行固液分离，将微生物细胞和发酵液分开，然后根据发酵产物的存在部位确定后续分离步骤。若目标产物存在于发酵液中，则后续分离纯化工作针对发酵液进行；若目标产物存在于微生物细胞内，则后续分离纯化工作将针对收集的微生物细胞进行，因而提高细胞破碎率就成为发酵产物提取分离不可忽视的重要环节。

分离纯化不同的目标产物，由于其存在的环境、理化特性以及最终纯度要求等不同，所采用的分离纯化技术和工艺路线也就不同。一般，可将发酵产品的提取与精制大致分为两个阶段，即产物的粗分离阶段和纯化精制阶段。粗分离阶段是指在发酵结束后发酵产物的提取和初步分离阶段，操作单元包括菌体和发酵液的固液分离、细胞破碎和目标产物的浸提、细胞浸提液或发酵液的萃取、萃取液的分离和浓缩，以及采用沉淀、吸附等方法去除大部分杂质等环节。纯化精制阶段是在初步分离纯化的基础上，依次采用各种特异性、高选择性分离技术和工艺，将目标产物和杂质尽可能地分开，使目标产物纯度达到一定的要求，最后制备成可以贮藏、运输和使用的产品。

11.1 概述

欲提取的物质通常不稳定，大多属于对热、pH 以及剪切力非常敏感的活性物质，分离纯化过程常常需要低温环境、合适的 pH 范围以及尽可能小的剪切力，同时要严格防止外界微生物和杂物的污染。所以，整个下游提取精制加工过程应遵循如下原则：快速操作、低温环境、温和条件如 pH 选择在目标物质的稳定范围内，尽可能小的剪切作用和防止污染。对于基因工程产品，还应注意生物安全（biosafety），即要防止菌体扩散，有时要求在密封的环境下操作。深入研究各种发酵体系的特性及发酵产物的特点，是正确选择合适的下游加工技术及工艺、降低生产成本、提高产品质量的关键。

11.1.1 提取与精制过程的一般工艺流程

发酵产品的生物分离技术及工艺设计，不仅取决于发酵产物的存在部位、理化特性（如分子形状、大小、电荷、溶解度等）、含量、提取与精制过程规模等，还与产品的类型、用途、价值大小以及最终质量要求有关。发酵产物的提取分离纯化工艺的基本流程如图 11-1 所示，按照提取分离过程顺序可分为四个阶段：发酵液的预处理和固液分离阶段、初步提取分离阶段、纯化精制阶段、成品加工阶段。各阶段的每个步骤都有若干单元操作可以选用，其中包括许多常见的单元操作，如离心、过滤、萃取、浓缩以及各种色谱技术等，有时会涉

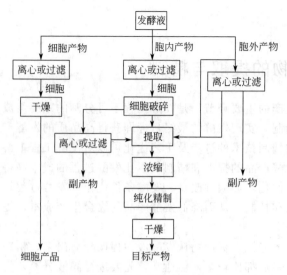

图 11-1　发酵产物提取与精制过程的一般工艺流程

及多个单元操作的技术集成。所以，提取与精制过程的工艺流程设计应根据具体情况分别确定。

11.1.2　发酵产物提取精制方法的优化与工艺设计

发酵产物提取精制方法的优化与工艺设计的目标是产率高、品质优、成本低、操作简便、无环境污染。实现这一目标的基本原则是采用的分离纯化步骤尽可能少，应用单元操作的次序和工艺设计要合理。工艺策略不仅影响到产品的回收率，而且还会影响到投资大小与操作成本。因此优化提取精制方法，设计科学合理的提取精制工艺十分重要。

在纯化方法的选择和设计的过程中，应注意充分总结并参考前人的大量实践结果。Bonnerjea 等人对已发表文章中有关蛋白质和酶的纯化方法进行了统计分析，发现主要涉及 10 种纯化方法，它们的出现频率分别为：离子交换色谱 75%；亲和色谱 60%；沉淀分离 57%；凝胶过滤色谱 50%；其他方法<33%。可见，在各种蛋白质和酶的纯化过程中，离子交换方法使用的频率最高，可作为蛋白质和酶分离纯化的候选方法。

在初步选定各个单元操作方法之后，可以根据每个单元操作在纯化阶段的不同效果来确定各个单元操作的先后次序。一般来说，收率高、纯度稍低的方法在前，纯度高的方法在后。如沉淀等方法收率高，但目标产物纯度低，应在分离纯化过程相对靠前的阶段采用，而色谱技术是精制阶段提高目标产物纯度的常用技术，一般要在分离纯化过程相对靠后的阶段采用。根据单元操作的作用，发酵产物分离纯化一般工艺流程的操作顺序如下：固液分离、细胞破碎或干燥后破碎、细胞内目标产物的浸提或发酵液中目标产物的萃取、细胞浸提液或发酵液的萃取液浓缩、含目标产物的浓缩样上柱色谱分离、结晶、干燥。其中，离心、过滤和减压浓缩等操作单元在工艺流程中根据需要会反复用到。

目标产物存在于发酵液或微生物细胞中，通常第一步单元操作是固液分离，但由于发酵结束时发酵培养物的性质非常复杂，多数情况下，直接采用沉淀或离心技术并不能很好地实现固液分离。所以，在进行固液分离之前，发酵培养物一般要进行预处理。

11.2　发酵液的预处理

微生物发酵结束后的培养物中含有大量的菌体细胞或细胞碎片、残余的固体培养基以及代谢产物，使发酵培养物呈现如下特性。

① 发酵产物浓度低，发酵液中大部分是水，处理体积大。

② 微生物细胞的颗粒小，相对密度与液相相差不大。

③ 细胞含水量大，可压缩性大，一经压缩就会变形。

④ 液体流变特性复杂，液相黏度大，容易吸附在滤布上。

⑤ 产物性质不稳定，不耐热，对较强的酸或碱的环境敏感，易于受到空气氧化、微生物污染以及酶分解等作用的影响。

以上特性使得发酵培养物很难直接采用离心或过滤操作实现固液分离。如果对发酵培养物进行适当的预处理，通过改变其流体特性、降低滤饼比阻或离心沉降特性，以及使发酵液相对纯化等措施来提高固液分离效率和后续分离效率及收率。

11.2.1 改变发酵培养物的过滤特性

改变发酵培养物的过滤特性包括降低发酵培养物的黏度、采用添加絮凝剂使小颗粒凝聚成较大的颗粒以优化其过滤和离心沉降特性、调整 pH 改变发酵培养物中某些物质的电离度和电荷性质，以及加入反应剂、助滤剂等措施。

11.2.1.1　降低液体黏度

根据流体力学原理，滤液通过滤饼的速率与液体的黏度成反比，因此降低液体黏度可以提高过滤效率，通常有以下三种方法降低发酵液的黏度。

(1) 加水稀释法　采用加水稀释法虽然能降低液体黏度，但是会增加发酵液的体积，稀释发酵产物的浓度，加大后续过程的处理量。而且，单从过滤操作看，稀释后过滤速率提高的百分比必须大于加水比才算真正有效，即若加水一倍，则稀释后液体的黏度必须下降 50％ 以上，才能有效提高过滤速率。所以，采用加水稀释时要慎重考虑。

(2) 加热升温法　升高温度可以有效降低液体黏度，提高过滤效率。但加热温度和时间必须控制在不影响目的产物活性的范围内，而且要防止加热导致的细胞溶解，胞内物质外溢，增加发酵液的复杂性和随后的产物分离纯化难度。例如，柠檬酸发酵液采用 $80 \sim 90℃$ 处理，既可以终止发酵，使蛋白质等胶体物质变性凝固，降低发酵液黏度，有利于过滤，同时又不会由于升温过高使菌体破裂释放出胞内杂质增加后续分离难度和成本。

(3) 酶解法　发酵液中如含有多糖类物质，则可用酶将它们降解成寡糖或单糖，以提高过滤效率。如万古霉素用淀粉做培养基，发酵液过滤前加入 0.025％ 的淀粉酶，搅拌 30min 后，再加 2.5％ 硅藻土作为助滤剂，可使过滤速率提高 5 倍。

11.2.1.2　凝聚与絮凝

凝聚和絮凝技术能有效地改变菌体细胞和蛋白质等胶体粒子的分散状态，使其凝聚成较大的颗粒，便于过滤。凝聚与絮凝常用于菌体细小且黏度大的发酵液的预处理。

(1) 凝聚　凝聚是在中性盐的作用下，由于胶体粒子之间双电子层排斥电位的降低，而使胶体体系不稳定出现聚集的现象。发酵液中的菌体细胞或蛋白质等胶体粒子的表面，一般都带有电荷，带电的原因很多，主要是吸附溶液中的离子和自身基团的电离。在生理 pH 下，发酵液中的菌体或蛋白质常带有负电荷，由于静电吸引作用，溶液中带相反电荷的阳离子被吸附在其周围，在界面上形成了双电层，这种双电层的结构使胶粒间不容易聚集而保持稳定的分散状态。双电层的电位越高，电排斥作用越强，胶粒的分散程度就越大，发酵液过滤也就越困难。

向胶体悬浮液中加入某种电解质，在电解质中异电离子的作用下，胶粒的双电层电位降低，使胶体体系不稳定，从而相互碰撞而产生凝聚。电解质的凝聚能力可用凝聚值来表示，使胶粒发生凝聚作用的最小电解质浓度 (mmol/L) 称为凝聚值。根据 Schulze-Hardy 法则，反粒子的价数越高，该值就越小，凝聚力就越强。阳离子对带负电荷的发酵液胶粒凝聚能力的次序为：$Al^{3+} > Fe^{3+} > H^+ > Ca^{2+} > Mg^{2+} > K^+ > Na^+$，常用的凝聚电解质有硫酸铝 $[Al_2(SO_4)_3 \cdot 12H_2O]$、氯化铝 $(AlCl_3 \cdot 6H_2O)$、氯化铁 $(FeCl_3)$ 等。

(2) 絮凝　采用凝聚方法得到的凝聚体，颗粒常常是比较细小的，有时还不能有效地进行分离，采用絮凝法则常常可以形成颗粒大的絮凝体，使发酵液容易分离。

絮凝是指在某些高分子絮凝剂存在的情况下，基于架桥作用，使胶粒形成絮凝团的过程。絮凝剂是一种水溶性的高分子聚合物，分子量可达数万至一千万以上，它们具有长链结构，其链节上含有相当多的活性官能团，包括带电荷的阴离子以及不带电荷的非离子型基团。它们通过静电引力、范德华引力或氢键的作用,强烈地吸附在胶粒的表面。当一个高分子聚合物的许多链节分别吸附在不同的胶粒表面上产生架桥连接时,就形成了较大的絮团,从而产生絮凝作用。

对絮凝剂的化学结构一般有下列两方面的要求:一方面,其分子中必须含有相当多的活性官能团,能与胶粒表面相结合;另一方面,必须具有长链的线形结构,以便同时与多个胶粒吸附形成较大的絮团,但分子量不能过大,以便使其具有良好的溶解性。发酵工业适宜的絮凝剂包括:有机高分子类如聚丙烯酰胺类衍生物,无机高分子聚合物絮凝剂如聚合铝盐、聚合铁盐等,以及天然有机高分子絮凝剂如多糖类胶黏物、海藻酸类、明胶、几丁质、脱乙酰几丁质等。

絮凝技术预处理发酵液的优点不仅在于使过滤效率提高,还在于能有效除去杂蛋白质和固体杂质,如菌体细胞和细胞碎片等,提高了滤液质量。但是絮凝效果与絮凝剂的添加量、分子量和类型密切相关,而且溶液 pH 变化也会影响离子型絮凝剂中官能团的电离度,从而影响其吸附作用。絮凝剂的最适添加量往往需通过实验确定,虽然较多的絮凝剂有助于架桥充分,但过多的添加量反而会引起吸附饱和,在每个胶粒上形成覆盖层从而使胶粒产生再次稳定现象。

(3) 混凝 对于带负电荷的菌体或蛋白质来说,采用阳离子型高分子絮凝剂同时具有降低胶粒双电层电位和产生吸附架桥的双重机理,所以可单独使用。对于非离子型和阴离子型高分子絮凝剂,则主要通过分子间引力和氢键作用产生吸附架桥,所以,它们常与无机电解质絮凝剂搭配使用。首先加入电解质,使悬浮离子间的双电层电位降低、脱稳,凝聚成微粒,然后再加入絮凝剂凝聚成较大的颗粒。无机电解质的凝聚作用为高分子絮凝剂的架桥创造了良好的条件,从而大大提高了絮凝的效果。这种同时包括凝聚和絮凝作用的过程,称为混凝。

11.2.1.3 调整发酵液 pH

pH 直接影响发酵液中某些物质的电离度和电荷性质。对于氨基酸、蛋白质等两性物质,在等电点(pI)下,溶解度最小,因此可利用此特性分离或去除两性物质。由于大多数蛋白质的等电点都在酸性范围内(pH 4.0~5.5),利用酸性试剂来调节发酵液 pH 使之达到等电点,可除去蛋白质等两性物质。此外,细胞、细胞碎片以及某些胶体物质在某个 pH 下也可能趋于絮凝而成为较大颗粒,有利于过滤。反之,调整 pH 也可以改变某些物质的电荷性质,使之转入液相,可以减少膜过滤的堵塞和膜污染。

11.2.1.4 加入反应剂

加入某些不影响目的产物的反应剂,利用反应剂和某些可溶性盐类反应生成不溶性沉淀,可以消除发酵液中某些杂质对过滤的影响,从而提高过滤效率。如环丝氨酸发酵液用氧化钙和磷酸盐处理,生成磷酸钙沉淀,能使悬浮物凝固,多余的磷酸根离子还能去除钙、镁离子,并且在发酵液中不会引入其他阳离子,以免影响环丝氨酸的离子交换吸附。正确选择反应剂和反应条件,能使过滤速率提高 3~5 倍。

11.2.1.5 加入助滤剂

在含有大量细小胶体粒子的发酵液中加入固体助滤剂,则这些胶体粒子吸附于助滤剂微粒上,助滤剂就作为胶体粒子的载体,均匀地分布于滤饼层中,相应地改变了滤饼结构,降低了滤饼的可压缩性,也就减小了过滤阻力。目前发酵工业中常用的助滤剂是硅藻土、珍珠岩粉、活性炭、石英砂、石棉粉、纤维素以及白土等,其中最常用的是硅藻土。选择助滤剂应考虑助滤剂的粒度、品种以及用量。使用方法有两种:一是在过滤介质表面预涂助滤剂,另一种是直接加入到发酵液中,也可两种方法同时使用。

11.2.2 发酵液相对纯化

发酵液中杂质很多，对后提取步骤分离影响最大的是杂蛋白和高价无机离子等。杂蛋白的存在，不仅在选用离子交换法使用大网格树脂吸附法分离时会降低其吸附能力，而且在采用有机溶剂或双水相提取时，容易产生乳化、使两相难以分离。高价无机离子的存在，在采用离子交换法分离时，会干扰树脂对活性物质的交换容量。此外，在常规过滤或膜过滤时，还会使滤速下降，膜受到污染。因此，在预处理时应尽量除去这些物质。

加热是最常用的使蛋白质变性的方法。变性蛋白质溶解度较小，使蛋白质凝聚成胶体，加热还能使液体黏度降低，提高过滤速率。例如在链霉素生产中，就采用调至酸性（pH 3.0）加热至 70℃，维持 0.5h 左右的方法来去除蛋白质，而且能使过滤速率提高 $10\sim100$ 倍，滤液黏度可降低至 1/6（降低到 $1.1\sim1.2\times10^{-3}$ Pa·s）。又如，柠檬酸发酵液采用加热至 80℃ 以上的方法，使蛋白质变性凝固并降低发酵液黏度，从而大大提高了过滤速率。但是，热处理通常对原发酵液质量有一定的影响，特别是会导致色素增多，破坏目标产物。因此加热的方法只适用于对热较稳定的发酵产物的提取。使蛋白质变性的其他办法还有，大幅度改变 pH，以及加乙醇、丙酮等有机溶剂等。

此外，在酸性溶液中，蛋白质能与一些阴离子如三氯乙酸盐、水杨酸盐、钨酸盐、苦味酸盐、鞣酸盐、过氯酸盐等形成沉淀。在碱性溶液中，能与一些阳离子如 Ag^+、Cu^{2+}，Zn^{2+}、Fe^{3+} 和 Pb^{2+} 等形成沉淀。

11.2.3 高价无机离子的去除方法

为了去除钙离子，宜加入草酸，但草酸溶解度较小，故用量大时可用其可溶性盐如草酸钠。反应生成的草酸钙还能促使蛋白质凝固，提高滤液质量。但草酸价格较贵，应注意回收。如四环类抗生素废液中，加入草酸铅在 60℃ 下反应生成草酸。后者在 $90\sim95℃$ 下用硫酸分解，经过滤、冷却、结晶后可以回收草酸。

草酸镁的溶解度较大，故加入草酸不能除尽镁离子。要除去镁离子，可以加入三聚磷酸钠 $Na_5P_3O_{10}$，它和镁离子形成可溶性配合物。

$$Na_5P_3O_{10}+Mg^{2+}\Longrightarrow MgNa_3P_3O_{10}+2Na^+$$

用磷酸盐处理，在除去铁离子的同时，也能大大降低钙离子和镁离子的浓度。

要除去铁离子，可加入黄血盐，与铁离子形成普鲁士蓝沉淀。

$$4Fe^{3+}+3K_4Fe(CN)_6\Longrightarrow Fe_4[Fe(CN)_6]_3+12K^+$$

11.3 固液分离技术

在发酵工业中，固液分离是应用最多的操作。几乎所有的发酵液均存在或多或少的悬浮固体，无论是分离细胞及其碎片，还是分离包含体、沉淀物，都要用到固液分离手段，常用的方法是过滤和离心分离。通过这两种单元操作均可使清液和固态物质得到很好的分离。

11.3.1 过滤分离技术

过滤是指在压力（或真空）的情况下将悬浮液通过过滤介质以达到固液分离的目的。过滤分离操作简单，但对于微小且形状多变的微生物细胞，发酵液的过滤比较复杂。关键是设法改进滤饼的特性和采用非常规的过滤技术和设备。

11.3.1.1 发酵液的特性和滤饼的质量比阻

微生物的发酵液大多数属于非牛顿型流体，滤渣是可压缩性的。衡量过滤特性的主要指标是滤饼的质量比阻 γ_B，它表示单位滤饼厚度的阻力系数，与滤饼的结构特性有关。根据滤饼的质量比阻值，可衡量各种不同发酵液过滤的难易程度。对于不可压缩性滤饼，比阻值为常数。但对于可压缩性滤饼，比阻 γ_B 是操作压力差的函数，一般可用下式表示。

$$\gamma_B = \gamma(\Delta p)^m \tag{11-1}$$

式中　γ——不可压缩滤渣的比阻，对于一定的料液，其值为常数；

　　Δp——压力差，Pa；

　　m——压缩性指数，一般取 0.5～0.8，对不可压缩性滤饼，m 为 0。

由此可见，滤饼的比阻值是随操作压力差的提高而增大的。因此，开始过滤时应注意不能很快提高压差，通常靠液柱的自然压差进料，并应缓慢地逐步升高压力，一般在相当长的时间内，压力差不要超过 0.05MPa，最后的压差（不包括榨滤）也不超过 0.3～0.4MPa。恒压下，可压缩性滤饼的比阻值应为常数。如过滤介质的阻力相对较小可以忽略不计，则恒压下的过滤方程如下。

$$q^2 = \frac{2\Delta p}{\eta \gamma_B X_B}\tau \tag{11-2}$$

式中　q——到过滤时间 τ 通过单位过滤面积的滤液量，m³；

　　Δp——压力差，Pa；

　　η——滤液黏度，Pa·s；

　　γ_B——滤饼的质量比阻，m/kg；

　　X_B——通过单位体积滤液，所形成的滤渣质量（干重），kg/m³；

　　τ——过滤时间，s。

质量比阻可根据式（11-2），利用图解法求得。以 τ/q 为纵轴，以 q 横轴所得的直线斜率为 M，则 γ_B 可按下式计算。

$$\gamma_B = \frac{2M\Delta p}{\eta X_B} \tag{11-3}$$

过滤速率与菌种、发酵条件等因素有关。正确选择发酵终点时间对过滤影响很大，有时延长发酵周期虽能使发酵单位产量有所提高，但会严重影响发酵液的特性，使色素和胶状杂质增多，过滤困难，最终造成成品质量降低或分离纯化成本上升。对于难过滤的发酵液，必须设法改善过滤性能，降低滤饼的比阻值，以提高过滤速率。

11.3.1.2　过滤设备的选择

过滤器的选择有许多因素应当很好地考虑，如进料性质、产品要求、操作条件、生产水平，以及过滤器的材料和结构等。

进料性质包括悬浮固体的浓度、颗粒的尺寸分布、系统的组成、液体的物理性质（黏度、挥发性、饱和度）、温度和其他特殊的液体和固体性质。只有细小颗粒百分率含量高的悬浮液需要利用连续预涂层过滤器，一般含有低固体浓度的悬浮液都使用间歇式压滤器。液体强度超过 2.5×10^{-2} Pa·s，则不能在预涂层过滤器中处理，当采用纤维过滤介质时，$(5～10) \times 10^{-2}$ Pa·s 的液体也能使用。在选择真空操作时，了解液体的蒸气压和饱和状态对避免闪蒸和固体沉积物溶解来说是必需的。此外，进料性质还包括是否有腐蚀性和磨蚀效应以及颗粒形状。

采用间歇还是连续过滤操作，取决于给定的流速和劳动力费用。对于大量料液的处理，从劳动力费用来看，以连续操作更为可取，当以这些依据进行选择时，应该考虑预测到的最大生产能力。

过滤过程还受其他一些因素影响，例如无菌或者负载量的要求，它们常常限制了连续过滤器的使用；而水的平衡，则要求逆流洗涤系统和连续操作，使固体能最终合理利用、运输及保藏。

过滤介质的选择，常受过滤器单元形式特别是滤饼支撑体和卸料装置的限制。在过滤介质选择上应考虑的因素包括热（温度）、化学和机械阻力、堵塞趋势、滤饼排除的难易程度、与滤饼颗粒尺寸相比孔的大小、流体流动阻力和成本等。表面光滑的介质有利于滤饼的清除。其中，编织物（棉花、合成纤维）是广泛使用的过滤介质材料。

常用在有压力情况下过滤的设备有板框式、滤叶式、滤管式等过滤机，尤以板框式使用最多。在真空条件下操作的主要是转鼓式过滤机。微孔膜过滤也可列入过滤范畴，常用的有板框式、卷筒式、中空纤维束式等。

11.3.2 离心分离技术

11.3.2.1 离心力场的基本特性

分离因数（F_r）和沉降速度（v_g）是离心力场的基本特性。离心机在运行过程中产生的离心加速度和重力加速度的比值，称为该离心机的分离因数。

$$F_r = \frac{r\omega^2}{g} \quad 或 \quad \omega = 2\pi\frac{n}{60} \tag{11-4}$$

式中　r——离心机转鼓半径，cm；

ω——转鼓的角速度，s^{-1}；

n——转鼓的转速，r/min。

分离因数是离心机分离能力的主要指标，分离因数 F_r 愈大，物料所受的离心力亦越大，分离效果就好。对于小颗粒，液相黏度大的难分离悬浮液，需采用分离因数大的离心机加以分离。目前，工业用离心机的分离因数 F_r 值由数百到数十万。

分离因数 F_r 与离心机的转鼓半径 r 成正比，与转鼓转速 n 的平方成正比，因此提高转鼓转速比增大转鼓半径对分离因数 F_r 的影响要大得多。分离因数 F_r 的极限值取决于转鼓材料的机械强度，一般超高速离心机的结构特点是小直径，高转速。

根据斯托克斯定律，颗粒在溶液中的沉降速度 v_g 可用下式表示。

$$v_g = \frac{d^2(\rho_d - \rho_L)}{18\eta}g \tag{11-5}$$

式中　v_g——颗粒在液相中的沉降速度，m/s；

d——颗粒直径，m；

ρ_d——颗粒密度，kg/m^3；

ρ_L——液体密度，kg/m^3；

η——液体黏度，Pa·s；

g——重力加速度，m/s^2。

从上式可以看出，颗粒的沉降速度 v_g 与颗粒的直径平方成正比，与颗粒和液体的密度差成正比，与液体黏度成反比。

如果在离心力场中，则颗粒的沉降速度为

$$v_g = \frac{d^2(\rho_d - \rho_L)}{18\eta}r\omega^2 \tag{11-6}$$

在分离过程中，颗粒的沉降速度 v_g 越大，分离效果就越显著，斯托克斯定律表明了分离效果与物性参数的基本关系。

11.3.2.2 离心机的选择

发酵液的特性不同，如发酵液具有悬浮液、固体颗粒特性、乳浊液等方面的不同特性，因此离心机的选择也就不同。

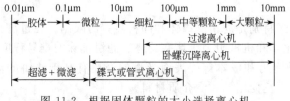

图 11-2　根据固体颗粒的大小选择离心机

悬浮液是指液体和悬浮于其中的固体颗粒所组成的系统。根据固体颗粒的大小与浓度可分为粗颗粒悬浮液、细颗粒悬浮液、高浓度悬浮液和低浓度悬浮液。固体颗粒的粒度，悬浮液的浓度及滤渣或沉渣的厚度增长率与离心机的处理能力有密切的关系，在设备选型中占有重要的地位。

固体颗粒特性一般指颗粒群中颗粒的主要物理性质，包括颗粒的大小、粒度分布、形状、密度、表面性质等。它们与分离有着密切的关系。固体颗粒的大小与离心机的选择如图 11-2 所示。

乳浊液是由液体和悬浮于其中的一种或数种其他液体所组成的多相系统，其中至少有一种液体以液珠的形式均匀地分散于一个和它不互溶的液体之中，以液珠形式存在的液体称为分散相（内相或非连续相）；另一相称为连续相（外相或非分散相）。乳浊液的液珠直径一般大于 $0.1\mu m$。乳浊液的稳定性低，当悬浮液珠达一定大小时，组成它的两相会较快地分层。悬浮液珠的"临界"大小约等于 $0.4\sim 0.5\mu m$，当悬浮液珠小于此值时，乳浊液显得稳定，组成它的两相不会分层。此种体系皆有一个最低稳定度，当有表面活性剂或固体粉末存在时，稳定度可明显增加。

在发酵产物提取分离的过程中，经常伴随有脱水、澄清、浓缩等不同的工艺要求，按工艺要求的不同，离心机的选择也不一样。

（1）脱水　脱水过程是使悬浮液中的固相从液相中分离出来，且要求含的液相越少越好。一般有三种情况：①固相浓度较高，固相颗粒是刚体或晶体，且粒径较大，则可选用离心过滤机。如果颗粒允许被破碎，则可选用刮刀离心机。若颗粒不允许被破碎，则可选用活塞推料或卸料离心机。②固相浓度较低，颗粒粒径很小，或是无定形的菌丝体，如果选用离心过滤机，由于粒径太小，滤网跑料严重。若滤网太细，则脱水性能下降，无定形的菌丝体和含油的固体颗粒会把滤网堵死。在此情况下，建议采用没有滤网的三足式沉降离心机或卧式螺旋沉降离心机，并根据固相粒径大小及液固密度差，选择合适的分离因数、长径比（L/D）、流量、转差和溢流半径。如果颗粒大小很不均匀，则可先用筛分把粗颗粒除去，然后再用离心机进一步脱水。③悬浮液中固液二相的密度差接近，颗粒粒径在 0.05mm 以上的，则可选用过滤离心机。过滤离心机与沉降离心机的脱水机理不同，前者是通过过滤介质——滤网使固液分离，能耗低，脱水率高，后者是利用固液密度差不同而进行分离。一般情况下，能耗较过滤离心机高，脱水率比过滤离心机低。这些机型的选择还与处理量的大小有关，处理量大应考虑选用连续型机器。

（2）澄清　澄清是指大量的液相中含有少量的固相，希望把少量的固相从液相中除去，使液相得到澄清。大量液相、少量固相且固相粒径很小（$10\mu m$ 以下）或是无定形的菌丝体，可选用卧螺、碟式或臂式离心机。如果固相含量＜1%，粒径＜5μm，则可选用管式或碟式人工排渣分离机。如果固相含量≤3%，粒径＜5μm，则可选用碟式活塞排渣分离机。其中，管式分离机的分离因数较高（$F_r \geqslant 10000$），可分离粒径在 $0.5\mu m$ 左右较细小的颗粒，所得的澄清液澄清度较高，但单机处理量小，分离后固体干渣紧贴在转鼓内壁上，清渣时需拆开机器，不能连续生产。为方便清渣，有时在转筒内壁衬有薄薄的塑料纸筒，出渣时把纸筒抽出即可。碟式人工排渣分离机分离因数也较高（$F_r = 10000$），由于碟式组合，沉降面积大，沉降距离小，所得的澄清液的澄清度较高，且处理量较管式离心机大，但分离出的固相也沉积在转鼓内壁上，需定期拆机清渣，不能连续生产。

（3）浓缩 浓缩过程是使悬浮液中的少量固相得到富集，如原来悬浮液中的固相含量为0.5％，通过浓缩使其增加到6％～8％，这个过程就是浓缩过程。常用的分离设备有碟式外喷嘴排渣分离机、卧式螺旋卸料离心机和旋液分离器等。固液密度差大的物料，可用旋液分离器，一般采用多级串并联流程，如淀粉生产中的浓缩，有色金属矿的浮选浓缩等。固液密度差较小的物料可用碟式外喷嘴排渣分离机或卧式螺旋卸料沉降离心机。碟式外喷嘴排渣分离机用于固相浓缩较为普遍，浓缩率的大小与悬浮液本身的浓度、固液相密度差、固相颗粒粒径及分布以及喷嘴的孔径和分离机的转速等有关。喷嘴孔径选择过大，液相随固相流失较大，固相浓缩率低；喷嘴孔径选择小，则喷嘴易被物料堵塞，使机器产生振动。进料浓度太低时，可采用喷嘴排出液的部分回流，即排出液部分返回碟式分离机进一步浓缩，使固相浓缩率提高。为了选择合适的喷嘴孔径，应对固相颗粒的粒径及分布进行测定。

实现固液分离以后，发酵液就分成固体和液体两个部分，如果目标产物位于发酵液中可直接将发酵液进行处理。如果目标产物位于微生物细胞中，还需将含微生物细胞的固体部分进行细胞破碎。

11.4 细胞破碎技术

细胞破碎技术是指利用外力破坏细胞壁和细胞膜，使细胞内目标物释放出来的技术。有许多发酵产物都位于微生物细胞内，如谷胱甘肽、虾青素、花生四烯酸、γ-亚麻酸以及一些基因工程产物如胰岛素、干扰素、生长激素、白细胞介素-2等都是胞内物质，分离提取这类产物时，必须将细胞破壁，使产物释放，才能进一步提取和纯化。因此，细胞破碎是提取胞内产物的关键性步骤。在上游工艺设计中，要仔细考虑细胞的生理状态对细胞破碎效果产生的影响；而在下游技术中则要考虑细胞破碎对去除细胞碎片和非目标蛋白质的污染等对后续提取纯化过程及产品质量产生的较大影响。

选择什么样的破碎技术和设备实现有效的细胞破碎，首先要从细胞的种类，特别是细胞壁的类型及其坚韧程度来考虑。如微生物细胞的细胞膜外包被有结构复杂的多聚物成分构成的细胞壁，破碎起来就比较困难。第二是考虑目标产品的性质，如产物是否能承受剪切力、对酸碱和温度的耐受力。第三是考虑破碎的规模、破碎方法和所花费的资金等其他因素。

细胞破碎过程中，分析细胞破碎率对于细胞破碎效果的评估、破碎工艺的选择、工艺放大和工艺条件优化等起着非常重要的作用。最常用的检测细胞破碎效果的方法是通过显微镜直接观察，活细胞与死细胞以及破碎的细胞很容易辨认，活细胞呈一亮点，而死细胞和破碎细胞则呈现为黑影，从中计算出细胞破碎率。如用各种染色法对细胞染色后则分辨起来更为方便。

① 用革兰染色剂进行染色 破壁的酵母呈粉红色，而未破壁的酵母呈蓝紫色，分别计数，并采用相同的稀释度用血球记数板进行镜检计数，计算破壁率。破壁率的计算公式如下式所示。

$$\alpha = \left(\frac{C - C' \times \frac{n_1}{n_1 + n_2}}{C} \right) \times 100\% \tag{11-7}$$

式中 α——破壁率，％；

C——破壁前的细胞数（相同稀释倍数）；

C'——破壁后的细胞数（相同稀释倍数）；

n_1——染色后呈紫色的细胞数；

n_2——染色后呈粉红色的细胞数。

② 用次甲基蓝染色测定细胞存活率　取未经灭酶的发酵液 0.5mL，用 9g/L 的生理盐水稀释 100 倍后，用次甲基蓝染色 5min，用血球计数板计数，计算出细胞的存活率。

$$酵母存活率 = [1 - (染色细胞总数/酵母细胞总数)] \times 100\% \tag{11-8}$$

③ 通过测定核酸与蛋白质的含量判断细胞破碎率　分别在 260nm 和 280nm 波长下，测定发酵液的光吸收值，用 Lorry 法测量细胞破碎后上清液中的蛋白质含量也可以评估细胞的破碎程度。还可通过测定核酸在细胞破碎前后的变化来表示细胞的破碎率。

$$核酸变化率 = [(处理后发酵液的吸光值/未处理发酵液的吸光值) - 1] \times 100\% \tag{11-9}$$

按照作用方式的不同划分，常用的细胞破碎方法可以分为三类：物理法如高压匀浆破碎法、高速珠磨破碎法、超声波破碎法等，化学渗透法，生物法如酶溶破碎法和去垢剂破碎法等。

11.4.1　物理法

目前，在工业化生产中，主要用于细胞破碎的物理方法有三种，如高压匀浆破碎法、高速珠磨破碎法、超声波破碎法。

11.4.1.1　高压匀浆破碎法

高压匀浆破碎法破碎微生物细胞速度快，胞内产物损失小，设备容易放大。从 20 世纪 80 年代以来受到广泛重视，目前国内外高压匀浆破碎法的研究主要集中在真核的酵母细胞破碎释放胞内可溶性蛋白，以及重组大肠杆菌细胞释放含重组基因表达产物人白细胞介素-6（rhIL-6）、包含体等。高压匀浆破碎法的工艺放大比较容易，可以从实验室规模直接放大。

高压匀浆法所用设备是高压匀浆器，它由高压泵和匀浆阀组成，图 11-3 是匀浆阀的结

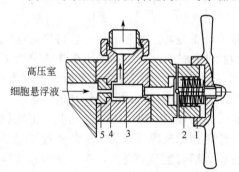

图 11-3　高压匀浆阀的结构
1—手柄；2—阀杆；3—阀；4—阀座；5—撞击环

构。从高压室（几十兆帕）压出的细胞悬浮液经过阀座的中心孔道，从阀座和阀之间的小环隙中喷出，速度可达每秒几百米。这种高速喷出的浆液又射到静止的撞击环上，被迫改变方向从出口管流出。细胞在这一系列过程中经历了高速造成的剪切、碰撞以及由高压到常压的变化，从而造成细胞的破碎。阀与阀座的形状、二者之间的距离、操作压力和循环次数等因素对破碎效果都有影响。例如用高压匀浆法破碎啤酒酵母细胞，在酵母破壁过程中，高压匀浆可破坏酵母细胞的结构，导致酵母细胞结构发生紊乱，消除了底物和酶的空间位阻，从

而加速酵母细胞的自溶，有利于蛋白质、RNA 等大分子物质的降解。此外，高压匀浆还可破坏大部分酵母细胞壁，有利于生成的小分子物质及酵母细胞本身小分子的溶出。在一定压力下，一次匀浆基本上只能使酵母悬浮液的一部分细胞破碎，若要使更多的细胞破壁，就要进行多次重复破碎。但匀浆次数并不是越多越好，因为如果细胞破壁率过高，细胞的其他内含物也会释放出来，后处理工艺有一定困难，会影响产物收得率。

同所有的机械破碎方式一样，高压匀浆法破碎细胞实质上是将细胞壁和膜撕裂，靠胞内的渗透压使其内含物全部释放出来。破碎的难易程度无疑由细胞壁的机械强度决定，而细胞壁的机械强度则由微生物的形态和生理状态决定，因此，细胞的培养条件，包括培养基（限制型或复合型）、生长期（对数期、静止期）、稀释率等，都对细胞破碎有影响，胞内物质的释放快慢则由内含物在胞内的位置决定，胞间质的释出先于胞内质，而膜结合酶最难释放。

高压匀浆法的破碎效率与匀浆阀的结构、操作压力和破碎次数有关。除了较易造成堵塞的团状或丝状真菌以及较小的革兰阳性菌不适于用高压匀浆器处理以外，其他微生物细胞都可以用高压匀浆法破碎。细胞破碎时浓度应在 60%～80%（湿重/体积），高于这个浓度时破碎效果有所降低。另外有些亚细胞器（如包含体）质地坚硬，易损伤匀浆阀，也不适合用该法处理。

11.4.1.2　高速珠磨法

高速珠磨法也是一种有效的细胞破碎方法，珠磨机是该法所用的设备，其破碎室的结构如图 11-4 所示。微生物细胞悬浮液与极细的研磨剂（通常是直径＜1mm 的无铅玻璃珠）在搅拌桨作用下充分混合，珠子之间以及珠子和细胞之间的互相剪切、碰撞促进细胞壁破裂，释放出内含物。在珠液分离器的协助下，珠子被滞留在破碎室内，浆液流出，从而实现连续操作。破碎中产生的热量由夹套中的冷却液带走。

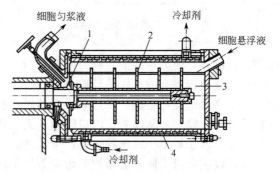

图 11-4　高速珠磨机破碎室的结构
1—液珠分离器；2—搅拌桨；3—微珠；4—破碎室

影响珠磨破碎的因素很多，一旦珠磨机的硬件确定，则只有某些操作参数待定，如转速、进料速率、珠子直径与用量、细胞浓度、冷却温度等。这些参数对细胞破碎有不同的影响，同时也有内在的联系。

珠磨机是采用夹套冷却的方式实现温度控制的，一般情况下能够将温度控制在要求的范围内。珠磨破碎的能耗跟细胞破碎率成正比。提高破碎率，需要增加装珠量，或延长破碎时间，或提高转速，这些措施不仅导致电能消耗的增加，而且产生较多的热量，引起浆液温度升高，从而增加了制冷费，因此总能量消耗增加。实验表明，破碎率大于 80% 时能耗将大大提高，高破碎率还给后分离带来麻烦。破碎率越高、碎片越细小，清除碎片越困难。总之，不管是高压匀浆，还是珠磨破碎，都不能一味追求高破碎率，细胞破碎必须兼顾上下游过程。

11.4.1.3　超声破碎

超声波细胞粉碎机由超声波发生器和换能器两大部分组成。超声波发生器将 50Hz、220V 电流变成 20kHz 电能供给换能器。换能器随之做纵向机械振动。振动波通过浸入在生物溶液中的钛合金变幅杆产生空化效应，激发介质里的生物微粒剧烈振动，引起的冲击波和剪切力使细胞破碎。

超声波破碎器有不同的类型，常用的为电声型，它由发生器和换能器组成。发生器产生高频电流，换能器则把电磁振荡转换成机械振荡。超声波能通过一个发射针传到液体中，液体产生的振动幅度与发射针的直径成反比，越细小的发射针产生的振动越大。发射针的快速振动会产生大量的热，在使用中必须每隔几分钟关掉发生器以消散热量。发射的能量密度应为 0.2～3.0W/mL，太高的能量密度在发射针附近产生多个空穴，反而降低效率。

影响超声波破碎的因素主要有超声波的声强、频率、温度控制能力和破碎时间。另外细胞悬浮液的离子强度、pH 和细胞种类等对破碎效果也产生影响。

在超声波破碎细胞时会产生生成游离基的化学效应，有时可能对目标蛋白质带来破坏作用，这个问题可以通过添加游离基清除剂（如胱氨酸或谷胱甘肽）或者用氢气预吹细胞悬浮液来缓解。

超声波破碎法最适合实验室规模的细胞破碎。它处理样品的体积为 1～400mL。超

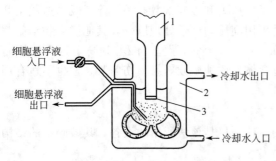

图 11-5 连续破碎池的结构
1—超声波探头；2—冷却水夹套；3—超声嘴

声波破碎时的频率一般为 20kHz，功率在 100~250W 范围。超声波破碎效果受液体的共振反应影响，在操作时可以调整频率找到最大共振频率。超声波破碎操作中最主要的问题是热量的产生，破碎器都带有冷却夹层系统（10%乙二醇，−18~0℃），以保证蛋白质不会因过热而变性。通常细胞是放在冰浴中进行短时破碎的，且破碎 1min，冷却 1min。各种细胞所需破碎时间主要靠经验来决定。有些细胞仅需要 2~3 次 1min 的超声即可破碎，而另一些细胞则需要多达 10 次的超声处理。

超声波破碎也可进行连续细胞破碎，图 11-5 为实验室连续破碎池的结构。其核心部分由一个带夹套的烧杯组成，在这个反应器内，有 4 根内环管，由于声波振荡能量会泵送细胞悬浮液循环，将细胞悬浮液进出口管插入到烧杯内部就可以实现连续操作。在破碎时，对于刚性细胞可以添加细小的珠粒，以产生辅助的"研磨"效应。

超声波破碎对不同种类细胞的破碎效果不同，杆菌比球菌易破碎，革兰阴性菌比革兰阳性菌易破碎，对酵母菌的破碎效果最差。超声波破碎时细胞浓度一般在 20% 左右，高浓度和高黏度都会降低破碎速度。

11.4.2 化学法

化学法有酸热法和化学渗透法两种。

14.4.2.1 酸热法

酸热法破碎细胞，主要是利用盐酸对细胞壁中的某些成分（主要是多糖和蛋白质）的水解作用，改变这些物质的空间结构，使原来的结构紧密的细胞壁变得疏松，同时经沸水浴处理，造成细胞膨胀并加速水解，破坏胞壁结构，使得细胞内含物外泄释放，如酵母和某些霉菌的细胞破碎可用酸热法。

14.4.2.2 化学渗透法

化学渗透法是使用某些有机溶剂（如苯、甲苯）、抗生素、表面活性剂（SDS、triton X-100）、螯合剂（EDTA）、变性剂（盐酸胍、脲）等化学药品改变细胞壁或膜的通透性，从而使内含物有选择地渗透出来。化学渗透取决于化学试剂的类型以及细胞壁和膜的结构与组成，不同试剂对各种微生物细胞作用的部位和方式有所差异。

① EDTA 作为螯合剂，可用于处理革兰阴性菌（如 *E. coli*），对细胞的外层膜有破坏作用。革兰阴性菌的外层膜结构通常是靠二价阳离子 Ca^{2+} 或 Mg^{2+} 结合脂多糖和蛋白质来维持的，一旦 EDTA 将 Ca^{2+} 或 Mg^{2+} 螯合，大量脂多糖分子将脱落，使外层膜出现洞穴。这些区域由内层膜的磷脂来填补，导致该区域通透性增强。

② 有机溶剂常用的是甲苯，它能溶解细胞膜的磷脂层。

③ Triton X-100 是非离子型清洁剂，对疏水性物质具有很强的亲和力，能结合并溶解磷脂，因此其作用部位主要是内膜的双磷脂层。Triton X-100 常与其他试剂混合使用。

④ 盐酸胍和脲是常用的变性剂。一般认为胍能与水中氢键作用，削弱了溶质分子间的疏水作用，从而使疏水性化合物溶于水溶液，如胍能从大肠杆菌膜碎片中溶解蛋白。

化学渗透法以前主要用来检测胞内酶活性。经化学试剂处理后，检测酶活性的底物等小分子可以渗透到胞内，这样就不必释放胞内酶了。如 β-半乳糖苷酶的检测，用甲苯对 *E. coli* 进行预处理，检测底物是邻硝基苯-β-D-半乳糖苷。化学渗透法用于释放胞内物质的研究是近几年来才引起人们普遍关注的。目前实验室应用较多的是用变性剂盐酸胍或脲处理 $E.coli$ 基因工程菌，渗透出重组蛋白来。盐酸胍不仅能改变细胞的通透性，而且能溶解不溶性重组蛋白（如包含体），并在其他试剂的配合下使其二硫键断裂，变性解离成亚元，从而释放出来。除去变性剂和杂蛋白后，在一定条件下恢复肽链内或肽链间的二硫键，再折叠复性成具有活性的蛋白质立体结构。

根据各种试剂的不同作用机理，将几种试剂合理地搭配使用能有效地提高胞内物质的释放率。实验表明，单独用 0.1mol/L 胍处理 $E.coli$ 仅释放出约 1% 的胞内蛋白，用 0.5% triton X-100 释放率为 4%。两者合用，胞内蛋白释放率达到 53% 左右，同样的收率需要 4mol/L 的胍。一般认为胍溶解了细胞外膜，使内膜暴露于 triton 中，双磷脂层遭受损伤，结果大大改变了细胞的通透性。

11.4.3　生物酶溶法

酶溶法是生物法的代表，主要是利用生物酶将细胞壁和细胞膜消化溶解的方法。常用的溶酶有溶菌酶、β-1,3-葡聚糖酶、β-1,6-葡聚糖酶、蛋白酶、甘露糖酶、糖苷酶、肽链内切酶、几丁质酶等，细胞壁溶解酶是几种酶的复合物。溶菌酶主要对细菌类有作用，其他酶对酵母作用显著。自溶是一种特殊的酶溶方式。控制条件（温度、pH、添加激活剂等）可以增强系统自身的溶酶活性，使细胞壁自发地溶解。

溶酶同其他酶一样具有高度的专一性，蛋白酶只能水解蛋白质，葡聚糖酶只对葡聚糖起作用，因此利用溶酶系统处理细胞必须根据细胞的结构和化学组成选择适当的酶，并确定相应的使用次序。

用酶溶法剥离细胞壁，将原生质体进行融合是细胞工程常用的方法。除此之外它还应用于释放克隆的胞内蛋白，制取特殊的壁葡糖聚合物，与机械细胞破碎法协同作用，从细胞内不同位置选择性地释放产物。使用溶酶系统时需注意控制温度、pH、酶用量及使用次序等。

在溶酶系统中，产物抑制是一个不容忽视的问题，如甘露糖对蛋白酶有抑制作用，葡聚糖抑制葡聚糖酶。产物抑制可能是导致胞内物质释放率低的一个重要因素。目前酶溶法仅限于实验室规模应用，虽然酶溶法具有选择性释放产物、核酸泄出量少、细胞外形完整等优点，但是这种方法也存在明显的不足：一是溶酶价格高，限制了大规模利用，若回收溶酶以降低成本，则又增加了分离纯化溶酶的操作；二是酶溶法通用性差，不同菌种需选择不同的酶，而且也不易确定最佳的溶解条件。

11.4.4　细胞破碎技术的发展方向

随着现代生物技术的进步，细胞破碎技术也日臻成熟，并得到广泛使用，特别是大规模细胞破碎技术和设备将开发出来满足发酵工业中各种各样的需求。细胞破碎工艺也将更加进步和多样化。在细胞内存在的许多种物质中选择性释放目标产物，而使其他物质尽量少地释放出来，并且尽量降低细胞的破碎程度，对下游分离纯化操作的顺利实施是非常重要的。最佳的细胞破碎条件应从高的产物释放率、低的能耗和便于后步提取这三方面进行权衡。主要表现在如下几个方面。

（1）多种破碎方法相结合　化学法与酶法取决于细胞壁和膜的化学组成，机械法取决于细胞结构的机械强度，而化学组成又决定了细胞结构的机械强度，组成的变化必然影响到强度的差异，这就是化学法或酶法与机械法相结合的原理。例如，用细胞壁溶解酶预处理面包酵母，然后高压匀浆，95MPa 压力下匀浆 4 次，总破碎率接近 100%，而单独采用高压匀浆法，同样条件下破碎率只有 32%。

（2）与上游过程相结合　在发酵培养过程中，培养基、生长期、操作参数（如 pH、温度、通气量、稀释率）等因素对细胞破碎都有影响，因此细胞破碎与上游培养有关。另一方面用基因工程的方法对菌种进行改造也是非常重要的。例如，①包含体的形成。包含体是重组蛋白在原核生物细胞内表达后形成的不溶性组分，细胞经机械破碎后包含体可用密度梯度离心收集，再将其变性溶解，透析除去变性剂，蛋白质折叠复性。也可以用化学渗透法处理含有包含体的宿主细胞（如 E.coli）。②克隆噬菌体溶解基因。在细胞内引进噬菌体基因，控制一定条件（如温度），细胞自内向外溶解释放出内含物。③耐高温产品的基因表达。在破碎和分离过程中，为防止产品失活而消耗的制冷费是相当可观的。如果产品能表达成耐高温型，杂蛋白仍然保持原特性，那么在较高的温度下就可以将产品与杂质分开，这样既节省了冷却费用，又简化了分离步骤。

（3）与下游过程相结合　细胞破碎与固液分离紧密相关，对于可溶性产品来讲，碎片必须除净，否则将造成色谱柱和超滤膜的堵塞，缩短设备的寿命。因此必须从后续分离过程的整体角度来看待细胞破碎操作，机械破碎操作尤其如此。

无论发酵的目标产物是在细胞内还是在固液分离后的发酵清液中，一般要利用溶剂将目标产物从破碎的细胞中提取出来或从发酵清液中萃取出来，得到提取液或萃取液。由于提取液或萃取液的体积都较大，为了后续的分离步骤，通常要将其进行适当浓缩。

11.5　浓缩技术

浓缩过程是发酵工业提取与精制过程常用的单元操作，有时在整个发酵产品提取纯化过程中都会使用。浓缩的任务是将低溶质浓度的溶液通过除去溶剂变为高溶质浓度的溶液。它广泛用于有机酸、氨基酸、核苷酸、酶制剂及抗生素等发酵工业产品的提取分离过程。

发酵工业中常用的浓缩方法有蒸发浓缩法、冷冻浓缩法、吸收浓缩法等。从广义上来讲，膜过滤法也是一种浓缩方法。通过膜过滤，特别是超滤，可以使大分子量的目标产物浓度大大提高。

（1）蒸发浓缩法　蒸发是工业发酵生产过程中常用的发酵产品浓缩方法之一。蒸发的任务是使溶液中的溶剂在一定的温度和压力下加热后汽化除去，从而提高溶液中的溶质浓度。这里所指的溶液是由不挥发的溶质与液体溶剂所组成，蒸发过程只有溶剂汽化而溶质不汽化。例如，味精生产中谷氨酸钠脱色液就是一种溶液，其中水是溶剂，谷氨酸钠是溶质，用煮晶锅将谷氨酸钠溶液加热，则只有水分（溶剂）汽化，而谷氨酸（溶质）不汽化，从而使谷氨酸钠溶液的浓度大大提高，有利于结晶，进而制得味精成品。

液体在任何温度下都在蒸发，蒸发是溶液表面的溶剂分子获得的动能超过了溶液内溶剂分子间的吸引力脱离液面进入空间的过程。当溶液受热，液体中溶剂分子动能增加，蒸发过程加快。因此蒸发的快慢首先与温度有关；其次与蒸发面积有关，液体表面积越大，单位时间内汽化的分子越多，蒸发越快。此外，蒸发的快慢还与液面蒸汽分子密度，即蒸汽压大小有关。各种液体在一定温度下都具有一定的饱和蒸汽压，当液面上的溶剂蒸汽分子密度很小，处于不饱和的低压状态时，溶液中的溶剂分子就会不断地汽化逸出，以维持其一定的饱和蒸汽压。根据上述原理，蒸发浓缩装置常按照加热、扩大液体表面积、减压（抽真空）和加速空气流动等因素而设计。对于热敏性发酵产品的浓缩，常采用真空减压蒸发、薄膜蒸发以及分子蒸馏等方法进行。

工业发酵生产中常用的蒸发浓缩过程可分为常压蒸发浓缩和真空减压蒸发浓缩过程，按其结构型式不同，常压蒸发设备有中央循环管式蒸发器、横管式蒸发器、夹套式蒸发器、夹套带搅拌外循环蒸发器、强制循环蒸发器、薄膜蒸发器等。真空减压蒸发设备根据二次蒸汽的利用情况，可分为单效蒸发和多效蒸发。工业发酵生产中较常用的薄膜蒸发器又可分管式、刮板式、旋风式和离心式等多种类型。其中，管式薄膜蒸发器又有升膜式、降膜式和升降膜式之分。

此外，在工业化生产中，分子蒸馏是常用的浓缩和精制技术，它克服了传统蒸馏操作温度高、受热时间长等缺点，可解决大量传统蒸馏无法解决的工业化难题，尤其适用于目标产物与杂质之间沸点相差较大的物质的分离。如液态产品的纯化除杂质，包括脱臭、脱色、脱挥发性毒物、脱溶剂、聚合物脱单体等，所获产品纯度更高、色泽更好。目前，分子蒸馏广泛地应用于乳酸、脂肪酸及其衍生物、脂肪醇及其衍生物、维生素 A、维生素 E、β-胡萝卜素以及香料等物质的精制。

分子蒸馏的原理是根据分子运动理论，液体混合物的分子受热后运动会加剧，当接受到足够能量时，就会从液面逸出而成为气相分子。随着液面上方气相分子的增加，有一部分气体就会返回液体。在外界条件保持恒定情况下，最终会达到分子运动的动态平衡。

不同种类的分子，由于其分子有效直径不同，故其平均自由程也不同。分子蒸馏的分离作用就是利用液体分子受热会从液面逸出，而不同种类分子逸出后其平均自由程不同这一性质来实现的。分子蒸馏技术的核心是分子蒸馏装置。液体混合物为达到分离的目的，首先进行加热，能量足够的分子逸出液面，轻分子的平均自由程大，重分子的平均自由程小，若在离液面小于轻分子的平均自由程而大于重分子平均自由程处设置一捕集器，使得轻分子不断被捕集，从而破坏了轻分子的动平衡而使混合液中的轻分子不断逸出，而重分子因达不到捕集器很快趋于动态平衡，不再从混合液中逸出，这样，液体混合物便达到了分离的目的。

分子蒸馏装置在结构设计中，必须充分考虑液面内的传质效率及加热面与捕集面的间距。图 11-6 为分子蒸馏的原理示意图，其主要结构由加热器、捕集器、高真空系统组成。

（2）冷冻浓缩法　冷冻浓缩法是工业发酵中生物大分子和具有生理活性的发酵产品浓缩常用的一种有效方法，如酶制剂和蛋白质。在冷冻时水分结成冰，盐类及发酵产品不进入冰内而留在冰外，浓缩时先将待浓缩的溶液冷冻使之变成固态，然后缓慢地融解，利用溶剂与溶质熔点的差别而达到除去大部分溶剂的目的。例如，酶制剂的盐溶液冷冻浓缩时，不含酶的纯水结冰浮于液面，酶则集中于下层清液中。移去上层冰块即可得到酶的浓缩液。冷冻浓缩法也常用于生物大分子和具有生理活性发酵产品的低温干燥。

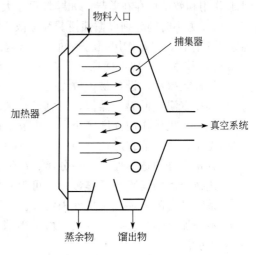

图 11-6　分子蒸馏的原理

（3）吸收浓缩法　吸收浓缩法是一种通过吸收剂直接吸收除去溶液中溶剂分子使溶液浓缩的方法。要求吸收剂不与溶液起化学反应，而且对生物大分子类的发酵产品不起吸收作用，易与溶液分开，吸收剂除去溶剂后能重复使用。实验室中常用的吸收剂有聚乙二醇、聚乙烯吡咯酮等。

此外，膜分离技术也是一种越来越有应用前景的浓缩技术，故进行专门介绍。

11.6　膜分离技术

11.6.1　膜分离技术的原理

膜分离技术是指利用具有一定选择性透过特性的过滤介质（如高分子薄膜），将不同大小、不同形状和不同特性的物质颗粒或分子进行分离的技术。膜分离技术是人类最早应用的分离技术之一，如酿酒业中酒的过滤，从天然植物（如中草药）中提取有效成分等。随着膜技术的发展，分离装置的改进及生产的工业化，微滤和超滤等新技术已日益受到重视。目前，膜分离技术已在电子工业、食品工业、医药工业、环境保护和生物工程等领域得到广泛应用，并产生巨大的经济效益和社会效益。

液体中的物质主要通过三种方式分离，它们分别是直接拦截、惯性冲撞及扩散拦截。

直接拦截是指物料通过滤膜时，大或等于滤膜孔径的颗粒在不能穿过滤膜情况下，受到滤孔的拦截而被截留。直接拦截的本质是一种筛分效应，属于机械拦截颗粒作用。滤膜通道可呈弯曲结构，所以具有极高的截留能力。而且，在滤膜过滤过程中，由于物料中的颗粒呈不规则形状或多个颗粒会同时撞到一个滤孔而被滤膜截留出现"搭桥现象"，即滤膜能截留小于滤膜孔径的颗粒。

惯性撞击是指液体流入滤膜上的孔道时，流体携带的尺寸小于滤材孔径的颗粒，由于自身的理化性质和线速度及流体具有的直线运动的惯性，结果使颗粒离开流体中心，撞击并吸附在滤材上表面。颗粒通过撞击被吸附在滤材上的作用机制主要由于滤材表面和颗粒的不同电荷、范德华力的相互作用所致。由于大多数需过滤的颗粒都带负电荷，如细菌、支原体、病毒、酵母、硅颗粒、细菌内毒素及核酸、蛋白质分子等，生产厂家特地在某些滤材上设计成在水溶液中产生正电势，使颗粒接触到滤材表面时由于吸引力的作用而被阻截。

扩散拦截是流体中尤其是气体通过滤膜的弯曲通道时，微小颗粒的布朗运动使这些小的颗粒从流体中游离开来，因而增加了颗粒碰撞过滤介质的机会并被吸附而截留。

每种方式所起作用的程度与颗粒尺寸大小及滤材的性质等有关。颗粒尺寸不同时，三种原理所起作用和效率也存在差异，如颗粒尺寸大于孔道时，膜分离原理则以直接拦截为主；颗粒尺寸小时或更小时则分别以惯性拦截和扩散拦截原理为主。实际上，无论是液体还是气体，这3种原理都存在，只是作用强弱不同。由于这三种方式的共同作用而使过滤分离效率增强。

膜分离技术具有如下优点。

① 处理效率高，设备易于放大。

② 可在室温或低温下操作，适宜于热敏感物质分离浓缩。

③ 化学与机械作用强度最小，减少发酵产物失活。

④ 无相转变，节省能耗。

⑤ 有相当好的选择性，可在分离、浓缩的同时达到部分纯化的目的。

⑥ 选择合适的滤膜与操作参数，可得到较高的回收率。

⑦ 系统可密闭循环，防止外来污染。

⑧ 不外加化学物质，透过液（酸、碱或盐溶液）可循环使用，降低了成本，并减少了对环境的污染。

在膜分离技术中，通常用微米作为微孔滤膜孔径的计量单位。各种膜分离技术的应用范围列于表 11-1。

表 11-1　各种膜分离技术的应用范围

膜 过 程	分离机理	分 离 对 象	孔径/nm
粒子过滤	体积大小	固体粒子	＞10000
微滤	体积大小	$0.05\sim10\mu m$ 的固体粒子	50～10000
超滤	体积大小	分子量为 1000～1000000 的分子、胶体	2～50
纳滤	溶解扩散	离子、分子量<100 的有机物	<2
反渗透	溶解扩散	离子、分子量<100 的有机物	<0.5
渗透蒸发	溶解扩散	离子、分子量<100 的有机物	<0.5

11.6.2 反渗透

在一个容器中间用一张可透过溶剂（水），但不能透过溶质的膜隔开，两侧分别加入纯水和含溶质的水溶液。若膜两侧压力相等，在浓度差的作用下作为溶剂的水分子从溶质浓度低（水浓度高）的一侧（纯水）向浓度高的一侧（含溶质的水溶液）透过，这种现象称为渗透。促使水分子透过的推动力称为渗透压。当水溶液与纯水之间的压差等于渗透压时，达到平衡状态［图 11-7（a）］。渗透压与溶质的浓度成正比。

$$\pi = RTC_B \tag{11-10}$$

式中　π——渗透压，kPa；

　　　R——气体常数，8.314kJ·mol^{-1}·K^{-1}；

　　　T——热力学温度，K；

　　　C_B——溶质浓度，mol·m^{-3}。

从式（11-10）可以看出，溶质浓度越高，渗透压越大。如果欲使 B 侧溶液中的溶剂（水）透过到 A 侧，在 B 侧所施加的压力必须大于此渗透压，这种操作称为反渗透（reverse osmosis，RO）［图 11-7（b）］。理想的反渗透膜应被认为是无孔的，它分离的基本原理一般认为是溶解扩散。膜孔径为 0.1～1nm。采用压力为 1～10MPa。

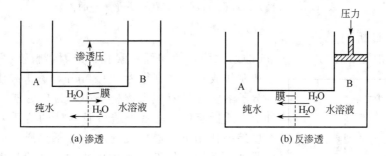

图 11-7　渗透与反渗透示意

11.6.3 超滤和微滤

超滤（ultrafiltration，UF）和微滤（microfiltration，MF）与反渗透一样，都是利用膜的筛分性质，以压差为传质推动力。但与 RO 膜相比，UF 膜和 MF 膜具有明显的孔道结构，主要用于截留高分子溶质或固体微粒。UF 膜的孔径较 MF 膜小，主要用于处理不含固形成分的料液，其中分子量较小的溶质和水分透过膜，而分子量较大的溶质被截留。因此，超滤是根据大分子溶质之间或大分子与小分子溶质之间分子量的差别进行分离的方法。超滤分离的原理主要为筛分原理，在有些情况下也受粒子荷电性与荷电膜相互作用的影响。超滤过程中，膜的孔径为 0.001～0.05μm，对应的分离分子量为 3000～1000000 的可溶性大分子物质，膜两侧渗透压差较小，所以操作压力比反渗透低，一般为 0.11～1.0 MPa。微滤一般用于悬浮液（粒子粒径为 0.1μm 至数微米）的过滤，在生物分离中，广泛用于菌体的分离和浓缩。微滤过程中膜两侧的渗透压差可忽略不计，由于膜孔径较大（0.05～10μm），操作压力比超滤更小，一般为 0.05～0.5MPa，主要截留直径为 0.05～10μm 大小的粒子。图 11-8 大致给出了 RO、UF 和 MF 等膜分离法与物质尺寸之间的关系。可以看出，RO 法适用于 1nm 以下小分子的浓缩；UF 法适用于分离或浓缩直径 1～50nm 的生物大分子（如蛋白质、病毒等）；MF 法适用于细胞、细菌和微粒子的分离，目标物质的大小范围为 0.01～10μm。

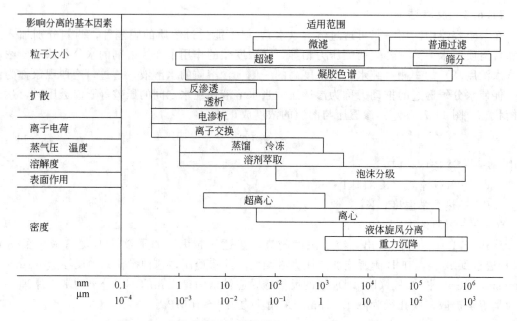

图 11-8　各种分离过程与被分离粒子或分子大小的关系

11.6.4　透析

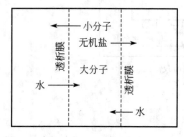

图 11-9　透析过程

透析膜一般是孔径为 5～10nm 的亲水膜，例如纤维素膜、聚丙烯腈膜和聚酰胺膜等。一般制作成管状（直径为 5～80mm）透析袋使用，将含有高分子溶质的料液装入透析袋中，封口后浸入到纯水或缓冲液（透析液）中，由于透析膜内外的溶质浓度不同，在浓度差的作用下，透析袋内的小分子溶质（如无机盐）透向膜外，透析袋外部的水透向袋内，这就是透析。透析过程中透析膜内无流体流动，溶质以扩散的形式移动，如图 11-9 所示。

处理量较大时，为了提高透析速率，常使用比表面积较大的中空纤维透析装置。在生物分离方面，主要用于生物大分子溶液的脱盐。由于透析过程以浓度差为传质推动力，膜的透过通量很小，不适于大规模生物分离过程，仅在实验室中应用较多。

为了获得高纯度的目标产物，通过浓缩操作后获得的浓缩液首先要进行粗分离，通常选用沉淀分离或吸附分离等单元操作来实现。

11.7　沉淀分离技术

沉淀分离是传统的分离技术之一，沉淀是物理环境的变化引起溶质的溶解度降低，生成固体凝聚物的过程。沉淀分离是一种初级分离技术，也是另一种形式的目标产物的浓缩技术，广泛应用于实验室和工业规模的发酵产物的回收、浓缩和纯化，有时多步沉淀操作也可直接制备高纯度的目标产品。

11.7.1　蛋白质分子在水溶液中的稳定性

在溶液中，各种分子、离子之间的相互作用决定了生物分子的溶解度。在水溶液中，蛋白质分子周围存在与蛋白质分子紧密或疏松结合的水化层。紧密结合的水化层可达到

$0.35g/g_{蛋白质}$，而疏松结合的水化层可达到蛋白质分子质量的两倍以上，因此形成稳定的胶体溶液，这是防止蛋白质凝聚沉淀的屏障之一。

蛋白质沉淀的另一屏障是蛋白质分子间的静电排斥作用。偏离等电点的蛋白质的净电荷或正或负，成为带电粒子，在电解质溶液中吸引相反电荷的离子（简称反离子）具有典型的双电层结构。由于静电排斥作用抵御了分子间的相互吸引作用，使蛋白质溶液处于稳定状态。因此可通过降低蛋白质周围的水化层和双电层厚度来降低蛋白质溶液的稳定性，实现蛋白质的沉淀。

11.7.2　蛋白质沉淀分离方法

沉淀分离方法有多种，如盐析沉淀法、有机溶剂沉淀法、等电点沉淀法、金属离子沉淀法、聚电解质沉淀法、非离子型聚合物沉淀法。其中，盐析和有机溶剂沉淀法是工业上最常用的蛋白质（酶）沉淀分离方法，现以它们为例介绍沉淀分离技术。

11.7.2.1　盐析沉淀的原理与方法

盐析沉淀是根据各种物质的结构差异性（如蛋白质分子表面疏水基团和亲水基团之间比例的差异性）来改变溶液的某些性质（如 pH、极性、离子强度、金属离子等），进而导致目标蛋白质的溶解度发生变化。因此选择适当的溶液特性就能使目标蛋白质与杂质的溶解度有较大差异，从而出现目标蛋白质溶解而杂质沉淀，或者相反，达到用沉淀法分离纯化目标蛋白质的目的。

在溶液中加入中性盐，利用盐离子与蛋白质分子表面的带相反电荷的极性基团的互相吸引作用，中和蛋白质分子表面的电荷，降低蛋白质分子与水分子之间的相互作用，蛋白质分子表面的水化膜逐渐被破坏。当盐浓度达到一定的浓度时，蛋白质分子之间的排斥力降到很小，于是它们很容易相互聚集，溶解度就会降到很低，形成沉淀颗粒，从溶液中析出。表面疏水基团多的蛋白质分子在较低的盐浓度下就会析出，而表面亲水基团多的蛋白质分子则需要较高的盐浓度才能析出。工业上常用的中性盐是硫酸铵。

在进行盐析沉淀时，一般有两种方法，即固体加入法和饱和盐溶液加入法。

（1）固体加入法　在大体积的粗制品溶液中逐步加入固体硫酸铵，当加到一定饱和度时，蛋白质便可沉淀出来。应用此法时，一定要注意控制硫酸铵的加入量和加入速率。通常是在搅拌情况下，以少量多次的方式缓慢加入，待先加的硫酸铵溶解后再进行后续加入。在此过程中，溶液中的硫酸铵浓度不断提高，水分子不断与硫酸铵结合，当加入的硫酸铵使溶液浓度达到"盐析点"时，蛋白质就沉淀出来。欲将蛋白质溶液变成一定的硫酸铵饱和溶液时，需要加入的硫酸铵数量可从相关表中查得，也可用下列公式计算。

20℃时

$$g = \frac{533(S_2 - S_1)}{100 - 0.3S_2} \tag{11-11}$$

25℃时

$$g = \frac{541(S_2 - S_1)}{100 - 0.3S_2} \tag{11-12}$$

式中　g——在一升溶液中需加入固体硫酸铵的克数；

S_2——表示要求达到的百分饱和度；

S_1——表示原溶液中的百分饱和度。

（2）饱和盐溶液加入法　这是一种使蛋白质脱水沉淀且比较温和的方法。其操作是在蛋白质溶液中逐步加入预先调整好 pH 的饱和硫酸铵溶液，不同饱和度所需的硫酸铵的量可用下列公式计算。

$$V = \frac{V_0(S_2 - S_1)}{S_3 - S_2} \qquad (11-13)$$

式中　V——需加入硫酸铵溶液的体积，mL；

　　　V_0——原来溶剂的体积，mL；

　　　S_1——原来溶液的百分饱和度；

　　　S_2——要求达到的百分饱和度；

　　　S_3——需要加入硫酸铵溶液的饱和度（一般用百分之百）。

此法比加入固体硫酸铵沉淀法温和，但是对于大体积样品不适用。因为硫酸铵溶液的大量加入，将导致样品溶液体积的显著增加。

（3）盐析曲线的制作　用盐析法沉淀欲分离的样品时，所需盐浓度范围要通过试验确定。具体步骤如下。

取一定体积已测定含量的蛋白质或酶的待分离溶液，调节 pH 至稳定范围，等分成 6～10 份，依次加入不同量的硫酸铵，静置一段时间后，离心或过滤，取过滤清液或沉淀完全的溶液测定其蛋白质或酶的含量，根据蛋白质或酶的含量与相对应的硫酸铵浓度之间的关系作图，即可得到盐析曲线。可据此找到有利于提高收得率和纯化倍数的精细盐析范围。

（4）盐析常数（K_S）　蛋白质在水溶液中的溶解度一般在生理离子强度范围内（0.15～0.2mol/kg）最大，而低于或高于此范围时溶解度均较低。当离子强度较高时，溶解度的对数与离子强度之间呈线性关系，可用 Cohn 经验方程描述如下。

$$\lg S = \beta - K_s I \qquad (11-14)$$

式中　S——蛋白质溶解度，g/L；

　　　β——常数；

　　K_s——盐析常数；

　　　I——离子强度，mol/L。

$$I = \frac{1}{2}\sum C_i Z_i^2 \qquad (11-15)$$

式中　C_i——离子 i 的摩尔浓度，mol/L；

　　　Z_i——电荷数。

此外，采用沉淀分离技术时必须考虑下面五个问题。

① 采用的分离条件是否会破坏目标物质的结构。结构对生物活性分子尤为重要，对生物活性分子来说结构的改变意味着可能丧失活性甚至是完全变性。如制备抗原可能意味着免疫原性的改变。结构的改变还会造成目标物质溶解度的改变，甚至完全不能再溶解。所以，要求所发生的沉淀反应必须是可逆的，即去除了造成沉淀的因素后，沉淀物可以再溶于原来的溶剂中。

② 加入溶液中的沉淀剂在后续的加工中是否容易去除。

③ 要考虑加入溶液中的沉淀剂和其他物质对人体是否有毒害作用。

④ 沉淀剂在待分离的溶液中要有很高的溶解度，而且温度的变化对沉淀剂溶解度的影响应该较小，以便能够利用不同的沉淀剂浓度对欲分离的溶液中的各组分进行分级分离。

⑤ 由于沉淀剂用量较大，所以沉淀剂对环境的污染及对沉淀剂的回收和再利用也应以考虑。

11.7.2.2　有机溶剂沉淀

有机溶剂能降低蛋白质溶解度的原因主要是一方面与盐溶液一样具有脱水作用，其次有机溶剂的介电常数比水小，导致溶剂的极性减小。常用的有机溶剂是甲醇、乙醇和丙酮。

用有机溶剂沉淀蛋白质时，需加入的有机溶剂量一般是以体积为单位按下列公式计算。

$$V = \frac{V_0(S_2 - S_1)}{100 - S_2}$$

(11-16)

式中 V——需加入有机溶剂的体积；

　　 V_0——蛋白溶液的原始体积；

　　 S_1——蛋白溶液中有机溶剂的浓度（体积浓度）；

　　 S_2——蛋白溶液中欲达到的有机溶剂浓度（体积浓度）。

如果使用的有机溶剂含量不是 100％ 而是 95％，则公式中的 100 应改为 95，依次类推。实践中为了方便往往按直接加入有机溶剂的体积倍数计算。

有机沉淀法的优点是溶剂溶液蒸发除去，不会残留在成品中，而且有机溶剂密度低，与沉淀物密度差大，便于离心分离。该方法的缺点是易使蛋白质变性失活，且有机溶剂易燃、易爆，安全要求高。在实际操作时，还应注意如下几点：①降低操作温度能增加收率和减少蛋白质的变性。将溶剂加于水中，常为放热反应，操作时需冷却。如乙醇沉淀血浆蛋白，在 −10℃ 下进行。②所选择的溶剂必须能与水互溶，而和蛋白质不起化学反应，最常用的溶剂是乙醇和丙酮。③蛋白质的分子量越大，产生沉淀所需加入的有机溶剂量越少。④沉淀的蛋白质不能再溶解，就可能已经变性。⑤少量中性盐的存在（0.1～0.2mol/L 以上）能形成盐溶作用，增加蛋白质在有机溶剂水溶液的溶解度，这就使沉淀蛋白质所需的有机溶剂量增大。一般认为离子强度在 0.05 或稍低为最好，既能有一定的沉淀速度，又能对蛋白质起保护作用，防止变性。所以，由盐析法制得的蛋白质，用有机溶剂沉淀法进一步精制时，先必须经过透析。

11.8　吸附分离技术

11.8.1　吸附分离原理

吸附作用是物体表面的一个重要物理性质，理论上讲，任何两相都可以形成界面，其中一相的物质在另一相的表面发生密集行为，称为吸附。通过吸附作用从液体或气体中除去有害成分或提取回收有用目标产物的分离方法称为吸附分离法。凡是能够将周围其他分子聚集到某一物质表面上的物质，就称为吸附介质。能够聚集在吸附介质表面的分子，就称为被吸附物质。吸附操作所使用的固体一般为多孔微粒，具有很大的比表面积，又称为吸附剂。在一定的条件下，吸附介质（吸附剂）与被吸附物质之间的相互作用，二者结合在一起。当改变它们的吸附环境后，二者又可以分开。根据吸附介质的基本性质，吸附力可分为物理吸附、化学吸附、复合吸附等。

物理吸附是依靠吸附剂与溶质之间的分子间力（即范德华力）进行吸附的。溶质是否在吸附剂上吸附或吸附溶质量的多少主要取决于溶质与吸附剂极性的相似性和溶剂的极性。一般物理吸附发生在吸附剂的整个自由表面，吸附力较强，吸附速度快，对吸附分子无选择性，吸附是可逆的，吸附过程中释放的能量较小，吸附物分子的状态变化不大，吸附的分子层既有单层，也有多层。物理吸附的吸附热较小，一般为 $(2.09～4.18) \times 10^4 J/mol$。被吸附的溶质可通过改变温度、pH 和盐浓度等物理条件脱附。

化学吸附是吸附剂表面活性点与溶质之间发生化学结合、产生电子转移或分子与表面共用电子对的现象。化学吸附释放大量的热，吸附热一般在 $(4.18～41.8) \times 10^4 J/mol$ 以上，高于物理吸附，故一般可通过测定吸附热判断一个吸附过程是物理吸附还是化学吸附。化学吸附一般为单分子层吸附，吸附稳定，不易脱附，故洗脱化学吸附物质一般需选择破坏化学结合的化学试剂作为洗脱剂。

复合吸附是指物理吸附和化学吸附同时发生，这要根据吸附介质和被吸附分子的性质而定。有的吸附介质在一定的条件下，既可以发生物理吸附又可以发生化学吸附，也可以由物理吸附转变为化学吸附或者由化学吸附转变为物理吸附。

11.8.2　吸附介质的分类及其性质

目前使用的吸附色谱介质种类很多，大多数都是用天然材料制成的（如硅胶、氧化铝、沸石、活性炭和磷酸钙等），少数是化学合成的（如聚酰胺、聚苯乙烯等）。不同原料制成的吸附介质其性质有所区别。

（1）活性炭　活性炭是常用的一种吸附介质，制备活性炭的材料来源不同，得到的活性炭种类也不一样。一般有三类活性炭，即动物炭、植物炭和矿物炭。动物炭是用动物骨骼为原料经高温炭化而成；植物炭是以木屑为原料，加一定的氯化锌在 700～800℃ 高温加工而成，矿物炭是以煤粉为原料经高温处理而成。但是市场出售的、使用最多的是植物活性炭。活性炭能对化合物产生吸附力主要是活性炭分子中的活性基团（如羟基等）与被分离物质分子中的某些基团产生范德华力形成的吸附作用。根据活性炭颗粒的粗细差别，制成不同用途的活性炭。目前经常使用的规格主要有三类，即颗粒活性炭、粉末活性炭和锦纶黏合活性炭。

（2）硅胶　硅胶是一种广泛使用的极性吸附介质，其优点是化学性质稳定，吸附量大。硅胶是以硅酸盐为原料制成的。将硅酸钠溶液经酸处理，产生硅溶胶，同时发生凝聚作用，产生絮状沉淀，放置一段时间凝聚完全后，收集沉淀物，充分漂洗去除可溶性杂质，得到原料硅胶，然后加工成不同型号的各种硅胶。在硅胶的制备过程中，絮凝作用的快慢决定着硅胶表面积的大小，也就决定硅胶吸附能力的大小。而絮凝作用的速度与酸化时的 pH 有密切关系。一般在 pH 3～4 的条件下凝聚的硅胶比较疏松，每克硅胶产生的表面积大（表面积为 $800m^2$）；在 pH 6 的环境中凝聚的硅胶比较结实密集，每克硅胶产生的表面积小（表面积小于 $400m^2$）。

硅胶的吸附活性决定于其含水量。当含水量小于 1％ 时，吸附活性最高；含水量大于 20％ 时吸附活性最低。使用过的硅胶，其吸附量有明显的下降，需要进行再生处理。

（3）氧化铝　氧化铝吸附介质是一类疏水性吸附介质，主要是用于分离非极性化合物。吸附原理一般认为是被分离的物质与氧化铝表面的一些羟基相互作用形成氢键，而铝原子提供一个亲电子中心，吸引电子供体的某些基团，如—OH，—NH_2 等。不同性质的物质提供基团的亲电子中心产生的引力不同。氧化铝的优点是吸附容量大，分离效果好，尤其对于脂溶性的天然小分子，如醛、酮、醌类化合物的分离效果好、应用广泛、价格低廉。

（4）羟基磷灰石　在 0.5mol/L 的 $CaCl_2$ 溶液中加入 0.5mol/L 磷酸氢二钠得到磷酸钙（$CaHPO_4 \cdot 2H_2O$），调至 pH 7 以上，即可慢慢转变成羟基磷灰石。

羟基磷灰石对蛋白质的吸附原理是溶质分子中的酸性基团与洗脱液中的磷酸根离子对羟基磷灰石中的钙离子有竞争作用。对核酸吸附的机理与蛋白质类似，多核苷酸带负电的磷酸基与羟基磷灰石结晶表面上的阳离子钙之间能相互发生吸附作用，糖和碱基没有直接的影响。但对单核苷酸则有阻滞作用，在洗脱时要用高浓度的磷酸盐才能洗脱下来，如二磷酸酯、三磷酸酯。多聚核苷酸从羟基磷灰石的柱上洗脱是通过缓冲液中无机的磷酸根离子或溶液中磷酸残基对羟基磷灰石表面上的阳离子钙发生竞争作用而被解吸附的。

（5）聚丙烯酰胺　聚丙烯酰胺属于一类化学合成的极性吸附介质，分子中的酰胺基与被分离物质之间的羟基和羧基可以形成氢键。吸附能力的大小，取决于与被分离物质分子中的酚羟基、羧酸、氨基酸等与聚丙烯酰胺分子中酰胺基形成氢键的强弱。在聚丙烯酰胺色谱的过程中，洗脱剂与被分离物质在聚丙烯酰胺颗粒的表面上竞争性形成氢键，洗脱剂与聚丙烯酰胺形成氢键的能力比被分离物质强。在洗脱过程中被分离物质与聚丙烯酰胺形成氢键的能力不断减弱，洗脱剂与聚丙烯酰胺形成氢键的能力不断增强，最终将被分离物质从聚丙烯酰胺介质上洗脱下来。

除了生物大分子可采用沉淀或吸附分离外，同样，许多小分子发酵产物也可以采用类似的方法进行初步分离纯化。

沉淀分离和吸附分离技术主要是从溶液中获得固形的目标产物粗品，而萃取分离技术可以将液态混合物中的目标产物分离出来。

11.9 萃取分离技术

萃取分离技术也是发酵工业上常用的一种提取方法和混合物粗分离的单元操作，它广泛应用于抗生素、有机酸、维生素、甾体激素等产物的提取分离。近年来发展起来的双水相萃取法可用于酶和蛋白质等生物大分子的萃取，为胞内蛋白质、核酸的提取纯化提供了有效的手段。此外，利用超临界流体为萃取剂的超临界流体萃取法的出现，使萃取技术更趋全面，适用于各种生物产物的分离纯化。

本节就重点介绍溶剂萃取、双水相萃取、超临界流体萃取等几项萃取分离技术。

11.9.1 溶剂萃取

11.9.1.1 溶剂萃取的定义及其原理

（1）溶剂萃取的定义 利用溶质在互不相溶的两相溶剂之间分配系数的不同而使溶质得到纯化或浓缩的方法称为萃取。在萃取操作中至少有一相为流体，一般称该流体为萃取剂。以液体为萃取剂时，如果含有目标产物的原料也是液体，则称此操作为液液萃取；如果含有目标产物的原料为固体，则称此操作为液固萃取或浸取。

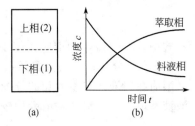

以超临界流体为萃取剂时，含有目标产物的原料可以是液体，也可以是固体，称此操作为超临界流体萃取。另外，在液液萃取中，根据萃取剂的种类和形式的不同又分为有机溶剂萃取（简称溶剂萃取）、双水相萃取、液膜萃取和反胶团萃取等。每种方法均各具特点，适用于不同种类的发酵产物的分离纯化。

图 11-10　液液萃取
（a）两相接触状态示意；
（b）萃取过程中料液相和萃取相
溶质浓度的变化

图 11-10（a）表示互不相溶的两个液相，若上相（密度较小）为萃取剂（萃取相），下相（密度较大）为料液（料液相），两相之间以一界面接触。在相间浓度差的作用下，料液中的溶质向萃取相扩散，溶质浓度不断降低，而萃取相中溶质浓度不断升高 [图 11-10（b）]。在此过程中，料液中溶质浓度的变化速率即萃取速率，可用下式表示。

$$-\frac{\mathrm{d}c}{\mathrm{d}t}=ka(c-c^{*}) \tag{11-17}$$

式中　c——料液相溶质浓度，mol/L；

c^{*}——与萃取相中溶质浓度呈相平衡的料液相溶质浓度，mol/L；

t——时间，s；

k——传质系数，m/s；

a——以料液相体积为基准的相间接触比表面积，m^{-1}。

当两相中的溶质达到分配平衡（$c=c^{*}$）时，萃取速率为零，各相中的溶质浓度不再改变。很明显，溶质在两相中的分配平衡是状态的函数，与萃取操作形式（两相接触状态）无关。但是，达到分配平衡所需的时间与萃取速率有关，而萃取速率不仅是两相性质的函数，更主要的是受相间接触方式即萃取操作形式的影响。

完成萃取操作后，为进一步纯化目标产物或便于下一步分离操作的实施，往往需要将目标产物转移到水相。这种调节水相条件，将目标产物从有机相转入水相的萃取操作称为反萃取。除溶剂萃取外，其他萃取过程一般也会涉及反萃取操作。

（2）溶剂萃取的原理　萃取以分配定律作为理论基础。分配定律即溶质的分配平衡规律，在恒温恒压条件下，溶质在互不相溶的两相中达到分配平衡时，如果在两相中溶质的分子量相等，则其在两相中的平衡浓度之比为常数（用 A 表示），即

$$A = \frac{c_2}{c_1} \tag{11-18}$$

式中　c_1——相 1 中溶质的浓度；

c_2——相 2 中溶质的浓度。

式（11-18）所定义的分配常数是用溶质在两相中的摩尔浓度之比表示的。有些情况下，分配常数用溶质的摩尔分数之比表示。设相 1 和相 2 中溶质的摩尔分率分别为 x 和 y，则

$$A = \frac{y}{x} \tag{11-19}$$

分配常数是以相同分子形态（分子量相同）存在于两相中的溶质浓度之比，但在多数情况下，特别是在化学萃取中，溶质在各相中并非以同一种分子形态存在。因此萃取过程中常用溶质在两相中的总浓度之比表示溶质的分配平衡，该比值称为分配系数或分配比。

$$m = \frac{c_{2,t}}{c_{1,t}} \tag{11-20a}$$

或

$$m = \frac{y_t}{x_t} \tag{11-20b}$$

式中，$c_{1,t}$ 和 $c_{2,t}$ 为溶质在相 1 和相 2 中的总摩尔浓度；x_t 和 y_t 分别为溶质在相 1 和相 2 中的总摩尔分数；m 为分配系数。很明显，分配常数是分配系数的一种特殊情况。

溶质在料液相和萃取相的分配平衡关系是液液萃取设备及过程设计的基础。在发酵产物的液液萃取中，一般产物浓度均较低，因此液液平衡关系可用简单的 x-y 图表示。即

$$y = f(x) \tag{11-21}$$

这里的 x 和 y 分别表示相 1 和相 2 中溶质的总浓度、摩尔浓度（kmol/m³）或摩尔分数（下同）。

当溶质浓度较低时，分配系数为常数，式（11-21）可表示成 Henry 型平衡关系。

$$y = mx \tag{11-22}$$

当溶质浓度较高时，式（11-22）不再适用，很多情况下可用 Langmuir 型平衡关系表示。

$$y = \frac{m_1 x}{m_2 + x} \tag{11-23}$$

式中，m_1 和 m_2 为常数。式（11-23）的一般形式为

$$y = \frac{m_1 x^n}{m_2 + x^n} \tag{11-24}$$

式中，n 为常数。

11.9.1.2　溶剂萃取的方式

溶剂萃取的方式一般有三种：单级萃取、多级错流萃取、多级逆流萃取。

（1）单级萃取　单级萃取只包括一个混合器和一个分离器。料液 F 和溶剂 S 加入混合

器中经接触达到平衡后，用分离器分离得到萃取液 L 和萃余液 R，如图 11-11 所示。

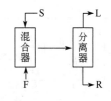

图 11-11　单级萃取工艺

萃余率 $$\gamma = \frac{1}{E+1} \tag{11-25}$$

理论收率 $$1 - \gamma = 1 - \frac{1}{E+1} = \frac{E}{E+1} \tag{11-26}$$

式中，E 为萃取因素。萃取因素是在萃取过程中，溶质在萃取相与萃余相中的数量（质量或摩尔）比。即

$$E = \frac{c_2 V_S}{c_1 V_F} \tag{11-27}$$

令 $m = \dfrac{V_F}{V_S}$，m 代表浓缩倍数，则

萃取时

$$E = K \times \frac{1}{m} \tag{11-28}$$

反萃取时

$$E = \frac{1}{K} \times \frac{1}{m} \tag{11-29}$$

式中　V_F——料液体积；

　　　V_S——萃取溶剂体积；

　　　c_2——溶质在萃取相的浓度；

　　　c_1——溶质在萃余相中的浓度；

　　　K——分配系数。

（2）多级错流萃取　多级错流萃取是指料液经萃取后，萃余液再与新加入的萃取剂混合进一步萃取。图 11-12 所示为三级错流萃取过程，第一级的萃余液进入第二级作为料液，并加入新鲜萃取剂进行萃取；第二级的萃余液再作为第三级的料液，操作同前。其特点是每级萃取中都加新鲜溶剂，溶剂消耗量大，得到的萃取液平均浓度较稀，但萃取完全，总收率高。

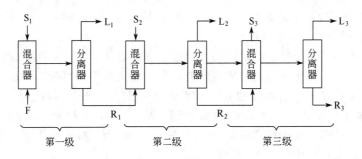

图 11-12　三级错流萃取过程

经 n 级萃取后，萃余率为

$$\gamma_n = \frac{1}{(E_1+1)(E_2+1)\cdots(E_n+1)} \tag{11-30}$$

n 级萃取后的理论收率为

$$1 - \gamma_n = 1 - \frac{1}{(E+1)^n} = \frac{(E+1)^n - 1}{(E+1)^n} \tag{11-31}$$

在萃取因素相同的条件下，萃取级数愈高，萃余率愈低。如果萃取级数相同，萃取因素

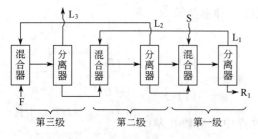

图 11-13 多级逆流萃取流程

愈低，萃余率愈高。

（3）多级逆流萃取 多级逆流萃取流程如图 11-13 所示。

多级逆流萃取时，在第 n 级中加入料液，萃余液依次向前一级移动作为前一级料液，而在第一级中加入萃取剂，萃取液依次向后一级移动作为后一级的萃取剂。由于料液移动的方向和萃取剂移动的方向相反，故称为逆流萃取。此法与错流萃取相比，萃取剂耗量较少，因而萃取液平均浓度较高。

11.9.2 双水相萃取

11.9.2.1 基本原理

某些亲水性高分子聚合物的水溶液超过一定浓度后可形成两相，并且在两相中水分均占很大比例，即形成双水相系统。利用亲水性高分子聚合物水溶液的双水相性质进行物质分离的方法称双水相萃取技术，又称水溶液两相分配法。双水相体系萃取技术具有快速、容量大、回收率高等特点，它是近年来发展迅猛且具工业开发潜力的新型分离技术，尤其适用于直接从含有菌体等杂质的混合物中提纯目标蛋白（如酶、抗体等）。

双水相的形成，根据热力学第二定律可知，混合是熵增加的过程，因而可自发进行。但另一方面，分子间存在相互作用力，并且这种分子间相互作用力随分子量的增大而增大。因此，传统观点认为，当两种高分子聚合物之间存在相互排斥作用时，由于分子量较大，分子间的相互排斥作用与混合过程的熵增相比占主导地位，一种聚合物分子的周围将聚集同种分子而排斥异种分子，当达到平衡时，即形成分别富含不同聚合物的两相。这种含有聚合物分子的溶液发生分相的现象称为聚合物的不相容性。绝大多数天然的或合成的亲水性聚合物水溶液，在与第二种亲水性聚合物混合并达到一定浓度时，就会产生两相，两种高聚物分别溶于互不相溶的两相中，如聚乙二醇（PEG）/葡聚糖（Dx）、聚丙二醇/聚乙二醇以及甲基纤维素/葡聚糖等。双水相萃取中常采用的双聚合物系统为 PEG/Dx，该双水相的上相富含 PEG，下相富含 Dx。如用等量的 1.1％右旋糖酐溶液和 0.36％甲基纤维素溶液混合，静止后产生两相，上相中含右旋糖酐 0.39％，含甲基纤维素 0.65％；而下相含右旋糖酐 1.58％，含甲基纤维素 0.15％。

一般认为，成相是由于高聚物之间的不溶性，即高聚物分子的空间阻碍作用无法相互渗透，不能形成均一相，从而具有相分离的倾向，在一定条件下即可分为两相。除双聚合物系统外，聚合物与无机盐的混合溶液也可形成双水相，例如，PEG/磷酸钾（KPi）、PEG/磷酸铵、PEG/硫酸钠等常用于发酵产物的双水相萃取。PEG/无机盐系统的上相富含 PEG，下相富含无机盐。目前，成相机理还不十分清楚，一般认为是静电作用（或盐析作用）和疏水作用。双水相系统相图如图 11-14 所示。

图 11-14（a）和（b）是 PEG/Dx 和 PEG/KPi 系统的典型双水相相图。图 11-14（b）中的曲线（TKB）称为双节线，双节线以下的区域为均相区，以上的区域为两相区。连接双节线上两点的直线（TMB）称为系线，在系线上各点处系统的总浓度不同，但均分成组成相同而体积不同的两相。两相的体积近似服从杠杆规则，即

$$\frac{V_T}{V_B} = \frac{\overline{BM}}{\overline{MT}}$$

(11-32)

式中　V_T——上相（PEG 相）体积；

　　　V_B——下相（磷酸钾相）体积；

$\overline{BM}$——B 点与 M 点的距离；

$\overline{MT}$——M 点与 T 点之间的距离。

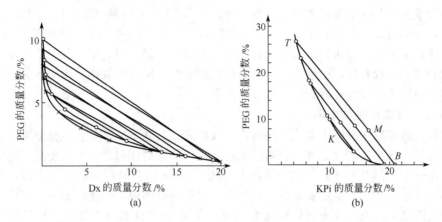

图 11-14　双水相系统相图

(a) PEG6000/Dx48：（○）20℃；（×）0℃；(b) PEG6000/KPi, 0℃

系线的长度是衡量两相间相对差别的尺度，系线越长，两相间的性质差别越大，反之则越小。当系线长度趋向于零时，即在图 11-15（b）的双节线上 K 点，两相差别消失，任何溶质在两相中的分配系数均为 1，因此 K 点称为临界点。

11.9.2.2　双水相中的分配平衡

溶质在双水相中的分配系数也可用溶剂萃取过程中的表达式（11-33）表示。为简便起见，用 c_1 和 c_2 分别表示平衡状态下下相和上相中溶质的总浓度（mol/L），则

$$m = \frac{c_2}{c_1} \tag{11-33}$$

由于影响双水相系统中溶质分配平衡的因素非常复杂，很难建立完整的热力学理论体系。从双水相萃取过程设计的角度出发，确定影响分配系数的主要因素是非常重要的。已有的大量研究表明，生物大分子的分配系数取决于溶质与双水相系统间的各种相互作用，其中主要有静电作用、疏水作用和亲和作用等。因此，分配系数是各种相互作用的总和。即

$$\ln m = \ln m_e + \ln m_h + \ln m_l \tag{11-34}$$

式中，m_e、m_h 和 m_l 分别为静电作用、疏水作用和生物亲和作用对溶质分配系数的贡献。

11.9.2.3　双水相萃取操作

成功地利用双水相萃取技术分离提取目标蛋白质的第一步是选择合适的双水相系统，使目标蛋白质的收率和纯化程度均达到较高的水平，并且成相系统易于利用静置沉降或离心沉降法进行相分离。如果以胞内蛋白质为萃取对象，应使破碎的细胞碎片分配于下相中，从而增大两相的密度差，满足两相的快速分离、降低操作成本和操作时间的产业化要求。

虽然影响生物大分子分配系数的因素很多，给双水相系统的选择和设计带来很大困难，但是，根据目标蛋白质和共存杂质的表面疏水性、分子量、等电点和表面电荷等性质上的差别，综合利用静电作用、疏水作用和添加适当种类和浓度的盐，可选择性萃取目标产物。若目标产物与杂蛋白的等电点不同，可调节系统 pH，添加适当的盐，产生所希望的相间电位；若目标产物与杂蛋白的表面疏水性相差较大，可充分发挥盐析作用；提高成相系统的浓度（系线长度）增大双水相系统相间的疏水性差（也称疏水性因子，用 HF 表示），也是选择性萃取的重要手段。另外，改变系线长度还可以使细胞碎片选择性分配于 PEG/盐系统的

下相。采用分子量较大的 PEG 可降低蛋白质的分配系数，使萃取到 PEG 相（上相）的蛋白质总量减少，从而提高目标蛋白质的选择性。例如，采用 6.3％PEG6000/10％KPi 系统，可从细胞匀浆液中将 β-半乳糖苷酶提纯 12 倍，而使用低分子量 PEG 时，萃取的选择性降低。此外，在磷酸盐存在下，于 pH>7 的范围内调节 pH 也可提高目标产物的萃取选择性。

在上述理论和经验分析的基础上，设计合理的试差实验，可确定最佳萃取系统。双水相萃取过程的放大比较容易，一般 10mL 离心管内的实验结果即可直接放大到产业化规模。因此，常利用多组 10mL 刻度离心管，进行分配平衡实验。

11.9.3 超临界流体萃取

超临界流体萃取是国际上最先进的物理萃取技术。其基本原理是在较低温度下，不断增加气体压力时，气体会转化成液体，当温度增高时，液体的体积增大。对于某一特定的物质而言总存在一个临界温度（T_c）和临界压力（P_c），高于临界温度和临界压力后，物质不会成为液体或气体，这一点就是临界点。在临界点以上的范围内，物质状态处于气体和液体之间，这个范围之内的流体成为超临界流体（SF）。超临界流体具有类似气体的较强穿透力和类似于液体的较大密度和溶解度，具有良好的溶剂特性，可作为溶剂进行萃取，分离单体。

11.9.3.1 超临界流体

超临界流体（supercritical fluid，SF）是处于临界温度（T_c）和临界压力（P_c）以上，介于气体和液体之间的流体。超临界流体具有气体和液体的双重特性。SF 的密度和液体相近，黏度与气体相近，但扩散系数约比液体大 100 倍。由于溶解过程包含分子间的相互作用和扩散作用，因而 SF 对许多物质有很强的溶解能力。超临界流体对物质进行溶解和分离的过程就叫超临界流体萃取（supercritical fluid extraction，SFE）。可作为 SF 的物质很多，如二氧化碳、一氧化亚氮、六氟化硫、乙烷、庚烷、氨等，其中多选用 CO_2（临界温度接近室温，且无色、无毒、无味、不易燃、化学惰性、价廉、易制成高纯度气体）。

11.9.3.2 二氧化碳超临界流体（CO_2-SF）的溶解作用

CO_2-SF 的溶解作用基本原理为：CO_2 的临界温度（T_c）和临界压力（P_c）分别为 31.05℃ 和 7.38MPa，当处于这个临界点以上时，此时的 CO_2 同时具有气体和液体双重特性。它既近似于气体，黏度与气体相近；又近似于液体，密度与液体相近，但其扩散系数却比液体大得多。此时的 CO_2 是一个优良的溶剂，能通过分子间的相互作用和扩散作用将许多物质溶解。同时，在稍高于临界点的区域内，压力稍有变化，即可引起其密度的很大变化，从而引起溶解度的较大变化。因此超临界 CO_2 可以从基体中将物质溶解出来，形成超临界 CO_2 负载相，然后降低载气的压力或升高温度，超临界 CO_2 的溶解度降低，这些物质就沉淀出来（解析）与 CO_2 分离，从而达到提取分离的目的。

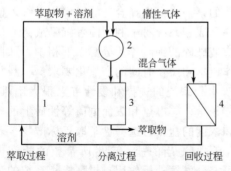

图 11-15　超临界流体萃取工艺流程示意

1—萃取器；2—混合器；
3—产物分离器；4—溶剂分离器

11.9.3.3 夹带剂

在超临界状态下，CO_2 具有选择性溶解的特性。CO_2-SF 对低分子量、低极性、亲脂性和低沸点的成分如挥发油、烃、酯、内酯、醚环氧化合物等表现出优异的溶解性。对具有极性集团（—OH，—COOH 等）的化合物，极性集团愈多，就愈难萃取，故多元醇、多元酸及多羟基的芳香物质均难溶于超临界二氧化碳。对于分子量高的化合物，分子量越高，越难萃取，分子量超过 500

的高分子化合物也几乎不溶。因此对于分子量较大和极性集团较多的中草药有效成分的萃取，就需向有效成分和超临界二氧化碳组成的二元体系中加入第三组分，改变原来有效成分的溶解度。在超临界液体萃取的研究中，通常将具有改变溶质溶解度的第三组分称为夹带剂（也有许多文献称为亚临界组分）。一般地说，具有很好溶解性能的溶剂，也往往是很好的夹带剂，如甲醇、乙醇、丙酮、乙酸乙酯等。

超临界流体萃取的工艺流程如图 11-15 所示。

在获得发酵产物的粗产品后，需要进一步精制。精制的常用方法有色谱技术、膜分离技术以及结晶技术等。

11.10 色谱分离技术

色谱分离亦称色层分离，它是一种物理分离方法，利用多组分混合物中各组分物理化学性质（如吸附力、分子极性、分子形状和大小、分子亲和力等）的差别，使各组分能以不同程度分布在两相中。其中一相是固定的，称为固定相；另一相则流过此固定相，称为流动相。当多组分混合物随流动相流动时，由于各组分物理化学性质的差别而以不同的速率移动，使之分开。

与其他分离纯化方法相比，色谱分离具有以下基本特点：分离效率高、应用范围广、选择性强、在线检测灵敏度高、分离快速、易于实现过程控制和自动化操作。

根据溶质分子与固定相相互作用的机理不同，色谱分离可大致分成吸附色谱、离子交换色谱、凝胶色谱、亲和色谱以及逆流色谱等。

11.10.1 柱色谱中的常用术语

① 固定相和流动相　固定相由色谱基质组成。其基质包括固体物质（如吸附介质）和液体物质（如固定在纤维素或硅胶上的溶液），这些物质能与相关的化合物进行可逆性的吸附、溶解和交换作用。流动相是在色谱过程中推动固定相上的物质向一定方向移动的液体或气体。在柱色谱时，流动相又称洗脱剂（即推动有效成分或杂质向一定方向移动的溶剂）。在薄层色谱时流动相又称为展层剂。

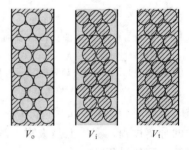

图 11-16　色谱床的外水体积（V_o）、内水体积（V_i）和总体积（V_t）

以基质为固定相（柱状或薄层状），以液体或气体为流动相，有效成分和杂质在这两个相中连续多次地进行分配、吸附或交换作用，最终结果是使混合物得到分离。图 11-16 是表示柱色谱床有关参数的直观示意图。

② 床体积（V_t）　通常床体积是指膨胀后的基质在色谱柱中所占有的体积（V_t）。V_t 是基质的外水体积（V_o）和内水体积（V_i）以及自身体积（V_g）的总和。即

$$V_t = V_o + V_i + V_g \tag{11-35}$$

式中，V_o 指基质颗粒之间体积的总和；V_i 是指基质颗粒内部体积的总和；V_g 指基质自身所具有的体积；V_o、V_i 和 V_g 都随着床体积和基质性质变化而变化（图 11-16）。

③ 洗脱体积（V_e）　洗脱体积是指某一成分从柱顶部到底部的洗脱液中出现浓度达到最大值时的流动相体积。用 V_e 表示。

④ 膨胀度（W_B）　在一定溶液中，单位质量的基质充分溶胀后所占有的体积，用 W_B 表示。即每克溶胀基质所具有的床体积。一般亲水性基质的膨胀度比疏水性的基质大。

⑤ 操作容量　即在特定条件下，某种成分与基质反应达到平衡时，存在于基质上的饱和容量，一般以每克（或毫升）基质结合某种成分的毫摩尔数或毫克数来表示。其数值大，

表明基质对某种成分的结合力强；数值小，表明基质对某种成分的结合力弱。

⑥ 分配系数和迁移率　分配系数是指一组分在固定相与流动相中含量的比值。常用 K 表示。而迁移率是指一组分在相同时间内，在固定相移动的距离与流动相移动距离的比值，常用 R_f 表示。K 值大，就表明规定的组分对固定相结合力大，迁移率小。反之则结合力小，迁移率大。不同物质的分配系数和迁移率是不一样的。几种物质之间的分配系数或迁移率的差异程度是决定采用色谱方法能否将其分离开的先决条件。其差异程度越大分离效果就越好。

11.10.2　吸附色谱

吸附色谱是利用固定相介质表面的活性基团对不同溶质分子发生吸附作用的强弱不同而进行分离的方法。

11.10.2.1　吸附柱色谱的基本原理

在吸附色谱法中，使用的固定相基质是颗粒状的吸附剂。在吸附剂的表面存在着许多随机分布的吸附位点，这些位点通过范德华力和静电引力与生物分子结合，其结合力的大小与各种生物分子的结构和吸附介质的性质有密切关系。例如，当把含结构不同的 A、B 两种物质的混合溶液加至装有吸附介质的色谱柱上（图 11-17）时，注入适宜的洗脱剂，控制一定的速度让其向下流动，便可借助 A、B 两种物质与吸附介质结合力的差异性将二者分离。假如吸附介质对 A 的结合力小于 B 时，则 B 留在柱子上部，A 移至柱子的下部，换句话说，A、B 两物质在柱上得以分离，也是由于 A、B 两物质在固定相（吸附剂）与流动相（洗脱剂）之间的分配系数（即物质在固定相中的浓度除以它在流动相中的浓度）不同所致。如果 A 物质分配系数小于 B 物质时（吸附介质对 A 的结合力小于 B），则 A 在柱子上移动的速度大于 B。混合物在色谱柱中的分离过程，实质上是吸附、解吸附、再吸附的连续过程，或者是在固定相与流动相之间连续分配的过程。

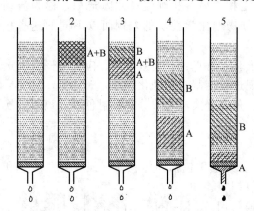

图 11-17　吸附柱色谱原理
1—吸附色谱柱；2—加入 A、B 混合样品；
3—洗脱时，A 与 B 开始分离；4—A 与 B 完全分离；5—先收集 A 物质

11.10.2.2　吸附介质和洗脱条件的选择

吸附介质的选择是吸附分离技术关键的一环，选择不当，则达不到预期的分离效果。吸附介质的种类繁多，目前尚无固定的选择法则，一般要通过小样预实验来确定。值得注意的是，有时同一种吸附介质由于其制备工艺和处理方法不同，其吸附能力有较大的差异。如活性炭经 500℃ 处理后，具有吸附酸性物质而不吸附碱性物质的能力。在 800℃ 活化后对碱性化合物具有较强的吸附能力，而对酸性化合物丧失了吸附能力。硅胶和磷酸钙吸附介质的吸附能力与制备过程中老化程度有关。尽管选择吸附剂的不定因素很多，但是在选择吸附剂时有几种因素值得考虑。

① 被分离物质的特性　根据被分离物质的特性，确定选择极性吸附剂还是非极性吸附剂。通常分离极性物质选择极性吸附介质，非极性物质选择非极性吸附介质。

② 吸附介质的容量　通常选择比表面积大、吸附容量大的吸附介质，这样可以用较少的吸附介质分离较多的样品，提高分离效率。吸附容量与比表面积有很大的关系，比表面积

大的介质通常颗粒较细，流速较慢。

③ 吸附介质的通用性　选择多功能的吸附介质，在不同色谱条件下具有不同吸附能力，这类吸附介质有利于分离多组分混合样品。

④ 吸附介质的稳定性　选择的吸附介质理化性质稳定，吸附介质与溶剂、洗脱剂、样品之间不发生化学反应，以保证分离样品的纯度和吸附介质的使用寿命。

⑤ 吸附介质的刚性　通常选择刚性较强的吸附介质。吸附介质的刚性、颗粒的均匀度是一个很重要的技术参数。刚性好、粒度均匀的吸附介质，有利于提高色谱分离时的流速。

选择溶剂和洗脱剂时主要考虑的因素是对样品的溶解度和稳定性以及对检测器不敏感性。一种好的溶剂应该对样品有很好的溶解性，有利于吸附介质对溶质的吸附；而洗脱剂则对被吸附在吸附剂上的样品有强的解吸附能力，被洗脱下的物质具有较好的稳定性，不发生聚合、沉淀、变性和相关的化学反应，对光谱检测器的波长不敏感、对检测器的导电性不敏感、对 pH 检测器的酸碱度不敏感等。

在一定条件下也许吸附介质的吸附容量很大，但是吸附溶质的专一性很差，虽然介质吸附了很多的溶质，而真正需要分离的目标组分吸附的并不多，大部分是杂质。遇到这种情况，则要适当地改变吸附条件，如改变溶剂的极性、溶液的离子强度或在溶液中加入一些添加剂等，使之成为利于目标组分的吸附、不利于杂质吸附的条件。有时改变溶剂的极性或溶液的离子强度，会影响目标组分的回收率也是完全正常的。

11.10.2.3　常用吸附剂

① 活性炭　具有价格低廉、吸附力强、分离效果较好的特点。活性炭是非极性吸附剂，因此在水溶液中吸附力最强，在有机溶剂中吸附力较弱。在一定条件下，对不同物质的吸附力不同，但一般遵循下列规律。

对极性基团多的化合物（含—COOH、—NH$_2$、—OH 等）的吸附力大于极性基团少的化合物。例如，活性炭对羟脯氨酸的吸附力大于脯氨酸，因为前者比后者多一个羟基。又如，因为酸性氨基酸中的羧基比中性氨基酸多，碱性氨基酸中的氨基（或其他碱性基团）比中性氨基酸多，所以，活性炭对酸性氨基酸和碱性氨基酸的吸附力大于中性氨基酸。

对芳香族化合物的吸附力大于脂肪族化合物。可借此性质将芳香族氨基酸与脂肪族氨基酸分开。

活性炭对分子量大的化合物的吸附力大于分子量小的化合物。例如，对肽的吸附力大于氨基酸，对多糖的吸附力大于单糖。

发酵液的 pH 与活性炭的吸附效率有关，一般碱性抗生素在中性情况下吸附，酸性条件下解吸；酸性抗生素在中性情况下吸附，碱性条件下解吸。

② 大孔吸附树脂　大孔吸附树脂是一种具有多孔立体结构人工合成的聚合物吸附剂，是在离子交换剂和其他吸附剂应用的基础上发展起来的一类新型树脂，是依靠它和被吸附的分子（吸附质）之间的范德华引力，通过它巨大的比表面进行物理吸附而工作的。在实际应用中对一些与其骨架结构相近的分子如芳香族环状化合物具有很强的吸附能力。

大孔吸附剂树脂与经典吸附剂活性炭相比具有许多优点，如脱色去臭效力与活性炭相当；对有机物质具有良好的选择性；物理化学性质稳定，机械强度好，经久耐用；吸附树脂品种多，可根据不同需要选择不同品种；吸附树脂吸附速度快，易解吸，易再生；吸附树脂一般直径在 0.2～0.8mm 之间，不污染环境，使用方便。在化学药物、抗生素、维生素、中草药有效成分等方面的提取分离、浓缩、纯化、脱盐、中和及脱色过程中发挥着越来越重要的作用。大孔树脂吸附剂的主要缺点是，价格较贵，吸附效果易受流速和溶质浓度等因素影响。

大孔吸附树脂按骨架极性强弱，可分为非极性、中等极性和极性吸附剂，表 11-2 列出了美国罗姆-哈斯公司生产的 XAD 系列大孔吸附树脂的主要型号、特性与性能及在发酵工业中的主要用途。表 11-3 列出了大孔吸附树脂产品特性及使用方法。

表 11-2　Amberlite™ XAD 系列大孔吸附树脂的主要型号、特性及主要用途

型　号	骨架类型	极性	主要用途及特性
XAD4	聚苯乙烯	非极性	从发酵液或样品溶液中和极性溶剂中除去小分子有机物；回收和再循环使用酚和芳香族等物质；皂甙的提取
XAD7HP	聚烷酯	弱极性	从非极性溶液中吸附极性物质；从极性溶液中吸附非芳香族化合物，如吸附酯类、酮类和脂肪族物质；抗生素、酶和蛋白质的纯化，酶的固定化
XAD16HP	聚苯乙烯	非极性	抗生素、维生素、类固醇、氨基酸、酶等的分离纯化；从极性溶剂中分离、回收非极性物质，如苯酚
XAD1600	聚苯乙烯	非极性	广泛用于发酵所得抗生素、水溶性类固醇、氨基酸、蛋白质的提取纯化
XAD761	酚醛树脂	极性	发酵生产中有机酸、氨基酸和生物碱类物质的脱色、蛋白质去苦味、酶载体

表 11-3　大孔吸附树脂产品特性及使用方法

步　骤	流　速	流　量	备　注
填充装柱			湿法装柱，树脂装填高度小于 3 米
逆流洗柱			水洗除去小粒子及破碎树脂
前处理	1～5BV/h	3BV	用乙醇等进行预处理
水洗脱	1～5BV/h	3BV	必要时根据吸附剂的 pH 使用缓冲溶液
吸附	1～4BV/h	根据吸附量	应在吸附容量以下。pH 5～8，温度<50℃。上柱药液加入 NaCl 有利于提高吸附容量
水洗	2～3BV/h	0.5～1BV	将吸附在树脂上的杂质洗出
解吸	0.5～3BV/h	2～3BV	乙醇、丙酮等的(含水)溶液溶出有效成分。温度高有利于解吸
再生	0.5～3BV/h	3～4BV	多次应用乙醇、丙酮、碱＋乙醇、碱＋异丙醇等溶剂
水洗	2～3BV/h	3～4BV	碱再生后加入酸中和

注：树脂柱内装载树脂的体积称为床容积（bed volume），简写为 BV。树脂柱工作时的各种物料量都以 BV 为单位。例如，溶液通过树脂柱的流速为 2～4BV/h，即每小时通过溶液的体积为树脂床容积的 2～4 倍。

由于是分子吸附，而且大孔吸附剂树脂对有机物质的吸附能力一般低于活性炭，所以解吸比较容易。通常用低级醇、酮或其水溶液解吸，对于弱酸性溶质可以用碱来解吸，反之，对于弱碱性溶质可以考虑用酸来解吸。如果吸附是在高浓度盐类溶液中进行，则常用水洗就能解吸下来。

11.10.3　离子交换色谱技术

离子交换技术是以离子交换剂为固定相，液体为流动相的系统中进行的荷电物质分离技术。此法广泛应用于生化物质的分析、制备、纯化，以及溶液的中和、脱色、金属的回收等方面。

11.10.3.1　离子交换色谱的基本原理

离子交换树脂是一种不溶于酸、碱和有机溶剂的固态高分子化合物，它的化学稳定性良好，且具有离子交换能力。其巨大的分子可以分成两部分：一部分是不能移动的、多价的高分子基团，构成树脂的骨架，使树脂具有上述溶解度和化学稳定的性质；另一部分是可移动的离子，称为活性离子，它在树脂骨架中的进进出出就发生离子交换现象。高分子的惰性骨架和单分子的活性离子，带有相反的电荷，而共处于离子交换树脂中。从电化学的观点看，

离子交换树脂是一种不溶解的多价离子，其四周包围着可移动的带有相反电荷的离子。从胶体化学观点看来，离子交换树脂是一种均匀的弹性亲液凝胶（较晚发展起来的大网格树脂，具有不均匀的两相结构，包括空隙和凝胶两部分，称为非凝胶型树脂），活性离子是阳离子的称为阳离子交换树脂，活性离子是阴离子的称为阴离子交换树脂。离子交换剂一般是由基质、电荷基团（或功能基团）和反离子构成，如表 11-4 所示。

表 11-4　常见的离子交换剂

基　　质	电荷基团	反离子	商　品　名
纤维素	$-O-CH_2-COO^-$	$\cdot Na^+$	CM-纤维素
纤维素	$-O-(CH_2)_2-N^+H(C_2H_5)_2$	$\cdot Cl^-$	DEAE-纤维素
聚苯乙烯	$-SO_3^-$	$\cdot Na^+$	732 阳离子树脂
聚苯乙烯	$-N^+(CH_2)_4$	$\cdot Cl^-$	717 阴离子树脂

离子交换剂与水溶液中离子或离子化合物的反应主要以离子交换方式进行，或者借助离子交换剂上电荷基团对溶液中离子或离子化合物的吸附作用进行。这些过程都是可逆的。假设以 RA 代表阳离子交换剂，它在溶液中解离出来的阳离子 A^+ 与溶液中的阳离子 B^+ 能发生可逆的交换反应，反应式如下。

$$RA+B^+ \Longrightarrow RB+A^+ \tag{11-36}$$

上述反应能以极快的速度达到平衡，平衡的移动遵循质量作用定律。离子交换剂对溶液中不同离子具有不同的结合力，这种结合力的大小是由离子交换剂的选择性决定的。离子交换剂的选择性可用其反应的平衡常数 K_A^B 表示，

$$K_A^B = \frac{c(RB)c(A^+)}{c(RA)c(B^+)} \tag{11-37}$$

如果在反应溶液中 A^+ 的物质的量浓度与 B^+ 的相等时，$K_A^B = c(RB)/c(RA)$。若 $K_A^B > 1$，即 $c(RB) > c(RA)$，表示离子交换剂对 B^+ 的结合力要比对 A^+ 的大；若 $K_A^B = 1$，即 $c(RB) = c(RA)$，这表示其对 B^+ 和 A^+ 的结合力相同；若 $K_A^B < 1$，即 $c(RB) < c(RA)$，表示其对 B^+ 的结合力要比对 A^+ 的小。K_A^B 值是反映离子交换剂对不同离子的结合力或选择性的参数，所以称 K_A^B 值为离子交换剂对 A^+ 和 B^+ 的选择系数。强酸性（阳性）离子交换剂对 H^+ 的结合力比对 Na^+ 的小；强碱性（阴性）离子交换剂对 OH^- 的结合力比对 Cl^- 的小得多；弱酸性离子交换剂对 H^+ 的结合力远比对 Na^+ 的大；弱碱性离子交换剂对 OH^- 的结合力比对 Cl^- 的大。因此在应用离子交换剂时，采用何种反离子进行电荷平衡是决定吸附容量的重要因素之一。

此外，离子交换剂与各种水合离子（离子在水溶液中发生水化作用形成的）的结合力与离子的电荷量成正比，而与水合离子半径的平方成反比。所以，离子价数越高，结合力越大。在离子间电荷相同时，则离子的原子序数越高，水合离子半径越小，结合力亦越大。

在稀溶液中离子发生水化时，各种阴离子和阳离子结合力大小的排列次序如下。

一价离子：$Li^+ < Na^+ < K^+ < Rb^+ < Cs^+$　　　（对阳离子交换剂）

二价离子：$Mg^{2+} < Ca^{2+} < Sr^{2+} < Ba^{2+}$　　　（对阳离子交换剂）

一价阴离子：$F^- < Cl^- < Br^- < I^-$　　　〔对阴离子交换剂〕

不同价阳离子：$Na^+ < Ca^{2+} < Al^{3+} < Ti^{4+}$　　　（对阳离子交换剂）

必须指出，上述排列次序只是在稀溶液中才适用。而在非水溶液中，且浓度和温度均较高时，由于离子水化作用减弱或根本不发生，所以离子交换剂结合力的顺序是不同的，或者是完全颠倒排列的。对于呈两性离子的蛋白质、酶类、多肽等物质与离子交换剂的结合力，

主要取决于它们的物理化学性质和在特定 pH 条件下呈现的离子状态。当 pH 低于等电点（pI）时，它们能被阳离子交换剂吸附；反之，pH 高于 pI 时，它们能被阴离子交换剂吸附。若在相同的 pH 条件下，且 pI＞pH 时，pI 越高，碱性越强就越容易被阳离子交换剂吸附。对于呈胶体状态的大分子物质一般采用选择性好的弱酸性离子交换剂，并且希望其交联度小，孔隙大，以利于大分子物质渗透入网孔中进行离子交换反应。

11.10.3.2　离子交换剂的分类及性质

根据离子交换剂中基质的组成和性质，可将其分成两大类：疏水性离子交换剂和亲水性离子交换剂。

疏水性离子交换剂中的基质是一种人工合成的、与水结合力较小的树脂物质。常用的一类树脂是由苯乙烯和二乙烯苯合成的聚合物，其中二乙烯苯是交联剂，它能把聚乙烯苯直链化合物以相互交叉的方式连接成类似海绵状的结构，在此结构中以共价键方式引入不同的电荷基团。这种离子交换树脂若以电荷基团的性质则可分为阳离子交换树脂、阴离子交换树脂（分别都包括强、中、弱三种电荷基团）和螯合离子交换树脂（对金属离子有较强的选择性）。

阳离子交换剂的电荷基团带负电，反离子带正电。因此，这种交换剂可以与溶液中的正电荷化合物或阳离子进行交换反应。根据电荷基团的强弱，又可将阳离子交换剂分为强酸型（即带磺酸基团的树脂，可简写为 RSO_3H，R 代表树脂），中强酸型 ［即带磷酸基团和亚磷酸基团的树脂，前者可简写为 $RPO(OH)_2$，后者可简写为 $R—PH—OH$］和弱酸型 （即带羧基的和酚基的树脂）三种。

阴离子交换剂是在树脂中分别引入季胺 ［$—N(CH_3)_3$］、叔胺 ［$—N(CH_3)_2$］、仲胺 ［$—NHCH_3$］ 和伯胺 （$—NH_2$） 基团后构成的。当引入季胺和叔胺基团时，分别为强阴性和中强阴性离子交换剂，当引入仲胺和伯胺基团时，为弱阴性离子交换剂。

疏水性的离子交换剂主要是离子交换树脂，一般都呈网络结构的珠状体，其大小在20～400 目之间。由于含有大量的活性基团、交换容量高、机械强度大、流动速度快，因此主要用于分离无机离子、有机酸、核苷酸和氨基酸等小分子物质。在发酵工业中，广泛用于提取抗生素、氨基酸、有机酸等，特别是抗生素工业，例如，链霉素、新霉素、卡那霉素、庆大霉素、土霉素、红霉素、林可霉素、麦迪霉素、螺旋霉素、多黏菌素等均可用离子交换法分离纯化。此外，还可用于从蛋白质溶液中除去表面活性剂 （如十二烷基硫酸钠）、清洁剂（如 triton X-100）、尿素、两性电解质（ampholyte）等。

亲水性离子交换剂中的基质是一类天然的或人工合成的、与水结合力较大的物质。常用的有纤维素、交联葡聚糖和交联琼脂糖等。

纤维素离子交换剂是以微晶纤维素为基质，通过化学方法引入电荷基团构成的。这类离子交换剂按引入电荷基因的性质可分为强酸性、弱酸性、强碱性和弱碱性离子交换剂。用微晶纤维素通过交联作用制成了类似凝胶的珠状 （40～160μm） 弱阴性离子交换剂 （如 DEAE-Sephacel），其结构同 DEAE-纤维素一样，但它对蛋白质、核酸、激素以及其他生物聚合体都有同等的分辨率。

交联葡聚糖离子交换剂是以交联葡聚糖 G-25 和 G-50 为基质，通过化学方法引入电荷基团制成的。这类交换剂的外形呈珠状，对蛋白质和核酸等大分子物质有较高的结合容量，而且流速比无定形纤维素离子交换剂快。

琼脂糖离子交换剂主要是以交联琼脂糖 CL-6B 为基质，通过化学方法引入电荷基团制成的。例如，DEAE-Sepharose CL-6B 为阴离子交换剂；CM-Sepharose CL-6B 为阳离子交换剂。这类离子交换剂的外形呈珠状，网孔大，特别适合分离大分子量的蛋白质和核酸等物质，即使在流速快的操作下，也不影响分辨率。

11.10.3.3　离子交换色谱的操作

（1）离子交换剂的处理　离子交换剂使用之前，取适量的固体离子交换剂如树脂、纤维素和交联葡聚糖等离子交换剂加水浸泡，待充分膨胀后即可进行处理。常规的处理步骤是，加过量的水悬浮除去细颗粒，再改用酸碱浸泡，以便除去杂质并使其带上需要的反离子。疏水性离子交换剂可以用 $2\sim4$ 倍的 2mol/L NaOH 或 2mol/L HCl 溶液处理；而亲水性离子交换剂则只能用 0.5mol/L NaOH 和 0.5mol/L NaCl 混合溶液或 0.5mol/L HCl 处理（室温下处理 30min）。酸碱处理的次序决定了离子交换剂携带反离子的类型。在每次用酸（或碱）处理后，均应先用水洗涤至近中性，再用碱（或酸）处理。最后用水洗涤至中性，经缓冲液平衡后即可使用。

（2）离子交换剂的再生　使用过的离子交换剂，可采用一定的方法令其恢复原来的性状，这一过程叫做再生。再生可以通过上述的酸、碱反复处理完成，但有时也可以通过转型处理完成。所谓转型是指离子交换剂由一种反离子转到另一种反离子的过程。转型后的离子交换剂则按使用要求带上了一定种类的离子或基团。比如，欲使阳离子交换剂转成钠型则需用 NaOH 处理；欲使其转成氢型则需用 HCl 处理；欲使其带铵离子时，则需用 NH_4OH 或 NH_4Cl 处理。总之，对离子交换剂的处理、再生和转型的目的是一致的，要求其带上使用时所希望的离子或基团。

经长期使用的树脂含有很多杂质，欲将其除掉，则应先用沸水处理，然后用酸、碱处理。为使处理的效果更佳，也可用热的稀酸、稀碱处理。树脂若含有脂溶性杂质时，可用乙醇或丙酮处理。而长期使用过的亲水性离子交换剂的处理一般只用酸、碱浸泡即可。原则上讲，去除杂质的过程应在不破坏离子交换剂的结构和稳定性，不影响其原有交换容量的前提下进行。对于琼脂糖离子交换剂的处理是在使用前仅用蒸馏水漂洗、缓冲液平衡后即可。该交换剂的再生和转型操作与其他亲水性离子交换剂一样。

（3）分离物质的交换　使用离子交换剂的方法有两种：一种是柱色谱法，也叫动态法，即将离子交换剂装入色谱柱内，让溶液连续通过。该法交换效率高，应用范围广。另一种是分批法，也叫静态法，即使离子交换剂置入盛溶液的容器内不断缓慢搅拌。该法交换率低，不能连续进行，但需要的设备简单，操作容易。

柱色谱法的操作和要求与吸附柱色谱相同。一般认为离子交换剂的装柱量按以下原则选择：用于分离物质的离子交换剂的总用量要依据其全部交换量和待吸附物质的总量（包括连续使用的全部量）来计算。当溶液含有各种杂质时，必须考虑使交换量留有充分余地，实际交换量只能按理论交换量的 $25\%\sim50\%$ 计算。在样品纯度极低，或有效成分与杂质的性质相似时，则实际交换量应控制得更低些。

（4）物质的洗脱与收集　在离子交换色谱过程中，常用梯度溶液进行洗脱，而溶液的梯度则是由盐浓度或酸碱度的变化形成的。制备梯度溶液的装置是由两个彼此相通的圆筒容器和一个搅拌器组成的。图 11-18 为产生梯度溶液的三种装置及其各自形成的梯度变化曲线，图 11-19 为市售的梯度混合装置。在图 11-18 中 A 瓶内注入开始洗脱所需的盐浓度溶液（低浓度溶液），B 瓶内注入高浓度盐溶液，若容器 $A_1=B_1$ 时，则为线型梯度（Ⅰ型）；若容器 $A_1<B_1$ 时，则为凸形梯度（Ⅱ型）；若容器 $A_1>B_1$ 时，则为凹形梯度（Ⅲ型）。在一定时间内，不同形式的梯度溶液流经色谱柱某点累积体积时的浓度 C，可用下列公式计算：

$$C=C_B-(C_B-C_A)\Big(1-\frac{V_2}{V_1}\Big)^{B_1/A_1} \tag{11-38}$$

式中　C_A——梯度混合器 A 瓶的浓度（搅拌）；

C_B——梯度混合器 B 瓶的浓度（非搅拌）；

A_1——A 瓶的横切面积；

B_1——B 瓶的横切面积；

V_2——流经色谱柱的体积；

V_1——梯度洗脱液的总体积。

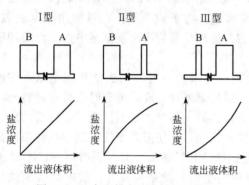

图 11-18　产生梯度溶液的三种装置
及其各自形成的梯度变化曲线

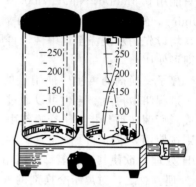

图 11-19　磁力搅拌梯度混合装置

　　除上述三种梯度洗脱液外，还有复合式梯度洗脱液和阶梯式梯度洗脱液（图 11-20）。前者是用多室混合器形成的，后者是用依次连续增加浓度实现的。实践中采用何种形式梯度洗脱液较为理想，这完全取决于特定的应用要求，并无规律可循，一般最好从线性梯度开始，然后按照试验摸索进行。在阶梯式梯度溶液中所用的适宜浓度，应在线形梯度溶液的基础上慎重选择。

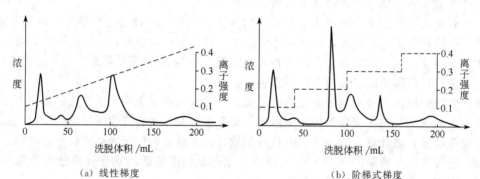

(a) 线性梯度　　　　　　　　　　　　　　(b) 阶梯式梯度

图 11-20　线性和阶梯式梯度溶液分离牛血清蛋白的图谱

色谱柱，1.5cm×26cm；交换剂，QAE-Sephadex A-50；样品，4mL 3%（体积浓度）冻干牛血清；
洗脱液，0.1mol/L Tris-HCl，pH6.5，NaCl 离子强度为 0～0.5；流速，0.2mL/min

　　梯度溶液按组成来分，一般有两种。一种是增加离子强度的梯度溶液。该溶液是用一简单的盐（如 NaCl 或 KCl）溶解于稀缓冲液制成的，习惯上不用弱酸或弱碱的盐类。另一种是改变 pH 的梯度溶液。该溶液是用两种不同 pH 的或不同缓冲容量的缓冲液制成的，所用缓冲液的种类、pH 以及缓冲容量要认真选择，否则将达不到预期的目的。对于增加离子强度的梯度溶液，不管用于何种类型的离子交换剂，其离子强度绝大部分是增加的。而改变 pH 的梯度溶液则不然，如果使用的是阳离子交换剂，pH 应从低到高递增；如果使用的是阴离子交换剂，pH 应从高到低递减，实际许可的 pH 范围由待分离物质的稳定 pH 范围和离子交换剂限制的 pH 范围来决定。

洗脱液的离子强度和酸碱度的变化速率会影响色谱的效果。当被分离物之间的选择系数相差较小时，洗脱液的离子强度或酸碱度的变化速率小，这样有利于分辨率的提高。

11.10.4 凝胶色谱技术

凝胶色谱，亦称排阻色谱或分子筛色谱，是利用生物大分子的分子量差异进行的色谱分离的方法。凝胶色谱介质主要是以葡聚糖、琼脂糖、聚丙烯酰胺等为原料，通过特殊工艺合成的色谱介质。目前已成为生物化工和生物制药领域研究和生产中必不可少的分离介质。

11.10.4.1 凝胶色谱基本原理

凝胶色谱介质是一种在球体内部具有大孔网状结构的凝胶微粒，不同大小的网状孔像筛子一样，可以把大小不同的生物大分子按一定的顺序进行分离，分子量大的生物分子由于不能进入或不能完全进入凝胶内部的网状孔，沿着凝胶颗粒间的空隙或大的网状孔通过，大分子相对于小分子迁移的路径短，在柱内的停留时间短、保留值小，所以在色谱过程中迁移率最快，走在小分子的前面，先从色谱柱中流出。分子量小的分子由于能够进入凝胶内部的网状孔，沿着凝胶颗粒不同大小的网状孔流过，相对于大分子迁移的路径长，在柱内的停留时间长、保留值大，所以，在色谱过程中迁移率慢，走在大分子的后面，最后从柱中流出。样品中分子量大小不同的各种分子在流过凝胶内部的网状孔时就受到凝胶介质排阻效应，也称为分子筛效应，将它们一个个分离，从而达到分离的目的。如图 11-21 所示。

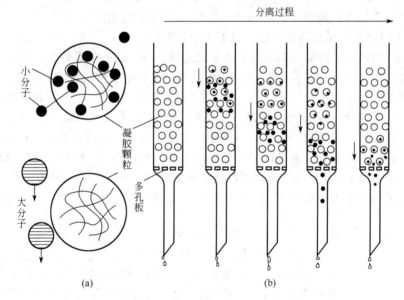

图 11-21　凝胶色谱的分离原理示意图

(a) 表示球形分子和凝胶颗粒网状结构；(b) 分子在排阻色谱柱内的分离过程

11.10.4.2 凝胶色谱参数之间的关系

① 床体积与 V_o、V_i、V_g 之间的关系如式（11-35）。

② 洗脱体积与 V_o、V_i 的关系式为

$$V_e = V_o + K_d V_i \tag{11-39}$$

式中，K_d 为样品组分在流动相和固定相之间的分配系数，它只与被分离物质的分子量大小、凝胶颗粒空隙和网状孔径大小有关，与色谱柱的长短和粗细无关。K_d 可以通过实验获得。

③ K_d 与体积之间的关系，可以将式（11-39）变换一下，即可得到 K_d 与体积之间的关

系式，即

$$K_d = \frac{V_e - V_o}{V_i} \tag{11-40}$$

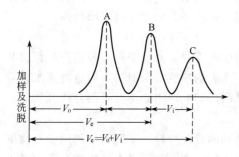

图 11-22　凝胶柱色谱洗脱峰
峰 A—全排阻分子；峰 B—部分渗透分子
（有效分离分子）；峰 C—全渗透分子

式中，V_e 为实验测得的实际洗脱体积；V_o 可用不被凝胶滞留的大分子量组分测得，通常用分子量在 2×10^6 的蓝色葡聚糖-2000 测定；V_i 可以通过干胶的吸水量（每克干胶所吸附水的毫升数）求得。对于一定条件的凝胶色谱柱来说，只要通过实验得知某一组分的洗脱体积 V_e，就可以计算出 K_d 值。以上关系可以通过图 11-22 表示。

在凝胶柱色谱分离过程中，K_d 可以有以下几种情况。

① $K_d = 0$ 时，$V_e = V_o$。对于完全不能进入凝胶内部的大分子（全排阻），其洗脱体积就等于外水体积。

② $K_d = 1$ 时，$V_e = V_o + V_i$。对于完全可以进入凝胶内部的小分子（全渗透），其洗脱体积就等于外水体积和内水体积之和。

③ $0 < K_d < 1$ 时，$V_e = V_o + K_d V_i$。表示凝胶颗粒内部一部分空隙可以被不同大小的分子利用，可以有不同程度的渗入，V_e 在 V_o 与 $V_o + V_i$ 之间变化。

④ $K_d > 1$ 时，表示凝胶具有一定的吸附作用，此时 $V_e > V_o + V_i$。例如某些芳香族化合物的洗脱体积远超出理论计算的最大值，这些化合物的 K_d 值一般都是大于 1 的。

在实际工作中，小分子不易得到 $K_d = 1$ 的结果，尤其是对交联度大的凝胶介质 K_d 差别较明显，如同样一个小分子在 Sphadex G-10 柱色谱测得的 K_d 是 0.75 左右，同样一个小分子在 Sphadex G-25 柱色谱测得的 K_d 是 0.8 左右。造成这种差别的原因是由于一部分水分子与凝胶结合较牢固，成为凝胶本身的一部分，使凝胶的有效网状孔变小，小分子不能扩散和渗透到凝胶内部，是凝胶失去了部分筛分作用所致。此时的 V_i 不能以凝胶的吸水量进行计算，因此，通常以小分子化合物通过凝胶柱来测定 V_i 值。另外一种计算方法是不使用 V_i 和 K_d，而是用有效分配系数（K_{av}）代替 K_d，将 $V_t - V_o$ 代替 V_i 代入式（11-41）可得到下式。

$$K_{av} = \frac{V_e - V_o}{V_t - V_o} \tag{11-41}$$

$$V_e = V_o + K_{av}(V_t - V_o) \tag{11-42}$$

在这里，实际上是将原来以水作为固定相（V_i），改为凝胶颗粒（$V_t - V_o$）作为固定相而洗脱剂（$V_e - V_o$）作为流动相。K_{av} 和 K_d 值对交联度较小的凝胶介质差别不大，而对交联度大的凝胶介质则有一定差异。

在凝胶色谱过程中，一般情况下凝胶色谱介质对流动相中的组分无吸附作用，当流动相的体积 V_t 流过后，上样的所有组分都应当被洗脱出来，这是凝胶色谱与其他色谱方法的不同之处。

11.10.4.3　V_e 与分子量的关系

对同一类型的化合物，洗脱特性与组分的分子量有关，各种组分流过凝胶柱时，洗脱顺序按分子量（Mr）的大小排列先后流出。V_e 与 Mr 的关系式如下。

$$V_e = K_1 - K_2 \lg Mr \tag{11-43}$$

式中　K_1——常数；

　　　K_2——常数；

Mr——分子量；

V_e——洗脱体积。

有时 V_e 也可以用分离体积（V_e-V_0）、相对保留体积（V_e/V_0）、简化洗脱体积（V_e/V_t）或有效分配系数（K_{av}）代替。但实际操作过程中大多数都是以 K_{av} 对分子量的对数（$\lg Mr$）作图得到工作曲线，也称之为"选择曲线"。

凝胶排阻色谱具有设备简单、操作方便、重复性好、条件温和等优点，是实验室测定分子量的常用方法，也是生物大分子分离纯化常用的分离手段。

11.10.4.4　凝胶色谱介质

自然界天然凝胶和化学合成的凝胶种类很多，能用于凝胶色谱的凝胶是一种球形颗粒，球内部是多孔网状结构。其必须具备化学稳定性，无特异性吸附，刚性好，对温度和有机溶剂具有较好的耐受性。常用于凝胶色谱的凝胶类介质主要有 4 大类，即葡聚糖凝胶、琼脂糖凝胶、聚丙烯酰胺凝胶和琼脂糖-聚丙烯酰胺混合凝胶等色谱介质。

（1）葡聚糖凝胶　葡聚糖凝胶是由多聚葡聚糖通过与环氧氯丙烷交联而合成的，是一类具有网状结构的珠状凝胶颗粒。葡聚糖凝胶交联的程度（简称交联度）与凝胶颗粒网状结构孔径的大小有直接关系，交联度越大，网状结构的孔径越小，分离的分子量就小。反之，交联度越小，网状结构的孔径越大，分离的分子量就大。交联的葡聚糖结构中含有大量的羟基，又具有很强的亲水性，能迅速在水和电解质溶液中溶胀，在色谱过程中非常容易与水溶性溶质接触。在酸性条件下合成的葡聚糖凝胶糖苷键容易被水解，在碱性环境中比较稳定。一般在 0.25mol/L NaOH 溶液中，60℃的条件下放置两个月以上仍不改变其原有的基本性质。所以常用稀碱溶液处理葡聚糖凝胶色谱介质，以除去残留在凝胶介质上的变性蛋白和其他杂质。Sephadex G 系列产品，英文字母 G 后面的阿拉伯数字，表示凝胶吸水量（单位：mL/g$_{干胶}$）乘以 10。"G"后面的阿拉伯数字越大，表示交联度越小，凝胶孔径越大，分子量分离范围越大，凝胶的溶胀体积越大。

（2）聚丙烯酰胺凝胶　聚丙烯酰胺凝胶是一种化学合成的凝胶，组成的基本单位是丙烯酰胺，交联剂是 N,N-亚甲基双丙烯酰胺。丙烯酰胺和 N,N-亚甲基双丙烯酰胺在自由氧基的诱导下发生聚合反应，经过特殊工艺合成球形的聚丙酰胺凝胶珠。通过控制丙烯酰胺浓度和 N,N-亚甲基双丙烯酰胺的比例，就可以得到不同交联度的聚丙酰胺凝胶。聚丙烯酰胺凝胶色谱介质的稳定性不如交联的聚葡糖凝胶，它在酸性条件下酰胺键容易被水解生成羧酸，使凝胶介质带有一定的离子交换基团，在色谱时对溶液中带电荷组分发生离子交换作用，使介质的非特异性吸附增加。因此，聚丙烯酰胺凝胶色谱应当尽量避免使用酸性较强的缓冲液。最常用的聚丙烯酰胺凝胶色谱介质是 Bio-Gel-P 系列产品，在 Bio-Gel-P 系列产品中，"P"后面的阿拉伯数字乘以 1000 即相当于排阻限度（按球蛋白或肽计算）。"P"后面的阿拉伯数字越大，表示交联越小，凝胶孔径越大，分子量分离范围越大，凝胶的溶胀体积越大。

（3）琼脂糖凝胶色谱介质　琼脂糖凝胶是由琼脂中分离出来的天然凝胶，由 D-半乳糖和 3,6-脱水-L-半乳糖交替结合而成，交联主要依靠糖链之间的次级键如氢键来稳定网状结构。网状结构的疏密依靠改变琼脂糖浓度的方法来控制。琼脂糖凝胶不带电荷，吸附能力非常小，最容易吸附的结晶紫在琼脂糖上也不被吸附。在缓冲液离子强度＞0.05mol·L^{-1}时，对蛋白质几乎没有非专一性吸附，是凝胶色谱的一种良好的惰性支持物。琼脂糖凝胶是一种大孔凝胶，其工作范围远大于葡聚糖凝胶色谱介质和聚丙烯酰胺凝胶色谱介质，主要用于分离分子量为 400000 以上的物质，例如核酸和病毒等。

目前能生产琼脂糖凝胶色谱介质的厂家很多，生产工艺和产品的名称也因生产厂家不同而异，但介质的基本性能都很相近。例如瑞典生产的 Sepharose 系列、美国生产的 Super

AgoGel 系列、英国生产的 Sagavac 系列、丹麦生产的 Gelarose 系列。最常用的琼脂糖凝胶色谱介质是 Sepharose B 系列产品，在 Sepharose B 系列产品中，"B"前面的阿拉伯数字表示琼脂糖的百分含量，琼脂糖含量越高表示交联度越大，凝胶孔径越小，分子量分离范围越小。与此相反，琼脂糖浓度越低表示交联度越小，凝胶孔径越大，分子量分离范围越大。

11.10.4.5　凝胶色谱技术的操作

（1）凝胶色谱介质的选择与处理　根据分子量分离范围选择相应型号的凝胶介质，确定是组别分离还是组分分离。组别分离是指分子量之间相差很大（数十至数百倍）的样品，如生物大分子与有机小分子或无机盐等的分离；组分分离是指分子量之间相差较小（±2000以上）的生物大分子。组别分离一般选用交联度较大的凝胶色谱介质，例如，蛋白质脱盐可选用葡聚糖凝胶 Sephadex G-25。组分分离要根据被分离组分所预测的最大分子量的上限值和最小分子量的下限值的分离范围来选择合适的凝胶。如分离分子量在 5000～60000 之间的多种组分，可选用葡聚糖凝胶 Sephadex G-75。

凝胶用前需要处理，商品凝胶中，很多颗粒是不均匀的，为了满足需要，通常使用气流浮选法或水力浮选法除去影响流速的过细颗粒。后者是一种自然沉降法，方便实用，即将颗粒粗细不均的凝胶悬浮于大体积的水中让其自然沉降。在一定时间之后，用倾泻法除去悬浮的过细颗粒，如此反复进行几次，即可达到预期目的。

商品凝胶一般是干燥的颗粒，使用前需直接在欲使用的洗脱液中浸泡溶胀。溶胀必须充分，否则会影响色谱的均一性，甚至有引起凝胶柱破裂的危险。为了缩短时间，多用"热法"溶胀。即在沸水浴中将悬浮于洗脱液中的凝胶浆逐渐升温至近沸，这样可大大加速溶胀平衡，通常 1～2h 即可完成。"热法"溶胀还可以消毒，杀灭凝胶中污染的细菌，同时也排出了凝胶内的气泡。如果所用洗脱剂对热不稳定，可先将凝胶悬浮在蒸馏水中加热溶胀，冷却后再用洗脱剂反复洗涤，最后除去气泡备用。

在凝胶溶胀和处理过程中，不能进行剧烈的搅拌，严禁使用电磁搅拌器，因为这样会使凝胶颗粒破裂而产生碎片，以至影响色谱的流速。

（2）色谱柱和流动相的选择　色谱柱的选择，主要考虑被分离组分分子量的差异，选用相应的柱长与柱内径之比的色谱柱。对于组别分离的色谱柱，由于被分离的组分分子量差别较大可采用短粗的色谱柱，柱长度：柱内径＝10：1 或 20：1，如脱盐柱。对组分分级分离的色谱柱，用细长的色谱柱，柱长度：柱内径＝50：1 或 100：1，如蛋白质组分分离。

凝胶色谱所使用的缓冲溶液比较简单，一般只使用一种缓冲液。但是在选择缓冲溶液时主要考虑 3 方面的因素。

① 考虑被分离物质的稳定性，包括缓冲液的 pH、离子强度及保护剂等。

② 考虑凝胶介质的稳定性能，不与介质发生化学反应、不变形、不降解。

③ 考虑分离物质的后处理，被分离组分经凝胶色谱分离后还需采用其他色谱方法进行分离（如用离子交换或亲和色谱分离等），最好选用与后续色谱方法相同的缓冲液。如果后处理是冰冻干燥，可选用易挥发性的溶液，如 NH_4HCO_3、HAc 或 NH_4OH 等。

（3）凝胶介质的后处理　凝胶色谱介质一般不与溶液中的溶质发生任何作用，所以在色谱分离后用平衡液稍加平衡即可进行下一次色谱，但是在实际操作中常常有些杂质污染凝胶和色谱柱表面的凝胶。因此，色谱柱在使用一段时间后必须做适当的处理，除去凝胶表面的污染物。处理所用的溶液和溶液浓度略有不同，一般对交联的葡聚糖凝胶类介质可以用 0.1mol/L NaOH 和 0.5mol/L NaCl 混合处理，聚丙烯酰胺和琼脂糖凝胶类介质可以用 0.5～1.0mol/L NaCl 溶液处理。

凝胶柱内的色谱介质一般浸泡在溶液中，容易长菌。尤其是葡聚糖和琼脂糖类凝胶介质，极易染菌，某些微生物能分泌降解多糖糖苷键的酶，使葡聚糖和琼脂糖的糖苷键发生降解，而改变凝胶色谱介质原有的性质。虽然聚丙烯酰胺凝胶介质不容易被微生物所降解，但长期浸泡在溶液中容易滋生细菌，使其化学性质发生某些变化，如发生氧化、离子化等而改变色谱的特性。为了避免微生物的生长，残留在凝胶柱内的磷酸盐和有机物必须要洗净，然后将色谱柱真空或低温保存。低温保存的温度不能低于柱内溶液的冰点，防止柱内的凝胶结冰，而破坏凝胶的交联度和网状结构。

防止微生物生长最常用的方法是在凝胶溶液中加入一定的抑菌剂，如0.02％叠氮钠、0.01％～0.02％三氯丁醇、0.005％～0.01％乙基汞硫代水杨酸钠、0.001％～0.01％苯基汞代乙酸盐、苯基汞代硝酸盐或苯基汞代硼酸盐等。

凝胶色谱介质如果在较长时间不使用，可以将其干燥长期保存。使用过的凝胶色谱介质，首先按一般的再生程序将介质再生处理、漂洗干净，然后用乙醇从低浓度到高浓度逐级脱水（先后用30％、50％、70％、80％、95％无水乙醇、乙醚），脱水后的介质在室温下晾干，将乙醇（醚）挥发尽即可。

凝胶色谱技术的应用范围较广如凝胶色谱脱盐、测定分子量、分离蛋白质、多糖等大分子物质。

11.10.5 亲和色谱技术

亲和色谱以其高选择性、高收率且一步得到高纯度产品的技术优势，成为纯化蛋白质的最有效的技术之一，不仅在实验室广泛应用，而且越来越多地在工业中得到利用。亲和色谱是建立在目的蛋白质与固定化配基之间特异性可逆相互作用基础上的吸附色谱。根据蛋白质与配基的不同，可将亲和色谱分为许多种类：生物亲和色谱、免疫亲和色谱、金属离子亲和色谱以及拟生物亲和色谱等。此外，亲和色谱与高效液相色谱结合可成为主要用于生化分析的各种高效亲和色谱如高效免疫亲和色谱等。

亲和吸附剂是亲和色谱技术的关键所在，亲和色谱与其他吸附色谱一样，也希望固定相与流动相的接触面积大，故通常采用粒径小、内表面积大且蛋白质可迅速扩散至颗粒内固定化配基处的吸附剂。虽然降低粒径会提高吸附、洗脱步骤的效率，但同时也会增大柱床压降，所以实际操作时宜选择硬度大的小颗粒吸附剂。亲和色谱载体大多为直径在几十至几百微米的球形凝胶颗粒，适合大规模亲和色谱操作的商品载体很多，它们都具有羟基基团，可供偶联各种亲和配基，且具备大孔、耐压以及在宽pH范围内化学稳定等性能。用户可以购买这些商品载体按需要偶联的相应配基制得亲和吸附剂，也可根据欲纯化蛋白质性质直接购买厂家已偶联好所需配基的亲和吸附剂商品。亲和色谱所用的配基除天然物质外，还有许多由基因重组、细胞融合技术制得的单克隆抗体等，这也是亲和色谱技术如此兴旺的重要原因之一。配基与载体的偶联采用通常的固定化酶技术即可。

亲和色谱以亲和吸附剂为固定相及含有目的蛋白质的料液为移动相构成整个系统。经吸附、洗净、洗脱和再生步骤达到分离纯化蛋白质的目的，柱床可重复使用几十至上百次。AFC的操作方式通常为柱床直立的轴向色谱，即物料自上而下流动。这种方式对于微量物质的分离纯化非常有效，但同时也存在着放大困难的问题。为防止壁效应和沟流，柱床的高径比需保持在一定范围，这就导致难以在高流速下操作。为解决这一问题可采用径向色谱操作方式，物料沿与轴向垂直的径向流动，流场大、流程短、压力损失小、易于放大，可从实验室规模线性放大到工业规模。由于亲和色谱涉及各种分子间的相互作用，所以目的蛋白质的洗脱应在缓和条件下进行，如改变离子浓度、pH、温度、添加配基竞争物质等，以避免蛋白质变性。

11.10.6 逆流色谱技术

逆流色谱技术是当今国际上分离科学技术的一个新的分支。它的原理是在用很长的软管（如聚四氟乙烯管）绕制成的色谱柱内不加入任何固态支撑体或填料，使用时由使用者根据被分离混合物的理化特征，选择某一种有机/水两相溶剂体系或双水相溶剂体系，此体系可以是二元的或多元的。用此体系的上层或下层作为色谱过程的固定相，首先将管柱注满，然后让此管柱做特定的旋转运动，用由此形成的离心力场来支撑柱内的液态相。这时，若用溶剂体系中的另一层作为流动相，带着混合样品由泵的压力推入分离管柱，样品就会穿过两个液相对流的整个管柱空间，各个组分也就会按其在两相中的分配系数（即某一组分在流动相中的溶解度同它在固定相中的溶解度的比值）分离开来。

逆流色谱技术具有以下特点。

① 逆流色谱不用固态支撑体，完全排除了支撑体对样品组分的吸附、沾染、变性、失活等不良影响。所以，能避免不可逆吸附所造成的溶质色谱峰拖尾现象，能实现很高的回收率。

② 逆流色谱的分配分离是在旋转运动中完成的，两相溶剂都被剧烈振动的离心力场依其界面特征甩成极微小的颗粒，样品各组分会在两相微粒的极大表面上分配，并且能在颗粒振荡与对流的环境中有效地传递。所以，它就像把通常的溶剂萃取过程成千上万次地、高效地、自动连续地予以完成。

③ 逆流色谱没有填料在柱内的占空体积，逆流色谱的分离柱又容易做得容积大些，柱内空间全部是有效空面。所以，它的样品负载能力很强，制备量较大，而且重现性很好。

④ 逆流色谱不用填料，分离过程不是淋洗或洗脱过程，而是对流穿透过程。所以，能节省昂贵的材料消耗和溶剂消耗，运行使用的后续投入较低。

逆流色谱的分离效率没有气相色谱和高效液相色谱等技术高，不适宜用它去完成组成复杂的混合物的全谱分离分析。而它对于样品预处理条件的放松，以及它的回收率高、制备量大的优点，作为特定部位和特定组分的分离纯化与制备则是十分可取的。逆流色谱技术本身还在发展，还有不少问题有待研究和改进，但其在抗生素等的分离纯化过程中显示了巨大的潜力。

11.11 结晶技术

结晶是制备纯物质的有效方法，广泛应用于氨基酸发酵、有机酸发酵、核苷酸发酵、酶制剂发酵和抗生素发酵等的提取和精制过程中。结晶过程具有高度选择性，只有同类分子或离子才能结晶成晶体，因此析出的晶体纯度非常高。在工业发酵中许多发酵产品如柠檬酸、味精、核苷酸、酶制剂和抗生素等是纯净而又呈固体状态的，且具有一定结晶形状，结晶的目的就是为了获得更纯净的固体的发酵产品。

11.11.1 结晶的基本原理

结晶是使溶质呈晶态从溶液中析出的过程。晶体系化学性均一的固体、具有一定规则的晶形，是以分子（或离子、原子）在空间晶格的结点上的对称排列为特征。按照结晶化学的理论，一个晶体由许多性质相同的单位粒子有规律地排列而成，在宏观上具有连续性、均匀性。区别一个物质是晶态或非晶态，最主要的特点在于晶体的许多性质（如电学性质和光学性质）具有方向性或向量性，也就是说在晶体同一方向上具有相同性质。而在不同方向上具有相异性质，称为晶体的各向异性，一切晶体都有各向异性，此外，晶体还具有对称性。因此，晶体可定义为许多性质相同的粒子（包括原子、离子、分子）在空间有规律地排列成格子状的固体。每个格子常称为晶胞，每个晶胞中所含原子或分子数可依据测量计算求出。结晶态物质一般是固体。水合作用对结晶操作过程有很大影响，由于水合作用，物质由溶液中成为具有一定晶形的晶体水合物中析出，晶体水合物含有一定数量的水分子，称为结晶水。例如，味精的晶体是带有一个结晶水的棱柱形八面体晶体。

为了进行结晶，必须先使溶液达到过饱和后，过量的溶质才会以固体态结晶出来。晶体的产生最初形成极细小的晶核，然后这些晶核再成长为一定大小形状的晶体，溶质浓度达到饱和浓度时，溶质的溶解度与结晶速度相等，尚不能使晶体析出。当浓度超过饱和浓度达到一定的过饱和程度时才可能析出晶体。过饱和程度通常用过饱和溶液的浓度与饱和溶液浓度之比来表示，称为过饱和率。因此，结晶的全过程应包括形成过饱和溶液、晶核形成和晶体生长等三个阶段。溶液达到过饱和是结晶的前提，过饱和率是结晶的推动力。

物质在溶解时一般要吸收热量，在结晶时放出热量，称为结晶热。结晶是一个同时有质量和热量传递的过程。

溶解度与温度的关系可以用饱和曲线来表示，开始有晶核形成的过饱和浓度与温度的关系用过饱和曲线来表示，如图 11-23。饱和曲线和过饱和曲线根据实验大体上相互平行，这样就把温度-浓度图分成三个区域。

① 稳定（不饱和）区：不会发生结晶。

② 不稳定（过饱和）区：结晶能自动进行。

③ 介稳区：在稳定区与不稳定区之间。

结晶不能自动进行，但如在介稳溶液中加入晶体，能诱导结晶产生和生长，加入的晶体称为晶种。图 11-23 中的点 A 表示所代表的溶液，当将 A 所代表的溶液冷却，而溶液量保持不变时（直线 ABC），则当达到 C 点时，结晶才能自动进行。另一方面，如将溶液在等温下蒸发（直线 ADE），则当达到 E 点时结晶方能自动进行。进入不稳定区的情况很少发生，因为蒸发表面的浓度一般超过主体浓度，在这种表面上首先形成晶体，这些晶体能诱导主体溶液在到达是或 C 点前就发生结晶。在实际操作中，有时将冷却和蒸发合并使用。

一般，若在结晶过程产晶核的形成速率大于晶体的成长速率，则产晶中的晶体小而数目多；若晶核的形成速率小于晶体的成长速率，则产生的晶体大而数目少。介稳区决定晶体的成长，而不稳定区决定晶核的形成。介稳区的概念，在工业发酵生产中结晶操作很重要。在结晶过程中，如将溶液控制在介稳区而在较低的过饱和率之下，则在较长时间内只有少量的晶体产生，主要是原有晶核的成长，于是可得到颗粒较大而整齐的结晶。如将溶液控制在介稳区，但是在较高的过饱和率之内，或者使之到达不稳定区，则将有大量的晶核产生，于是所得的结晶体必定很小。所以适当控制溶液的饱和程度，可以帮助控制结晶操作。

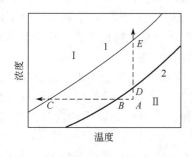

图 11-23　饱和曲线与过饱和曲线

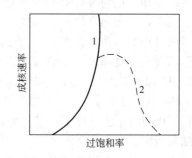

图 11-24　过饱和率对成核的影响

11.11.2　影响结晶生成的因素

影响结晶生成的因素很多，如过饱和率、温度、黏度、搅拌、冷却速度、pH 和等电点以及晶种等。

（1）过饱和率　过饱和率直接影响晶核的形成速率和晶体生长速率，同时也影响晶核的大小。过饱和速率增加能使成核速率和晶体生长速率增大，而过饱和率对成核速率的影响较晶体生长速率的影响大。当过饱和率达到某一定值时有最大的成核速率，越过这一定值时，过饱和率继续增加，而成核速率反而减少，如见图 11-24。这是由于过饱和率过高时，系统黏度大，分子运动减慢，成核受阻，因此使成核速率降低。过饱和率在一般不大的情况下，对晶体颗粒大小的影响往往不甚显著，只有当过饱和率很高时才显出影响。实际上过饱和率较大时，得到的晶体就较细小。

（2）黏度　黏度大，溶质分子扩散速率慢，妨碍溶质在晶体表面的定向排列，晶体生长速率与溶液的黏度成反比。

（3）温度　温度的高低也能直接影响成核速率和晶体生长速率。温度升高，可使成核速率和晶体生长速率增快。经验表明，温度对晶体生长速率的影响较成核速率的影响更为显著。因为温度升高，成核速率也升高。但温度又对过饱和率有影响，一般当温度升高时，过饱和度降低。所以温度对成核速率的影响要从温度与过饱和率相互消长速率来决定。根据实验，一般成核速率开始随温度而上升达到最大值后，温度再升高，成核速率反而降低，如图 11-25。

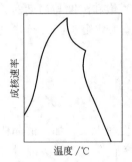

图 11-25　温度对成核速率的影响

温度对晶体的大小影响也较大。在较高温度下结晶，实际形成的晶体也较大；在较低温度下结晶，得到的晶体较细小；温度改变过大时，常会导致晶形和结晶水的变化。

（4）搅拌　搅拌能促进成核和促进扩散，提高晶核长大速率，搅拌可使晶体与母液均匀接触，使晶体长得更大并均匀生长。但当搅拌强度达到一定程度后，再提高搅拌强度效果就不显著，相反，还会使晶体破碎。搅拌转速的快慢应根据不同发酵产品晶体的要求以及浓度的高低而异。例如，味精煮精锅的搅拌转速为 6r/min；粉状味精结晶缸的搅伴转速约为 20～28r/min；普鲁卡因青霉素的微粒结晶采用的搅拌转速为 1000r/min；普鲁卡因青霉素制备晶种时则采用高达 3000r/min 的转速。

（5）冷却速率　冷却速率能直接影响晶核的生成和晶体的大小。迅速冷却和剧烈搅拌，能达到的过饱和率较高，有利于大量晶核的生成，而得出的晶体较细小，而且常导致生成针状结构。当结晶速率过大时（即过饱和率很高，冷却速率很高时）常易形成晶簇。而包含母液等杂质或晶格中常会包含溶媒，对于这种杂质，用洗涤的方法不能除去，只能通过重结晶除去。缓慢冷却、适当搅拌有利于晶体的均匀生长。如密度为 1.35～1.37 的柠檬酸溶液，在结晶过程中，放出热量较多，因此必须降温；但降温不能太快，特别在 50℃ 以下降温过快容易形成过小的晶体，很难与母液分离，甚至得到粉末颗粒，降低产量。由于粉末状在分离时会形成硬块，夏季天气较热需用冰水冷却结晶才容易分离。

（6）pH 和等电点　pH 和等电点对结晶生成的影响较大。因此结晶过程要注意选择适宜的 pH。结晶溶液的 pH，一般选择在被结晶溶质的等电点附近可有利于晶体的析出。因为在接近等电点的 pH 条件下所带的阴离子与阳离子相等，两性电解质的发酵产品（溶质）便形成结晶析出。

（7）晶种　晶种可以是同种物质或相同晶型的物质。加入晶种能诱导结晶。为了较易控制晶粒的数目和大小及均匀度，往往在结晶将要开始时投入晶粒，作为晶种；再通过缓慢冷却的温度控制，以便系统始终处于介稳区中。系统不会自动成核，因未达到不稳定区，这样能得到一定大小较均匀的晶体。加入晶种，能控制晶体的形状、大小和均匀度，为此要求晶种首先要有一定的形状、大小而且比较均匀。例如味精于 1500L 煮晶锅结晶时，投入 20 目的晶种 230kg。可获得结晶大小均匀的针状味精。又如适宜的晶种是普鲁卡因青霉素微粒结晶获得成功的关键问题。用于普鲁卡因青霉素的晶种为 $2\mu m$ 左右的椭圆形晶体，最大不超过 $5\mu m$。晶种用量为青霉素总单位的 $0.03\% \sim 0.15\%$。

11.11.3　工业发酵中常用的结晶方法及设备

结晶是工业发酵生产中发酵产品提纯的有效方法之一。它具有成本较低、设备较简单、操作方便等优点，因此在大规模生产中广泛应用。结晶的首要条件是过饱和，在工业生产中创造过饱和条件的常用方法是将热饱和溶液冷却、添加晶种结晶、将部分溶剂蒸发结晶、添加有机溶剂结晶、盐析结晶和等电点结晶等。

工业发酵中常用的结晶设备可分间歇式与连续式结晶设备两类。间歇式结晶设备的优点是设备结构简单，操作方便，清洗、维修也较方便，投资小。连续式结晶设备的优点是设备小、生产能力大，但是不适宜于小批量产品的生产。实际大规模生产中常用的结晶设备有单效真空煮晶锅、中央循环管煮晶罐、搅拌结晶缸、搅拌冷却结晶缸、搅拌结晶箱、管式结晶器、喷雾沸腾床结晶设备、冷冻真空结晶干燥设备和混合分级型真空连续结晶器等。

结晶后的纯品还需要进行干燥之后才能被包装成产品。

11.12　干燥技术

干燥是发酵产品提取和精制过程中最后的操作单元。干燥的主要目的是除去发酵产品中的水分，使发酵产品能够长期保存而不变质，同时减少发酵产品的体积和质量，便于包装和运输。对于具有生理活性的、药用的和食用的发酵产品，例如酶制剂、维生素和抗生素等发酵产品，在干燥过程中必须注意保存其活性、营养价值和药效，宜采用低温干燥或冷冻升华干燥。

干燥是将潮湿的固体、半固体或浓缩液中的水分（或溶剂）蒸发除去的过程。根据水分在固体中的分布情况，可分为表面水分、毛细管水分和被膜所包围的水分等三种。表面水分又称为自由水分，它不与物料结合而是附着于固体表面，蒸发时完全暴露于外界空气中，干燥最快、最均匀。毛细管水分是一种结合水分，如化学结合水和吸附结合水，存在于固体极细孔隙的毛细管中，水分子逸出比较困难，蒸发时间长并需较高温度。膜包围的水分，如细胞中被细胞质膜包围的水分，需经缓慢扩散于胞外才能蒸发，最难除去。

干燥过程的实质是在不沸腾的状态下用加热汽化方法驱除湿材料中所含液体（水分）的过程。这个过程既受传热规律的影响，又受水分性质、物料与水分结合的特性、水气运动和转化规律的影响。当热空气流过固体材料表面时，传热与传质过程同时进行。空气将热量传给物料，物料表面的水分汽化进入空气中。由于空气与物料表面的温度相差很大，传热速率很快；又由于物料表面水分的蒸汽压大大超过热空气中的水蒸气分压，故水分汽化的速率也很快。以后由于内部扩散速率减慢，微粒表面被蒸干，蒸发面向物料内部推移，一直进行到干燥过程结束。由此可见，干燥过程是传热与传质同时进行的过程。

目前，工业发酵生产较常用的干燥方法有三种：对流加热干燥法、接触加热干燥法和冷冻升华干燥法。

11.12.1　对流加热干燥法

此法又称为空气加热干燥法，即空气通过加热器后变为热空气，将热量带给干燥器并传给物料。这种方法利用对流传热方式向湿物料供热，使物料中的水分汽化。形成的水汽同时被空气带走。故空气是载热体又是载湿体。这种方法在工业发酵中获得广泛使用，常用的有气流干燥、沸腾干燥和喷雾干燥等。

（1）气流干燥　随着干燥技术的发展，古老的干燥设备已逐步被流态化的气流干燥和沸腾干燥设备所代替。流态化的气流干燥发展迅速，目前已广泛在工业发酵、制药和食品等工业生产中使用。

气流干燥就是利用热的空气与粉状或粒状的湿物料接触，使水分迅速汽化而获得干燥物料的方法。由于干燥时间很短，气流干燥时间一般为 1～5s，故又称为瞬间干燥或急骤干燥。

（2）沸腾干燥　气流干燥因其干燥时间短，故只适用于表面水的脱除。不适用于含水分较多的颗粒状物料的干燥。沸腾干燥的时间稍长，适用于颗粒物料的干燥，这是一种高效的新型干燥方法，近年来在工业发酵、制药和食品等方面应用广泛。

沸腾干燥是利用热的空气流使孔板上的粉粒状物料呈流化沸腾状态，使水分迅速汽化达到干燥的目的。干燥时，使气流速率与颗粒的沉降速率相等，脱水后的颗粒则浮动在上层，由溢流装置流出干燥颗粒产品，这种干燥装置可以连续进料出料。

在气固、气液、液固相溶液系统中，当重量较小的一相（气相或液体）以一定的速率自下而上通过较大的相层（固体颗粒或液体）时，即形成悬浮床又称为流态化床（沸腾床）。对于多相系统，悬浮床的原理几乎是相同的。当气流速率较低时，固体颗粒在多孔板上，而气体则分成很多小流在颗粒之间上升；当气体速率增高时，气体与颗粒或液体之间的摩擦加剧；而当气流速率达到固体颗粒或液体的重量与上升气体的摩擦力相平衡时，就形成了沸腾床。在沸腾中固体颗粒或液体都实现脉动或湍动，使水分迅速汽化挥发溢出，使固体物料得到干燥。

采用沸腾床可以强化相间的传质和传热过程，也可以大大强化反应物与器壁和沸腾床中热交换器之间的传热过程。与固定床相比，沸腾床的压力降较低、传热系数大、干燥速度快、设备简单、易于自动化，而且产品质量好，所以沸腾干燥获得广泛的应用。

常用的沸腾干燥设备有单层沸腾干燥器、多层沸腾干燥器、卧式多室沸腾干燥器、喷动床干燥器、振动沸腾干燥器、脉动沸腾干燥器及喷雾沸腾造粒干燥器等。其中单层沸腾干燥器和喷雾沸腾造粒干燥器在工业发酵中应用最为广泛。

（3）喷雾干燥　在工业发酵中对于某些悬浮液和黏滞液体，需要干燥而又不允许较高温度时，例如酶制剂粉、酵母粉、链霉素粉及其他药品或各种热敏性物料，多采用喷雾干燥方法。

喷雾干燥原理是利用不同的喷雾器，将悬浮液或黏滞的液体喷成雾状，使其在干燥室中与热空气接触，由于物料呈微粒状，表面积大，蒸发面积大，微粒中水分急速蒸发，在几秒或几十秒钟内获得干燥，干燥后的粉末状固体则沉降于干燥室底部，由卸料器排出而成为产品。

喷雾干燥最大的特点是干燥速率快、干燥时间短、产品质量高，整个喷雾干燥过程进行得非常迅速。常用的喷雾干燥方式有压力式喷雾干燥（又称机械喷雾干燥）、气流式喷雾干燥、离心喷雾干燥等。

11.12.2　接触加热干燥方法

接触加热干燥方法又称为加热面传热干燥法，即用某种加热面与物料直接接触，将热量传给物料，使其中水分汽化。在工业发酵中也较普遍使用，例如箱式干燥和真空干燥等。

11.12.3　冷冻升华干燥法

冷冻升华干燥法是先将物料冷冻至冰点以下，使水分结冰，然后在较高的真空条件下，使冰直接升华为水蒸气而除去。整个过程分为三个阶段：①冷冻阶段，即将样品低温冷冻；

②升华阶段，即在低温真空条件下冰直接升华；③剩余水分的蒸发阶段。此法适宜于具有生理活性的生物大分子和酶制剂、维生素及抗生素等热敏发酵产品的干燥。

冷冻升华干燥也可不先将物料进行预冻结，而是利用高度真空时汽化吸热而将物料进行冻结，这种方法称为蒸发冻结。其优点是可以节约一定的能量。但这种操作法易产生泡沫或飞溅现象而导致物料损失，同时不易获得均匀的多孔性干燥物。

12 发酵工业清洁生产技术

12.1 清洁生产的概念及主要内容

清洁生产的概念是由联合国环境规划署（UNEP）于 1989 年 5 月首次提出的，但其基本思想最早出现于美国明尼苏达矿业及制造公司（3M 公司）1974 年曾经推行的实行污染预防有回报的"3P（Pollution Prevention Pays）"计划中。UNEP 于 1990 年 10 月正式提出清洁生产计划，希望摆脱传统的末端控制技术，超越废物最小化，使整个工业界走向清洁生产。1992 年 6 月在联合国环境与发展大会上，UNEP 正式将清洁生产定为实现可持续发展的先决条件，同时也是工业界达到改善和保持竞争力以及可赢利性的核心手段之一，并将清洁生产纳入《二十一世纪议程》中。随后，根据环境与发展大会的精神，联合国环境规划署调整了清洁生产计划，建立示范项目及国家清洁生产中心，以加强各地区的清洁生产能力。

1994 年 5 月，可持续发展委员会再次认定清洁生产是可持续发展的基本条件，并每两年举行一次研讨会，研究和实施清洁生产，为未来的工业实现清洁生产指明了发展方向。

我国对清洁生产也进行了大量有益的探索和实践。早在 20 世纪 70 年代初就提出了"预防为主，防治结合"、"综合利用，化害为利"的环境保护方针，该方针充分体现和概括了清洁生产的基本内容。20 世纪 80 年代开始推行少废和无废的清洁生产过程；20 世纪 90 年代提出了《中国环境与发展十大对策》，强调清洁生产的重要性；1993 年 10 月第二次全国工业污染防治会议将大力推行清洁生产、实现经济可持续发展作为实现工业污染防治的重要任务；2003 年 1 月 1 日，我国开始实施《中华人民共和国清洁生产促进法》，这部法律的实施，进一步表明清洁生产现已成为我国工业污染防治工作战略转变的重要内容，成为我国实现可持续发展战略的重要措施和手段。为贯彻落实《中华人民共和国清洁生产促进法》，全面推行清洁生产，2004 年 11 月，国家发展与改革委员会、国家环保总局联合发布了《清洁生产审核暂行办法》。这一办法的颁布实施，将有效克服清洁生产审核缺乏法律依据、服务体系不健全、审核行为不规范等问题，对全面推行清洁生产发挥重要作用。

12.1.1 清洁生产的定义

清洁生产是一项实现与环境协调发展的系统工程，在不同的发展阶段或者不同的国家有不同的名称，例如"废物减量化"、"无废工艺"、"污染预防"等，但其基本内涵是一致的，都体现了对产品和产品的生产过程采用预防污染的策略来削减或消灭污染物的产生，从而满足生产可持续发展的需要。联合国环境规划署总结了各国开展的污染预防活动，在加以分析后提出了清洁生产的定义，得到了国际社会的普遍认可和接受。其定义为：清洁生产是一种新的创造性思想，该思想将整体预防的环境战略持续应用于生产过程、产品和服务中，以增加生态效率和减少人类及环境的风险。具体包含以下内容：①对生产过程，要求节约原材料和能源，淘汰有毒原材料，减少、降低所有废弃物的数量和毒性；②对产品，要求减少从原材料利用到产品最终处置的全生命周期的不利影响；③对服务，要求将环境因素纳入设计和所提供的服务中。

从上述定义可以看出，实行清洁生产包括清洁生产过程、清洁产品和服务三个方面。对生产过程而言，它要求采用清洁生产工艺和技术，提高能源、资源利用率以及通过能源削减和废物回收利用来减少和降低所有有毒废物的数量和毒性。对产品和服务而言，实行清洁生产要求对产品的全生命周期实行全过程管理控制，不仅要考虑产品的生产工艺、生产的操作管理、有毒原材料替代、节约能源，还要考虑产品的配方设计、包装与消费方式，直至废弃后的资源回收利用等环节，并且要将环境因素纳入到设计和所提供的服务中，从而实现经济与环境协调发展。

《中华人民共和国清洁生产促进法》中也明确规定，所谓清洁生产，是指不断采取改进设计、使用清洁的能源和原料，采用先进的工艺、技术与设备，改善管理、综合利用，从源头消减污染，提高资源利用效率，减少或者避免生产、服务和产品使用过程中污染物的产生和排放，以减轻或者消除对人类健康和环境的危害。同时，还对清洁生产的管理和措施进行了明确的规定。概括起来，清洁生产具体表现在以下三个方面。

（1）采用清洁的能源　采用清洁的能源主要是指采用各种方法对常规的能源如煤采取清洁利用和城市煤气化供气等；对沼气、水等再生能源的利用；新能源的开发以及各种节能技术的开发利用。

（2）采用清洁的生产过程　采用清洁的生产过程是指在生产过程中尽量少用和不用有毒有害的原料；采用无毒无害的中间产品；选用少废、无废工艺和高效设备；尽量减少生产过程中的各种危险性因素，如高温、高压、低温、低压、易燃、易爆、强噪声、强振动等；采用可靠和简单的生产操作和控制方法；对物料进行内部循环利用；完善生产管理，不断提高科学管理水平。

（3）生产清洁的产品　清洁的产品是指产品设计应考虑节约原材料和能源，少用昂贵和稀缺的原料；产品在使用过程中以及使用后不含危害人体健康和破坏生态环境的因素；产品的包装合理；产品使用后易于回收、重复使用和再生；使用寿命及功能合理。

从上述清洁生产的含义可以看出，它包含了生产者、消费者、全社会对于生产、服务和消费的希望，它从资源节约和环境保护两方面对工业产品生产从设计开始，到产品使用后直至最终处置，给予了全过程的思考和要求。因此清洁生产可以通俗的表达为：清洁生产是人类在进行生产活动时，所有的出发点都要首先考虑防止和减少污染的产生；对产品的全部生产过程和消费过程的每一环节，都要进行统筹考虑和控制，使所有环节都不产生危害环境、威胁人体健康的生产过程。

12.1.2　清洁生产技术的主要研究内容

清洁生产要求实现可持续的经济发展，即经济发展要考虑自然生态环境的长期承受能力，使环境与资源既能满足经济发展的要求，又能满足人民生活的现实需要和后代人的潜在需求；同时，环境保护也要充分考虑到一定经济发展阶段下的经济支持能力，采取积极可行的环境政策，配合与推进经济发展进程。

这种新环境策略要求改变传统的环境管理方式，实行预防污染的政策，从污染后被动治理变为主动进行预防规划，走经济与环境协调可持续发展的道路。

据此，清洁生产应包括如下主要研究内容：①政策和管理研究；②清洁生产技术研究、开发和示范；③清洁技术推广；④企业审计，宣传教育。

清洁生产强调的是解决问题的战略，而实现清洁生产的基本保证是清洁生产技术的研究和开发。因此，清洁生产也具有一定的时段性，随着清洁生产技术的深入研究和发展，清洁生产水平也将逐步提高。

从清洁生产的概念来看，实现清洁生产的基本途径为采用清洁生产工艺和生产清洁产品。清洁生产工艺是既能提高经济效益，又能减少环境污染的工艺技术。它要求在提高生产效率的同时必须兼顾削减或消除危险废物及其他有毒化学品用量。清洁产品则是从产品的可回收利用性、可处置性和可重新加工性等方面考虑，要求产品设计者本着促进污染预防的宗旨设计产品。

根据清洁生产的不同侧重点，形成了清洁生产的多种战略与方法，主要有污染预防、减少有毒物品的使用、为保护环境而设计等。

（1）污染预防　污染预防（pollution prevention）主要是通过源削减和就地再循环避免和减少废物的产生和排放。污染预防可降低生产的物料、能源的输入强度和废物的排放强度。

源削减的途径主要有：①产品改进，即改变产品的特性，如形状或原材料组成，延长产品的寿命期，使产品更易于维修或产品制造过程的污染排放更小，包装的改变也可看作是产品改进的一部分；②采用替代原材料，在保证产品较长服务期的同时，采用低污染原材料和辅助材料；③技术革新，工艺自动化，实现生产过程优化，设备重设计和工艺替代；④内部管理优化，减少废物产生和加强排放的管理。

原材料的就地再利用是指在企业工艺过程中循环利用其本身产品的废弃物或副产品。近年来，污染预防的内涵也在扩展，逐步包括了"资源的多级利用"和"产品生命周期设计"等一些新的概念。

（2）削减有毒物品使用　削减有毒物品使用（toxic use reduction，TUR）是清洁生产发展初期的主要活动，也是目前清洁生产中很重要的一部分，而且，在实践上削减有毒品使用常常与污染预防很相似。TUR与污染预防最大的区别在于所关注的原材料的范围不同，TUR一般以有毒化学品名录为依据和目标，尽可能使用有毒化学品名录以外的化学品，而污染预防的范围则要宽得多。目前，国际上有毒品名录主要有美国的33/50项目，我国列入名录的有47项，欧盟也在制定相应的有毒品名录。TUR通常有以下技术。

① 注重产品配方，重新设计产品使得产品中的有毒品尽可能少。
② 原料替代，用无毒或低毒的物质和原材料替代生产工艺中的有毒或危险品。
③ 改变或重新设计生产工艺单元。
④ 改善工艺，实现现代化。利用新的技术和设备更替现有工艺和设备。
⑤ 改善工艺过程和管理维护，通过改善现有管理和工艺方法高效处理有毒品。
⑥ 工艺再循环。通过设计，采用一定方法再循环，重新利用和扩展利用有毒品。

（3）为保护环境而设计　为保护环境而设计（design for environment，DFE）的核心是在不影响产品性能和寿命的前提下，尽可能体现环保目标。相近的概念有"可持续的产品开发"、"绿色产品设计"等。

12.2　清洁生产与末端治理的比较

清洁生产是对产品和生产过程持续运用整体预防的环境保护战略，使污染物产生量、流失量和治理量达到最小，使资源充分利用。而末端治理只把环境责任放在环保研究、管理等人员身上，仅仅把注意力集中在对生产过程中已经产生的污染物的处理上。具体对企业来说只有环保部门来处理这一问题，所以总是处于一种被动的、消极的地位。侧重末端治理的主要问题表现在以下几方面。

① 污染控制与生产过程控制没有密切结合起来，资源和能源不能在生产过程中得到充分利用。任何一个生产过程中排放的污染物实际上都是物料，如国外农药生产的收率一般为70%，而我国只有50%～60%，也就是一吨产品比国外多排放100～200kg的物料，这不仅对环境产生极大的威胁，同时也严重浪费了资源。因此，改进生产工艺及控制，提高产品的收率，可以大大削减污染物的产生，不但增加了经济效益，也减轻了末端治理的负担。末端控制的环保管理总是处于被动的局面，资源不仅不能充分利用，浪费的资源还要消耗其他的

资源和能源来进行处理，这是很不合理的。

② 污染物产生后再进行处理，处理设施基建投资大，运行费用高。"三废"处理与处置往往只有环境效益而无经济效益，因而给企业带来沉重的经济负担，使企业难以承受。

因为工业生产无法完全避免污染的产生，推行清洁生产还需要末端治理，最先进的生产工艺也不能避免产生污染物；用过的产品还必须进行最终处理。因此，虽然清洁生产和末端治理永远长期并存，但要尽可能将末端治理的比例降低到最低限度。只有实施生产全过程和治理污染过程的双控制才能保证环保最终目标的实现。清洁生产与末端治理比较见表 12-1。

表 12-1　清洁生产与末端治理的比较

比　较　项　目	清　洁　生　产　系　统	末端治理(不含综合利用)
思考方法	污染物消除在生产过程中	污染物产生后再治理
产生年代	20 世纪 80 年代末期	20 世纪 70～80 年代
控制过程	生产全过程控制,产品生命周期全过程控制	污染物达标排放控制
控制效果	比较稳定	受产污量影响
产污量	明显减少	间接可推动减少
排污量	减少	减少
资源利用率	增加	无明显变化
资源耗用	减少	增加(治理污染消耗)
产品产量	增加	无明显变化
产品成本	降低	增加(治理污染费用)
经济效益	增加	减少(用于治理污染)
治理污染费用	减少	随排污标准严格,费用增加
污染转移	无	有可能
目标对象	全社会	企业及周边环境

12.3　发酵行业开展清洁生产的重要意义和必要性

现代发酵工业以大规模的液体深层发酵为主要特征。一家发酵工厂日产发酵液有几百吨甚至几千吨，而产品在发酵液中含量大都在 10% 以下，许多高价值或大分子产品浓度更低，有的甚至低于 1%，所以，发酵过程中不可避免地产生了大量有机废液。按目前情况，生产 1t 产品要排放 15～20t 高浓度有机废水（COD 通常在 $5 \times 10^4 mg/L$ 以上），因而大量的发酵废液如果没有切实可行的、经济效益和环境效益俱佳的先进技术进行处理的话，必然给环境造成严重污染。

发酵工业的废水污染源主要是高浓度有机废水，如味精生产中的等电结晶母液、酒精生产中的蒸馏废液、柠檬酸发酵液中的废糖水等。这些高浓度有机废水有以下一些共同特点，一是浓度高，COD 通常在 $4～8 \times 10^4 mg/L$；二是排放量大，一般在 15～20m^3/t 产品；三是无毒且富含营养物质，如味精生产中的等电母液 COD 为 $5～8 \times 10^4 mg/L$，固形物含量 8%～10%，母液中谷氨酸含量 1.2%～1.5%、硫酸根含量 3.5%～4.0%、菌体蛋白含量 1.0%、铵根含量 1.0% 以及其他一些氨基酸、有机酸、残糖和无机盐等。这些物质都是宝贵的资源、流入江河则造成水体的富营养化，给环境造成很大的危害。若能综合利用，不仅能消除污染，还能获得巨大的经济效益。

大量研究证明，实施清洁生产可以节约资源、削减污染、降低污染治理设施的建设和运行费用、提高企业经济效益和竞争能力；实施清洁生产，可以将污染物消除在源头和生产过程中，可以有效地解决污染转移问题；可以挽救一大批因污染严重而濒临关闭的发酵工厂，缓解就业压力和矛盾；还可以从根本上减轻因经济快速发展给环境造成的巨大压力，降低生产活动对环境的破坏，实现经济发展和环境保护的"双赢"，并为探索和发展"循环经济"

奠定良好的基础。

12.4 实现清洁生产的有效途径

清洁生产的实施可以从加强内部管理、改进生产工艺、废弃资源的综合利用等方面入手，分步实施。

12.4.1 强化内部管理

在实施过程中强化内部管理是十分重要的，生产过程、原料贮存、设备维修和废物处置的各个环节都可以强化管理，这是一种经济、易行的做法。

12.4.1.1 物料装卸、贮存与库存管理

检查评估原料、中间体、产品及废物的贮存和转运设施，采用适当程序可以避免化学品的泄漏、火灾、爆炸和废物的生产。这些程序包括以下几方面。

① 对使用各种运输工具（铲车、拖车、运输机械等）的操作工人进行培训，使他们了解器械的操作方式、生产能力和性能。

② 在每排贮料桶之间留有适当、清晰的空间，以便直观检查其腐蚀和泄漏情况。

③ 包装袋和容器的堆积应尽量减少翻裂、撕裂、戳破和破裂的机会。

④ 将料桶抬离地面，防止由于泄漏或混凝土"出汗"引起的腐蚀。

⑤ 物料贮存应保持适当间隔、以防止交叉污染或者万一泄漏时发生化学反应。

⑥ 除转移物料时，应保持容器处于密闭状态。

实施库存管理，适当控制原材料、中间产品、成品以及相关的废物流已被工业部门看作是重要的废物削减技术。在很多情况下，废物就是过期的、不合规划的、污染了的或不需要的原料、泄漏残渣或损坏的制成品。这些废料的处置费用不仅包括实际处置费，而且包括原料或产品损失，这可能给任何公司造成很大的经济负担。

控制库存的方法可以从简单改变订货程序直到实施及时制造技术，这些技术的大部分都为企业所熟悉。但是，人们尚不认为它们是非常有用的废物削减技术。许多公司通过压缩现行的库存控制计划，帮助削减废物的生产量，这种方法将显著影响到三种主要的由于库存控制不当生产的废物源，即过量的、过期的和不再使用的原材料，如配制培养基所用的豆饼粉、麸皮、土豆等都易随着库存时间的延长而变质。

在许多生产装置中，一个容易被忽视的地方是物料控制，包括原料、产品和工艺废物的贮存及其在工艺和装置附近的输送。适当的物料控制程序将确保原料免于泄漏或受到污染后进入生产工艺中，以保证原料在生产过程中有效使用，防止残次品及废物的产生。

12.4.1.2 改进操作方式，合理安排操作次序

不同的生产方式对废物的产生有重要影响，如批量生产的量和周期对废物的产生有重要影响。例如，设备清洗产生的废物与清洗次数直接相关，要减少设备清洗次数，应尽量加大每批配料的数量或者每批都生产相同的产品，避免相邻两批配料之间的清洗。这种方法可能需要调整和安排生产操作次序和计划，确保清洁生产。

12.4.1.3 改进设备设计和维护，预防泄漏的发生

化学品的泄漏会产生废物，冲洗和抹布擦抹都会额外产生废物，减少泄漏的最好办法是预防其发生，纠正设备的设计和操作维护方法，制定预防泄漏计划。

预防泄漏计划的内容主要有以下几方面。

① 在装置设计时和试车以后进行危险性评价研究，以便对操作和设备设计提出改进意见，减少泄漏的可能性。

② 对容器、贮罐（槽）、泵、压缩机和工艺设备以及管线适当进行设计并保持经常性维护保养。

③ 在贮槽上安装溢流报警器和动停泵装置，定期检查溢流报警器。

④ 保持贮罐（槽）和容器外形完好无损。

⑤ 对现有装料、卸料和运输作业制定安全操作规程。

⑥ 安装联锁装置，阻止物料流向已装满的贮罐（槽）或发生泄漏的装置。

12.4.1.4　废物分流

在生产源进行清污分流可减少危险废物处置量，主要措施有三个方面。

（1）将危险废物与非危险废物分开　当将非危险废物与危险废物混在一起时，它们将都成为危险废物，因而应将两者分开，以便减少危险废物量，并大大节省费用。

（2）将液体废物和固体废物分开　这样做可减少废物体积并简化废水处理。例如，含有较多固体物的废液可经过过滤，将滤液送去废水处理厂，滤饼可再生利用或填埋处置。

（3）清污分流　接触过物料的污水与未接触物料的清水应分开，清水可循环利用，而污水必须进行处理。

12.4.2　工艺技术改革与创新实现清洁生产

改革现有工艺技术是实现清洁生产的最有效方法之一，通过工艺改革可以预防废物产生，增加产品产量和收率，提高产品质量，减少原材料和能源消耗。但是工艺技术改革通常需要比强化内部管理投入更多人力和资金，因而实施起来时间较长，通常只有在加强内部管理之后才进行研究。

工艺技术改革主要可采取以下四种方式，即改变原料、改进生产设备、改革生产工艺以及优化工艺控制过程。

12.4.2.1　改变原料实现清洁生产

原料改变包括：①原材料替代（指用无毒或低毒原材料代替有毒原材料）；②原料提纯净化（即采用精料政策，使用高纯物料代替粗料）。

例如，安徽丰原集团柠檬酸生产中原来的原料主要是山芋干，存在带渣发酵、杂质多、收率低、污染大等问题。通过对国内外柠檬酸生产工艺、设备、自动化控制、投资额等各项指标进行深入细致分析后，结合企业实际，选准以新原料进行生物发酵作为柠檬酸工艺上的重大课题为突破口，全力以赴进行攻关。丰原集团完成了以玉米粉直接发酵生产柠檬酸的工业化试验，打破了国内外一些权威专家在多年研究的基础上提出的玉米粉不能直接发酵生产柠檬酸的结论，使我国柠檬酸发酵水平实现了一次新的突破，并掀起了柠檬酸技术革命。玉米粉直接发酵生产柠檬酸技术在生产中的应用，很快显示出极高的经济效益。企业生产能力在原设备的基础上提高了 30%，产品质量大幅度提高，节能降耗，单位成本每吨可降低1000 元，并且含糖废水 COD 降低 50%。

12.4.2.2　改进工艺设备实现清洁生产

通过工艺设备改造或重新设计生产设备来提高生产效率，减少废物量。例如，对于柠檬酸生产的下游工艺，我国的分离提取技术比发达国家落后。丰原集团采取合作、引进技术和设备的方式，进行消化、融会、创新，采用了分离提取技术领域的膜分离、色谱分离、分子蒸馏等技术，并在生产实践中取得很大突破。在 L-乳酸生产中应用微滤膜、纳米滤膜技术和分子蒸馏技术；在酒精生产中采用联产系列酵母与汽化膜浓缩技术；赖氨酸生产中应用纳米滤膜与 ISEP 连续离子交换技术；大豆和玉米油生产中应用 CO_2 超临界萃取天然维生素 E技术；谷氨酸生产中应用低温一次连续等电结晶和副产品生产农用硫酸钾及氮、磷、钾三元复合肥技术等，使生产过程中酸、碱用量大为减少，生产成本大大降低，环保治理难度得到很好控制。

12.4.2.3 改造生产工艺流程实现清洁生产

改造生产工艺流程，减少废物生产是指开发和采用低废和无废生产工艺来替代落后的老工艺，提高反应收率和原料利用率，消除或减少废物。

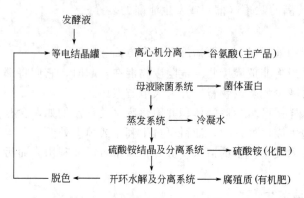

图 12-1 味精清洁生产工艺流程

如由无锡轻工大学（江南大学）生物工程学院发明的味精清洁生产工艺，当时（1997年）在青岛味精厂通过了部级鉴定。鉴定结论为工艺路线国内首创，技术指标国际领先；获得了经济效益、环境效益和社会效益的三同步。该工艺流程如图 12-1 所示。

发酵液以批次的方式进入闭路循环圈，先经等电结晶和晶体分离，获得主产品谷氨酸，母液去除菌体后，得到菌体蛋白（饲料蛋白），除去菌体后的清母液浓缩后，得到的冷凝水排出闭路循环圈。浓缩母液经过脱盐操作，获得硫酸铵（化肥）。硫酸铵结晶母液进行焦谷氨酸开环操作和过滤，滤渣（高品位有机肥）排出闭路循环圈。最终得到的富含谷氨酸的酸性脱水液替代硫酸，调节下一批次发酵液等电结晶，物料主体构成闭路循环。依此类推，周而复始。

进入主体循环圈有发酵液、硫酸氨等；离开主体循环圈的是谷氨酸（主产品）、谷氨酸发酵菌体（高蛋白饲料）、硫酸铵（化肥）、腐殖质（高品位有机肥）和蒸汽冷凝水。经过 4 次循环后，闭路循环圈内操作点的物料即可达到平衡或接近平衡，保持各操作点的操作在平衡点进行，可无限循环。和现行提取工艺相比有以下优点。

① 革除离子交换工艺，减少了离子交换成本。

② 改冷冻结晶为常温结晶，节约大量的冷冻电耗。

③ 因为采用闭路循环工艺，除了副产品中夹带少量目标产物外，没有其他损失，故产品收得率很高，谷氨酸提取得率高达 95％以上。

④ 实现物料主体闭路循环，无对环境造成很大污染的母液排除，达到经济、环境和社会效益的三统一。

⑤ 冷凝水（60℃）可循环作为工艺用水，实现废水零排放。

经青岛味精厂预测，该技术在青岛味精厂工业化后，除根治味精工业废水污染外，年增经济效益 600 万～800 万元人民币。

12.4.2.4 优化工艺过程控制，实现清洁生产

在不改变生产工艺或设备的条件下进行操作参数的调整，优化操作条件通常是最容易且经济的减废方法。

大多数工艺设备都使用最佳工艺参数（如温度、压力和加料量）设计，以获得最高的生产效率为目的，因而在最佳工艺参数下操作避免生产控制条件波动和非正常停产，可大大减少废物量。如果采用自动控制系统监测调节工作操作参数，维持最佳反应条件，加强工艺控制，可增加其产量、减少废物和副产物的产生。例如，安装计算机控制系统监测和自动复原工艺操作参数，实施模拟结合自动设定点调节，可使反应器、精馏塔及其他单元操作最佳化。在间歇操作中，使用自动化系统代替手工处理物料，通过减少操作失误，降低了废物的

产生及泄漏的可能性。

12.4.3　废弃资源的综合利用

发酵工业实现清洁生产很重要的一个方面是生产过程中废弃资源的综合利用。工业生产只是利用了原料中的一部分物质，如食品与生物工程行业采用的玉米、薯干、大米等主要原料，只是利用其中的淀粉，而对其中蛋白质、脂肪、纤维等尚未很好地利用，这些物质以废渣或以废液的形式排出生产系统，如果不对其进行综合利用，会给废液治理带来很大负担，也给企业带来很大浪费。如果对这些废渣、废水进行合理的综合利用，不但可以减少污染，给进一步的废液治理带来方便，而且还能生产出一些有经济价值的副产物，提高企业的经济效益。现在对工业生产废渣、废液的综合利用有很多种形式：可以利用工业废液生产单细胞蛋白饲料；可以对废渣、废液中的蛋白质及其他有价值的成分通过合理的工艺进行提取；还可以通过一定的加工工艺生产肥料；也可以直接对含有营养价值的废渣、废液进行干燥等方法处理生产饲料等。这些合理的综合利用在实际生产中已经取得了一些进展。下面以利用啤酒废酵母生产饲料酵母粉及制取超鲜调味剂为例进行说明。

在啤酒生产中产生大量的酵母，一个年产量为 5 万吨的啤酒厂一年所产生的废酵母泥约为 1000t。随着啤酒产量的提高，废酵母排放量也增加。许多啤酒厂将废酵母排掉或作为饲料，不但污染了环境，也造成了资源的浪费。啤酒废酵母中含有丰富的蛋白质、维生素、矿物质等多种营养成分。而蛋白质由各种氨基酸组成，如丙氨酸、苯丙氨酸、蛋氨酸、苏氨酸、赖氨酸、天冬氨酸等，这些氨基酸绝大部分是人和家畜所必需的氨基酸，因此啤酒废酵母粉作为人类食品和家畜饲料添加剂都具有很高的营养价值。啤酒废酵母生产饲料酵母粉工艺流程如下。

啤酒废酵母──→贮存──→成浆──→泵送──→干燥──→粉碎──→产品──→装袋

用啤酒废酵母制取超鲜调味剂为啤酒酵母泥的综合利用开辟了新的途径。传统工艺用豆粕酿造酱油，产品中只含有十几种氨基酸，而用啤酒废酵母泥作为原料研制酿造出的酱油可含有 30 多种氨基酸和维生素。该技术采用生物技术，结合物理方法使酵母细胞壁破裂，将酵母菌中含有的蛋白质、核酸水解转化为氨基酸和呈味核苷酸，然后提取水解产物制成富含多种氨基酸、呈味核苷酸和 B 族维生素等物质，营养丰富，色香味俱佳的调味酱油。其生产工艺流程如下。

酵母泥──→洗涤──→水解反应──→一次灭菌──→半成品──→二次灭菌──→成品──→化验指标──→包装──→检验──→入库

该技术的利用使废酵母的 COD 去除率大于 85%，有机氮去处率大于 85%，1t 酵母泥可产 3t 酱油，不仅具有可观的经济效益，而且回收了啤酒酵母泥资源，其环境效益和社会效益也相当可观。

对工业生产废渣的综合利用方法还有很多种，可以利用现代先进的生物加工技术，从工业生产废渣中提取高附加值的产品。如葡萄糖生产中的废渣葡萄籽，可以利用先进的生物提取技术提取有高附加值的葡萄籽油；废渣葡萄皮可以提取有高附加值的低聚原花青素（简称OPCs）等。随着生物技术的发展，对工业废渣、废液的综合利用会更好，处理会更彻底，产生更高的经济效益、环境效益和社会效益。

发酵工业清洁生产技术的研究和开发工作目前尚属起步阶段，随着可持续发展、循环经济、和谐社会等现代观念的深入人心，其生命力已经显现，并迅速增强。随着研究和应用的展开，结合必要的末端治理技术，人类将最终实现生产和环境协调发展的美好愿望。

13 发酵工厂设计概述

发酵工厂设计是一个发酵产品能否实现产业化的一个重要环节。要建成一个质量优良、工艺先进的工厂，首先要有一个高质量、高水平、高效益的工厂设计。

13.1 发酵工厂基本建设程序和设计工作的基本内容

13.1.1 发酵工厂基本建设程序

新建一个发酵工厂从项目决策到建成投产，一般要经过以下三个阶段：项目决策期、建设期和生产期。

13.1.1.1 项目决策期阶段

项目决策期阶段的工作包括项目建议书（即初步可行性研究报告）、可行性研究报告。

13.1.1.2 建设期阶段

建设期的工作包括：工程设计、土建施工、设备采购、制造及安装、设备调试、试生产、竣工验收等方面。

13.1.1.3 生产期阶段

验收合格的发酵工厂经移交之后即可正式投产，包括企业经营管理，生产指挥调度等。

13.1.2 发酵工厂工程设计的基本内容

发酵工厂工程设计一般按工程规模的大小、工程的重要性、技术的复杂性、设计条件的成熟程度以及设计水平的高低，可分为三阶段设计、两阶段设计和一阶段设计三种情况。

三阶段设计包括初步设计、技术设计、施工图设计。两阶段设计包括初步设计、施工图设计。一阶段设计是指直接进行施工图设计。

两阶段设计综合了三阶段和一阶段设计的优点，既可靠又节省时间，是发酵工厂设计常采用的设计方法。本小节主要介绍两阶段设计。

13.1.2.1 初步设计阶段的内容

（1）初步设计文件

① 初步设计文件的组成　初步设计文件即初步设计说明书，由文字说明部分、图纸和总概算三部分组成。初步设计完成后，需建设单位确认。对国家投资的项目需报请相关部门审查批准，才能进入施工图设计阶段。初步设计文件主要解决所有生产上的技术问题，对以下几个方面要做重点说明：设计依据及设计范围；设计指导思想、建设规模和产品方案；生产方法及工艺流程的比较、选择和阐述；主要生产技术经济指标和生产定额；主要设备的选型及计算；车间设备布置的说明；存在的问题及解决问题的建议。

② 设计图纸　初步设计阶段工艺专业的图纸主要有生产流程图、车间设备布置图、主要生产设备和电动机一览表以及主要材料估算表等。

（2）工艺设计

在初步设计阶段，可分为下面几个步骤。

① 选择并确定生产流程，确定技术经济指标。

② 进行生产工艺的各种计算。

③ 设备的选型和计算，确定生产设备的规格和台数。

④ 车间设备布置的方案比较和设备配置的平面和空间关系的确定及设计制图。

⑤ 向配套专业如土建、自控仪表、供水、环保、供电、供热、采暖通风、技术经济和概算等提出设计要求和有关资料。

⑥ 正式绘制车间生产设备布置图、工艺流程图，编制设备表和主要材料估算表。

⑦ 编写初步设计有关生产工艺部分的文件。

13.1.2.2 施工图设计阶段的内容

(1) 施工图设计文件

① 施工图设计文件的组成 施工图设计文件主要是设计和施工说明书、设计图纸和设计表格。

② 设计和施工说明书 一般，设计和施工说明书应阐明以下三个内容。a. 如果必须对初步设计的某些内容进行修改时，应详细说明修改的理由和原因。但有些主要内容如生产规模、产品方案、工艺流程、主要设备、建筑面积和标准、定员等，须报请原来审批初步设计的机关批准后才能据以修改。b. 设备安装和验收标准及其注意事项。c. 管道安装和验收标准及其注意事项。

③ 设计图纸和设计表格 施工图设计阶段的图纸（工艺部分）包括以下内容。a. 生产工艺管道及仪表流程图。b. 生产设备布置安装图、管路布置安装图。c. 非标准设备制造和安装图。d. 设备和电动机明细表，施工、安装、现场制作件材料汇总表。e. 其他为了设备订货和安装的补充说明和图纸。

(2) 工艺设计施工图设计的步骤

工艺设计施工图设计的步骤可分以下七个步骤。

① 根据建设单位确认的初步设计文件或初步设计的批复文件，进行修改和复核工艺流程和生产技术指标，并将建设单位提供的设备订货合同副本、设备安装图纸和技术说明书作为施工图设计的依据。

② 复核和修正生产工艺设计的有关计算、设备选型及其计算等数据，全部选定专业与通用设备、运输设备以及管径、管材等。

③ 和协同设计的配套专业讨论商定有关生产车间需要配合的问题；同时根据项目工程经理召开项目会议的决定，工艺与配套专业之间商定相互提交资料的期限，签订"工程项目设计内部联系合同"。工艺专业必须按期向配套专业提供正式资料，也要验收配套专业返回工艺专业的资料。

④ 绘制生产工艺仪表及管道流程图和车间设备、管路布置安装图。编制设备和电动机明细表。

⑤ 组织设计绘制设备和管路布置安装中需要补充的非标准设备和所需工具、器具的制造安装图纸，编制材料汇总表。向建设单位发图并就安排订货和创造配合施工安装进度要求提出交货时间的安排建议。

⑥ 编写设计和施工说明书。

⑦ 协同配套专业对相互关联的单项工程图纸进行会签，送交有关人员进行校审和签署，最后送达项目工程经理统一交给完成部门打印，向建设单位发图。

13.2 发酵工厂厂址选择和总图布置

13.2.1 厂址选择

选择厂址主要考虑以下几个方面因素。

（1）自然条件

① 地理条件　选择厂址时，要充分了解厂址的方位及其与周围城镇的关系、地段的地理情况和在该处建厂的有利及不利条件。

② 环境卫生条件　发酵厂厂区周围大气中含尘量应在一定范围以下。有散发大量有害气体的化工厂及大量灰尘的工厂周围不宜建厂。

③ 地形、地势与地质　大型厂厂区坡度应不大于4%，中型厂不大于6%，小型厂不大于10%。厂区内主要地段的坡度以不大于2%为宜，以便于排积水，同时坡度不宜小于0.5%。

地质条件应符合建筑工程要求，应当避免溶洞、沼泽、断裂带和流沙。厂址应避免布置在以下地区：在断层地区和基本地震烈度9度以上的地区。易遭受洪水、泥石流、滑坡等危害的地区。有开采价值的矿藏地区。对机场、电台等使用有影响的地区。国家规定的历史文物、生物保护和风景游览地区。

④ 气象条件　气象条件包括风向、风量、雨量和气温等内容。它是工厂总平面布置的重要依据之一，也是厂房设计和排水系统设计的主要依据。收集气象资料时，要求有10年以上的历史资料。

（2）技术经济条件

① 原料、辅料等供应条件　发酵工业产品品种繁多，原料范围广泛。为减少不合理的运输，厂址应尽量接近原料产地，以降低原料成本。

发酵工厂还要建立分装车间等辅助车间，因而涉及一些辅助原料的供应。所以要考虑原料、燃料和包装材料的配套供应。

② 能源供应　电、热及燃料供应方便是选择厂址的重要原则之一。在选择厂址时，要对确定厂址所在地区的供电情况进行调查，以便确定输电方式和厂内变压配电所的位置，并设计供热的方式。

③ 给排水　发酵过程需要大量的水，而且水质必须符合饮用水的要求。所以，厂址应尽量靠近水源地。发酵工厂废水、污水的排放量很大，且对环境的污染比较大，需设置污水处理站，排放时必须符合国家要求的废水排放标准。

④ 交通运输条件　厂址的选择要以交通运输方便为原则，以便于发酵原材料和发酵产品的运输。

13.2.2　总平面布置

发酵工厂总平面布置设计主要依据厂址选择报告和厂址总平面布置方案草图及生产工艺流程简图，并参照国家有关的设计标准和规范，逐步编制出来的。一般，总平面布置必须遵守以下几项原则。

① 总平面布置必须合理紧凑。

② 总平面设计必须符合生产流程要求，并能保证合理的布置生产线，避免原材料、半成品的运输交叉和往返运输。

③ 总平面设计应将面积大、主要的生产厂房布置在厂区的中心地带，以便其他部门为其配套服务。辅助车间和动力车间的配置应尽量靠近其服务的负荷中心。

④ 总平面设计应充分考虑厂址所处地区主风向的影响，主风向可以从气象部门编制的各地风玫瑰图查得。散发煤烟灰尘的车间和易燃仓库及堆场应尽可能集中布置在场地的边沿地带和主导风向的下侧。

⑤ 总平面设计应将人流、货流通道分开，避免交叉。工厂大门至少应设置两个以上。合理设计厂区对外运输系统，将运输量大的仓库尽量靠近对外运输主干线，保证良好运输。

⑥ 总平面设计应遵从城市规划要求。厂房布置要与所在城市建筑群保持协调，以利于市容美观整齐。

13.3 发酵工艺流程设计

13.3.1 工艺流程的设计原则

工艺流程的设计必须遵循以下原则。①保证产品质量符合国家标准，外销产品还必须满足销售地区的质量要求。②尽量采用成熟的、先进的技术和设备。努力提高原料利用率、劳动生产率，降低水、电、汽及其他能耗，降低生产成本，使工厂建成后能迅速投产，在短期内达到设计生产能力和产品质量要求，并做到生产稳定、安全、可靠。③尽量减少"三废"排放量，有完善的"三废"治理措施，以减少或消除对环境的污染，做好"三废"的回收和综合利用。④确保安全生产，以保证人身和设备的安全。⑤生产过程尽量采用机械化和自动化，实现稳产、高产。

13.3.2 工艺流程的设计步骤

生产方法确定后，即开始工艺流程的设计。工艺流程图的设计通常要经历三个阶段。

（1）生产工艺流程示意图

生产工艺流程示意图在物料衡算前进行，其主要作用是定性地表明原料变成产品的路线和顺序，以及应用的过程及设备。

在设计工艺流程示意图时，首先要弄清楚原料变成产品要经过哪些单元操作，其次要确定采用何种操作方式，即连续式还是间歇式。

工艺流程示意图可以用简单的设备流程图表示，也可用文字示意图表达。

（2）生产工艺流程草图

完成工艺流程示意图后，即可开展物料平衡计算。通过物料平衡计算，求出原料、半成品、产品、副产品以及废水、废气、废渣等的规格、重量和体积等，并据此开始进行设备设计。

设备设计通常分两阶段进行。第一阶段的设计内容是计算、确定计量和贮存设备的容积以及决定这些设备的尺寸和台数等。第二阶段的设备设计主要解决生物反应过程和化工单元操作的技术问题，如过滤面积、传热面积等，对专业设备和通用设备进行设计或选型。

至此，所有设备的规格、型号、尺寸、台数等均已确定，据此对工艺流程草图进行修改和充实，并进行初步的设备平面布置。

（3）生产工艺流程图

当设备设计和工艺流程草图设计完成后，就可以进行车间设备布置设计。在此阶段，可能会发现工艺流程草图设计中某些设备的空间位置不合适，或个别设备的型式和主要尺寸选取不当，在车间工艺管道设计时也需要对生产工艺流程图进行修改和完善。经过多次反复逐项审查后，最后形成工艺管道及仪表流程图。

一般，工艺流程示意图、生产工艺流程草图和工艺流程图并不是单独完成的，必须同物料衡算、能量衡算、设备设计计算、车间设备布置设计以及工艺管道设计等交叉进行。因此，进行工艺流程设计时，必须全面、综合考虑，思路清晰，有条不紊，前后一致。

13.4 物料衡算与设备选型

13.4.1 物料衡算

物料衡算是指根据质量守恒定律，凡引入某系统或设备的物料质量 G_m，必等于所得到

的产物质量 G_p 和物料损失量 G_t 之和，即

$$G_m = G_p + G_t$$

这一运算法则，既适用于每一个单元操作过程，也适用于整个生产过程。既可进行总物料衡算，也可对混合物中某一组分做部分物料衡算。

根据物料衡算结果，可进一步完成下列的设计。a. 确定生产设备的容量、数量和主要尺寸。b. 工艺流程草图的设计。c. 水、蒸汽、热量、冷量等平衡计算。

对于较复杂的物料平衡计算，通常可按下述方法和步骤进行。

① 弄清计算目的和要求。要充分了解物料衡算的目的和要求，从而决定采用何种计算方法。

② 绘出物料衡算流程示意图。为了使研究的问题形象化和具体化，便于计算，通常使用框图和线条图显示所研究的系统。图形表达方式宜简单，但代表的内容应准确、详细。把主要物料（原料或主产品）和辅助物料（辅助原料或副产品）都在图上表示清楚。

③ 写出生物反应方程式。根据工艺过程发生的生物反应，写出主反应和副反应的方程式。对复杂的反应过程，可写出反应过程通式和反应物组成。需要注意的是，生物反应往往很复杂，副反应很多，这时可把次要的和所占比例很小的副反应略去。但是，对那些产生有毒物质或明显影响产品质量的副反应，其量虽小，却不能忽略。因为这是精制分离设备设计和三废治理设计的重要依据。

④ 收集设计基础数据和有关物化常数。一般，需收集的数据资料主要包括生产规模，年生产天数，原料、辅料和产品的规格、组成及质量等。

常用的物化常数如密度、比热容等，可在相应的化工、生化设计手册中查到。

⑤ 确定工艺指标及消耗定额等项目。设计所用的工艺指标、原材料消耗定额及其他经验数据，可根据所用的生产方法、工艺流程和设备，对照同类型工厂的实际水平来确定，必须是先进而又可行的，它是衡量设计水平高低的标志。

⑥ 选定计算基准。计算基准是工艺计算的出发点，常用的基准有：a. 以单位时间产品量或单位时间原料量作为计算基准。这类基准适用于连续操作过程及设备的计算。b. 以单位质量、单位体积或单位物质的量的产品或原料为计算基准。c. 以加入设备的一批物料量为计算基准。一般，上述 b、c 类基准常用于间歇操作过程及设备的计算。

⑦ 由已知数据，根据式 $G_m = G_p + G_t$ 进行物料衡算。

⑧ 校核与整理计算结果，列出物料衡算表。

⑨ 绘出物料流程图。根据计算结果绘制物料流程图，该图要作为正式设计成果，编入设计文件，以便于审核和设计。

最后，经过各种系数转换和计算，得出原料消耗综合表和排出物综合表。

13.4.2　主要技术经济指标

技术经济指标则是衡量工厂设计合理性和先进性的主要依据。通常主要技术经济指标包含下述各项内容。

① 生产规模（吨/年）。

② 生产方法。

③ 生产天数（天/年）。

④ 产品年产量（吨/年）。

⑤ 副产品年产量（吨/年）。

⑥ 产品质量。

⑦ 总回收率（%）。

⑧ 原材料单耗，包括 a. 原料（t/t产品）；b. 辅料（t/t产品）；c. 包装材料。

⑨ 公用工程单耗，包括 a. 水（t/t产品）；b. 电（kWh/t产品）；c. 蒸汽（t/t产品）；d. 冷量（kJ/t产品）。

⑩ 总投资（万元），包括 a. 固定资产投资（万元）；b. 流动资金（万元）。

⑪ 劳动生产率。

⑫ 净现值（万元）。

⑬ 投资利润率（%）。

⑭ 投资利税率（%）。

⑮ 投资回收期（年）。

⑯ 内部收益率（%）。

⑰ 借款偿还期（年）。

⑱ 钢铁、水泥、木材耗量。

13.4.3 设备选型

通常把发酵工厂所涉及的设备分为专业设备、通用设备和非标准设备。专业设备指发酵罐、糖化锅等专业性较强、仅为发酵工厂使用的设备。泵、风机等各行各业都可以使用的设备称为通用设备。非标准设备是指生产车间中除专业设备和通用设备之外的、用于与生产配套的贮罐、中间料池、计量罐等设备和设施。

13.4.3.1 设备选型的主要原则

① 保证工艺过程实施的安全可靠，包括设备材质对产品质量的安全可靠；设备材质强度的耐温、耐压、耐腐蚀的安全可靠，生产过程清洗、灭菌的可靠性等。

② 经济上合理，技术上先进。

③ 投资省，耗材料少，加工方便，采购容易。

④ 运行费用低，水、电、汽消耗少。

⑤ 设备操作清洗方便，耐用易维修，备品、配件供应可靠，减轻工人劳动强度，实施机械化和自动化方便。

⑥ 结构紧凑，尽量采用经过实践考验证明性能确实优良的设备。

⑦ 考虑生产波动与设备平衡，留有一定余量。

⑧ 考虑设备故障及检修的备用。

13.4.3.2 设备选型类型

（1）专业设备的设计与选型

① 专业设备设计与选型的依据

a. 由工艺计算确定的成品量、物料量、耗汽量、耗水量、耗风量、耗冷量等。

b. 工艺操作的条件（温度、压力、真空度等）。

c. 设备的构造类型和性能。

② 专业设备设计与选型的程序和内容

a. 设备所担负的工艺操作任务和工作性质，工作参数的确定。

b. 设备选型及该型号设备的性能、特点评价。

c. 设备生产能力的确定。

d. 设备数量计算（考虑设备使用维修及必需的裕量）。

e. 设备主要尺寸的确定。

f. 设备化工过程（换热面积、过滤面积、干燥面积、塔板数等）的计算。

g. 设备的传动搅拌和动力消耗计算。

h. 设备结构的工艺设计。

i. 支承方式的计算选型。

j. 壁厚的计算选择。

k. 材质的选择和用量计算。

l. 其他特殊问题的考虑。

(2) 通用设备的设计与选型　属于通用设备的内容很多，下面主要介绍液体输送设备、气体输送设备及固体输送设备的计算选型。

① 液体输送设备选型　液体输送设备主要涉及泵，下面讨论泵的选择。

a. 泵的选型，首先应根据输送物料的特性和输送要求考虑，然后再根据输送流量、扬程，并考虑泵的效率，选择具体型号。

b. 选择间歇操作的泵时，注意在满足压头、耐腐蚀、防爆等方面要求的前提下，可把生产能力选得大些，尽可能快地将物料输送完，尽快腾出设备，节约人力。

c. 对于连续操作的泵，在考虑输送物料特性、压头、安全等方面要求的同时，则应选择流量略高于工艺要求的泵，以便留有调节余地，保证生产均衡地进行。

② 气体输送设备选型　发酵工厂用于深层发酵的，如机械搅拌罐和各种新型生化反应器等的通气设备，主要是往复式空压机、涡轮压缩机。用于酵母培养和麦汁生产的设备主要是罗茨式鼓风机和高压鼓风机。用于固体厚层通风培养、气流输送、气流干燥、气体输送的则是离心通风机。车间通风换气，一般使用轴流式风机。连续操作的多设有备用设备。

气体输送设备的选择方法、步骤如下。

a. 首先列出基本数据：气体的名称、特性、湿含量，有无易燃易爆及毒性等；气体中含固形物的量、菌体量；操作条件，如温度、进出口压力、流量等；设备所在地的环境及对电机的要求等。

b. 确定生产能力及压头。在确定生产能力时，应选择最大生产能力，并取适当安全系数。压头的选择应按工艺要求分别计算通过设备和管道等的阻力，并考虑增加 1.05～1.1 倍的安全系数。

c. 选择机型及具体型号。根据生产特点计算出的生产能力、压头以及实际经验或中试经验，查询产品目录或手册，选出具体型号并记录该设备在标准条件下的性能参数，配用电机辅助设备等资料。

d. 设备性能核算。对已查到的设备，要列出性能参数，并核对能否满足生产要求。

e. 确定安装尺寸。

f. 计算轴功率。

g. 确定冷却剂耗量。

h. 选定电机。

i. 确定备用台数。

j. 填写设备规格表，作为订货依据和选择设备过程的数据汇总。

③ 固体输送设备选型

a. 固体输送设备选型时如无特殊需要，应尽量选用机械提升设备，其能耗比气流输送要低 3～10 倍。

b. 皮带输送机、螺旋输送机等，以水平输送为主，也可以有些许升扬，但倾角不应大于 20°，否则效率会大大下降，甚至造成失误。

(3) 非标准设备的设计　非标准设备按其作用特点大体上可分为以下三类。

① 起贮存作用的罐、池（槽）设计　属这类设备的如味精生产的尿素贮罐、贮油罐以

及啤酒麦汁的暂贮罐等。设计时，主要考虑选择合适的材质、相应的容量，以保证生产的正常运行。在此前提下，尽量选用比表面积小的几何形状，以节省材料、降低投资费用。球形容器是最省料的，但加工较困难。因此多采用正方体和直径与高度相近的筒形容器。

这类设备的设计步骤大体如下：材质的选择；容量的确定；设备数量的确定；几何尺寸的确定；强度计算；支座选择。

如果有的物料易沉淀，还应加搅拌装置；需要换热的，还要设换热装置，并进行必要设计。

② 起混合、调量、灭菌作用的非标准设备设计　属这类设备的有酒精生产的拌料罐、味精生产的调浆池等。为了得到好的混合或沉降效果，选择这类设备的高径（或高宽）比小于等于 1 是有利的。

③ 起计量作用的非标准设备设计　属于这类设备的如味精生产的油计量罐、尿素溶液计量罐等。为使计量结果尽量准确，通常这类设备的高径比（或高宽比）都选得比较大（如取 $H/D = 4 \sim 5$）。这样，当变化相同容量时，在高度上的变化较灵敏，而把节省材料放在次要地位。设计步骤大体同前述。所不同的是要有更明显的液位指示或配置可靠的液位显示仪表。

13.5　发酵车间设备布置与管道设计

13.5.1　车间设备布置

13.5.1.1　车间设备布置内容和原则

对不同的设计阶段，车间设备布置图的要求有所不同。对初步设计或扩初设计阶段，因设备本身的安装方位一般尚未确定，因此各设备的管口可以不必画出。厂房建筑一般只表示对基本结构的要求。设备安装孔洞、操作平台等构件有待进一步设计确定，故只需简略表示。对于施工图设计阶段而言，车间布置图应用一组平面、立面或局部剖视图来表示设备安装的方位。在布置图中设备安装的方位应绘上主要管道接口的位置。对于厂房建筑，则需进一步绘出与设备安装方位有关的孔、洞、操作平台等建筑物、构件物以及厂房结构的柱、墙、门、窗等基本结构。

在进行生产车间设备的布置设计时，应注意以下问题。首先，在布置设计时要注意本车间与其他车间的关系。要对人流和物流做出合理安排，避免原料、中间体、成品的往返交叉运输。其次，设备布置应按工艺流程顺序，做到上下、纵横相呼应。第三，在操作中相互有联系的设备，应布置得彼此接近，便于工人操作。设备排列要整齐，设备之间应保持必要的间距。间距除了要照顾到合理的操作与检修的要求外，还应考虑到物料输送通道及设备周围临时放置原料及半成品的可能性。第四，车间布置应满足检修要求，厂房应有足够高度，以便于吊装设备。对于多层车间，应设置必要的吊装孔或吊装门。第五，在布置车间时，要充分考虑劳动保护、安全防火和防腐等特殊要求。设计要符合各项设计规范。第六是车间布置要考虑车间今后发展，在厂房内、外留有发展余地。第七，工艺设计者在进行车间布置设计时，要同时满足其他非工艺专业设计要求，搞好相互协作。

13.5.1.2　车间布置设计的步骤和方法

车间布置的步骤和方法视车间的复杂程度等因素而有所不同。一般先从平面布置着手，可分两个阶段进行。

（1）车间布置草图　将车间内所有设备按比例、设备平面投影的图形（注明设备名称与位号）逐一画在含有柱网的厂房建筑平面内，在厂房图纸上精心排列。并对不同布置方案进行比较，选择最佳方案。

（2）车间布置图　当建筑图设计初步完成后，即可绘制正式的车间布置图。该图包括设备平面布置图、立面布置图和剖面图。

① 车间平面布置图包括厂房各层建筑平面图、设备外形俯视图、操作平台等辅助设施俯视图和辅助用房、生活用房的设备、器具示意图等，在图上应标明各设备的定位尺寸。

② 立面布置图和剖面图包括厂房立面图及剖面图、设备外形的俯视图、操作平台的侧视示意图等，并标注尺寸。

③ 布置图尺寸的标注，除了应基本遵照《机械制图标准》，还应按《建筑制图标准》规定绘出厂房的构件。

④ 车间设备布置设计的最终成果是车间设备布置图（或称设备布置图）。图样一般包括下列几方面内容。

a. 一组视图：各层设备平面布置图和相应的各部分立面布置图。

b. 说明与附注：对设备安装如有特殊要求，应用文字进行说明。

c. 位号与名称：对图中各设备按流程图中位号写明位号，并将各房间标上名称。

d. 标题栏：注明图名、图号、比例、工程名称、设计阶段、设计版次等。

13.5.2　车间工艺管道设计

13.5.2.1　工艺管道设计内容

工艺管道设计是在施工图设计阶段进行的，工艺管道设计应包括下列内容。

① 车间水、蒸汽、压缩空气、真空、物料等管道平面、立面布置图。

② 分区工艺设备的管道布置图和管段轴测图。

③ 管架和特殊管件施工制造图及安装图。

④ 管段材料表和车间管道材料汇总表。

13.5.2.2　管道设计的方法

① 根据工艺要求和物料的性质选用合适管材、管件和阀门。

② 根据物料的输送流量，参照发酵工厂管道内常选用的物料流速来确定管径。

③ 根据带控制点的工艺管道及仪表流程图、设备布置图、单体设备施工图，结合建厂地区的气候条件、冻土层厚度等资料，进行管道布置设计。

管道布置图包括：a. 平面布置图和立面布置图等视图；b. 在图中须注明管道内介质代号、管段编号、管道尺寸、管道材料，管道中心标高和管道内介质流动方向；c. 阀门、管件和仪表自控等图形和安装位置的标注；d. 绘出管道地沟的轮廓线。此外，对有些重要工程项目，还需要绘制每一根管段的轴测图。

④ 在绘制每一根管段时，应同时填写管段材料表。管段材料表应包括管道代号，管道起止点，设计的温度和压力参数，管道直径、管材名称、规格和长度，阀门名称、型号、规格和数量，弯头、三通等规格、材质和数量，连接管道用的法兰的名称、标准号、规格、材质和数量，法兰、密封垫片的标准号、规格和数量，固定法兰用的螺栓、螺母等紧固件的标准号、规格和数量，管道上仪表管件的名称、规格、材质和数量等。

⑤ 在设计绘制管道布置图时，同时应标绘出管架位置及管架编号，并填写管架一览表，对非标准管架，相关专业要设计管架施工制造图。

⑥ 编制管道、管件和管架等材料汇总表。

13.5.2.3　管道布置图的绘制

管道布置图应以工艺管道流程图、设备布置图、设备管口方位图和制造厂提供的有关定型产品等资料为依据来进行设计绘制。管道布置图应按设备布置图所划分的区域来绘制，区域分界线用粗双点划线来表示。管道布置图一般只绘制平面图，若平面图对某个部分表示不够清楚时，可加剖视图。在管道布置图中，建筑物轮廓线和设备外形轮廓线都采用细实线绘制，而管道采用粗实线绘制。

在管道布置图上，设备编号应该与工艺管道流程图的位号一致。管道与建筑物在水平方向上的间距、管道阀的距离、管件和仪表的具体安装位置等主要尺寸，要在图上标明或在设计和施工说明书上注明。在管道布置图上，尺寸标注方法为水平方向的尺寸可用尺寸线引注，用毫米（mm）作为计量单位，高度的尺寸可用标高来表示，其单位为米（m）。

13.6　发酵工业"三废"处理及其工厂化设计

发酵工业"三废"处理及其工厂化设计应在清洁生产和循环经济思想的指导下进行，这样不仅可以降低成本，还可以实现"三废"的资源化利用和发酵工业环境友好。

13.6.1　废气

对于排入大气的污染物，应控制其排放浓度及排放总量，使其不超过所在地区污染物的允许浓度和环境容量，主要的处理方法有以下几种。

① 利用防尘装置去除排放废气中的烟尘及各种粉尘。如原料风选过程中的洗尘塔、袋滤器、离心或除尘器等。

② 采取气体吸收法处理有害气体。如用氨水、氢氧化钠吸收废气中的二氧化碳、二氧化硫等。

③ 应用冷凝、催化转化、活性炭吸附等物理、化学和物理化学方法处理排放废气中的主要污染物，如酒精生产过程中蒸馏工段的各级冷凝器。

13.6.2　废水

发酵工业产生的废水量大、成分复杂，排放之前必须进行处理。对于废水的处理，首先要贯彻积极防治的方针，以防为主，采取措施把污染尽可能减少在工艺生产过程中，主要的处理方法有以下几种。

① 节约用水，提高水的循环利用率；杜绝跑、冒、滴、漏；提高原料利用率和化工材料的回收率。

② 改进生产工艺，尽量减少生产过程中废液的排放量。对工艺过程中产生的危害人体健康的有毒物质从严处理；控制和减少事故排放；强化一级处理，降低排水的悬浮物及其他污染负荷。

③ 对所产生的废水，要设计废水处理站进行处理。废水的处理包括一级处理、二级处理、三级处理，所用的方法有物理方法、化学方法和生物方法、物理化学方法等。生产中的污染物是多种多样的，一种废水往往需要通过几种方法组成的处理系统才能达到要求的处理效果。三级处理过程如下。

一级处理：以物理方法为主，目的是除去废水中悬浮状态的固形物质，并调节 pH。常见的方法有筛滤、沉淀、过滤等。经过一级处理后去除废水 BOD 的 20%～30%。

二级处理：是生化处理，目的是大幅度去除废水中呈胶体和分解状态的有机性污染物质。其典型的处理方法是活性污泥法和生物膜法。经二级处理后废水即可符合排放标准。

三级处理：需要采取物理化学法，目的是进一步去除二级处理所未能除去的污染物质，以达到生活饮用水标准。常见方法有活性炭吸附法、电渗析法、离子交换法等。经三级处理后 BOD 能降到 5mg/L 以下。

13.6.3　废渣

废渣是在生产过程中产生的，因此治理废渣首先是要改革工艺过程，选用不产生或少产生废渣的原料、燃料，改进工艺设备，尽量减少废渣的产生。其次对废渣尽量回收利用，从废渣中提取有用的物质，利用废渣制造副产品，变废为宝。最后对回收利用后剩余的残渣进行最终处理（如作为肥料、填埋等），谋求通过自然净化作用使它们迅速回归自然。废渣综合利用的主要途径如下。

① 锅炉煤渣，可用来制煤渣砖或配制水泥。

② 酒糟、麦糟、薯渣、菌丝渣等废渣，可直接作为饲料出售或经进一步加工成家畜的精饲料，如糖蜜酒糟生产白地霉、淀粉质原料酒糟生产饲料酵母；可利用酒糟、废菌丝等进行沼气发酵，也可从这些废渣中提取有用的物质，如从糖蜜酒糟中提取甘油等。

13.7　发酵工厂投资概算与经济评价

13.7.1　建设项目的总投资概算

在可行性研究阶段应做工程投资估算，初步设计阶段要进行工程投资概算，而施工图设计阶段应根据施工图纸对工程进行详细的预算。

建设项目总投资可按下式计算。

$$建设项目总投资＝建设投资＋流动资金＋建设期借款利息$$

（1）建设投资　建设投资费用包括工程费用、其他费用和预备费用等。

① 工程费用　工程费用包括下列六项费用。

a. 主要生产项目工程费用，指从原材料储存、产品生产到成品包装和储存等直接进行产品生产的工程费用。

b. 辅助生产工程费用，指为产品生产间接服务的工程费用，如机修、中心试验室等。

c. 公用工程费用，指空压、冷冻、给排水、供电、供热及厂区外的管线工程等费用。

d. "三废"治理工程费用。

e. 服务性工程项目费用，包括厂办公楼、食堂、车库、消防站、医务室、浴室、招待所等工程项目费用。

f. 生活福利工程项目费用。

② 其他费用　该费用包括土地征用费、青苗补偿费、供电费、水增容费、技术转让费、勘察设计费、建设单位管理费、联合试运转费、进出口设备材料国内检验费、保险费、银行担保费、工程监理费、生产职工培训费、环境评价费、办公及生活家具购置费、研究试验费等等。

③ 预备费　该费用由基本预备费和涨价预备费组成。基本预备费是指项目实施中可能发生的难以预料的支出，需要事先预留的费用，又称不可预见费。基本预备费按工程费用与其他费用之和乘以基本预备费率计算。涨价预备费是指在建设期内可能发生材料、设备、人工等价格上涨引起投资增加，需要事先预留的费用。

（2）流动资金　工厂投产后，进行生产和经营活动所必需的周转资金称为流动资金。流动资金由储备资金、生产资金和成品资金三部分组成，发酵工厂的流动资金一般可按全年总生产成本的 30% 左右来计算。

（3）建设期借款利息　建设期借款利息是指项目借款在建设期内发生并应计入固定资产原值的利息。

13.7.2　概算和经济评价中的一些费用计算

（1）设备费概算　在发酵工厂建设投资中，设备费用要占总投资的一半以上。设备费用的概算项目中，包括设备购置费、设备运输费和设备安装费三部分。

（2）工艺管道安装费　工艺管道安装费由管道安装材料费和人工费两部分组成。在初步设计阶段，由于尚未进行管道布置设计，也不能提供详细的管段材料表，所以此时进行工艺管道安装费的概算有一定的难度。但由于在初步设计阶段，车间的平面、立面布置图已完成，工艺管道的计算和管道材料、阀门等选用也已明朗，所以工艺设计人员应根据设计有关的资料，估算出管道材料的需要量，然后参考《化工建设概算定额》有关规定，初步计算出工艺管道安装费用。也可根据相同类型工程中管道安装费率来计算车间内管道安装所需费用，通常对于发酵工厂而言，根据不同产品的特点，可按设备总价的 25％～35％计算工艺管道安装费。

（3）土建费用计算　在初步设计阶段，厂房的平面和立面已确定，根据工艺要求，厂房的结构和各层面积也已确定，宅外的构筑物也已明确，所以土建费用可以较精确地计算。土建费用应按当地有关部门颁发的建筑工程概算定额和建筑安装工程费用定额来计算所设计的工程项目的土建费用。其费用计算可从下面几项来进行。

① 直接费用　土建概算中的直接费用是指材料费、机械费和人工费，是以工程量（m^2）乘以定额而得；并以直接费用为计算基数，再计算其他直接费用和间接费用。

② 其他直接费　指冬季和雨季施工增加费、二次搬运费、夜间施工费、停电误工费、流动施工津贴等。

③ 间接费　包括施工管理费、临时设施费、劳保费、法定利润等。

（4）电气工程和仪表自控费用

① 电气工程设备和元器件等材料应根据市场价格来进行概算，其安装费用可采用《化工设计概算指标》来考虑，并加上提价因素。

② 仪表自控费用可参考《仪表价格手册》或市场价格来计算，其安装费用可参考《化工设计概算指标》，并考虑提价因素。

13.7.3　产品成本计算

产品成本的估算是根据设计所规定的技术指标（发酵产率和提取总收率），经过物料衡算、动力计算等步骤，加上管理及销售等费用，最后估算出产品成本。

某一发酵产品的年总成本可由下列步骤计算。

（1）原材料和辅助材料费用　原、辅材料年总费用＝产品消耗定额×年产量×原、辅材料价格

（2）燃料费用　燃料费用＝燃料消耗定额×年产量×燃料单价

（3）动力费用　动力费用＝产品电耗×年产量×电单价

上述（1）～（3）项都是可变成本。

（4）人工费用　人工费用包括直接生产工人工资及附加费。

① 直接生产工人工资　工人工资＝平均月工资×车间工人数×12

② 工资附加费　按工资总额的 11％计算

（5）车间维修费　按车间固定资产原值的 6％计算。

（6）车间折旧费　车间折旧费＝车间固定资产原值×基本折旧率。

（7）车间管理费　车间管理费是车间管理过程中的办公经费支出和车间管理人员的工资及工资附加费用等。车间管理费可按下式计算。

车间管理费＝（原、辅材料费＋燃料费＋动力费＋人工费＋车间维修费＋车间折旧费）×2％～3％

（8）车间成本费　车间成本费＝原辅材料费＋燃料费＋动力费＋人工费＋车间维修费＋车间折旧费＋车间管理费。

（9）企业管理费　指厂部在组织领导和管理全厂生产经营活动中所开支的各项费用总和，它包括厂部管理人员工资及附加费、厂部的办公费、差旅费、流动资金借款利息、科研费以及厂部固定资产折旧与大修费以及三废处理费等。

企业管理费一般可按车间成本的 5%～10% 计算。

（10）副产品收入　发酵工厂在生产过程中，如果产有副产品，其副产品收入为副产品产量乘以副产品价格。

（11）工厂成本　工厂成本＝车间成本＋企业管理费－副产品收入

（12）销售费　在销售过程中的各项费用，包括产品运输费、广告费、推销费等。

$$销售成本＝工厂成本＋销售费$$

上述所得的年成本除以年产量，即为单位产品的成本。此外，在进行经济评价时，还有经营成本，可按下式计算。

$$经营成本＝工厂成本－（车间折旧＋工厂折旧）＋销售费用$$

其中，车间折旧费的计算办法为：

$$车间折旧费＝\frac{（全厂固定资产原值总和－各车间固定资产原值总和）×车间固定资产原值×折旧率}{各车间固定资产原值总和}$$

13.7.4　借款利息和还款能力预测

（1）借款利息计算　在财务评价中，国内借款一般简化为以年计息，建设期借款利息按复利计息，到项目建成投产后还款。

每一年借款假定在年中使用，以半年计息，以后年份的借款按全年计息。同样在投产后还款当年也按半年计息。

（2）还款能力预测　发酵工厂基建项目建成投产后，其还款资金可由以下几个来源筹集。

① 利润　利润是产品销售后扣除成本和税金后的剩余部分。

$$利润＝销售收入－成本－税金$$

② 折旧费　在项目投产后，计入成本中回收的折旧费的部分资金可作为还款资金。

13.7.5　项目投资的经济评价

（1）综合经济指标　一个工程建设项目评价其经济上是否可行，或者有两个以上方案进行比较时，看哪一个更可行，可用综合经济指标来进行比较，其内容如下。

① 借款偿还期（年）。

② 投资回收期（年）。

③ 投资利润率（%）。

④ 投资利税率（%）。

⑤ 内部收益率（%）。

⑥ 净现值（万元）。

（2）盈亏平衡点分析　销售收入与总成本费用达到相等时的交点称为盈亏平衡点。常用产量和生产能力利用率表示。盈亏平衡点越低，企业抗风险能力越强。盈亏平衡点分析是研究分析项目建成投产后，产品的销售收入、可变成本、固定成本和利润等四个方面关系的一种方法。

（3）敏感性分析　敏感性分析也称为灵敏度分析，它是研究对项目各期现金流量起作用的各个要素发生变化时，对项目评价指标即结论所产生的影响。它是检验建设项目可靠性的一种方法。目前一般工程项目的敏感性分析采用单因素分析，即假定其他因素不变，只改变其一因素时，计算出此时的内部收益率和净现值，将此二项与正常情况下的数项相比较，判断建设项目的可靠性。

14 发酵经济学

14.1 概述

采用发酵的方法生产产品时，除了考虑发酵产品的适用性、生产技术先进性以及生产工艺的合理性外，还要考虑经济上的合理性和市场的竞争能力即经济效益。在竞争日益激烈的市场经济状态下，一个成功的发酵产品，除了发酵产品的市场需求广泛外，产品性价比应具有很强的竞争力。因此，一个成熟产品的发酵生产通常应具备下列条件。

① 总投资额应尽可能低，如对发酵罐等主要发酵设备及辅助设备的投资额要低，要求提取分离过程操作单元较少，而且发酵及分离纯化设备对不同的发酵类型要有一定的通用性，以适应不同类型的发酵，从而降低单个产品的投资成本。

② 发酵原料来源应广泛、价格低廉、易于采购运输、有较高的利用率，而且通常要有替代品。

③ 发酵生产菌种应是高产稳定、适应性强的优良生产菌株。

④ 发酵过程应易于控制，且可实现自动控制，以控制产品的质量。

⑤ 发酵过程中尽量提高设备的利用率，减少非生产时间。如果采用分批发酵方式，则要尽量缩短微生物生长周期，对某些发酵过程可以考虑用分批-补料或连续发酵方式来提高设备利用率。

⑥ 发酵生产过程中应充分利用动力和热量，最大限度降低单位能耗。

⑦ 发酵产物的回收和纯化过程要简便、快速，以降低分离纯化成本并减少总生产时间。

⑧ "三废"排放和处理，通过综合利用和处理后的循环使用，尽可能减少"三废"的数量和浓度，降低生产成本和"三废"处理费用。

14.2 影响发酵产品成本的主要因素

从发酵生产的角度来看，影响发酵成本的因素主要包括菌株性能、培养基成分、无菌空气用量、搅拌功率、发酵生产方式、发酵产物的分离纯化、发酵规模以及三废的综合利用与循环使用等方面。对这些因素进行成本分析是实施发酵产品的工业化生产必须首先考虑的，通过成本分析可以看出哪些环节可以进一步降低生产成本，而且还可以看出该发酵产品是否有较好的经济效益。

14.2.1 菌株选育对发酵成本的影响

菌种性能对发酵影响极大，有时甚至是能否实现产业化的关键。因此，发酵生产过程中要考虑前期菌种的研究投入成本。针对不同发酵类型及菌种特性，可具体情况具体分析。一般来说，菌种选育约占生产成本的 $20\%\sim60\%$，筛选具有优良性能的菌株和对菌株进行改良是降低生产成本的有效途径。

14.2.1.1 优良生产菌株的筛选

最初，许多有工业价值的菌株都是从土壤中分离得到的。但分离一株有产业化价值的菌株并非易事，通常要花费较长的时间和较多的经费，有时甚至花费了大量的精力仍一无所获。例如，英国的 Pfizer 公司筛选一株广谱土霉素生产菌株，花费了 43 万英镑；Fli LiLLy 公司花了 10 年的时间，才从 40 万支菌株中获得 3 支抗生素生产菌株。因此，提高菌种筛选效率非常重要，建立快速筛选系统和技术平台具有重要意义。此外，筛选菌株时，除了考虑所筛选到的菌株必须高产外，还应同时考虑影响菌株发酵过程经济效益的其他参数性能，主要包括：对培养基的同化能力、菌体的生长速率、遗传稳定性、抗污染能力、耐热、培养基适应性等。

例如 Aumstrup 在筛选产酶菌株时，确定了菌株必须达到下列目标。

①产酶单位高、活力强；②遗传性能稳定；③不产或少产杂酶、杂蛋白；④同化培养基的能力强，能充分利用培养基。

14.2.1.2　生产菌株的改良

生产菌株的改良目前已有一系列的方法，如诱变育种、杂交育种、基因工程育种、代谢工程育种等。一般，从野生型或现用菌株出发，利用现代育种技术，选育新的高产突变株，是提高生产效益常用的有效途径。

例如，青霉素生产菌株通过突变株的选育并结合培养基的不断改进，其发酵单位已从 1940 年的 100U/mL 提高到现在的 60000U/mL 以上。曾有人计算，只要突变株的青霉素生产单位数提高 10％，那么对一个生产 450t 的青霉素工厂来说，其一年内增加的产值可超过菌种选育费用的三倍。因此国外不少公司均设有专门的机构，从事菌种开发和培养基方面的研究工作。我国的糖化酶生产株由米曲霉改为黑曲霉，特别是 1979 年在全国扩大了 UV-11 黑曲霉变异株以后，淀粉出酒率有了大幅度的提高，使糖化剂的生产株出现了新的飞跃。近年来，全国各地又在 UV-11 基础上选育了不少新的糖化酶生产株，其中尤以 UVB-11-1-3 形态回复突变株性能更为突出，它具有发酵单位高（达 10000U/mL），发酵周期短（为 80～90h），通气量小（1：0.4～0.6），培养温度较高（34～35℃，最高可达 37℃），酶系统纯，成本较低等优点，故每吨酒精消耗糖化酶成本可比使用 UV-11 酶时降低 50％左右。

白凤武等采用原生质体融合等技术选育出了酒精发酵性能优良且具有自絮凝能力酵母菌株，在发酵结束后可自动絮凝并沉淀，这样就能大大减少固液分离的费用，降低了成本。

近年来，利用基因工程、代谢工程等现代育种方法，获得了大量的高产菌株，降低了发酵成本，使传统的发酵产业有了较大的发展。

14.2.2　发酵培养基成本分析

培养基各个组分的成本对产品成本有较大影响。一般地，不同种类的产品，培养基成本约占生产成本的 38％～73％，其中碳源用量最多，是成本最高的组分之一。目前，淀粉、糖蜜等农副产品仍然是碳源的主要来源。碳源的价格主要受两种因素影响：一是种植面积和收获情况；二是市场需求量。天然碳源是季节性很强的产品，所以，发酵工厂需要有一定的储备量，但如果工厂中大量贮存培养基原材料，不仅需要大容量的仓库，而且还占用大量流动资金，影响资金的周转。例如，一个 5000t 酒精发酵厂，约需储备 20000t 左右的糖蜜。大量贮存原料带来另一个问题是如何防止其变质，因为用变质原料配成的培养基，发酵周期延长，得率很低，会严重影响工厂的经济效益。降低培养基成本的主要办法有两种：一是筛选发酵单位较高的培养基配方，提高培养基的利用率和转化率；二是在不影响发酵水平的情况下选用价格较低的、来源广泛的碳源、氮源组分。

在确定培养基配方时，不仅要比较它们的单耗成本，而且还应同时考虑利用不同培养基的通气量与搅拌功率成本。因为有的培养基黏度较大，溶氧传递困难，通气量和搅拌功率便会相应增大，导致相应的动力费用增加。

目前，虽然各种工业废料是有潜力的廉价碳源，而且利用工业废料进行发酵，对环境保护十分有利。但对它们的利用却受两方面的限制，一方面因为经济效益不如采用传统原料高；另一方面能利用各种工业废料的高产微生物菌种还不多见。另外，工业废料性状多变、杂质较多，造成提取过程困难。我国在废醪综合利用方面（如酒精废醪用于沼气发酵和SCP的生产等）已取得了一定的成果，但这方面研究开发工作还得继续加强。

此外，原材料中无机盐所占的比例一般较小，约占培养基总成本的 4％～14％。无机盐中价格较贵的是磷酸盐，而且供培养基用的磷酸盐要求是食用级的而不是肥料级，因为食用级的磷酸盐所含的铁、砷、氟等杂质较少。此外，培养基用的钾、镁、锌、铁盐，应采用它们的硫酸盐而不是氯化物，因为后者对不锈钢设备的腐蚀性较大。所以，无机盐的质量应予以重视，相应地，无机盐占培养基总成本预算也应引起重视。

14.2.3 无菌空气与通气搅拌成本分析

14.2.3.1 无菌空气制备成本分析

经济而大量地提供无菌空气，是好氧发酵纯培养过程中影响发酵产品成本高低的一个重要因素。目前无菌空气主要利用空气过滤器来制备。

利用空气过滤器过滤空气是工业生产中最常用、最经济的无菌空气制备方法。一般的工艺流程是：①利用空气压缩机将空气压入储气罐；②储气罐中空气通过净化罐除去小颗粒物质；③在经过热空气冷却装置以及除水除油设备除去空气中的水蒸气和油（采用无油压缩机不需要除油）；④最后，空气经过多级空气过滤器除去空气中的微生物获得具有一定压力和流量的无菌空气，其温度与发酵温度基本一致。据估算，空气压缩后再经空气过滤器的最经济的生产规模为 $140～150m^3/min$。

空气过滤器的总操作费与过滤器直径大小、介质等因素密切相关。

过滤器直径较大时投资费较大，但压力可以降低，驱动空气的动力消耗操作费可相应减少。在确定过滤器直径时，还需考虑工艺上要有合适的空气流速，以确保空气过滤器的除菌效率。空气过滤器的总操作费还包括过滤介质的更换费和日常维修费，因此如何选择性能优良的过滤介质，也是一个不能忽略的成本因素。所以，空气过滤器的一次性投资费与经常性消耗费之间的利弊关系要做全面权衡分析。

14.2.3.2 通气搅拌设备及运行成本分析

在好氧性发酵中，通气搅拌的费用相当大。通气费与搅拌费相互关联：对于相同的氧传递量来说，增加通气量，搅拌功率可以减少；相反，加快搅拌转速时，通气量亦可相应减小。因此，最佳的通气量和搅拌转速应在工艺允许的范围内，根据两者合计的动力费和设备维修费最低来确定。而且，在分批培养的不同时期，需氧量也不同，最佳通气量及搅拌转速亦会改变，应根据工艺要求进行人工或自动控制来调整，使整个运转费最低。

单细胞蛋白（SCP）发酵过程中，采用石油产品（甲烷、烃等）为原料时，基质得率系数远远高于碳水化合物，但在耗氧和冷却费用方面，前者却远远高于后者，因而前者的生产成本约为后者的 1.4～1.8 倍。由于以烃类为原料发酵需要很高的供氧量和热交换量，因而国外某些公司一直致力于大容量（$1000m^3$）的空气喷射式发酵罐的研究开发。一个生产100000t 的 SCP 工厂，采用空气喷射式发酵罐的设备成本费（含通气、搅拌），可以控制到只占总生产成本的 16％，英国 ICI 公司则致力于发展气升式发酵罐，估计其制造费约为总设备投资的 14％左右。

14.2.4 动力费的成本分析

在发酵生产中，需要加热与冷却的工序大体有以下各步。

① 培养基的加热灭菌或淀粉质原料的蒸煮糊化和糖化，然后冷却到接种温度。

② 发酵罐及辅助设备的加热灭菌与冷却。

③ 发酵液的冷却，保持发酵过程恒温或维持所需的发酵温度。

④ 发酵产物提取与纯化过程的蒸发、蒸馏、结晶、干燥等，也都需要加热或冷却，有时还需冷冻。

一个以正烷烃为主要原料的年产100000t的SCP工厂，每小时需要移去的热量约为4.61×10^5kJ。因此，单细胞蛋白发酵中用于冷却设备的投资约占设备总投资的10%～15%。一般地，发酵工厂节约冷却水用量的办法有：①采用气升式发酵罐；②选育嗜热或耐热的生产菌株；③改变原料路线，少用烃类原料，以降低发酵产能。

在淀粉质原料的酒精生产中，能耗大是最突出的问题。其中能耗约为成品酒精燃烧热的1.1～1.5倍，尤以蒸煮和蒸馏两个工序的耗能最大，前者约占总蒸消耗量的40%，后者则占50%左右。淀粉质原料酒精发酵中的节能措施有：无蒸煮发酵或低温蒸煮发酵、浓醪发酵、高温发酵、蒸馏流程中的热泵节能和汽相过塔，以及余热利用和沼气发酵回收燃烧值等。

14.2.5 发酵工艺中不同培养方式的成本对比分析

发酵工艺对发酵产品的生产成本有一定的影响。合理的发酵工艺可使微生物菌种的生产能力得到充分发挥，原材料和动力消耗减少到最低限度，从而降低发酵成本。采用不同的培养方式，对发酵过程的影响有所不同。必须根据发酵过程的具体情况选择合适的培养方式，不同培养方式之间的比较分析见表14-1，可据此进一步分析比较不同培养方式对发酵成本的影响。

表 14-1　不同培养方式的比较

发酵工艺	分批发酵	补料分批发酵	连续发酵	发酵工艺	分批发酵	补料分批发酵	连续发酵
辅助时间	较长	较长	短	产物浓度	较高	高	中
辅助设备成本	低	较低	高	底物抑制	明显	无	可消除
平均生产速率	低	中	高	产物抑制	较高	较高	较少
设备利用率	很低	较低	高	杂菌污染	易控制	较易控制	较难控制

14.2.5.1 分批发酵

分批发酵是发酵生产最基本的操作方式之一，其优点是操作简单、技术容易掌握，易于控制杂菌污染。缺点是设备利用率较低，培养开始时较高的培养基浓度易造成底物抑制及副产物的形成。此外，发酵中后期，营养物的消耗不利于发酵产品的积累。

采用分批培养时，在整个操作周期中的菌体平均生产能力，可用下式表示。

$$P = \frac{X}{\frac{1}{\mu_m} \ln \frac{X_f}{X_0} + t_L + t_{辅助}}$$

式中　P——生产效率；

X——菌体浓度

X_f——最终菌体浓度；

X_0——初始菌体浓度；

μ_m——最大比生长率；

t_L——生长迟缓期的时间；

$t_{辅助}$——各种辅助操作时间（即清洗、空消、进料、实消、冷却、接种、出料等所占的时间）。

由上式可以看出，如果增加接种量，那么 X_0 值增大，$\ln \dfrac{X_f}{X_0}$ 减小，平均生产能力便可提高，但这需要相应增加种子罐的容积。此外，接种时接入处于生产旺盛期的种子，可以有

效地缩短 t_L，也能提高发酵罐的生产能力。以菌种性能看，选育 μ_m 值较大的生产菌株或高产菌株，对于提高生产能力是十分有效的。至于辅助操作所占用时间的影响，对发酵周期较短的过程（如面包酵母，生产周期占 14~24h）来说，影响是很大的；而对青霉素那样的长周期发酵产品（5~6d），其影响较小。

值得注意的是，设备处于最大生产能力时，并不一定意味着生产成本是最低的，成本的高低，还受产品收得率的影响，一定要综合考虑。

14.2.5.2 补料分批发酵

补料分批发酵又称流加发酵。与一般分批发酵比较，补料分批发酵的优点是可将营养物浓度控制在最适合微生物生长与代谢的水平，从而消除发酵初期底物抑制，减少副产物的形成，延长产物发酵时间。提高产品的收得率。此外，碳源、氮源的流加可用来控制发酵过程的 RQ、DO 及 pH 变化，减少或免除酸碱的使用。不足之处是发酵开始时发酵设备的装料容积较少，设备利用率有所下降。此外，培养基成分的流加需要增加辅助设备，易造成杂菌污染。补料分批发酵特别适合于存在底物抑制的菌种，或营养物浓度高时易导致副产品形成的菌种。如青霉素发酵时，葡萄糖过量会促使菌体产生较多的有机酸，使 pH 下降，需加碱调节。如采用补料分批发酵，糖的供应根据代谢需要流加，则 pH 较为稳定，不仅碱用量大量减少，同时由于副产物的减少，青霉素的产量可提高 25％左右，而且后期分离成本也可大大减少。

14.2.5.3 连续发酵

连续发酵的优点是生产能力较高，设备利用率高，易于实现自动控制，劳动生产率高。缺点是辅助设备多，成本较高，不易控制杂菌污染。连续发酵比较适合于菌体比生长速率较高、遗传性状稳定以及不易污染杂菌的菌种，如单细胞蛋白的生产等。

将连续发酵与分批发酵的生产能力相比较，可得出如下关系式。

$$\frac{\text{连续培养生产能力}}{\text{分批培养生产能力}} = \frac{\ln \dfrac{X_m}{X_0} + \mu_m t_{\text{辅助}}}{(X_m - X_0)/X_m} \times D_c Y_{X/S}$$

式中 X_m——最大细胞浓度；

       X_0——起始细胞浓度；

       μ_m——最大比生长速率；

      $t_{\text{辅助}}$——辅助操作时间；

       D_c——临界稀释速率；

    $Y_{X/S}$——细胞得率系数（对于限制性基质）。

三种发酵培养方式各有优点和缺点，在选择时要综合考虑。一般而言，当发酵采用的微生物不受底物抑制，具有较强的基质转化能力和生产效率时，可采用分批发酵，因为分批发酵对设备的要求最低。某些发酵产品的生产成本主要决定于发酵阶段的生产能力和基质的转化率，如菌体蛋白、酒精及一些有机酸的发酵。如果发酵采用的微生物能高效地利用基质、菌种遗传性能稳定以及抗杂菌污染能力强，这时可采用连续发酵，因为其经济效益高于分批培养。以发酵后处理成本为主的发酵类型不适于进行连续发酵，因为连续发酵的培养液中产物浓度较低，提取成本高，尽管其总生产率较高，但总成本费用会高得多。此时，可采用分批补料发酵，因为分批补料发酵的产物浓度最高，易于分离纯化。例如，抗生素属次级代谢产物发酵，其生产成本主要花费在产物的提取阶段，这时发酵的单位数对产品成本起较大的决定作用，所以，从低浓度的发酵液中提取产物时，成本相当高，一般都采用分批补料发酵。

14.2.6 发酵产品分离纯化的成本分析

发酵生产中，下游工艺、方法及纯度要求对产品的成本影响很大，主要表现在：①最终收得率影响产品成本；②提取过程动力消耗费用较大；③提取过程要耗用大量的溶剂、吸附剂辅料，这些材料费用较高；④设备投资大，有的占全厂设备总投资额的80%，或是发酵设备投资额的5～6倍，因而下游工艺的设备折旧费相当高。

一般，提取收得率是后处理中判断工艺是否优越的关键指标。工艺简单、耗费低、纯度高且收得率高是最合理的工艺。各种发酵产物的提取收得率差别相当大，例如，柠檬酸的提取收得率为92%左右，青霉素G在转化为钾盐之前的提取收得率为96%左右，谷氨酸钠的提取收得率在76%～87%。

以下对几种不同发酵产品的提取成本额的实例进行说明。

① 对于糖质原料酒精发酵，当成熟醪的含酒精量为7%（体积浓度）时，提取成本不能大于销售价的18%。

② 对于石油生产单细胞蛋白，当产物浓度为3%（体积浓度）时，提取成本不应大于销售价的33%。

③ 对于有机酸或乙二醇，当产物浓度为10%（体积浓度）时，其提取成本不应大于销售价的42%。

需要注意的是，对于同一种发酵产品，提取工艺不同时，其技术经济指标的差异很大。

目前，一些新的分离纯化技术的应用对降低成本起到积极作用。如很多企业将膜技术应用于维生素C、乳酸的分离纯化，获得较好的经济效益。此外，还要综合考虑"三废"处理的成本分析，企业因"三废"处理成本过高而倒闭的例子屡见不鲜。

14.2.7 发酵规模的成本分析

从理论上说，发酵规模越大越经济。规模大小与成本的关系可用下列经验式表示。

$$\frac{成本 \text{I}}{成本 \text{II}} = \left(\frac{规模 \text{I}}{规模 \text{II}}\right)^n$$

式中，n 为规模系数（啤酒：$n=0.6$；SCP：$n=0.7～0.8$），但具体确定规模时，还要考虑以下节约性因素。

(1) 设备可获得的最大通气能力　供氧能力是设备放大中必须解决的重要问题，这也是不少通气发酵过程尚难采用特大容积发酵罐的原因之一。例如，醋酸发酵罐的最大体积目前只有50t左右。

(2) 冷却能力　发酵罐的容积与直径三次方成正比，而表面积与直径的二次方成正比。故设备放大后，单位体积所具有的夹套面积减少。当发酵罐的容积增大到夹套难以承担应有的冷却负荷时，就需在罐内增设冷却盘管或者采用外部热交换的方式使发酵温度保持恒定，这时设备投资相应就会增大。如果采用嗜热菌株发酵，就可解决这一问题。

(3) 制造技术水平和运输安装等问题　发酵设备尺寸的放大还受到加工制造和运输安装方面的限制，特大设备只能在生产现场组装，否则就难以运送。1979年ICI公司花费600万英镑从法国订制了一台500m³的发酵罐，罐高80m，当时是通过驳船才运到安装现场的。虽然啤酒发酵罐已大到360t的锥型罐，但与108t的锥形罐相比，实际上已经丧失了经济上的优越性。超大型罐的设计力求减少设备投资费和操作费，致力于提高传氧效率且结构简单，以节约成本。

装置的使用寿命直接影响着折旧费的大小。发酵设备的寿命视产品不同而有较大差异。一般SCP设备的寿命为15年，丙酮丁醇发酵设备有的已使用了25年，啤酒设备可使用50～100年。在筹建或扩建一个发酵工厂时，除了应慎重考虑设备的放大方案、市场需求和原料来源等因素，还应注意水、电、汽的配套或供应问题。

实际上人们早就认识到"规模效应"，在某些大宗量化工产品的发酵生产过程中（如柠檬酸、乳酸等），通过扩大规模来提高经济效益。

14.2.8 市场经济信息分析及管理技术

及时了解原材料和产品的市场行情，并收集、分析国内外的有关经济信息，预测今后的变化趋势，及早做好应变的准备。这是一项提高企业经济效益、增强产品竞争活力的极为重要的技术经济管理工作。

例如，薯干、玉米等淀粉质原料的市场供应量，经常会随播种面积和气候等因素变化，如果薯干市场供大于求，不仅价格低，而且还有积压，就在一定程度上影响了种植积极性，使第二年的薯干产量开始减少。加之发酵对原材料的需求，使其需求量日趋上升，结果一度出现了供应十分紧张的局面，使得不少酒精厂只能收购新鲜甘薯生产酒精，结果价格贵，劳务费用大，腐败变质多，造成经济效益大幅度下降，有的甚至出现亏本。

从技术管理角度讲，为了增加对原材料变动的应变能力，需要有能利用其他代用原料的备用菌种或者为同一生产株应筛选多个培养基配方，以便按照市场的供应情况，随时更换菌种或配方。

14.3 发酵过程的经济学评价

一个新菌种、新工艺、新材料或新设备，在发酵生产中有没有推广和应有价值，主要是看它的技术经济指标是否先进。不同类型的发酵生产，其技术经济指标有所不同，下面仅就一些主要的技术经济指标进行分析讨论。

14.3.1 产物浓度

发酵液中的产物浓度一般以 g/L 表示，也有用质量百分比表示的，如酒精浓度通常用体积分数表示。对于活性物质产品，则常采用活性单位，称为发酵单位或发酵效价，以 U/mL 表示。其中，单位"U"随产品的不同有不同的含义。

发酵产物浓度在一定情况下可以代表菌种和发酵水平的高低，如酶试剂、抗生素等。不同企业的投入成本往往相差不大，其最终发酵液的活力单位就代表了企业的生产技术水平。发酵产物浓度高有如下优点。

① 发酵液产物浓度高，提取收得率也相应高，且可减轻产品提取与分离工序的操作负荷，节省能源。

② 在萃取、沉淀、结晶、离子交换等分离操作单元工艺中，提取废液中产物的残余量往往是不变的，由具体的操作条件决定。在此情况下，较高的产物浓度将提高产物的回收率。例如，假设某一提取过程中，提取废液中残余的产物浓度为 1%，若发酵液中的产物浓度为 5%，则提取过程的收率为 80%；若发酵液中的产物浓度为 10%，则提取过程的收率为 90%。

14.3.2 生产效率

生产效率又称发酵速率，是指单位操作时间、单位发酵体积所产生的发酵产物量，它是评价发酵生产的主要指标之一。生产效率有如下两种表示方法：发酵过程的生产速率和发酵设备的生产能力。

(1) 发酵过程的生产速率　发酵过程的生产速率，指发酵过程中单位时间内单位发酵体积所产生的发酵产物量，以 kg/(m³·h) 或 g/(L·h) 表示。对于连续发酵，其生产速率是不变的；而对于分批发酵，其生产速率随时间而变，一般可用平均生产速率表示。

$$平均生产速率=\frac{最终产物浓度-初始产物浓度}{发酵周期}$$

（2）发酵设备的生产能力　指在一定时间内单位发酵罐容积所产生的发酵产物量，如时间按年计，则以 $kg/(m^3·年)$ 表示。发酵设备的生产能力，不仅包括设备的有效运转时间、辅助时间和维修时间，而且与发酵罐的装料系数等有关，因而它能更全面地反映发酵生产效率。

生产效率关系到固定成本的经济效益。在固定资产投入和劳动力不变的情况下，生产效率越高，固定成本的效益就越高。通过选择优良的菌株、先进合理的生产工艺和设备，可有效提高固定成本的经济效益。有时，通过投入更多的原料和减少能量消耗，也可提高生产效率，但固定成本的经济效益有可能被可变成本的增加抵消，甚至更低。

14.3.3　基质转化率

基质转化率是指发酵工艺中所使用的主要基质（一般指碳源或其他成本较高的基质）转化为发酵产物的得率，常以 g/kg 或％表示。对于微生物代谢产物的发酵，基质转化率通常是指发酵使用的碳源转化为目的产物的得率。对于细胞产品，则指碳源合成细胞的得率。对于生物转化产品，基质转化率表示前体物质转化为产物的得率。对于活性物质产品，基质转化率的含义中还必须包括活力单位。

基质转化率是原材料成本效益的指示值。由于发酵成本中原材料所占的比例较大。因此，高基质转化率可有效降低发酵的生产成本。发酵过程中，基质的消耗可分为三部分：细胞生长、维持能耗、合成包括目的产物在内的代谢产物。要提高基质转化率，首先要合理控制微生物细胞的生长水平，细胞生长过于旺盛将会导致基质转化率下降；而细胞生长量过小则会引起发酵速率下降。其次是要控制代谢副产品的形成，代谢副产物的大量形成，不仅直接影响基质转化率，同时还会严重影响产品的提取与分离纯化，特别是分子结构和理化性质与目的产物类似的副产物影响更大。控制代谢副产物形成的主要方法，一是通过菌种选育与改造，切断某些副产物的合成代谢途径；二是优化发酵过程控制，使工艺条件不适合副产物的形成。

14.3.4　单位产品的能耗

单位产品的能耗，包括水、电、汽的总消耗量，一般用生产每吨产品所消耗的水、电、（蒸）汽来表示。水、电、汽三者之间的消耗指标是相互关联的，如煤或蒸汽的用量大，电的用量就可能要小些；对于缺水的地区，发酵过程的冷却采用冷冻循环系统，这使水的耗量减少，而电的消耗量将增加。由此可见，衡量某一发酵过程的水、电、汽（煤）的消耗量时，应以三者消耗的总费用作为最终评价指标。

以上所有发酵过程必须首先考虑和弄清楚主要经济指标，以了解发酵产品的生产能力和市场竞争力，判断该发酵过程产业化方面是否真正可行。当然，实际上还涉及其他与经济学综合评价的相关指标如投资利润率、内部收益率等。

15 发酵产品生产原理与技术应用

微生物发酵产品类型很多，按大类划分主要有由微生物菌体、微生物初生代谢产物和次生代谢产物以及一些利用微生物进行生物转化的产物形成的产品。具体来讲，又可分为醇酮类、氨基酸类、核苷酸类、有机酸类、油脂类、抗生素类、酶制剂类、多糖类、维生素类、甾体激素的微生物转化等。据估计，全球发酵产品的市场有 120～130 亿美元，其中抗生素占 46％，氨基酸占 16.3％，有机酸占 13.2％，酶制剂占 10％，其他发酵产品占 14.5％。而且随着石油资源的日益紧张，化石能源和以石油为主要原料的化工产品逐渐会被以发酵工程技术为核心的生物能源和生物化工产品所替代。因此，发酵产品种类和应用范围还会不断地扩大。

本章结合各类发酵产品的特点，重点介绍典型发酵产品的生产原理及其技术，以便通过实例进一步增强对发酵原理与技术的理解。

15.1 醇酮类产品的发酵生产

酒精是醇酮类发酵的典型代表。现在，酒精被广泛地应用于国民经济的许多部门。在食品工业中，酒精是制备各类白酒、果酒、药酒及食用香料等的主要原料；在化学工业中，它是许多化工产品不可缺少的基础原料和溶剂，如利用酒精可以制造合成橡胶、聚氯乙烯、聚苯乙烯、乙二醇、冰醋酸、苯胺、乙醚、酯类、环氧乙烷等大宗化工产品；在医药方面，它用来配制或提取医药制剂，并作为消毒剂。同时，它是生产油漆和化妆品的良好溶剂。近年来，变性燃料乙醇［即按国家标准 GB 18350—2001 指标，通过专用设备、特定脱水工艺生产的含量在 99.2％（体积分数）以上的无水乙醇经变性处理后的乙醇，易于从外观和气味上区别于可食用酒精，用于混配车用乙醇汽油］作为石油替代品成为新的研究热点。

15.1.1 酒精发酵菌种

酒精发酵是在酵母菌生理代谢活动中形成的。酒精生产要求菌种有高的发酵能力、高的比生长速率，特别是要有高的耐酒精等性能。这样，菌种对自身代谢产物的稳定性高，对培养过程适应性强，可进行浓醪发酵。

工业生产上常用菌种有多种，不同发酵工厂都有自己的生产菌株，如拉斯 2 号、拉斯 12 号、K 字酵母、南阳五号酵母、日本发研 1 号、卡尔斯伯酵母、耐高温 WVHY8 酵母、呼吸缺陷型突变株 Sb724 酵母等。

15.1.2 酒精发酵的原料和工艺流程

酒精发酵的原料主要有淀粉质原料、糖质原料和纤维质原料三大类。其中，淀粉质原料是粮食原料，包括谷物原料（玉米、高粱、大米等）和薯类原料（甘薯、木薯、马铃薯等）。糖质原料中，最常用的是甘蔗或甜菜糖蜜。纤维质原料主要有森林工业下脚料、木材工业下脚料、农作物秸秆、城市废纤维垃圾、甘蔗渣、玉米芯等。

利用三种不同原料进行发酵的工艺基本相似，都是在原料预处理之后，加入氮源和无机盐等营养成分配制成发酵培养基，再接入酵母种子进行发酵。发酵结束后，将发酵液进行蒸馏得到酒精。所不同的是三种原料的预处理方法，其中，淀粉质原料要经过糊化和糖化得到葡萄糖水解液；糖蜜要进行沉淀、离心分离、过滤等处理除去杂质；而纤维质原料则要经过酸解或酶解后才能得到葡萄糖水解液，否则，酵母菌不能利用。

现以淀粉质原料为例详细说明酒精发酵的生产原理与技术。在淀粉质原料中最常用的是玉米和薯干，其可发酵性物质是淀粉，而酵母不能直接利用淀粉发酵生产酒精，因此淀粉质原料生产酒精要经过原料粉碎，破坏植物细胞组织，便于淀粉的游离。然后，采用蒸煮处理，加入高温淀粉酶和糖化酶，使淀粉液化、糖化，转化为可溶性糖后才能被酵母利用。其具体工艺流程如图 15-1 所示。

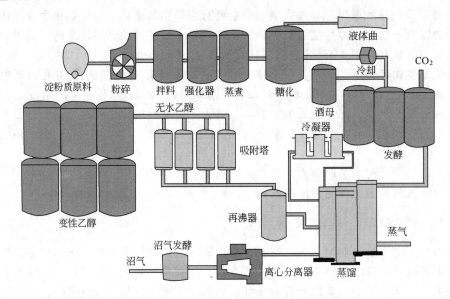

图 15-1　淀粉质原料发酵生产酒精的工艺流程

① 原料预处理和输送　首先将原料粉碎，粉碎的方法有干粉碎和湿粉碎，然后将处理好的原料输送到蒸煮罐。

② 原料糊化、液化　原料经蒸煮后有利于糖化。但原料蒸煮温度一般在 145～155℃，蒸煮过程中外加一定压力的蒸汽，使醪液分散均匀。高温高压蒸煮工艺有间歇式和连续式。近年来，蒸煮工艺应用很少，而生淀粉发酵和低温蒸煮工艺（80～85℃下加热液化）应用较为广泛。其中，生料发酵指粉状原料加水，辅加果胶酶、纤维素酶等复合酶系，不需加热，使淀粉糊化和液化。低温蒸煮工艺指 100℃以下，加 α-淀粉酶作液化剂的工艺，该工艺有两种形式：一是 90～95℃糊化液化工艺，二是 80～85℃糊化液化工艺。

③ 糖化剂与糖化　淀粉转化为糖的过程称糖化，使淀粉转化为糖的生物催化剂为糖化剂。无机酸也能使淀粉变糖，但容易使糖进一步分解，造成酒精发酵得率降低。随着酶制剂工业的发展，现酒精生产用糖化剂均采用糖化酶。

④ 酵母培养与发酵工艺　酵母培养与发酵工艺流程如下。

原种──→斜面活化──→三角瓶培养──→种子罐──→发酵罐

酒精发酵过程分成前、主、后发酵期三个不同阶段。前期发酵温度为 28～30℃，时间为 6～8h；主发酵期发酵温度 34℃以下，时间为 12h 左右；后期发酵温度为 30～32℃，时间为 40h，总发酵时间 60h 左右。发酵工艺有间歇式、半连续式和连续式发酵。成熟醪中酒精含量 10%左右。近年来，高强度酒精发酵、酵母细胞回用发酵、塔式发酵、透析膜发酵、固定化细胞发酵、萃取发酵、真空发酵、膜回收酒精发酵、中空纤维发酵、固体发酵等新技术、新工艺均取得很大研究进展。

⑤ 蒸馏　从发酵醪中回收酒精均采用蒸馏的方法，经典的酒精蒸馏工艺是采用两塔或三塔式蒸馏。近年来，为了节省能耗，各种类型的节能蒸馏，如差压蒸馏和热泵蒸馏等方法

不断出现。

随着化石能源日趋紧张，可再生的生物能源将备受关注，目前添加乙醇的汽油已经开始投入使用。由于地球上来源最广的碳源是木质纤维素类物质，利用纤维质原料生产酒精将成为未来最重要的乙醇生产途径。所以，纤维素质原料发酵生产酒精成为新的研究开发热点。利用纤维素质原料发酵生产酒精，首先要采用酸解法或酶解法或直接采用可降解木质纤维素的微生物菌种将纤维素质原料水解成单糖，再通过特定的微生物（酒精酵母等）发酵单糖生产酒精。近年来，人们发现有些酵母菌和细菌可发酵各种秸秆水解产生的木糖生成酒精。

我国生产的酒精要符合国家标准 GB 394—81。该标准将酒精分优、一、二、三、四级等 5 个规格，用于生产酒类、医药的均要在二级及以上产品。国家质量监督检验总局在 2002 年颁布了食用酒精国家标准 GB 10343—2002。而作为石油替代产品的燃料乙醇必须符合国家颁布的《变性燃料乙醇》国家标准（GB 18350—2001），车用乙醇汽油组分油的生产分别执行中石油和中石化的企业标准，中石油企业标准（Q/SY 48—2002），中石化企业标准（Q/SHR 010—2001）。

15.2 氨基酸类产品的发酵生产

氨基酸是构成蛋白质的基本结构单位，也是十分重要的营养物质，在医药食品领域需求巨大。

自 1955 年人们发现了发酵法高效生产 L-谷氨酸的微生物以后，氨基酸发酵研究发展迅速。目前，构成天然蛋白质的大部分氨基酸都能用发酵方法进行工业化生产，成为近代发酵工业的重要分支领域。

氨基酸发酵是指合成菌体蛋白的氨基酸脱离其正常的合成途径，超量合成并排出菌体外的异常发酵。这种氨基酸正常代谢途径受阻而将发酵中间产物（即各种氨基酸）引向其他途径的新技术使得氨基酸发酵能够实现。各种营养缺陷型菌株的获得，促进了氨基酸发酵的飞速发展。

氨基酸发酵的意义是间接增加蛋白质供给量，它不以蛋白质为原料而是以废糖蜜和淀粉为碳源，以尿素、氨、硫酸铵等无机氮作为氮源，通过微生物生物合成氨基酸，为食品工业做出了贡献。

氨基酸发酵的重要优点之一是生物合成的氨基酸和构成天然蛋白质的氨基酸都是 L-型光学活性体，这和化学合成法得到的 D，L-型混合的外消旋体完全不同。

利用淀粉水解糖液为原料，通过微生物发酵生产谷氨酸的工艺，是最典型的氨基酸生产工艺之一，现在以谷氨酸发酵生产为例介绍氨基酸的发酵生产过程。

谷氨酸的生产工艺包括以下步骤：淀粉水解糖的制备、菌种扩大培养、谷氨酸发酵以及谷氨酸分离、提取。

15.2.1 淀粉水解糖的制备

淀粉水解糖的制备方法一般有酸水解和酶水解两种，国内味精（谷氨酸钠）厂多数采用淀粉酸水解工艺。工艺流程如下。

原料（淀粉、水、盐酸）——→调浆（液化）——→糖化——→冷却——→中和——→脱色——→过滤——→糖液

国外味精厂淀粉水解糖的制备方法一般采用酶水解法，则在水解液中的色素等杂质明显减少，并简化了脱色工艺。现在，国内也逐渐采用这一方法。

15.2.2 菌种扩大培养

菌种扩大培养的工艺流程如下。

斜面培养——→一级种子培养——→二级种子培养——→发酵

（1）斜面培养　谷氨酸生产菌主要是棒状杆菌属、短杆菌属、小杆菌属及节杆菌属的细菌。除节杆菌外，其他三属中有许多菌种适用于糖质原料的谷氨酸发酵。这些菌都是好氧微生物，都需要以生物素为生长因子。

（2）一级种子培养　一级种子培养基由葡萄糖、玉米浆、尿素、磷酸氢二钾、硫酸镁、硫酸铁及硫酸锰组成，pH 为 6.5～6.8 的液体培养基，以 1000mL 三角瓶装液体培养基 200～250mL 进行振荡培养，于 32℃培养 12h，如无杂菌与噬菌体感染，质量达到要求即可贮于 4℃冰箱备用。

（3）二级种子培养　二级种子用种子罐培养，接种量为发酵罐投料体积的 1%，培养基组成和一级种子相仿，主要区别是用水解糖代替葡萄糖，一般于 32℃下进行通气培养 7～10h 经质量检查合格即可移种。

种子质量要求，首先是无杂菌及噬菌体污染，在此基础上进一步要求菌体大小均匀，呈单个或八字形排列。二级种子培养结束时要求活菌数为每毫升含 10^8～10^9 个细胞。

15.2.3　谷氨酸分批发酵

谷氨酸的发酵多采用分批发酵的方式，发酵过程的代谢变化明显，在发酵初期，即菌体生长的延迟期，糖基本没有利用，尿素分解释放出氨使 pH 上升。这个时期的长短决定于接种量、发酵操作方法（分批或分批流加）及发酵条件，一般为 2～4h。接着进入对数生长期，代谢旺盛、糖耗快，尿素大量分解，pH 很快上升，但随着氨被利用 pH 又下降；溶氧浓度先急剧下降，然后维持在一定水平上；菌体浓度（OD 值）迅速增大，菌体形态为排列整齐的八字形。这个时期，为了及时供给菌体生长必需的氮源及调节培养液的 pH 至 7.5～8.0，必须流加尿素；又由于代谢旺盛，泡沫增加并放出大量发酵热，故必须进行消泡和温度控制，减少泡沫，并使温度维持 30～32℃。菌体生长繁殖的结果，使菌体内的生物素含量由丰富转为贫乏。这个阶段主要是菌体生长，几乎不产酸，一般为 12h 左右。

当菌体生长基本停滞转入谷氨酸合成阶段，此时菌体浓度基本不变，糖与尿素分解后产生的 α-酮戊二酸和氨主要用来合成谷氨酸。这一阶段，为了提供谷氨酸合成所必需的氨及维持谷氨酸合成最适的 pH 7.2～7.4，必须及时流加尿素。而且为了促进谷氨酸的合成需加大通气量，并将发酵温度提高到谷氨酸合成最适的温度 34～37℃。

发酵后期，菌体衰老、糖耗缓慢、残糖低，此时流加尿素必须相应减少。当营养物质耗尽，酸浓度不再增加时，需及时放罐，发酵周期一般为 30 多小时。为了实现发酵工艺条件最佳化，国内外都采用计算机进行过程控制。

谷氨酸发酵的代谢变化如图 15-2 所示。

15.2.4　谷氨酸提取

一般采用等电点法、离子交换法、金属盐沉淀法、盐酸盐法、电渗析法以及将上述几种方法结合使用从谷氨酸发酵液中提取谷氨酸，其中以等电点法和离子交换法较普遍。目前，国内从发酵液中提取谷氨酸普遍采用的步骤是：先用等电点法结晶大部分谷氨酸，等电母液采用离子交换法浓缩其中的谷氨酸，此时谷氨酸为阳离子，洗脱高浓度馏分再返回等电罐进行结晶回收。上述工艺的最大缺点是，在结晶和离子交换过程中要使用大量的硫酸调节发酵液和母液的 pH，造成环境污染；且提取谷

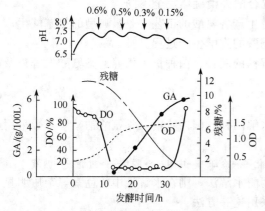

图 15-2　B9 菌谷氨酸发酵代谢变化曲线

DO—溶解氧；GA—谷氨酸；

OD—菌体浓度（以光密度表示）

氨酸后产生的废液中其 COD 和 SO_4^{2-} 及氨态氮含量很高,用常规的方法较难处理。由于谷氨酸发酵液的 pH 为 6.8～7.2,此时,谷氨酸主要以阴离子状态形式存在。因此,有人对采用阴离子交换树脂直接从发酵液中提取谷氨酸的可行性进行了实验研究后认为,不用加酸和碱调节 pH,直接采用阴离子交换树脂可以将谷氨酸提取出来。

人们对不同的氨基酸提取和纯化做了大量的研究,如采用不同的树脂提取苯丙氨酸、精氨酸色氨酸等。

目前,已有多种氨基酸如 L-赖氨酸、L-苏氨酸、L-异亮氨酸、L-缬氨酸、L-丝氨酸、L-色氨酸实现了工业化发酵生产。其中,部分是通过基因工程菌发酵生产获得的,一部分氨基酸也可以利用酶法生产,与化学法相比,酶法生产天冬氨酸有明显的优点,利用顺酐和富马酸等为原料经化学法生产天门冬氨酸转化率仅为 80％～85％,而采用酶法生产,天冬氨酸的转化率可达 99％以上。

氨基酸发酵产业自建立以来,已取得了巨大的进步,目前,氨基酸行业的技术关键主要是选育高产菌种,特别是利用代谢网络调控及途径工程选育氨基酸高产菌株成为氨基酸发酵行业的热点和未来发展的主要方向。

15.3 核苷酸类产品的发酵生产

从 20 世纪 60 年代至今,世界呈味核苷酸生产量增加了 10 倍以上。被誉为 60 年代日本十大发明之一的核苷酸生产技术,至今仍发展迅速,其发酵产量在日本仅次于抗生素、氨基酸(主要是谷氨酸)而名列第三位,年产值高于酒精、酶制剂、有机酸和酵母类产品。

呈味核苷酸通常指 5′-肌苷酸(5′-IMP)、5′-鸟苷酸(5′-GMP)和 5′-黄苷酸(5′-XMP)3 种,但因黄苷酸鲜味较低,目前国内外只生产前两种呈味核苷酸。而以 5′-IMP 产量最大。目前,肌苷酸的生产主要采用微生物高产菌株直接发酵获得。

国外主要采用枯草芽孢杆菌、产氨短杆菌的营养缺陷型、抗代谢类似物、锰离子不敏感、抗生物素菌株,以糖类等为基质的发酵法得到稳步发展,效益显著。20 世纪 70 年代初期,由复旦大学遗传所、中国科学院上海生物化学研究所等科研单位共同选育出 2305-265 菌株,产肌苷酸达 5.16g/L。2305-265 菌株系由谷氨酸产生菌 2305 菌株,经过紫外线和硫酸二乙酯(DES)多次诱变获得的四重缺陷型突变株(腺嘌呤、甲硫氨酸、组氨酸、莸酸),对该菌的选育及发酵条件方面做了大量的试验,并初步确定了种子及发酵培养基的组成。

使用 2305-265 菌株生产肌苷酸的发酵工艺流程如下。

试管斜面培养──→摇瓶种子培养──→二级种子罐培养──→三级种子罐培养──→

发酵──→板框压滤──→脱色──→活性炭吸附──→浓缩结晶──→精制

到 20 世纪 70 年代中期,上海工业微生物研究所等单位采用分段合成法,在发酵培养基中添加 0.3％～0.5％的次黄嘌呤,可得到 12～16g/L 的肌苷酸。所使用的菌株为产氨短杆菌 $B_{1-15-15}$,为野生株生物素缺陷型。该研究表明,在培养基中添加 5μg/L 的生物素,有利于菌体生长,其最适生长起始 pH 为 7.0～9.0,添加尿素有利于生长。在发酵过程中流加尿素,以控制 pH 在 6.7～7.0 之间有利于肌苷酸的积累。该项研究还对玉米浆的用量、锰离子的影响以及采用淀粉水解糖代替葡萄糖,玉米浆代替蛋白胨等都获得了成功的结果。

目前,核苷酸类产品发酵生产的主要热点集中在新型核苷酸高产菌株的选育,尤其是根据核苷酸代谢途径及其调控理论,采用物理、化学诱变或基因工程育种等方法获得各种营养缺陷型突变或关联酶缺失以及抗代谢类似物的突变株以解除终产物对代谢物的抑制和阻遏作用,从各种突变株中筛选获得高产核苷酸菌株,大大提高核苷酸的发酵产量。

15.4 有机酸类产品的发酵生产

有机酸泛指羧酸（R—COOH）、磺酸（R—SO₂OH）、亚磺酸（R—SOOH）、硫代羧酸（R—COSH）等的总称。严格地说，凡是能给予氢离子的有机物都可以称为有机酸，但一般所说的有机酸通常仅指羧酸。

有机酸广泛存在于植物果实中，19世纪人们从水果中抽提获得有机酸，作为食品、饮料中的重要酸味剂，用以增加食品、饮料的自然风味，同时，有机酸又有帮助消化和抑制微生物等作用。随着有机酸应用范围的不断拓宽，从果实中抽提的产量已远远不能满足需要。20世纪以来，有机酸的生产经历了化学合成法、酶转化法、发酵法等多种方法的探索。作为食品添加剂、酸味剂和医药的主要原料，人们越来越倾向于发酵法生产有机酸。因为发酵法生产是利用糖类、淀粉等为原料，使之转化成有机酸，这种有机酸接近于自然产物，对人体有益。

有机酸发酵是指利用微生物发酵法生产有机酸，有机酸发酵的原理是指微生物在碳水化合物代谢过程中，有氧降解被中断而积累各种有机酸，现已确定的约有60余种。根据有机酸用途的大小、广泛性、重要性以及生产和经济核算上的可行性，目前以微生物发酵法生产的有机酸有10余种（如表15-1所示）。

表 15-1 发酵法生产的主要有机酸及其用途

有机酸种类	主要产生菌	基　　质	产率/%
醋酸	醋化醋杆菌	乙醇	95
丙酸	谢氏丙酸杆菌、工业丙酸杆菌	葡萄糖、淀粉	60
乳酸	德氏乳杆菌	葡萄糖	90
L-乳酸	米根霉	葡萄糖	70
柠檬酸	黑曲霉	葡萄糖、蔗糖、淀粉	80～100
	解脂假丝酵母	n-石蜡	140
富马酸	代氏根霉	葡萄糖	60
酒石酸	弱氧化葡萄糖醋杆菌	葡萄糖	30
	产酒石无色杆菌	琥珀酸	108
甲叉丁二酸	土曲霉	葡萄糖、蔗糖	60
α-酮戊二酸	荧光假单胞菌	葡萄糖	60
葡萄糖基异柠檬酸	产紫青霉	葡萄糖	60
葡萄糖酸	黑曲霉	葡萄糖	90～100
	玫瑰葡萄糖酸杆菌		91～100
D-阿拉伯糖型抗坏血酸	点青霉	葡萄糖	45
曲酸	黄曲霉　米曲霉	葡萄糖	50
苹果酸	黄曲霉	葡萄糖	30
	米曲霉	淀粉	50
	短乳杆菌	富马酸	100
衣康酸	土曲霉	葡萄糖	60
α-酮戊二酸	石蜡节杆菌	正烷烃	80～85

目前，应用较广、用量较多的有机酸有柠檬酸、醋酸、乳酸、苹果酸、富马酸、衣康酸、延胡索酸、己二酸、酒石酸、α-酮戊二酸等。这些有机酸约有75％用于食品、饮料工业，15％用于医药，其他用于化学、纺织、洗涤、冶炼、防锈、有机合成等方面。

在有机酸发酵中，柠檬酸发酵相当成熟。如我国天天集团-山东柠檬生化有限公司按照GMP标准设计的发酵工厂，可年产无水柠檬酸4万多吨。目前，国内外柠檬酸的发酵主要以液体深层发酵为主，固体浅层发酵法在一些发展中国家也有大量应用。生产柠檬酸的菌种一般分两种，当以淀粉质为发酵原料时，用黑曲霉的变种为生产菌种；当以烃类为发酵原料时，用假丝酵母作为生产菌种。

(1) 液体深层发酵　液体深层发酵多用于柠檬酸生产。为了使发酵过程既满足氧的供应，又保持网状菌丝体或小球菌的形成，要求不能进行激烈的搅拌。国外一般采用圆筒状发酵罐，径高比约为 1:4~6，罐容量为 400~600m³，通气量 0.1~0.4VVM。国内液体发酵法多采用 200~500m³ 的大罐，多以甘薯粉为原料发酵生产柠檬酸，一般产酸率为 10.9%~13.8%，转化率可达 90% 以上，发酵周期 4d 左右。发酵工艺流程如图 15-3 所示。

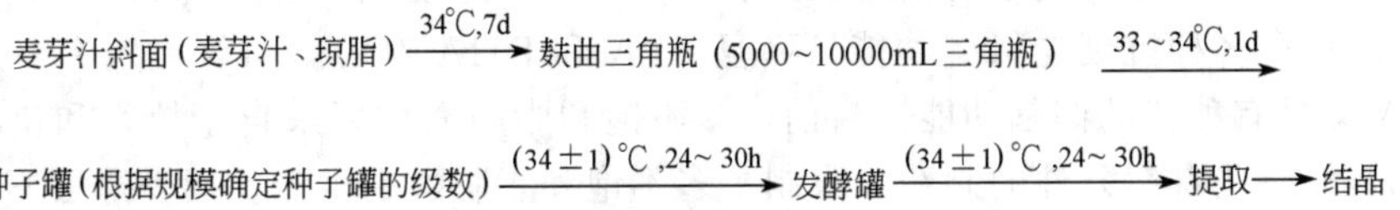

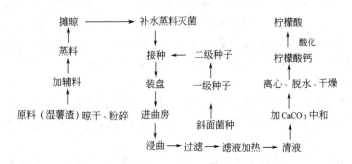

图 15-3　发酵法生产柠檬酸工艺流程

柠檬酸发酵生产实践表明，采用甘薯粉直接深层发酵生产柠檬酸具有许多特点，如能够直接利用粗制原料——甘薯粉，在种子罐中除薯干粉外只需添加少量无机氮源（如硫酸铵等），而发酵罐只需薯干粉和用于淀粉液化的 α-淀粉酶即可。此外，发酵周期短，发酵条件要求不高、产酸高、无其他副产物等，做到了耗粮低、转化率高、成本低。

(2) 固体发酵工艺　世界上有许多国家在柠檬酸生产初期，均采用固体浅层培养法，随着近代发酵工业的发展，深层发酵法早已代替了固体浅层发酵法。但由于一些废渣（苹果渣、甘蔗渣等）的利用以及深层发酵法投资大等原因，浅层固体法生产柠檬酸至今不衰，特别是在发展中国家，只需少量投资，利用当地的各种废渣，即可建立一个柠檬酸发酵工厂。固体法工艺如图 15-4 所示。

图 15-4　固体法生产柠檬酸工艺流程

固体浅盘发酵法主要采用搪瓷盘（木盘等）装料，静置发酵，与我国传统的制曲法相近，生产工艺简单，受益快，又可变废为宝。

(3) 柠檬酸的提取精制　柠檬酸的提取一般采用"钙盐法"工艺。将发酵液加热至 80~90℃，加入少量石灰乳，沉淀去除其中少量的草酸。再将发酵醪液过滤，去除菌丝体及悬浮物，预热 80~90℃，加碳酸钙在 50℃ 左右沉淀出柠檬酸钙。沉淀经水洗，加硫酸酸化成柠檬酸。

柠檬酸酸解液过滤后，通过 722 型树脂进行离子交换后，将浓缩到密度为 1.34~1.35g/cm³ 的柠檬酸液放入结晶锅里，加压，夹层用冷水冷却，控制降温速度。结晶 5h 后，把悬浮液放进有滤袋的离心机进行离心，加入少量冰水洗涤结晶，直到没有母液流出，关闭离心机，取出结晶干燥后即为成品。

目前，由于环保等要求日益严格，作为生物材料或环境友好材料的生产原料聚 β-羟基丁酸、聚乳酸、衣康酸等为代表的有机酸类的发酵越来越成为人们研究的重点和热点。

15.5 油脂类产品的发酵生产

目前，油脂类发酵生产主要是指多不饱和脂肪酸的发酵生产。多不饱和脂肪酸对人体具有多种生理功能，尤其是花生四烯酸（AA）、γ-亚麻酸（GLA）、α-亚麻酸（ALA）、二十碳五烯酸（EPA）和二十二碳六烯酸（DHA）。这些脂肪酸在人体内可转化为前列腺素（PG）的中间物质，在医学上可用于防治高血压、高血脂、动脉硬化、血小板聚集及糖尿病、癌症等疾病，并具有多种抗衰老保健功能。而且 EPA 和 DHA 对心脑血管疾病有一定的防治效果，DHA 又具有独特的健脑功能。目前，多不饱和脂肪酸主要来自于植物和鱼油，但由于受气候及其他一些自然条件的制约，限制了多不饱和脂肪酸的生产。而发酵法不受原料及自然条件限制，产品含油量稳定，可实现工业化生产，将为多不饱和脂肪酸的生产开辟一条新途径。其中，花生四烯酸（AA）和二十二碳六烯酸（DHA）已实现工业化生产。

一般来说，多不饱和脂肪酸的生产工艺流程如图 15-5 所示。

菌种 $\xrightarrow{\text{斜面培养}}$ 斜面菌种 $\xrightarrow{\text{摇床培养}}$ 种子液 $\xrightarrow{\text{发酵罐培养}}$ 发酵液 $\xrightarrow{\text{过滤、干燥}}$ 干燥菌体 $\xrightarrow{\text{石油醚抽提}}$ 油脂

图 15-5　多不饱和脂肪酸生产工艺流程

（1）菌种　目前，用于多不饱和脂肪酸生产的菌种较多，如真菌中高山被孢霉、长被孢霉、水霉、轮枝霉、樟疫霉、毛霉、小克银汉霉、鲁氏毛霉等。

（2）培养基　培养基分为斜面培养基、种子培养基以及发酵培养基，各种培养基都需要葡萄糖作为碳源。

（3）发酵的工艺条件　斜面培养，25mm×250mm 试管斜面划线接种储藏菌种，28℃培养 5d，进行菌种活化，得到斜面菌种。种子培养，将 50mL 种子培养基装入 300mL 三角瓶中，121℃灭菌 30min，冷却后，每瓶接斜面菌种 $1cm^2$，置于摇床（180r/min）上，28℃恒温培养 2d。发酵培养，将 3L 发酵培养基装入 5L 发酵罐中，121℃灭菌 1h。冷却后接种，接种量 5%，搅拌速度 300r/min，通气量 1∶0.8（体积分数），30℃培养 5d 后收获菌体即可用石油醚抽提得到油脂。

目前，多不饱和脂肪酸的代谢工程研究有了较大进展，已有一些多不饱和脂肪酸的合成代谢途径在酵母和植物中进行了重建，例如，花生四烯酸的代谢途径已经在拟南芥和毕氏酵母中实现了重建。

人们对油脂的研究重点目前主要集中在以下四个方面：①大力生产多不饱和脂肪酸，开发新型营养补充剂如 GLA、EPA、DHA 等；②利用农工废料为发酵基质生物合成微生物油脂，作为生物柴油的生产原料；③利用发酵法生产酵母脂肪酶、根霉脂肪酶、毛霉脂肪酶来催化合成生物柴油；④利用固定化微生物细胞或脂肪酶转化各种植物油、动物油以及废弃油脂生产生物柴油。

15.6 抗生素发酵生产

抗生素是指由细菌、放线菌、真菌等微生物产生的或是用化学半合成法制造的在低浓度下对特异性微生物（包括细菌、立克农体、病毒、支原体、衣原体等）有抑制生长或杀灭作用的物质。

化学结构决定抗生素的理化性质、作用机制和疗效。根据化学结构，能将各种抗生素区别开来。根据现在习惯上的分类方法，将抗生素分为下列十类。

① β-内酰胺类抗生素　这类抗生素都包含一个四元内酰胺环，其中有青霉素、头孢菌素和最近发现的一系列抗生素，如头孢哌酮、头孢匹罗、亚胺培南、米罗培南等。

② 氨基糖苷类抗生素　它们既含有氨基糖苷，又含有氨基环醇结构，其中包括链霉素、双氢链霉素、新霉素、卡那霉素、庆大霉素、春日霉素和有效霉素等。

③ 大环内酯类抗生素　这类抗生素含有一个大环内酯作为配糖体，以苷键和 1～3 个分子的糖相连。其中在医疗上比较重要的有红霉素、麦迪霉素、乙酰螺旋霉素、吉他霉素等。

④ 四环类抗生素　这类抗生素是以四并苯为母核，包括金霉素、土霉素和四环素等。这类抗生素由于含四个稠合的环也称为稠环类抗生素。

⑤ 多肽类抗生素　这类抗生素多由细菌，特别是产生孢子的杆菌产生。它们含有多种氨基酸，经肽键缩合成线状、环状或带侧链的环状多肽类化合物。其中较重要的有多黏菌素、放线菌素和杆菌肽等。

⑥ 多烯类抗生素　化学结构特征不仅有大环内酯，而且内酯中有共轭双键，属于这类抗生素的有制霉菌素、两性霉素 B、曲古霉素、球红霉素等。

⑦ 苯烃基胺类抗生素　属于这类抗生素的有氯霉素、甲砜氯霉素等。

⑧ 蒽环类抗生素　属于这类抗生素的有柔红霉素、阿霉素、正定霉素等。

⑨ 环桥类抗生素　它们含有一个脂肪链桥经酰胺键与平面的芳香基团的两个不相邻位置相联结的环桥式化合物，如利福霉素等。

⑩ 其他抗生素　凡不属于上述九类者均归其他类，如磷霉素、创新毒素等。

15.6.1　抗生素的生产工艺

青霉素是人类第一个临床应用的抗生素，从 1940 年开始用于治疗人类疾病以来，已有 60 多年的历史，但至今仍是临床上应用较广的抗生素，人们对其研究最为彻底，生产工艺最为成熟。现在以青霉素发酵为例介绍抗生素的生产工艺。

（1）菌种　现国内青霉素的生产菌种按其在深层培养中菌丝的形态分为丝状菌和球状菌两种。丝状菌根据其孢子颜色又分为黄孢子丝状菌和绿孢子丝状菌。目前，生产上采用产黄青霉菌的变种绿孢子丝状菌作为青霉素生产菌种。球状菌根据其孢子颜色分为绿孢子球状菌和白孢子球状菌，生产上多用白孢子球状菌。丝状菌和球状菌对原材料、培养条件的要求有一定的差别，产生青霉素的能力也有差距。

（2）发酵工艺流程　丝状菌三级发酵生产工艺流程如图 15-6 所示。

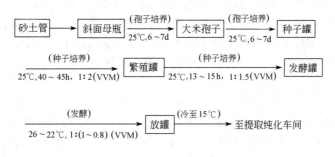

图 15-6　青霉素发酵生产工艺

15.6.2　青霉素发酵生产过程及其关键技术

① 生产种子制备，将砂土孢子用甘油、葡萄糖和蛋白胨组成的培养基进行斜面培养后，移到大米或小米固体上，于 25℃培养 7d，孢子成熟后进行真空干燥，并以这种形式低温保存备用。生产时每吨培养基以不少于 200 亿个孢子的接种量接到以葡萄糖、乳糖和玉米浆等

为培养基的一级种子罐内，于（25±1）℃培养40h左右，通气量为1∶2VVM，搅拌转速为300～350r/min。一级种子长好以后，按10％接种量移种到以葡萄糖、玉米浆等为培养基的二级种子罐内，（25±1）℃培养10～14h，便可作为发酵生产的种子。培养二级种子时，通气量为1∶1～1.5 VVM，搅拌转速为250～280r/min。

② 种子质量要求菌丝长、稠，菌丝团很少，菌丝粗壮，有中小空胞，处于对数生长期。

③ 发酵以花生饼粉、麸质水、葡萄糖、尿素、硝酸铵、硫代硫酸钠、苯乙酰胺和碳酸钙为培养基，温度先后为26℃和24℃，接种量约20％，通气量分别为1∶0.8～1.2VVM左右，搅拌转速为150～200r/min。

④ 为了使发酵前期易于控制，可从基础料中取出部分培养基另行灭菌，待菌丝长稠不再增加时补入，即为前期补料。

⑤ 发酵过程中必须适当加糖，并补充氮、硫和前体。加糖主要控制残糖量，前期和中期约在0.3％～0.6％范围内，加入量主要决定于耗糖速度、pH变化、菌丝量及培养液体积。

⑥ 发酵前期60h内维持pH 6.8～7.2，以后稳定在pH 6.7左右。而产黄青霉绿色孢子，在发酵过程中最适pH为6.4～6.6，如pH高于7.0或低于6.0则出现代谢异常，青霉素产量显著下降。

⑦ 泡沫控制，前期泡沫主要是花生饼粉和麸质水引起的，在前期泡沫多的情况下，可间歇搅拌，不能多加消泡剂。中期可略为降低空气流量，但搅拌应充分，否则会影响菌的呼吸，导致影响发酵产量。发酵后期尽量少加消沫剂以避免对青霉素造成污染。

15.6.3 青霉素的提取和精制

目前，工业上多用溶剂萃取法从发酵液中提取青霉素。苄青霉素与碱金属所生成的盐类在水中溶解度很大，而苄青霉素本身很易溶解于有机溶剂中。溶剂萃取法提取即利用青霉素这一性质，将青霉素在酸性溶液中转入有机溶剂（醋酸丁酯、氯仿等）中，然后再转入中性水相中。经过这样反复几次萃取，就能达到浓缩和提纯的目的。

由于青霉素的性质不稳定，整个提取和精制过程保持低温、快速、清洁和稳定的pH范围，以避免青霉素分解，导致效价降低。

目前，人们对青霉素的研究主要集中在两个方面，一是高产青霉素菌株的筛选构建，提高菌株的发酵生产能力（国外菌株发酵能力约为我国的1.8倍）；二是进一步降低青霉素发酵生产成本（国外发酵生产成本占售价的25％，我国是50％～60％）。

除了以青霉素为代表的人用抗生素外，我国农用抗生素——井冈霉素的产量居世界第一位，还有很多新型农用抗生素（即生物农药）如阿维菌素（abamectin）、多拉菌素（duoramactin）、莫西菌素（moxidectin）也是当今研究的主要热点。

15.7 酶制剂的发酵生产

人们利用微生物生产酶具有悠久的历史，最有代表性的就是制曲酿酒。目前从自然界中发现的酶已达2500多种，其中数百种已经得到结晶，有工业应用价值的有60种左右，而目前工业上已大量生产的只有20多种。

15.7.1 酶制剂的应用

近十年来酶制剂除了在食品、洗涤剂等传统应用领域外，在其他行业的应用也越来越广泛，得到了显著的发展。

① 有机合成和制药工业中的应用 将酶反应和常规的化学合成反应结合，用酶反应代替其中的一些有机合成反应步骤，可以降低生产成本，减少污染，减少副产物的产生，提高收率。

② 医学上的应用　酶广泛用于治疗各种疾病，酶疗法是临床上的一种重要手段，如淀粉酶、蛋白酶广泛用作消化剂，尿激酶、链激酶可以缓解血栓等。

③ 分析化学和临床检验中的应用　高纯度的试剂酶是用于分析化学和临床检验的极重要的工具。酶法分析具有微量、灵敏、精确、高效的特点。若将试剂酶固定化后与离子选择性电极相结合而构成一种酶电极，可作为自动分析仪器的传感器，这种自动分析仪已是近代分析化学与临床检验的有力工具。

④ 生物工程的应用　在基因工程和蛋白质工程上广泛应用到各种酶试剂，这些酶试剂在生物工程中的广泛应用，将极大地推动 21 世纪生命科学的发展。

15.7.2　酶制剂的生产

早期的酶都是从动物、植物中提取的，但动植物资源受到各种条件的限制，不易扩大生产。微生物具有生长迅速，种类繁多的特点，而且几乎所有的动植物酶都可以由微生物发酵生产，且微生物易变异，通过菌种改良可以进一步提高酶的产量，改善酶的性质。因此，目前工业酶制剂几乎都是用微生物发酵进行大规模生产的。微生物发酵法生产酶，一般分为固态法和液体深层发酵法，具体采用哪种发酵方法，应根据微生物的种类和酶的种类的不同，通过详细的试验研究后确定。

(1) 固态发酵法　固态发酵法中微生物的培养基是固态，一般使用麸皮作为培养基。通常是在曲房内将培养基拌入种曲后（固态，含水量 60％左右）铺成薄层（1cm 左右）在曲盘或带子上，接种后置于多层的架子上进行微生物的培养。培养过程中控制曲房的温度和湿度，逐日测定酶的活力，待菌丝布满基质、酶活力达到最大值后，即可终止培养，进行酶的提取。

固态培养法一般适用于霉菌的生产。这种方法起源于我国酿造行业特有的传统制曲技术。生产简单易行，但劳动强度高。由于固态培养法有许多优点，近年来又有新的发展，如通风制曲工艺，曲箱中麸皮培养基的厚度可达 30～60cm，而且随着机械化程度的提高，固态培养法在酶制剂的生产中仍占据着重要的地位。

(2) 液体深层培养法　同其他好氧发酵产品的生产一样，采用在带有通气搅拌的发酵罐中进行微生物液体深层培养，是目前酶制剂发酵生产中应用最广泛的方法。液体深层发酵法机械化程度高，发酵条件易控制，而且酶的产率高、质量好。因此，许多酶制剂产品都趋向于用液体深层培养法来生产，但是液体深层培养的无菌要求高，在生产上要特别注意防止污染杂菌。

15.7.3　α-淀粉酶的生产

工业上 α-淀粉酶的生产主要来自于细菌和霉菌。霉菌 α-淀粉酶的生产大多采用固体曲法生产，细菌 α-淀粉酶的生产则以液体深层发酵法为主。用霉菌生产时宜在微酸性条件下培养，细菌一般宜在中性至微碱性条件下培养。微生物生产的 α-淀粉酶，根据作用的最适温度不同一般可分为 α-淀粉酶和耐高温 α-淀粉酶两种。大多数微生物分泌的 α-淀粉酶液化淀粉的温度只能维持在 80～90℃，而有些微生物如地衣芽孢杆菌分泌的 α-淀粉酶适用于高温 105～110℃下液化淀粉，可以显著缩短反应时间，提高得率和有助于糖化液的精制。

微生物 α-淀粉酶的生产一般在酶活达到高峰时结束发酵并离心，以硅藻土作为助滤剂去除菌体及不溶物。在钙离子存在下低温真空浓缩后，加入防腐剂、稳定剂以及缓冲剂后就成为成品。这种液体的细菌 α-淀粉酶呈暗褐色，在室温下可放置数月不失活。为制造高活性的 α-淀粉酶并便于储运，可把发酵液用硫酸铵或有机沉淀剂沉淀制成粉状酶制剂。这种粉状酶制剂最好贮藏在 25℃以下、干燥、避光的地方。

有些菌株在合成 α-淀粉酶时同时产生一定比例的蛋白酶，这种蛋白酶的存在不仅影响使用效果，还会引起 α-淀粉酶在储藏过程中的失活。夹杂的蛋白酶量越大，失活就越严重，利用蛋白酶比淀粉酶的耐热性差，将 α-淀粉酶的发酵液加热处理后再进行 α-淀粉酶的分离纯化可以使淀粉酶的储藏稳定性大为提高。

15.7.3.1 米曲霉固态法生产 α-淀粉酶工艺

米曲霉 612 或 2120 固体厚层通风制曲法生产 α-淀粉酶工艺流程见图 15-7 所示。

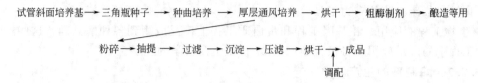

图 15-7 米曲霉固体厚层通风制曲法生产 α-淀粉酶工艺流程

（1）发酵 将试管斜面（于 32～34℃ 培养 70～72h）接种到 500mL 的三角瓶中，摇匀于 32～34℃ 下培养 3d，待菌体大量生长孢子转成黄绿色时，即可作为种子用于制备种曲。

厚层通风固体发酵时，将蒸煮 1h 后的培养基冷却到 30℃ 时接入 0.5% 的种曲，拌匀后入池发酵。前期温度控制在 30℃ 左右，每隔 2h 通风 20min，当池内温度升至 36℃ 以上时则需要连续通风，使温度控制在 34～36℃。当池内温度开始下降后 2～3h 则通冷风使温度降到 20℃ 左右出池，整个发酵过程约需要 28h。

（2）提取 提取方法有多种，如一种方法是直接把麸曲在低温下烘干，作为酿造工业上使用的粗酶制剂，特点是得率高、制造工艺简单，但酶活性单位低，含杂质较多。另一种方法是把麸曲用水或稀释盐水浸出酶后，经过滤和离心除去不溶物后然用酒精沉淀或硫酸铵盐析，酶泥滤出烘干，粉碎后加乳糖作为填充剂最后制成助消化药、酿造等用的酶制剂。它的特点是酶活性单位高，含杂质较少，但得率低、成本高。

15.7.3.2 枯草杆菌 BF-7658 液体深层发酵生产 α-淀粉酶工艺

枯草杆菌 BF-7658 淀粉酶是我国产量最大，用途最广的一种液化型 α-淀粉酶，其最适温度 65℃ 左右，最适 pH 6.5 左右，pH 低于 6 或高于 10 时，酶活显著下降。其在淀粉浆中的最适温度为 80～85℃，90℃ 保温 10min，酶活保留 87%。

枯草杆菌的 BF-7658 深层液体发酵生产淀粉酶的工艺流程如图 15-8 所示。

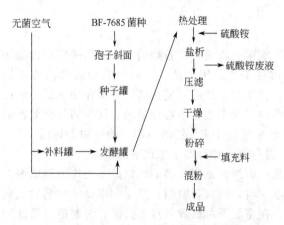

图 15-8 BF-7685 枯草杆菌 α-淀粉酶生产工艺流程

（1）发酵 孢子培养一般采用马铃薯培养基，于 37℃ 下培养 72h，使菌体全部形成孢子时即为成熟。种子培养维持罐温（37±1）℃，罐压 0.5～0.8atm，10h 后加大通气量，当菌体处于对数生长期后期，立刻接种至大罐。种子培养一般 14h 左右。发酵控制温度 37℃，罐压 0.5atm，通气量 0～12h 控制 0.5～0.6VVM，12h 后控制在 0.8～1.0VVM，发酵后期控制在 0.9VVM。发酵培养一般采用补料工艺，这样一方面可解除分解代谢阻遏效应，另一方面也有利于 pH 的调节，最终达到提高产量的作用。补料体积和基础培养基体积一般为 1∶3 左右。从 10h 左右开始补加，一般前期、后期少，中期大，根据菌体的生长情况来调整。当 pH 低于 6.5，细胞生长粗壮时可酌减；当 pH 高于 6.5 细胞出现衰老并有空胞时可酌增，发酵周期一般为 40h。

（2）提取　工业上提取 α-淀粉酶一般采用硫酸铵盐析法。硫酸铵浓度、酶液的浓度和 pH 对盐析效果都有影响，甚至 α-淀粉酶来源或菌种不同对硫酸铵浓度的要求也不同，如枯草杆菌 α-淀粉酶硫酸铵浓度一般为 37%～50% 不等。

15.7.3.3　其他酶的生产

除了常见的 α-淀粉酶外，其他的一些酶也受到人们的重视，如木聚糖酶、植酸酶、极端酶等，现分别简介如下。

（1）木聚糖酶　木聚糖酶（xylanase EC.3.2.18.X）是一类能够特异降解木聚糖的酶系，属于水解酶类，包括内切 β-木聚糖酶、外切 β-木聚糖酶和 β-木二糖苷酶。已知木聚糖酶可以由多种生物合成，以微生物合成为主。

木聚糖酶可以应用于能源工业中，促进生物量转化，也可作为食品、饮料工业用酶制剂。应用在保健品等方面，可以用于水解农业有机废料生产酒精，也可在制浆造纸中用于预漂白。现在已知能够产生木聚糖酶的菌种包括细菌、真菌、黑曲霉、木霉等，不同来源的木聚糖酶的催化特性是有差异的，有不同的最适 pH 和最适作用温度，金属离子对不同来源的木聚糖酶活性的影响各不相同。木聚糖酶水解木聚糖主链骨架的 β-1,4-糖苷键，其水解产物主要为低聚木糖、少量的木糖和阿拉伯糖。产木聚糖酶的菌株往往同时产生一定量的纤维素酶。

迄今，木聚糖酶主要由微生物生产，已报道能生产木聚糖酶的微生物有丝状真菌、细菌和链霉菌等。微生物产生的木聚糖酶具有多样性，即常常产生不止一种类型的木聚糖酶，而且这些木聚糖酶的特性也存在差异。造成微生物木聚糖酶多样性的原因很多：或者是不同基因的产物，或者是由于微生物分泌蛋白酶的水解作用，或者是由于不同程度的修饰作用如糖基化、酰胺化和聚合等。木聚糖酶可广泛应用于造纸、食品、饲料、生物转化等行业。近几十年来，木聚糖酶的应用潜力一直为众多的研究者所关注。国内外对木聚糖酶的研究已比较深入，从菌种筛选、诱导产酶、酶的分离纯化、酶学特性以及木聚糖酶基因的克隆与表达等方面都有大量报道。国内对木聚糖酶的研究起步较晚，但由于其具备良好的应用前景，发展较快，已有多家单位进行了许多不同的研究开发工作。

（2）植酸酶　植酸酶（phytase）是催化植酸及其盐类水解成肌醇和磷酸的一类酶的总称。它可添加于食品与饲料中，能消除因不能降解的植酸所引起的抗营养作用，提高机体对蛋白质及多种微量元素的利用率，同时降低粪便中磷的含量，从而减少环境中磷的积累污染，有利于保护生态环境。尤为重要的是，植酸酶能将植酸盐水解成肌醇磷酸，肌醇磷酸对治疗心脏病疗效显著，并且在抑制肾结石、结肠癌、糖尿病并发症的产生和抗炎症等方面都有重要的作用，所以，植酸酶在生化制药方面具有重要作用。

目前，国内外学者公认的植酸酶有两种，即 6-植酸酶（E.C.3.1.3.26）和 3-植酸酶（E.C.3.1.3.8）。这是根据植酸酶作用于植酸的起始位置而分类的，作用于第 6 位 O-P 的植酸酶称为 6-植酸酶，从第 3 位 O-P 开始降解的植酸酶称为 3-植酸酶。目前发现的自然界中植酸酶产量最高的是真菌，因其 pH 范围广、活性高、耐热性强，是目前认为最有潜力的植酸酶，主要来源于无花果曲霉菌和黑曲霉菌的发酵生产。

（3）极端酶　在普通微生物不能生存的环境条件，如高温、低温、低 pH、高 pH、高盐度、高辐射、含抗代谢物、有机溶剂、低营养、重金属及有毒有害物等极端环境下存在一些生命体，即称为极端微生物或嗜极菌。极端微生物由于长期生活在极端的环境条件下，为适应环境，其细胞内形成了多种具有特殊功能的酶，即极端酶。极端酶的研究也日益受到人们的重视。

极端微生物是天然极端酶的主要来源，它们生活在生命边缘（高温温泉、海底、南北极、碱湖和死海等）。这类微生物包括嗜热菌、嗜冷菌、嗜盐菌、嗜碱菌、嗜酸菌、嗜压菌、耐有机溶媒、耐辐射的菌类，体内有适应于生存环境的基因、蛋白质和酶类。极端酶能在各种极端环境中起生物催化作用，它是极端微生物在极其恶劣环境中生存和繁殖的基础，根据极端酶所耐受的环境条件不同，可分为嗜热酶、嗜冷酶、嗜盐酶、嗜碱酶、嗜酸酶、嗜压酶、耐有机溶剂酶、抗代谢物酶及耐重金属酶等。由于极端酶具有超常的生物学稳定性，能够在极端条件下表现出生物学活性，因此极端酶为生物催化和生物转化提供了良机。新的极端物种的发现、基因组序列的确定及基因工程技术的应用，加快了发现和制备新酶的进程。蛋白质工程和定向进化技术进一步改善了酶的活性和特异性，促进了极端酶的工业应用。

在过去的几年里，从极端环境中发现酶的可能性大大提高，这归功于极端环境中微生物培养技术的发展。但是培养天然极端菌时，极端菌的生长速度极其缓慢，酶产量低，而且还需要使用专用仪器，这与采用标准工业发酵和下游纯化技术的工艺不同，因而极端酶的生产成本提高。目前人们已经应用微生物酶生产的经典路线来获得极端酶，该路线涉及纯培养生物体的分离、对来自天然宿主相应基因的克隆与表达方面。其中最为重要的是将极端菌的基因转移到普通宿主菌中，这样就可以在温和的条件下利用普通微生物来生产极端酶，从而建立大量制备极端酶的方法和生产路线，使极端酶能够广泛应用于工业生产。

极端酶对传统酶制剂工业的影响和推动是毫无疑问的。但是，至今只有一小部分极端酶被分离纯化，应用于生产实践的极端酶则更少。随着越来越多的极端微生物被分离鉴定、极端酶被分离纯化，极端酶在生物催化和生物转化中的应用将会进一步得到拓展。

目前，酶制剂的研究主要集中在发现新酶，特别是极端酶以及酶的深层发酵工艺优化控制等方面。当然，酶的结构与功能研究以及通过蛋白质工程和酶工程获得活性更高的酶制剂及其大规模生产技术仍然是重中之重的研究内容。

15.8 多糖类产品的发酵生产

多糖是由糖苷键连接起来的醛糖或酮糖组成的天然大分子物质。仅由一种单糖组成的多糖称为均一多糖，而由一种以上的单糖组成的多糖称为杂多糖。自然界中，多糖一般来自于高等植物、动物细胞膜、微生物的细胞壁，在海藻、真菌及高等植物中尤为丰富，是所有生命有机体的重要组成成分与维持生命所必需的结构材料。人们对糖的认识首先是把它看作食物中的能量来源。近几十年来，由于相关研究包括膜的化学功能、免疫物质的研究以及对新药物资源的寻找等，人们发现糖类在生物体中不仅可作为能量资源或结构材料，更重要的是它参与了生命科学中细胞的各种活动，具有多种多样的生物学功能。因此糖的研究逐步活跃起来，其中，一些分子量在几千以上，具有很强生物活性的多糖的研究日益受到重视。

到目前为止，已从自然界分离出几百种多糖。经过近十多年的大量研究证明，多糖具有许多生物活性。活性多糖的生物功能是目前的研究焦点之一。近年来，有大量有关多糖保健功能的研究报道，主要集中在多糖的促进免疫、抗肿瘤、抗突变、降血脂、抗病毒等方面。目前，已实现产业化生产的有香菇多糖、芸芝多糖、黄原胶、透明质酸等。

香菇又名香蕈或香菌，属担子菌亚门，伞菌目，侧耳科，香菇属。作为著名的食用菌类，其在营养、保健、医疗等方面存在的巨大应用潜力近年来备受关注，香菇子实体、菌丝体及发酵液均具抗癌、保肝、降胆固醇、提高机体免疫力的作用，其中起主要作用的有效物质即为香菇多糖。以工业发酵的手段可使香菇菌丝在短时间内快速生长并获取多糖，具有生产周期短、产量高、适于工业化开发等优点，因此具有良好的经济价值。香菇多糖的液体深层发酵工艺如图 15-9 所示。

保藏菌种──→发酵培养用母种──→一级摇瓶菌种──→二级摇瓶菌种──→种子罐发酵罐──→检验放罐

图 15-9 香菇多糖的液体深层发酵工艺

发酵培养基为玉米粉 10g/L，豆饼粉 20g/L，葡萄糖 20g/L，磷酸二氢钾 1g/L，硫酸镁 1g/L，自然 pH。发酵工艺步骤是，保藏的菌种使用前于室温下活化过夜后，在（25±1）℃下经过多级摇瓶培养。在种子成熟后，按装液量 10% 的接种量接入发酵罐中培养，在（25±1）℃、通气量为 1.0VVM、搅拌转速为 150r/min 的条件下培养 4d 后放罐。放罐标准为生物量（鲜重）达到约 300g/L 且无杂菌。所获得的发酵液经破壁处理、过滤、低温提取、减压浓缩等后处理步骤即获香菇多糖浓缩液，再经沉淀、多级洗涤、干燥处理、粉碎等步骤即可获多糖粉。

多糖发酵已越来越成为现代发酵工业的重要组成部分。近年来，尤其在热凝胶、结冷胶、裂褶菌多糖以及各种糖缀合物等的研究和发酵生产与应用方面取得了长足的进展。

15.9 维生素类产品的发酵生产

维生素是一类性质各异的低分子有机化合物，是维持人体正常生理生化功能不可缺少的营养物质。它们不能在人和动物的组织内合成，必须从外界摄取。不同的维生素其化学组成差异很大，根据其溶解性，一般可分成两大类，脂溶性维生素和水溶性维生素。

(1) 脂溶性维生素　脂溶性维生素均不溶于水，一般与类脂物共存于食物中，并可从食物中提取。这类维生素可与食物脂肪同时被人类或动物体吸收，一般不从小便中排出而在生物体内贮存起来。脂溶性维生素包含有维生素 A（A_1、A_2），维生素 D（D_2、D_3），维生素 E 和维生素 K（K_1、K_2、K_3）。

维生素 A 对氧化剂十分敏感。常用于治疗抵抗力降低、皮肤和黏膜受损及黑暗适应力障碍等。

维生素 D 对氧化剂、光和酸都很敏感。使用维生素 D 是使钙磷代谢正常化，以预防和治疗佝偻病。在妇女妊娠和哺乳期中，对维生素 D 的需要有所增加。

维生素 E 有多种生理功能。对心血管病、肌肉病以及先兆性流产均有显著作用。

维生素 K_1 能在空气中缓慢地氧化，对热较稳定，但能被光和碱迅速破坏。主要用以治疗因药物引起的凝血障碍等。

(2) 水溶性维生素　水溶性维生素可溶于水，通常在生物体内没有显著的储存，多余的则从小便中排出。因此，需要经常地从食物和饮料中给予补充。水溶性维生素主要包括有 B 族维生素、菸酸（又称尼克酸）、生物素（维生素 H）和维生素 C 等。纯的水溶性维生素通常都很稳定，但在水溶液中，它们对诸多因素较敏感。

维生素 C 除了用于治疗坏血病外，主要应用于综合性治疗和预防感染。维生素 C 还用于对抗药物有毒作用以及外伤愈合不良等。

维生素 B_1 缺乏会引起严重的功能紊乱，因而主要适用于治疗神经类和心脏功能障碍。

维生素 B_2、菸酰胺和生物素以及维生素 B 复合体，与其他 B 族维生素一起，可用于多种维生素制剂中。

叶酸与维生素 B_{12} 的作用密切相关，常用于治疗各种类型的贫血病，在医疗上已得到了广泛应用。

维生素 C（V_C）是应用非常广泛的一类维生素，现以 V_C 为例介绍维生素的生产原理与技术。

V_C 最早由德国的莱奇司登等人于 1935 年利用 D-山梨醇作为原料，经弱氧化醋酸杆菌一步发酵生成 L-山梨糖，再经化学合成法制备 V_C 获得成功，以后国内外均沿用此法（通称"莱氏法"）进行生产。在这个方法中要用强氧化剂将 L-山梨糖在 4 位的伯醇基氧化生成 V_C 的重要前体——2-酮基-L-古龙酸（简称 2-KLG）。为了保护 C_6 位的伯醇基不被氧化，就必须在硫酸存在下先用丙酮处理 L-山梨糖，形成双丙酮衍生物。氧化后还必须水解生成二异丙叉衍生物，再经转化而得到 V_C。由于莱氏法需要多步反应，连续操作有困难，从 20 世纪 60 年代初期开始，中国和美国、法国、日本、德国等国的科研工作者相继进行了简化和缩短莱氏法反应路线的研究，重点都集中在微生物发酵，将 D-山梨醇或 L-山梨糖作为原料直接转化成 2-酮基-L-古龙酸。70 年代初，中国科学院微生物研究所与北京制药厂等单位合作，筛选得到一株以氧化葡萄糖酸杆菌为主要产酸菌，以条纹假单胞杆菌为伴生菌的自然组合菌株。单独培养时，前者生长差且产酸微弱，而后者根本不产酸，因此混合菌株能将 L-山梨糖继续氧化生成维生素 C 的前体——2-酮基-L-古龙酸，最后经化学转化制备成 V_C。以后在生产实践中采用上述产酸菌株氧化葡萄糖酸杆菌人为地与某种芽孢杆菌或其他的假单胞杆菌混合培养，亦同样可获得高产量的 2-酮基-L-古龙酸来制备 V_C。这一方法称为二步发酵法。

　　由 D-山梨醇制造 L-山梨糖的一步发酵产生菌除了利用弱氧化醋酸杆菌外，利用生黑葡萄糖酸杆菌、恶臭醋酸杆菌、纹膜醋酸杆菌和拟胶杆菌也可进行这种氧化。L-山梨糖是 V_C 生产的一种主要原料，由 L-山梨糖发酵制备 2-酮基-L-古龙酸的微生物除上述的混合菌株外，荧光假单胞杆菌和双黄假单胞杆菌也可产生少量的 2-酮基-L-古龙酸。

　　在 V_C 的山梨醇发酵和二步发酵生产中起主要氧化作用的葡萄糖酸杆菌对作用底物（D-山梨醇或 L-山梨糖）的分子结构进行特异性改变，是典型的微生物转化。该属的细菌是革兰阴性细菌，细胞呈长或短杆状，极生鞭毛或不具鞭毛，能在 pH 4.5 时生长，可氧化葡萄糖生成葡萄糖酸并具有多元醇生酮作用。最适生长温度可在 28～30℃（生黑葡萄糖酸杆菌）或 20～25℃（氧化葡萄糖酸杆菌）。这个属的细菌在工业上应用广泛，能氧化多种基质形成有用的产物。

　　在 V_C 二步发酵的生产过程中，能与产酸菌——氧化葡萄糖酸杆菌组合菌株的伴生菌很多，其中由芽孢杆菌的几株菌所组合的混合菌株产酸较高，且便于观察两种菌株在形态上的差异，有利于生产控制。常用的芽孢杆菌有巨大芽孢杆菌、蜡状芽孢杆菌和软化芽孢杆菌。这几种芽孢杆菌的共同特点是革兰阳性或不定，细胞杆状，周生鞭毛，营养细胞生长18～48h 的不同期间内可形成芽孢，芽孢为椭圆到圆柱形，中生或次端生，壁薄。在肉汤培养基上或 L-山梨糖酵母膏培养基上均生长良好。

　　当 D-山梨醇经过第一步醋酸菌发酵后，必须对生成的 L-山梨糖（醪液）于 80℃ 加热 10min，以杀死第一步发酵微生物细胞，然后加入一定比例的灭过菌的辅料（玉米浆、尿素及无机盐等），再开始第二步的混合菌株发酵。发酵初期温度较低 [(30±1)℃]，pH 6.7～7.0，两种菌生长均很正常。当作为伴生菌的芽孢杆菌开始形成芽孢时，产酸菌株开始产生 2-酮基-L-古龙酸，直到完全形成芽孢后和出现游离芽孢时，产酸到达高峰，以保持产酸的正常进行。此过程中往往采取定期滴加少量碱液的方法调节 pH，使 pH 保持在 7.0 左右。发酵到达终点时，温度略高 [(32±1)℃]，pH 在 7.2 左右，而游离芽孢及残存的芽孢杆菌菌体已逐步自溶成碎片，用显微镜观察已无法区分两种细菌细胞的差别，这时整个产酸反应过程也就结束了。因而，根据芽孢的形成时间来控制发酵是一种有效的办法，在整个发酵期间，保持一定数量的氧化葡萄糖酸杆菌（产酸菌）是发酵的关键，从 D-山梨醇发酵开始直至二步发酵产生 2-酮基-L-古龙酸并再经化学转化和精制产生维生素 C 的整个三级生产过程大约需要 76～80h 方可完成。二步发酵法生产维生素 C 的工艺流程如图 15-10 所示。

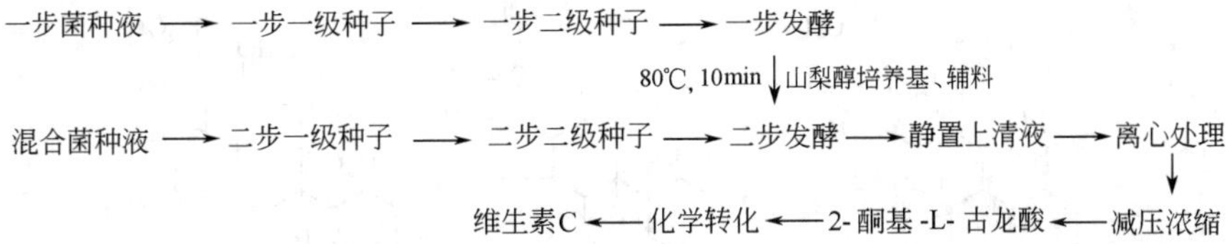

一步菌种液 ⟶ 一步一级种子 ⟶ 一步二级种子 ⟶ 一步发酵

80℃，10min ↓ 山梨醇培养基、辅料

混合菌种液 ⟶ 二步一级种子 ⟶ 二步二级种子 ⟶ 二步发酵 ⟶ 静置上清液 ⟶ 离心处理

维生素C ⟵ 化学转化 ⟵ 2-酮基-L-古龙酸 ⟵ 减压浓缩

图 15-10　二步发酵法生产维生素 C 工艺流程

15.10　甾体激素的微生物转化

甾体化合物又称类固醇化合物，普遍存在于动植物组织内，医药上有重要地位的有肾上腺皮质激素如皮质酮和氢化可的松、孕激素、雄激素如睾酮以及雌激素如雌二醇等。甾体化合物具有共同的环戊烷多氢菲核（C_{17}）母核，结构通式见图 15-11。

在此核的第 10 和 13 位一般连有甲基，个别为—CH_2OH 及—CHO 基团；第 3、11 及 17 位可有羟基和酮基；A 及 B 环可有双键；第 17 位可有长短不同的侧链。

甾体激素对机体起着非常重要的调节作用，如具有抗炎症、抗变态反应性等功能，可治疗类风湿性关节炎、湿疹等皮肤病。甾体激素类药物的工业生产是用天然甾体化合物（如豆甾醇、薯芋皂苷配基、胆碱等）为原料，一般以化学合成法为主，其中用化学方法难以解决的关键反应可以采用微生物酶对底物的专一作用来进行。微生物转化具有专一性、产量高、反应条件温和等特点。用微生物进行甾体转化的反应类型有氧化、还原、水解及酯化等甾体转化，所用的微生物通常有酵母菌、霉菌、细菌、放线菌等。

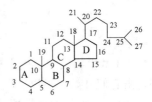

图 15-11　甾体化合物母核的基本结构

微生物法生产甾体激素使其成本大大降低，如 1949 年可的松每克 30 \$，而 1965 年低于每克 1 \$。这是由于化学合成法需要 37 个步骤，其中将脱氧胆酸 12 位上的氧移至 11 位就需要 10 个工序，而微生物法只需一步就可将黄体酮转为 11α-羟基黄体酮，得到的 11α-羟基黄体酮即可转化成可的松或氢化可的松。

微生物转化方法有两种，一种是先培养微生物，收集成熟的微生物再进行转化反应；另一种是微生物生长和转化在同一发酵罐内进行。常用的微生物转化甾体化合物生产工艺是先把菌种按常规发酵方法培养后，加入溶于溶媒中的甾体化合物。在一定的条件下培养，加入的甾体化合物就会转化为所需的产物。培养液中的产物可用不同的溶媒（如乙酸乙酯、乙酸丁酯、氯仿等）进行抽提。

用于甾体化合物转化的微生物有酵母、霉菌、细菌、放线菌等，还可采用担子菌、半知菌等活性强的菌株。降解甾体化合物的常见微生物有简单节杆菌、玫瑰色芽孢杆菌、球形芽孢杆菌、溶脂短杆菌、马棒杆菌、珊瑚诺卡菌、红平诺卡菌、加氏诺卡菌、最小诺卡菌等。

甾体化合物的分析可采用纸色谱技术（PC）、薄层色谱技术（TLC）、气相色谱技术（VPC）以及分光光度法。当甾体化合物的 4、5 位上有不饱和双键，3 位有酮基时，转变成 1、2 位和 4、5 位有不饱和双键，3 位有酮基的甾体化合物，会发生紫外漂移，可在抽提物中进行脱氢反应，如皮质醇中间产物转变成脱氢皮质醇中间产物。这时在 243nm 处的吸光度稍有下降，而在 268nm 处的吸光度却大大升高。

肾上腺皮质激素是肾上腺皮质分泌的各类皮质类固醇的总称。皮质激素以氢化可的松为代表，又称可的松类。这类激素的结构式如下图 15-12。

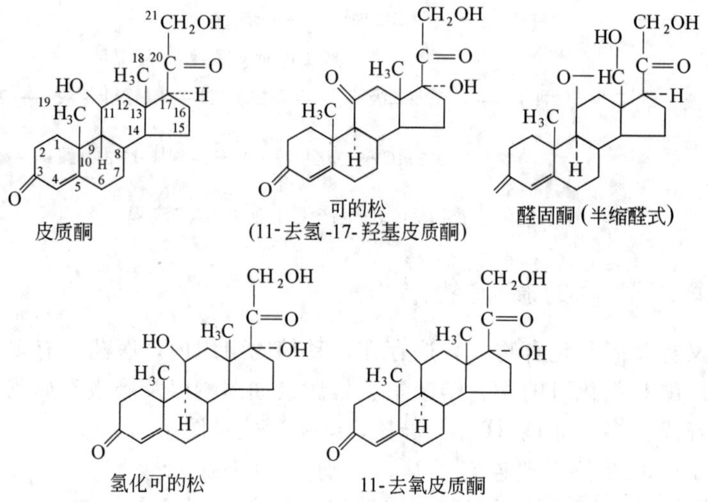

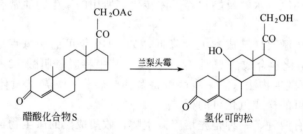

图 15-12 各类皮质类固醇的化学结构式

（图中标注：皮质酮、可的松（11-去氢-17-羟基皮质酮）、醛固酮（半缩醛式）、氢化可的松、11-去氧皮质酮）

在微生物发酵法生产皮质激素时，最重要的转化起始物质是孕甾酮和 Reichstein 物质 S，由它们开始，可以产生一系列甾体化合物。

孕甾酮可用蛇孢壶菌（*Ophiobolus herpotrichus*）转化成脱氧皮质甾酮，再用粉红单端孢霉（*Trichothecium roseum*）进一步转化成 11-脱氧皮质醇 Reichstein 物质 S。

15.10.1 由醋酸化合物 S 生产氢化可的松

（1）反应利用 醋酸化合物 S 生产氢化可的松的反应式如图 15-13 所示。

图 15-13 由醋酸化合物 S 生产氢化可的松的反应

（2）生产工艺 菌种是兰梨头霉，培养基组成（％）为：糊精 2.5，玉米浆 0.6，$(NH_4)_2HPO_4$ 0.25；K_2HPO_4 0.25，$MgSO_4$ 0.6，KCl 0.6，pH 6.7。

发酵培养条件为 0.5VVM（通气），搅拌转速为 200r/min，温度 28℃，发酵周期约 28h。然后用 20％NaOH 调节 pH 为 6.0～6.2，投入醋酸化合物 S 的乙醇溶液（0.28％：4.5％），氧化反应在 28℃进行 48h。达到放罐指标时，过滤除去菌体，滤液用离子交换树脂吸附，用乙醇洗脱。洗脱液减压浓缩后，冷却至 10℃结晶，经过滤、干燥，得到氢化可的松粗制品。粗品用甲醇、二氯乙烷混合溶剂处理，再用甲醇溶解，活性炭脱色，加热过滤，冷却至 2℃，自然结晶。再经过滤、干燥可得到氢化可的松纯品，此工艺的收率可达 45％（质量比）。

15.10.2 利用简单节杆菌将氢化可的松转化成强的松龙

（1）反应 简单节杆菌将氢化可的松转化成强的松龙的反应式如图 15-14 所示。

（2）生产工艺 菌种是简单节杆菌，斜面培养基组成（％）为：酵母膏 1％，葡萄糖

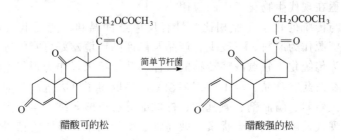

图 15-14 利用简单节杆菌将氢化可的松转化成强的松龙的反应

1%，琼脂 2%。种子和发酵培养基组成（%）为：葡萄糖 0.5%，玉米浆 0.5%，蛋白胨 0.25%，KH_2PO_4 0.1%，pH 6.7。

种子在 28℃ 通气搅拌培养 20h 左右，接种至发酵罐中发酵培养 12h 后，加入氢化可的松的乙醇溶液（0.18%：5%），转化反应进行 5h 后，色谱检查。发酵结束后，加热至 80℃ 杀菌，冷却后放罐。发酵液用离子交换树脂吸附，乙醇洗脱，经浓缩，10℃ 以下结晶、过滤、干燥，得强的松龙粗品。粗品用醋酐吡啶乙酰化得到醋酸强的松龙，整个生产工艺的总收率约为 75%。

15.10.3 以醋酸可的松为原料生产醋酸强的松

（1）反应　以醋酸可的松为原料生产醋酸强的松反应式如图 15-15 所示。

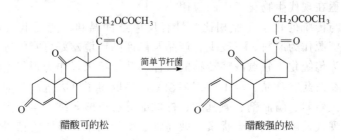

醋酸可的松　　　　　　　　简单节杆菌　　　　　　　　醋酸强的松

图 15-15　以醋酸可的松为原料生产醋酸强的松的反应

（2）生产工艺　菌种是简单节杆菌，发酵培养基组成（%）为：葡萄糖 0.6，玉米浆 0.6，蛋白胨 0.4，KH_2PO_4 0.15，消泡剂 0.1，pH 7~7.5。

发酵培养：取简单节杆菌的斜面，接入已灭菌好的培养基中，进行菌体培养。培养条件为温度 28℃，通气量 0.33VVM，搅拌转速 200~300r/min，培养时间 24h 左右，其质量标准是镜检合格，菌体生长整齐。取少许菌液于 28℃ 保持恒温数分钟，滴入 2 滴 1% 的 2，3，5-氯化三苯基四氮唑水溶液，1min 内菌液在脱氢酶的作用下变成红色。同时用比色计红色滤色片测菌液的透光度，透光率<50%。这时可加入醋酸可的松，先用发酵液把醋酸可的松调成糊状倒入发酵罐内，再倒入一些乙醇。转化反应在 32℃ 进行，通气搅拌。转化时间为 40~60h，采用分光光度计分别在 240nm（可的松）和 263nm（强的松）测定其吸收峰，两者比值在 1.95~2.05 范围（即转化率在 90%~95%）时，反应结束。

pH 对简单杆菌的影响十分显著。据报道在 pH 6.0 以下和 8.0 以上时，转化难以进行，而在 7.0~8.0 之间时，转化比值可在 2.05 以下，转化率在 90% 以上。醋酸可的松投入量可达 4% 以上，乙醇加入量为 7%。转化后的发酵液用离心机甩干，用 70% 丙酮精制并结晶，工艺收率约为 85%。

16 发酵工程在现代生物化工中的应用

随着发酵工程等生物技术的迅速发展，人们利用现代生物技术创造出了许多新产品，为解决人类面临的健康、食品、能源、资源、环境等重大问题开辟了新的途径，同时也促进了医药、农业、轻工、食品、化工等行业的更新和发展。随着石油短缺的形势日趋严峻，石油燃料和石油化工产品的生产将越来越受到原料短缺的限制，开发新的能源和石油化工产品的替代品迫在眉睫，可再生的生物质资源的深加工及综合利用被认为是解决这一问题的最佳途径。这一办法不仅可以解决未来的能源和化工原料短缺问题，而且还可以缓解和解决越来越严重的环境污染问题。通过微生物的降解、合成与转化作用，可将生物质转变为乙醇、生物柴油、氢气、沼气等燃料和各种有机酸、有机溶剂、生物材料以及色素、涂料等现代可降解的新型化工原料。可见，传统的发酵工程在现代生物技术的支持下将展现蓬勃生机，在现代工业体系的形成和发展中发挥越来越重要的作用。目前，西方各国许多大型企业，特别是石油、化工等领域的企业都投入了大量资金进行行业技术改造和产业结构调整方面的新技术研究开发，重点围绕以发酵工程为产业核心的生物技术的研究与应用，取得了一系列重大成果，促进了发酵工程在现代生物化工中的应用。

现代生物化工与传统的化学工业相比，具有反应条件温和、能耗低、效率高、选择性强、利用可再生性资源作为原料、三废少、产品及副产品环境友好可降解等诸多优点，因此现代生物化工已成为传统化工领域战略转移的目标。几十年来，作为现代生物化工的重要支柱——发酵工程，在医药、食品、轻工等许多领域已经取得了巨大进展，如传统发酵工程在乙醇等有机溶剂、抗生素、酶制剂、氨基酸、柠檬酸等有机酸，维生素等产品的生产方面取得了巨大成就；而现代发酵工程在干扰素、胰岛素、生长因子、核酸疫苗等许多新型发酵产业中发挥了巨大作用。

生物技术成果的产业化多数是通过发酵工程来实施，因此发酵工程的产业需求和应用领域越来越广泛，如在医药、食品、饲料、生物材料、可降解的高分子材料、能源物质等领域都有着十分广泛的应用。

16.1 发酵工程在生物医药领域的应用

目前，我国重点发展的生物医药领域大致包括以下七大方面。

① 传统抗生素生产工艺的改造。采用基因工程、细胞工程及代谢工程等技术和传统发酵工程相结合的方法，选育优良菌种，采用先进的生产技术及工艺，对传统抗生素生产工艺进行技术改造。

② 发展氨基酸工业和开发甾体激素发酵产品。

③ 开发活性蛋白与多肽类药物，重点是干扰素、生长激素以及其他蛋白多肽类新型发酵药物。

④ 应用微生物转化法及酶固定化技术对现有传统发酵工艺进行技术改造。

⑤ 开发各种疫苗、酶制剂以及诊断试剂，尤其是乙肝基因疫苗及各种酶制剂、单克隆抗体诊断试剂的发酵生产。

⑥ 中草药微生物转化及新的有效生物活性成分的大量生产是中药生物技术的主要部分。

⑦ 以治疗肿瘤药物为重点，开发靶标药物及其生产技术。

其中，大部分与发酵工程有关，或需要通过发酵工程来实现。下面就选择一些发酵工程的重要应用方面进行介绍。

16.1.1 抗生素的发酵生产

目前，抗生素主要来源于微生物发酵生产，而且，随着研究的不断深入，抗生素的应用范围也越来越广泛，不仅可用于治疗细菌感染，而且可用于治疗肿瘤以及由原虫、病毒和立克次体所引起的疾病，有些抗生素还有刺激动植物生长的作用。自 1929 年英国人发现青霉菌分泌青霉素能抑制葡萄球菌生长以后，相继发现了链霉素、氯霉素、金霉素、土霉素、四环素、新霉素和红霉素等抗生素。在近几十年内，抗生素的研究又有了飞速发展，已找到的抗生素有数千种，其中具有临床使用价值并已通过发酵法大规模生产和广泛应用的多达百余种。目前，以抗肿瘤、抗病毒、抗真菌、抗原虫、广谱和抗耐药菌的抗生素筛选及其大规模发酵生产为主要研究方向，人们已成功地建立了用于治疗艾滋病、抗老年性痴呆症、消除肥胖症、控制糖尿病、抑制前列腺肿大的抗生素筛选模型，有望在近几年内取得具有以上新的治疗作用的抗生素。因此，新型抗生素的研究及其现代发酵技术开发仍然是当前抗生素工业研究的重大课题。

16.1.2 维生素类药物的发酵生产

维生素作为六大生命要素之一，是生命体生理活动所必需的。V_A 的前体 β-胡萝卜素及 V_C 和 V_E 均为抗氧化剂，能保护人体组织避免过氧化损伤，并能提高机体免疫力，有抗癌、抗心血管疾病和治疗白内障等功能。国内用真菌三孢布拉霉生产 β-胡萝卜素的产量达 2.0g/L，国外已达到 3～3.5g/L。黏红酵母、布拉克须霉、丛霉等真菌也具有生产 β-胡萝卜素的能力。除真菌外，球型红杆菌、瑞士乳杆菌等某些细菌也具有发酵生产类胡萝卜素的能力。V_C 的微生物发酵法已取得重要突破，利用"大小菌落"菌株混合培养生产 V_C 的工艺已经成熟，实现了产业化。目前，利用氧化葡萄糖杆菌与一种蜡状芽孢杆菌混合菌共固定化发酵技术，可将 V_C 的得率提高 80％以上，生产周期比传统工艺缩短 1/3。日本研究人员发现一种纤细裸藻能同时生产 V_C、V_E 和 β-胡萝卜素，藻体生物量可达每升培养液 20g，从中提取 V_C 和 V_E 量共为 60mg/L，β-胡萝卜素 40mg/L。生产效率比原培养方法提高 1 倍以上，生产能力优于绿藻。V_D 的前体麦角固醇可采用酵母菌发酵生产，通过对不同种属酵母菌的麦角固醇含量的测定分析发现，最高含量可达细胞干重的 6％，最低的仅为 0.3％。莫斯科大学的研究人员采用杂交方法选育到麦角固醇含量高达 2.7％的酵母高产菌。通过优化培养条件，有目的地调节关键基因的表达，可使高产菌株合成麦角固醇的产量进一步提高。

16.1.3 多烯脂肪酸的发酵生产

γ-亚麻酸（γ-linolenic acid，GLA）是人体不能合成而又必需的多烯脂肪酸，缺乏时会导致机体代谢的紊乱而引起多种疾病，如高血压、糖尿病、癌症、病毒感染以及皮肤老化等。因此，体内补充 GLA 已成为治疗疾病和抗衰老的重要手段。GLA 在体内转化为二高 γ-亚麻酸（dihomo-γ-linolenic，DGLA）和花生四烯酸（arachidonic acid，AA），两者再分别合成前列腺素类物质，从而发挥对人体生理功能的重要调节作用。AA 是 ω-6 系列的一种多不饱和脂肪酸，作为合成人体前列腺素、凝血噁烷以及白三烯的前体物质，具有广泛的生物活性，而且 AA 还具有重要的营养作用，作为人母乳的天然成分，AA 对于婴儿的神经及生理的发育必不可少，已被世界卫生组织推荐作为营养补充剂添加到婴儿配方奶粉中。高山被孢霉（Mortierella alpina）是目前 AA 的最好的生产菌种，其油脂中的脂肪酸含量可达70％，二十碳五烯酸（eicosapntemacnioc acid，EPA）和二十二碳六烯酸（docosahexaenoica，DHA）在海洋鱼中含量颇丰，是很有价值的医药保健产品，有"智能食品"之称。

日本在冷海水域找到的细小球藻中 EPA 含量高达总油量在 90% 以上，而等鞭藻的 DHA 含量为 5.4mg/g 干藻体。除海洋微细藻外，海洋中还有一种繁殖力很强的网黏菌 SR21，其干菌体生物量含脂质高达 70%，其中 DHA 含量为 30%～40%，可通过发酵生产 DHA，每升培养液产量为 4.5g，该菌 DHA 含量与海产金鲼鱼或鲣鱼眼窝脂肪相近。高产 EPA 和 DHA 微生物的发现将为其大量生产开辟新的途径。

16.1.4 医用酶制剂的发酵生产

目前，我国每年约有 60 万人死于冠心病，约 120 万人死于脑梗死、脑溢血，而美国每年约有 15 万人死于中风，约 80% 的病例是由于阻止血液流向大脑的血凝块引起而导致突发性死亡。近年来，除链激酶、尿激酶、葡萄糖激酶、金葡激酶、组织型纤溶酶激活剂等酶外，蚓激酶也得到开发应用。它们都是溶血栓的有效药物，已进入临床试用。微生物发酵生产溶栓酶前景很广阔。最近，天津科技大学的研究人员正在开展新的溶血栓酶研究。他们分离到一种根霉，能生产血栓溶解酶，溶血栓活性高且专一性强，对血细胞无分解作用，而且毒性很低。此外，日本从食品中分离到天醇激酶和纳豆激酶，能在血液中停留 10h，显示出对血纤溶蛋白的强烈分解活性，且无任何副作用，目前已经实现了基因工程菌发酵生产纳豆激酶的产业化。

16.1.5 新型保健食品的发酵生产

人口增加对粮食及其他食品的需求量不断增长。微生物工程是为人类提供食品、改善营养的重要途径。如微生物发酵生产的蛋白质，有的可直接供人食用，有的可做家畜、家禽饲料，增加人们肉食供应。我国食糖产量供不应求，除自甘蔗、甜菜中提取蔗糖外，以淀粉为原料通过酶法可生产甜度与蔗糖相当的果葡萄糖浆。另外，微生物发酵生产的新型强力甜味剂也在迅速发展，它们甜度高、低热量，代替砂糖有广阔市场，如天冬精（门冬酰苯丙氨酸四酯）甜味是砂糖的 2400 倍。

近年来，由真菌发酵生产的多不饱和脂肪酸具有防心血管疾病、防病毒感染、防皮肤老化等功效，是理想的保健品、化妆品原料。由微藻或红法夫酵母大规模培养生产的虾青素是一种非维生素 A 原的类胡萝卜素，有极强的抗氧化性能，其抗氧化能力是 V_E 的 500 倍以上，被认为是超级维生素。由于其还具有抑制肿瘤发生、增强免疫功能等许多生理功能，在功能食品和医药方面有着十分广阔的应用前景。

16.2 发酵工程在化学工业中的应用

传统化学工业由于原料的依赖性强、化学反应的条件剧烈、能耗高、产率低、副产物多、投资高、环境污染大等因素的限制，已越来越显示出其不足，利用现代发酵工程不仅可以改革传统化学工业的面貌，建立新型的现代生物化工产业，而且可制造出其他方法难以生产或价值高的稀有产品，创建节省能源、污染少的新工艺。近年来，生物技术和发酵工程的蓬勃发展，对化学工业原料、产品结构、生产工艺、精细化工产品的开发以及能源环保等方面产生了巨大影响。预计到 2010 年将有 50% 的化工产品可由生物发酵来生产。目前，除用于医药食品领域的发酵产品外，由发酵生产的化工产品也越来越多，如各种有机溶剂、有机酸类、丙烯酰胺、黏康酸、衣康酸等有机物，各种杀虫剂、抗生素等生物农药，还有可降解的高分子材料等生物材料，以及酒精、沼气等。

16.2.1 发酵工程在化工原料工业中的应用

由于石油化石能源资源日益减少，以生物质为原料，通过微生物降解、合成与转化生产的石油化工产品越来越受到人们的重视。例如，己二酸是制造尼龙纤维、聚氨基甲酸酯弹性纤维、增塑剂等的重要中间体，目前，工业上生产己二酸的方法是以石油提取的苯为原料而获得的。该法的主要问题是原料苯来源于传统的石油化工产品，且属于致癌物，腐蚀性强，需高温高压操作，危险大、能耗高。当今已经开发出以纤维素和淀粉水解得到的葡萄糖为原料，经过DNA重组技术改进的基因工程菌的发酵，将葡萄糖转化为己二烯二酸，再在温和条件下催化加氢合成己二酸的新技术。

目前，已有大量的化工原料通过微生物发酵生产获得。除乙醇、丙酮、丁醇等传统产品外，常规化学合成法制造尼龙、香料的原料癸二酸和絮凝剂原料丙烯酰胺，都已实现了发酵法生产。而且一些十分重要的化工原料，如黏康酸（昂贵的电子材料）、衣康酸（合成树脂、纤维、塑料、橡胶等制品的重要原料）、长链二羧酸（制造耐寒增塑剂、工程塑料、尼龙的重要原料）、2,3-丁二醇（合成橡胶的原料）、聚羟基丁酸酯、聚乳酸等，也都实现了工业化发酵生产。

16.2.2 发酵工程在农药生产中的应用

生物农药具有无毒、害虫不易产生抗药性等独特优点，在病虫害防治中发挥了巨大作用。研究发现，能使昆虫染病、致死的微生物包括细菌、真菌、病毒、原生动物等各种类型。其中细菌有90余种，目前，大量生产、广泛应用的细菌杀虫剂是苏云金杆菌杀虫毒素（简称Bt）。芽孢杆菌毒素（简称Bm），对人、畜、作物、鳞翅目昆虫无毒，却对家蝇、青蝇、苍蝇幼虫蛆有显著毒效。能使昆虫染病的真菌有530余种，目前大量应用的真菌杀虫剂杀虫效力高、对象专一，是极有开发前途的微生物杀虫剂。将苏云金杆菌蛋白毒素基因插入常在玉米、大豆根表聚集的荧光假单胞菌中，构成的"工程菌"不仅可杀灭地上的害虫，也是地下害虫的劲敌。

16.2.3 发酵工程在新型能源工业中的应用

能源紧张是当今世界各国都面临的亟待解决的问题。人们已经认识到，地球上的石油、煤炭、天然气等石化燃料终将枯竭，必须尽快找到可替代的新能源。由于微生物在可再生性的生物质资源的降解、合成与转化方面具有很强的优势，可以将生物质资源转变为不同形式的生物能源。如目前已经实现大规模工业化生产的生物能源有采用高性能微生物生理功能群对各种廉价的生物质资源发酵生产沼气，以及微生物加工利用生物质生产酒精。另外，采用微生物发酵生产的脂肪酶加工生物油脂生产生物柴油的技术，以及微生物利用玉米、马铃薯、木薯等生物质发酵制氢技术可望在不久的将来实现产业化，逐步解决目前面临的能源短缺问题。如有些海洋光合细菌（如红假单细菌等）具有较高的产氢率，每克菌体每小时可获得高达260mL的氢气，这为生物制氢提供了新的方向。

16.3 发酵工程在绿色化学工业中的应用

当今全球性环境危机呼唤绿色化学工业。由于世界人口急剧增加，各国工业化进程和发展速度加快，资源和能源日渐减少，濒临枯竭。化石能源的粗放型消耗使得环境日益恶化，人类正面临着有史以来最严重的环境危机。其中，高能耗、高污染、强排放的传统化学工业的快速发展是造成环境污染的重要原因。要解决这一危机，彻底改变环境污染的现状，就必须采用先进的生产技术和工艺，改造传统化学工业。因此，环境和谐、清洁生产的绿色化学工业技术的研究开发得到蓬勃发展。绿色化学的主要研究内容包括：①改革现有化工工艺过程，实现清洁生产；②清洁合成，减少废物排放，目标是"零排放"；③安全化学品和绿色新材料的设计；④提高原材料和能源的利用率，大量使用可再生资源；⑤生物技术和生物质的应用；⑥新的分离技术应用。其中，尤其是要研究开发新的催化技术，如采用极端微生物的发酵及其极端酶的催化作用来改造传统化学合成及反应技术等。

16.4　发酵工程在生物炼制技术需求推动下快速发展

随着化石资源日渐匮乏，利用可再生的生物质资源生产石油化工替代产品的主要技术——生物炼制（Biorefinery）技术越来越受到各国政府和人们的普遍关注。

生物炼制是利用农业废弃物、植物基淀粉和木质纤维素材料为原料，生产各种化学品、燃料和生物基材料。美国国家再生能源实验室（U. S. National Renewable Energy Laboratory，NREL）将生物炼制定义为以生物质为原料，将生物质转化工艺和设备相结合，用来生产燃料、电热能和化学产品集成的技术体系和装置。

高级生物炼制已被设想作为新型生物技术产业的基础。通过开发新的化学、生物和机械技术，生物炼制大幅扩展可再生植物基原材料的应用，使其成为环境可持续发展的化学和能源经济转变的手段。

未来的生物炼制将是生物转化技术和化学裂解技术的组合，包括改进的木质纤维素分级和预处理方法，可再生原料转化的反应器优化设计、合成、生物催化剂及催化工艺的改进。由木质素纤维制取工业乙醇及其他化学品的生物炼制厂正在大规模建设，通过生物炼制技术将全面综合利用可再生的生物质资源生产出系列大宗的化学品。

根据近来研究开发的不同情况，生物炼制分为三种系列。①木质纤维素炼制：用自然界中干的原材料如含纤维素的生物质和废弃物做原料；②全谷物炼制：用谷类或玉米等淀粉质做原料；③绿色炼制：用自然界中湿的生物质如青草、苜蓿、三叶草和未成熟谷类做原料。

从产品体系来看，生物质加工从技术上已经达到可制备几大碳链体系的水平，其基本思路是生物质加工成糖，然后转化为几大产品体系：C1 体系主要包括甲烷、甲醇等；C2 体系主要包括乙醇、醋酸、乙烯、乙二醇等；C3 体系主要包括乳酸、丙烯酸、丙烯酰胺、丙二醇等；C4 体系主要包括丁二酸、富马酸、丁二醇等；C5 体系主要包括衣康酸、木糖醇等；C6 体系主要包括柠檬酸、山梨醇等。其中一些化学品的生产已在大规模应用，农用化学品、精细化学品、大宗化学品、药物及高分子材料等领域的工业化应用也呈现快速增长的趋势。

以生物质为源头几乎可以生产出所有的基础有机化工原料，并且很多产品已经显现出很好的经济性。例如以生物质生产乙烯，是一个"生物质水解产生糖，糖发酵后产出乙醇，乙醇脱水制成乙烯"的过程，其中乙醇对乙烯的转化率、选择性均为 99%，1t 乙醇约生产出 0.72t 乙烯，其生产成本不超过 6500 元/t。以目前石油乙烯超过 7000 元/t 的价格计，再加上其庞大的设备投资，生物法乙烯在经济上非常可行。另外，生物法乳酸脱水制造丙烯酸的成本约为 1.1 万元/t，目前，丙烯酸售价已高达 1.4 万～1.8 万元/t，也具有较高竞争力。

有人预计到 2010 年，生物质制氢作为化工原料将具有竞争力。在我国"十一五"期间，生物法制乙烯有可能获得突破性发展，形成一个新型产业。生物质制丙烯酸、聚乳酸也会呈现极好的发展势头。20 年后，纤维素水解制造乙醇将大踏步跨入生物经济时代。

在生物炼制技术体系中，系统生物技术是其技术核心。20 世纪以来，生物学经历了由宏观到微观的发展过程，由形态、表型的描述逐步分解、细化到生物体的各种分子及其功能的研究。2003 年，完成了人类基因组计划和随后发展的各种组学技术把生物学带入了系统科学的时代。系统生物学是研究生物系统中组成成分（基因、mRNA 和蛋白质等）的构成，以及在特定条件下这些组分间的相互关系的学科。所以，系统生物学是在分子水平上整体性研究的科学。生物科技发展正在以"结构基因组学→功能基因组学（蛋白质组学）→系统生物学（system biology）→合成生物学（synthetic biology）"路径模式快速演进。

用系统生物学的方法来研究微生物内在的生理活动、微生物之间的相互作用、微生物与外在环境的相互作用关系，是工业微生物过程的系统生物学研究的主要内容。其最大的特点是全域性（global）的研究，特别是全基因组基因表达的时序及环境适用性的研究、蛋白质组的时序及环境适用性的研究、代谢组的时序及环境适用性的研究。这种全域性的研究可以发掘微生物生物合成调控基因，为代谢工程改造菌种、重构微生物基因组及表达调控系统提供理论基础。也为研究发酵过程参数优化的分子机制，进一步优化发酵过程参数提供理性依据。

各章思考题

第 一 章

1. 发酵工程技术的发展大致可分为哪几个阶段？每个阶段的技术特点是什么？
2. 简述工业发酵的应用范围。
3. 简述液体发酵生产的一般工艺流程。
4. 请查阅相关文献，结合科学发展和国家需求，讨论发酵工业的发展前景。
5. 简述发酵工程与生物技术和生物工程其他学科的区别和联系。

第 二 章

1. 发酵工业用菌种应具备哪些特点？
2. 什么是选择性培养基？它在菌种筛选中有何应用价值？试举例说明选择性培养基的筛选原理。
3. 以氨基酸代谢为例，说明为什么有些突变菌株对末端代谢产物的结构类似物具有抗性？
4. 如何防止菌种退化？
5. 简述自然界分离微生物的一般操作步骤。
6. 菌种选育分子改造的目的何在？具体有哪些方法？
7. 什么叫自然选育？自然选育在发酵生产中有何应用价值？
8. 如何实现使微生物合成比自身需求多得多的产物？试举例说明。
9. 设计一个从自然界中筛选高温淀粉酶产生菌的实验方案，并说明主要步骤及其基本原理。
10. 如果纤维素酶的合成受反馈阻遏作用的调控，如何根据这一调控机制设计纤维素酶高产菌的选育方案？
11. 菌种保藏主要利用哪些原理？试举例说明。

第 三 章

1. 什么是培养基？简述发酵培养基的特点和要求。
2. 什么是生长因子？
3. 简述发酵培养基设计的一般步骤和应注意的问题。
4. 工业发酵常用的碳源有哪些？常用的糖类有哪些，各自有何特点？
5. 常用的无机氮源和有机氮源有哪些？简述各类氮源在发酵培养基中的作用。
6. 什么是理论转化率和实际转化率？
7. 简述培养基优化在发酵优化控制中的作用。
8. 简述斜面培养基、种子培养基、发酵培养基的特点和功能。
9. 什么是"葡萄糖效应"？举例说明发酵过程中该效应对发酵的影响及其解决办法。
10. 发酵过程中引起 pH 改变的原因主要有哪些？如何通过培养基设计维持 pH 相对稳定？
11. 发酵中常用的培养基原料如玉米浆、黄豆饼粉、蛋白胨、酵母粉和糖蜜等，它们主要为微生物提供哪些营养要素？

第四章

1. 试述消毒和灭菌的区别。

2. 染菌对发酵有什么危害，对产物提取有什么危害？试从污染杂菌的种类分析发酵污染的原因，染菌以后应采取哪些措施？

3. 如何避免菌种在移接过程中染菌？

4. 简述染菌的检验方法及染菌类型的判断。

5. 影响培养基灭菌效果和灭菌时间的因素有哪些？

6. 感染了噬菌体后应采取哪些措施？

7. 为提高空气过滤除菌效率可采用哪些有效措施？

8. 现有培养基 $30m^3$，采用处理量 $6m^3/h$ 的连消塔进行加热，设原污染程度为微生物个数达 10^5 个/mL，要求灭菌程度达到 10^{-3} 个/批，灭菌温度为 125℃，已知 $k=11min^{-1}$，试求维持时间及维持罐容积。

9. 某除菌流程，空气压力为 4 个标准大气压，要求空气加热到 35℃ 时相对湿度达 $\Phi=60\%$，求第二级冷却器应至少将空气冷却到多少度（假定冷却后空气中水雾全部分离）？

第五章

1. 简述种子扩大培养的目的与要求及一般步骤。

2. 在大规模发酵的种子制备过程中，实验室阶段和生产车间阶段在培养基和培养物选择上各有何特点？

3. 细菌、放线菌及霉菌常用的接种量分别是多少？

4. 什么是发酵级数？发酵级数对发酵有何影响？影响发酵级数的因素有哪些？什么情况下可采用一级种子发酵？

5. 影响种子的质量的因素有哪些？可采取什么措施保证种子的质量？

6. 在实验室种子的制备过程中，对于产孢子能力强的菌种应采取什么方式？对产孢子弱或孢子发芽慢的菌种又应采取何种方式？

第六章

1. 微生物生长可分为几个阶段？次级代谢产物通常在什么阶段开始合成？

2. 根据无抑制细胞生长动力学（Monod 方程），试述 μ 与 C_s（基质浓度）之间的关系。

3. 获得所培养细胞的生物量，可采用什么方法进行测定，试举 2~3 例说明。

4. 影响分批发酵过程中总产率的因素有哪些？简述生产上提高发酵产率的有效方法？

5. 发酵操作方式可分为分批、补料分批和连续发酵三种，试述三种培养方式的优缺点。为什么连续培养不能无限期地连续下去？请简述之。

6. 什么是菌体的生长比速率、产物的形成比速率以及基质的消耗比速率？

7. 什么是 Monod 方程？其使用条件是什么？请说明各参数的意义。

8. 什么是初级代谢产物？什么是次级代谢产物？

9. 什么是连续培养？什么是连续培养的稀释率？

10. 恒化培养与恒浊培养各自有哪些特点？

第七章

1. 微生物生长中呼吸强度和摄氧率变化的一般规律是什么？

2. 影响氧传递的因素有哪些？氧在传递过程中的传质阻力有哪些？

3. 什么是临界氧浓度及氧饱和度？

4. 影响微生物需氧的因素有哪些？如何调节摇瓶发酵的供氧水平？如何调节通气搅拌发酵罐的供氧水平？

5. 写出发酵液中的体积氧传递方程？指出其中 K_La 的物理意义。

6. 测定 K_La 的方法有哪些？可以采取哪些措施调节发酵液中 K_La？

7. 溶氧电极能够测定液体中溶氧浓度的原理是什么？影响溶氧电极测定的灵敏度和准确性的因素有哪些？

8. 氧从气相传递到液相的推动力是什么？并简述影响推动力的因素有哪些？

9. 什么是双膜理论？

10. 为何氧容易成为好氧发酵的限制性因素？

第 八 章

1. 用于在线检测的传感器必须符合哪些要求？

2. 发酵过程的参数检测有何意义？生产中主要检测的参数有哪些？

3. 什么是生物反应过程中的直接参数和间接参数？请各举 5 个实例。

4. 哪些仪器可以测定尾气中的氧和二氧化碳？测定原理分别是什么？

5. 发酵过程的温度为什么会变化？什么是发酵热？

6. 温度对发酵有哪些影响？发酵过程温度的选择有什么依据？

7. 在微生物培养过程中，引起 pH 改变的原因有哪些？pH 对发酵的影响表现在哪些方面？

8. 在实际生产中如何通过实验确定发酵的最佳 pH？发酵过程的 pH 控制可以采取哪些措施？

9. 发酵过程糖代谢、氮代谢有什么规律？

10. 发酵过程为什么要补料？

11. 机械搅拌发酵罐中，搅拌器的搅拌作用是什么？搅拌转速的高低对不同种类微生物的生长、代谢有何影响？

12. 发酵中泡沫形成的原因是什么？泡沫对发酵有哪些影响？

13. 泡沫的控制方法可分哪两大类？请简述之。

14. 对消泡剂有哪些要求？常用的消泡剂有哪几类？对于黏稠的发酵液应选什么样的消泡剂？对于较稀的发酵液又应选什么样的消泡剂？植物油的消泡机理是什么？

15. 准确判断发酵终点有什么好处？依据哪些参数来判断？

16. 高密度培养的意义是什么？高密度培养的措施有哪些？

第 九 章

1. 简单介绍发酵罐的类型及其特点。

2. 什么是通用式发酵罐？机械搅拌发酵罐的基本结构包括哪些部件？

3. 发酵罐设计的基本要求有哪些？

4. 轴封的作用和常用类型？

5. 氧的供需研究与反应器设计与放大的关系是什么？

6. 生物反应器的放大方法有哪些？

7. 发酵罐电机选配过程中应该满足哪些原则？

第 十 章

1. 利用基因工程菌生产有哪些特点和优势？常用的宿主菌有哪些？
2. 重组菌基因不稳定性的原因是什么？
3. 基因工程菌高效表达的障碍是什么？
4. 重组菌与传统微生物在产物表达上有何区别？
5. 大肠杆菌与酵母作为宿主菌各有什么特点？
6. 重组菌与传统菌在发酵过程控制中有哪些异同点？
7. 重组大肠杆菌的诱导因子有哪些？重组酵母的诱导因子有哪些？

第 十 一 章

1. 发酵产物提取精制过程可分为哪几大部分？在设计工艺流程前，必须考虑哪些因素？
2. 凝聚和絮凝的区别是什么？常用的絮凝剂有哪些？
3. 影响发酵液过滤分离的因素有哪些？如何提高过滤效率？
4. 比较沉降与离心的异同，常用的离心沉降设备有哪些？
5. 简述细胞破碎的意义，细胞破碎的方法大致可分为几类？如何检测细胞的破碎程度？
6. 何谓膜分离？微滤和超滤有何区别？反渗透和透析有何区别？
7. 工业生产中，常用两步盐析法纯化酶蛋白，即第一步用 $25\%\sim30\%$ 饱和度的硫酸铵去除杂质，第二步用 $55\%\sim65\%$ 饱和度的硫酸铵沉淀酶蛋白，试问在 $0℃$ 和 $25℃$ 时，$1.5t$ 酶的粗提液需加多少千克固体硫酸铵才能使其达到 25% 的饱和度？再加多少千克固体硫酸铵才能使其达到 55% 的饱和度？
8. 在生物产品的分离纯化中，物理吸附和化学吸附有何区别？常用的吸附剂有哪些？
9. 什么是萃取过程？影响溶剂萃取的因素有哪些？
10. 何谓双水相萃取？常见的双水相构成体系有哪些？
11. 何谓超临界流体萃取？其特点有哪些？
12. 试设计利用离子交换技术分离一种含等电点分别为 4.0、6.0、7.5 和 9.0 的蛋白质混合液的方案，并简述理由（不必考虑蛋白质的稳定性）。
13. 凝胶过滤分离生物大分子物质的机理是什么？相对分子质量为 8 万和 10 万的蛋白质能否在 Sephadex G-75 柱中分开？为什么？
14. 亲和吸附的原理和特点是什么？
15. 沉淀与结晶有何区别？影响结晶生成的因素有哪些？
16. 冷冻干燥的原理是什么？它在生物产品干燥中有何重要意义？

第 十 二 章

1. 什么是清洁生产？为什么要进行清洁生产？
2. 清洁生产与末端治理有何不同？
3. 实现清洁生产的途径有哪些？
4. 举例说明，如何在发酵生产过程中进行清洁生产。

第 十 三 章

1. 发酵工厂基本建设程序分为哪几个阶段，并描绘其流程框图。

2. 项目设计中最关键之一就是厂址的选择，简述厂址选择中应该考虑哪些因素？

3. 简述总图布置要满足哪几个方面的要求。

4. 在进行生产车间设备的布置设计时应注意哪些问题？

5. 简述工艺流程的设计步骤。

6. 工艺流程设计中需要遵循哪些原则？

7. 简述生产工艺流程图和生产工艺流程示意图的区别。

8. 发酵工厂所涉及的设备可分为哪几类？

9. 设备设计和选择需要遵循的原则有哪些？

10. 简述专业设备设计与选型的程序和内容？

11. 简述车间设备布置内容和原则？

12. 车间布置图的内容包括哪些？

13. 管道设计应该具备的基础资料有哪些？

14. 简述管道设计的方法。

15. 项目投资的经济评价指标有哪些？

第十四章

1. 影响发酵产品成本的主要因素有哪些？

2. 如何从分离纯化的角度降低产品的生产成本？

3. 发酵过程中如何进行经济学方面的评价？

4. 举例说明，如何通过综合考虑，全面降低发酵产品的生产成本？

第十五章

1. 醇酮类产品发酵工艺有何特点？

2. 利用真菌作为菌种进行发酵的工艺有何特点？

3. 利用细菌作为菌种进行发酵的工艺有何特点？

4. 利用微生物进行生物转化有哪些应用？其特点和优势有哪些？同时应注意哪些问题？

5. 请谈谈对发酵工艺的再认识，试举例说明如何把握不同发酵工艺优化策略。

第十六章

1. 举例说明，发酵工程在现代生物化工中的应用。

参 考 文 献

1 Stanbury P F，Whitaker S，Hall A J. Principles of Fermentation Technology. 2th ed. New York：Butteerworth-Heine-mann，1995

2 El-Mansi M，Bryce C. Fermentation Microbiology and Biotechnology. London：Taylor & Francis，1999

3 Vogel H C，Todaro C L. Fermentation and Biochemical Engineering Handbook：principles，process design and equipment. U. S. A：Noyes Publications，1997

4 Henry C. Vogel and Celeste L. Todaro. Fermentation and Biochemical Engineering Handbook：principles，process design and equipment. U. S. A：Noyes Publications，1997

5 Higgins I. J.，Best D. J. and Jones J. Biotechnology-principles applications. Oxford：Blackwell Science Pud. 1985

6 Prave P，et al. Fundamentals of Biotechnology. Weinheim：VCH，1987

7 Wiseman A. Principles of Biotechnology. 2nd Ed. New York：Surrey Univ，1988

8 Wang D，et al. Fermentation and Enzyne Technology. New York：John Wiley，1079

9 Stanburg P，Whitaker A. The Principles of Fermentation Technology. Oxford：Pergamon Press，1984

10 Blanch H W and Clark D S. Biochemical Engineering. New York：Marcel Dekker，1996

11 James E，Bailey and David F Ollis. Biochemical Engineering Fundamentals. 2ed Dd. New York：McGraw-Hill，1986

12 Antonio A，Garcia，et al. Bioseparation Process. Oxford：Blackwell Science，1999

13 焦瑞声. 微生物工程. 北京：化学工业出版社，2003

14 沈萍. 微生物学. 北京：高等教育出版社，2000

15 俞俊棠等. 新编生物工艺学（上册，下册）. 北京：化学工业出版社，2003

16 岑沛霖，蔡谨. 工业微生物学. 北京：化学工业出版社，2001

17 姚汝华. 微生物工程工艺原理. 广州：华南理工大学出版社，1997

18 施巧琴，吴松刚. 工业微生物育种学. 第二版. 北京：科学出版社，2003

19 曹军卫，马辉文. 微生物工程. 北京：科学出版社，2002

20 李志勇. 细胞工程. 北京：科学出版社，2003

21 梅乐和. 生化生产工艺学. 北京：科学出版社，1999

22 钱铭镛. 发酵工程最优化控制. 南京：江苏科学技术出版社，1998

23 戚以政，汪叔雄. 生化反应动力学与反应器. 北京：化学工业出版社，1999

24 戚以政，夏杰等. 生物反应工程. 北京：化学工业出版社，2004

25 储炬，李友荣. 现代工业发酵调控学. 北京：化学工业出版社，2002

26 刘国诠等. 生物工程下游技术. 第二版. 北京：化学工业出版社，2003

27 毛忠贵. 生物工业下游技术. 北京：中国轻工业出版社，1999

28 [英] P·F·斯坦伯里，A·惠特克. 发酵工艺学原理. 北京：中国医药科技出版社，1992

29 李友荣，马辉文. 发酵生理学. 长沙：湖南科学技术出版社，1998

30 张克旭等. 代谢控制发酵. 北京：中国轻工业出版社，1998

31 楼士林. 基因工程. 北京：科学出版社，2002

32 周学良等. 生物化学品. 北京：化学工业出版社，2002

33 张根发等. 生物产业——21世纪的前沿产业. 贵州：贵州人民出版社，2004

34 陈坚，李寅. 发酵过程优化原理与实践. 北京：化学工业出版社，2003

35 姜成林，徐丽华. 微生物资源开发利用. 北京：中国轻工业出版社，2001

36 孙彦. 生物分离工程. 北京：化学工业出版社，1998

37 欧伶，俞建瑛，金新根. 应用生物化学. 北京：化学工业出版社，2001

38 朱圣康等. 生物技术. 上海：上海科学出版社，1999

39 李继衍等. 生物工程. 北京：中国医药科技出版社，1995

40 马文漪，杨柳燕. 环境生物工程. 南京：南京大学出版社，1998

41 王凯军，秦人伟. 发酵工业废水处理. 北京：化学工业出版社，2000

42 肖东光，丁匀成，邹海晏. 酿酒活性干酵母生产与应用技术. 呼和浩特：内蒙古人民出版社，1994

43 焦瑞身等. 生物工程概论. 北京：化学工业出版社，1991

44 刘如林. 微生物工程概论. 天津：南开大学出版社，1995

45 高培基. 微生物生长与发酵工程. 济南：山东大学出版社，1990

46 朱懿德，梁国庆，包守懿．工业发酵分析．北京：中国轻工业出版社，1991

47 李艳，张志民．发酵工业概论．北京：中国轻工业出版社，1999

48 王福源．现代食品发酵技术．北京：中国轻工业出版社，1998

49 陈代杰，朱宝泉．工业微生物菌种选育与发酵控制技术．上海：上海科学技术文献出版社，1995

50 蔡功禄．发酵工厂设计概论．北京：中国轻工业出版社，2000

51 陈声．王福源．氨基酸及核酸类物质发酵生产技术．北京：化学工业出版社，1993

52 尹光琳．发酵工业全书．北京：中国医药科技出版社，1992

53 张克旭．氨基酸发酵工艺学．北京：中国轻工业出版社，1992

54 陈声．发酵工业辞典．北京：轻工业出版社，1991

55 刘国诠．生物工程下游技术．北京：化学工业出版社，1993

56 王树青．生化反应过程模型化及计算机控制．杭州：浙江大学出版社，1998

57 田栖静．发酵产品与试验方法标准汇编．北京：中国标准出版社，1992

58 Pimentel G C，Coonrod J A 等．化学中的机会——今天和明天．华彤文等译．北京：北京大学出版社，1990

59 严希康．生化分离工程．北京：化学工业出版社，2001

60 杨安钢等．生物化学与分子生物学实验技术．北京：高等教育出版社，2001

61 陈执中，章月华．现代生化药物与基因工程药物分析．上海：上海医科大学出版社，2000

62 陈莱．生物技术对 21 世纪化学工业的影响．生物技术通报，2001，（2）

63 欧阳平凯．生物技术在化学工业中的应用．江苏化工，2005，（6）

64 雷肇祖，钱志良，章健．工业菌种改良述评．工业微生物，2004，（1）

65 朱敏，余龙江，刘智等．花生四烯酸高产菌 M6 的鉴定．菌物学报，2004，（4）

66 李祖义，魏志亮．组合生物催化．工业微生物，2003，（1）

67 徐卉芳，张先恩，张用梅等．体外分子定向进化研究进展．生物化学与生物物理进展，2002，（4）

68 陈涛，陈洵，王靖宇等．DNA 及基因组改组在代谢工程中的应用．化工学报，2004，（11）

69 杨海杰．体外突变新技术：DNA Shuffling 技术．国外医学分子生物学分册，2001，（2）

70 严萍，梁海秋，杨辉等．分子酶工程的研究进展．生物技术通讯，2003，（3）

71 王相晶，向文胜．发酵条件对发酵产氢细菌 B49 产氢的影响．太阳能学报，2005，（1）

72 汪文俊，周蓬蓬，何璞，余龙江．^{60}Co γ 射线诱变选育高产虾青素红发酵母突变株．激光生物学报，2005，（3）

73 方敏，黄华梁．包含体蛋白体外复性的研究进展．生物工程学报，2001，（17）

74 周小苹，杨海军．L-色氨酸 5L 发酵条件的研究．农产品加工（学刊），2005，（8）

75 王贻俊，樊育，L. Olsson，J. Nielsen．生物量浓度实时在线检测方法的研究．生物化学与生物物理进展，2000，（4）

76 郑穗平，郭勇．基因工程菌培养过程的动力学模型．微生物学通报，1998，25（1）

77 程海娜，莫湘涛，陈宇，夏立秋等．植酸酶分子结构与功能研究进展．生物技术，2003，（3）

78 翁樑，冯雁．极端酶的研究进展．生物化学与生物物理进展．2002，（6）

79 潘丰．补料分批发酵过程优化控制．自动化仪表，2004，（8）

80 蔡慧农，王灼维，王璋．产转谷氨酰胺酶链霉菌的发酵罐生产工艺研究．食品与发酵工业，2003，（8）

81 闫静辉，宋水山．利用溶氧作为控制信号补料分批培养生产 PHA 的研究．河北省科学学院院报，2005，（3）

82 周宇荀，曹巍．抗菌肽 Adenoregulin 基因工程菌培养条件的优化及分批发酵研究．生物工程学报，2005，（4）

83 郑志永．基于重组大肠杆菌细胞生理的人表皮生长因子发酵研究．浙江大学，2005

84 常国栋，李壮林，许平．重组人血管内皮抑制素（rh-Endostatin）大肠杆菌表达体系发酵条件的优化．生物工程学报，2005，（4）

85 涂桂云，李敏．基因工程菌高密度发酵工艺研究进展．工业微生物，2004，（3）

86 唐曙明，何林，周克元．核酸分离与纯化的原理及其方法学进展．国外医学临床生物化学与检验学分册，2005，（3）

87 韩平．抗生素发酵系统工艺配管设计．医药工程设计，2005，（5）

88 毛忠贵，陈建新，张建华．发酵工业与清洁生产．发酵科技通讯，1999，（28）

89 杜新旺．浅析清洁生产．经济师，2001，（12）

90 李树经．浅析清洁生产及其重要意义．安全，2004，（5）

91 余永跃．环境保护与清洁生产．环境技术，2004，（5）

92 Bvochora J M，Read J S，Zvauya R．Application of very high gravity technology to the cofermentation of sweet stem sorghum juice and sorghum grain．*Industrial Crops and Products*．2000，11：11～17

93 Kanebuchi，Kagaku，Kogyo K K．New gene controlling fermentation activity at low temp．-used in refrigerated bak-

er's dough. *Food Control*. 1997, 8: 213

94 H. Herrmann, R. Schroder. Method for improving the product yield in fermentation processes. *Biofutur*. 1998, 1998: 48~49

95 Pauli. Tatjana, Fitzpatrick. John J. Malt combing nuts as a nutrient supplement to whey permeate for producing lactic by fermentation with *Lactobacillus casei*. *Process Biochemistry*. 2002, 38: 1~6

96 Font R, Cabanes J M. López. Fermentation in fed-batch reactors-application to the sewage sludge anaerobic digestion. *Chemical Engineering Science*. 1995, 50: 2117~2126

97 Caplice. Elizabeth, Fitzgerald. Gerald F. Food fermentations: role of microorganisms in food production and preservation. *International Journal of Food Microbiology*. 1999, 50: 131~149

98 Sarkar P K, Tamang J P. Changes in the microbial profile and proximate composition during natural and controlled fermentations of soybeans to produce kinema. *Food Microbiology*. 1995, 12: 317~325

99 Potocnik. Primoz, Grabec. Igor. Empirical modeling of antibiotic fermentation process using neural networks and genetic algorithms. *Mathematics and Computers in Simulation*. 1999, 49: 363~379

100 Tatara M. Method and systems for automatic control for methane fermentation apparatus. *Fuel and Energy Abstracts*. 1997, 38: 89

101 Zagorc T, Maraè A, Cadez N, Jemec, K. Povhe, Pèter G, Resnik M, Nemanic J. Indigenous wine killer yeasts and their application as a starter culture in wine fermentation. *Food Microbiology*. 2001, 18: 441~451

102 Raccach M, Bamiro T. The effect of temperature on the lactic acid fermentation of rye flour. *Food Microbiology*. 1997, 14: 213~220

103 Patnaik P R. A simulation study of dynamic neural filtering and control of a fed~batch bioreactor under nonideal conditions. *Chemical Engineering Journal*. 2001, 84: 533~541

104 Kannan T R, Sangiliyandi G, Gunasekaran P. Improved ethanol production from sucrose by a mutant of Zymomonas mobilis lacking sucrases in immobilized cell fermentation. *Enzyme and Microbial Technology*. 1998, 22: 179~184

105 Fu. Wenge, Mathews A P. Lactic acid production from lactose by *Lactobacillus plantarum*: kinetic model and effects of pH, substrate, and oxygen. *Biochemical Engineering Journal*. 1999, 3: 163~170

106 Kumar. Dharmendra, Gomes. James. Methionine production by fermentation. *Biotechnology Advances*. 2005, 23: 41~46

107 Spyropoulou K E, Chorianopoulos N G, Skandamis P N, Nychas. G~J. E. Survival of *Escherichia coli* O 157: H7 during the fermentation of Spanish~style green table olives (conservolea variety) supplemented with different carbon sources. *International Journal of Food Microbiology*. 2001, 66: 3~11

108 Batifoulier F, Verny M. -A., Chanliaud E, Rémésy C, DemignéC. Effect of different breadmaking methods on thiamine, riboflavin and pyridoxine contents of wheat bread. *Journal of Cereal Science*. 2005, 42: 101~108

109 Amoa-Awua, Wisdom Kofi A; Appoh, Francis E. ; Jakobsen, Mogens Lactic acid fermentation of cassava dough into agbelima. *International Journal of Food Microbiology*. 1996, 31: 87~98

110 Hirasawa. Reiko, Yokoigawa. Kumio. Leavening ability of baker's yeast exposed to hyperosmotic media. *FEMS Microbiology Letters*. 2001, 194: 159~162

111 Homas K C, Hynes S H, Ingledew W M. Practical and Theoretical Considerations in the Production of High Concentrations of Alcohol by Fermentation. *Process Biochemistry*. 1996, 31: 321~331

112 Bardi. Laura, Cocito. Chiara, Marzona. Mario. *Saccharomyces cerevisiae* cell fatty acid composition and release during fermentation without aeration and in absence of exogenous lipids. *International Journal of Food Microbiology*. 1999, 47: 133~140

113 Venkatesh K V. Simultaneous saccharification and fermentation of cellulose to lactic acid. *Bioresource Technology*. 1997, 62: 91~98

114 Lawless. Richard, LaDuca. Richard. Fermentation of microorganisms having ice nucleation activity using a temperature change. *Biotechnology Advances*. 1996, 14: 332

115 Yang. Xuehao, Wang. Bingwu, Cui, Fengnan, Tan. Tianwei. Production of lipase by repeated batch fermentation with immobilized *Rhizopus arrhizus*. *Process Biochemistry*. 2005, 40: 2095~2103

116 Giami S Y. Effect of fermentation on the seed proteins, nitrogenous constituents, antinutrients and nutritional quality of fluted pumpkin (*Telfairia occidentalis* Hook). *Food Chemistry*. 2004, 88: 397~404

117 Chiou RY-Y, Ferng S, Beuchat L R. Fermentation of low~salt miso as affected by supplementation with ethanol.

International Journal of Food Microbiology. 1999, 48: 11~20

118　Ibanolu E, Ibanolu S. Foaming Properties of White Wheat Flour-Yoghurt Mixture as Affected by Fermentation. *Journal of Cereal Science*. 1999, 30: 71~77

119　Lawlis, Virgil B, Heinsohn, Henry, Baliu, Enrique. Killing cells without lysis in a method for enzyme recovery from a fermentation broth. *Biotechnology Advances*, 1995, 13: 771~772

120　Dien, Bruce S, Hespell, Robert B, Wyckoff, Herbert A, Bothast, Rodney J. Fermentation of hexose and pentose sugars using a novel ethanologenic *Escherichia coli* strain. *Enzyme and Microbial Technology*. 1998, 23: 366~371

121　Patnaik, P R. A recurrent neural network for a fed-batch fermentation with recombinant Escherichia coli subject to inflow disturbances. *Process Biochemistry*, 1997, 32: 391~400

122　Sayama, Takashi. Apparatus for fast fermentation treatment. *Biotechnology Advances*. 1996, 14: 510